AF411187

TABLEAU DE LA NATURE

OUVRAGE ILLUSTRÉ A L'USAGE DE LA JEUNESSE

LA VIE

ET LES MŒURS

DES ANIMAUX

IMPRIMERIE GÉNÉRALE DE CH. LAHURE
Rue de Fleurus, 9, à Paris

Le Mollusque l'Argonaute nageant en pleine mer. (Page 472.)

LA VIE

ET LES MŒURS

DES ANIMAUX

PAR

LOUIS FIGUIER

ZOOPHYTES ET MOLLUSQUES

VOLUME ILLUSTRÉ DE 385 FIGURES

DESSINÉES D'APRÈS LES PLUS BEAUX ÉCHANTILLONS
DU MUSÉUM D'HISTOIRE NATURELLE
ET DES PRINCIPALES COLLECTIONS DE PARIS

PARIS

LIBRAIRIE HACHETTE ET Cie

79, BOULEVARD SAINT-GERMAIN, 79

1866

Droit de traduction réservé

PRÉFACE

Le développement du *Tableau de la nature* nous amène à considérer les animaux. Après avoir, dans *la Terre avant le déluge* et dans *la Terre et les mers*, décrit la terre primitive et la terre dans son état présent; après avoir, dans l'*Histoire des plantes*, étudié les végétaux, il nous reste à parler de ces êtres innombrables qui répandent sur notre globe le mouvement et la vie; à décrire ces animaux, aux types si divers, qui égayent les plaines comme les montagnes et les vallées, qui peuplent la solitude des forêts, qui animent les champs infinis de l'air, ou se pressent au fond des eaux. Dans ces scènes nouvelles, nous allons trouver d'autres occasions de faire admirer à nos jeunes lecteurs la richesse et la variété de la création. Les spectacles multipliés que vont leur présenter la structure intime, la vie, les instincts et les mœurs des animaux, leur apprendront à admirer, à bénir la toute-puissance, la bonté infinie de l'auteur de la nature!

Personne n'ignore que pour classer méthodiquement les animaux, Cuvier a établi quatre vastes enbranchements, qui sont :

Les Vertébrés,

Les Articulés,

Les Mollusques,

Les Zoophytes.

Nous étudierons dans ce volume les deux embranchements des Zoophytes et des Mollusques.

En commençant l'étude des animaux par les êtres inférieurs, par ceux qui occupent le dernier degré de l'échelle
zoologique, nous rendrons plus facile à nos lecteurs l'intelligence des faits variés que nous avons à passer en revue. Le
spectacle des perfectionnements graduels que présente la
structure animale, quand on commence par les êtres les
plus simples, pour s'élever à des organismes de plus en plus
compliqués, nous semble aussi présenter un attrait tout particulier. Quoi de plus curieux, de plus intéressant pour l'esprit, que de parcourir les anneaux successifs de cette chaîne
non interrompue d'êtres vivants, qui commence aux infusoires pour se terminer à l'homme !

Le nouvel ouvrage que nous offrons à la jeunesse et aux
gens du monde, paraîtra, nous l'espérons, empreint d'un
véritable caractère de nouveauté et d'originalité. On ne saurait, en effet, citer aujourd'hui aucun traité de zoologie dans
lequel les Zoophytes et les Mollusques soient étudiés, comme
on le fait ici au point de vue spécial des habitudes et des
étranges instincts de ces animaux.

Nous ajouterons que dans aucun ouvrage publié jusqu'à
ce jour sur les Zoophytes et les Mollusques, on ne s'est appliqué, comme nous l'avons fait, à représenter ces animaux
par des dessins à la fois scientifiques et pittoresques, qui
réunissent à un même degré, l'exactitude de la science et
l'attrait de l'illustration [1].

Nous avons pris pour guides dans notre travail, les ouvrages des savants français les plus estimés sur l'histoire
naturelle des Zoophytes et des Mollusques. Nous citerons
entre autres, le *Règne animal* de Cuvier; — l'*Histoire des*

1. Nous devons des remerciments tout particuliers à M. Ch. Bévalet, naturaliste, pour le zèle extrême avec lequel il s'est consacré à faire le choix des
échantillons destinés à être reproduits par le dessin, à surveiller l'exécution des
figures, et à fixer les dénominations précises des espèces représentées.

zoophytes infusoires de Dujardin; — l'*Histoire des zoophytes coralliaires* de MM. Milne Edwards et J. Haime; — l'*Actinologie* de de Blainville; — l'*Histoire des zoophytes acalèphes* de Lesson; — la *Malacologie et la Conchyliologie* de de Blainville; — le *Manuel de l'histoire des mollusques* de Sander Rang; — les mémoires particuliers de MM. Lacaze Duthiers, Milne Edwards, Charles Vogt, Van Bénéden et d'Orbigny; — le *Monde de la Mer* de Frédol; — le *Manuel de conchyliologie et de paléontologie conchyliologique* de M. le docteur Chenu.

Tous ces livres, composés, sauf les deux derniers, à l'usage exclusif des naturalistes, sont d'une lecture extrêmement pénible. Ce n'est pas sans un long travail que j'ai pu trouver dans ces traités de science pure, la matière de récits et de développements attrayants pour la jeunesse et les gens du monde.

Un enfant terrible, un enfant charmant, me parlait ainsi:

« On me dit que tu es un vulgarisateur scientifique. Qu'est-ce que cela? »

Je pris dans mes bras l'enfant terrible, l'enfant charmant, et le portai à la fenêtre, où se voyait un beau rosier, en l'invitant à en cueillir les fleurs. L'enfant fit sa moisson parfumée, non sans se piquer cruellement aux épines de l'arbuste; puis, de ses petites mains ensanglantées, il alla distribuer les roses aux personnes qui nous entouraient.

« Tu es un vulgarisateur, dis-je à l'enfant, car tu prends pour toi les épines douloureuses, et tu donnes aux autres les fleurs! »

ZOOPHYTES

ZOOPHYTES

Dans ces premières pages, nous voudrions pouvoir présenter quelques *Considérations générales sur les animaux*, tant sur l'ensemble des animaux, que sur les deux grands embranchements des Zoophytes et des Mollusques, qui vont faire le sujet de ce volume. Mais rien ne se prête moins que la série animale à une étude d'ensemble. Rien n'est plus difficile que de saisir une analogie réelle entre des êtres de types si divers, de plans si dissemblables. Les divisions que les naturalistes ont établies pour étudier et décrire les animaux, — les *embranchements*, les *classes*, les *ordres*, les *familles*, les *genres* et les *espèces*, — sont un admirable artifice de la science, pour faciliter l'étude de ces êtres, aussi nombreux que les grains de sable de l'Océan. Sans ce précieux moyen de distribution logique, l'esprit reculerait devant la tâche qui consisterait à décrire les phalanges innombrables de l'animalité contemporaine. Mais ces divisions méthodiques ne sont que de pures fictions. Dues au génie de l'homme, elles n'appartiennent pas à la nature. *Natura non facit saltus*, a dit Linné; ce qui veut dire que la nature passe d'une manière presque insensible d'un degré à l'autre de l'organisation.

C'est surtout quand on se place aux confins du règne végétal au règne animal, que l'on voit combien il est difficile de saisir une ligne de démarcation précise entre ces deux règnes. Nous avons vu, dans l'*Histoire des Plantes*, des germes de végétaux cryptogamiques, ou de simples organes, les spores des Algues, et les corpuscules fécondateurs des

Mousses, revêtir le caractère fondamental de l'animalité c'est-à-dire être doués d'organes locomoteurs (les cils vibratiles) et exécuter des mouvements, en apparence volontaires. A côté de ces germes végétaux et de ces corpuscules fécondateurs que nous avons décrits sous le nom d'*anthérozoïdes* dans les Algues, les Mousses et les Fougères, qui, au sein des liquides, vont et viennent, comme des animaux inférieurs, cherchent à pénétrer dans des cavités, s'en éloignent, y reviennent et s'y introduisent, en se comprimant avec un apparent effort, à côté de ces organismes végétaux mobiles, placez des Infusoires, et même des Coraux ou des Gorgones, et dites s'il est facile de reconnaître, sans une étude approfondie, où est la plante, où est l'animal. La ligne de démarcation précise que l'on a voulu établir entre les deux règnes de la nature, est donc bien difficile à tracer.

Le mot de *zoophyte* nous paraît très-heureusement trouvé et tout à fait digne d'être maintenu dans la science, parce qu'il consacre, et matérialise, pour ainsi dire, cette sorte de fusion qui se fait entre les deux règnes de la nature, aux limites de leur passage.

Gardons-nous néanmoins d'aller trop loin dans cette idée, et, sur la foi d'un mot heureux, n'allons pas altérer les vrais rapports des êtres. En se servant du nom de *zoophytes* pour désigner un grand embranchement du règne animal, que nos jeunes lecteurs n'aillent point s'imaginer que les êtres ainsi désignés en histoire naturelle sont des créatures ambiguës, qui appartiendraient à la fois aux deux règnes, et pourraient indifféremment se ranger dans l'un ou dans l'autre. Les Zoophytes sont des animaux et rien que des animaux. Ce qui les a fait désigner sous ce nom, qui signifie *animal-plante* (du grec ζωον, animal, φυτον, plante), c'est que plusieurs d'entre eux ressemblent extérieurement à des végétaux, qu'ils se divisent souvent en espèces de rameaux, comme les plantes, et se couronnent quelquefois d'organes, teints comme nos fleurs, de couleurs assez vives.

Cette analogie extérieure du Zoophyte avec une plante n'est chez aucun être aussi apparente que chez le Corail. Son enracinement dans le sol et sur les rochers, la forme de ses rameaux, plusieurs fois subdivisés, et surtout les appendices colorés, semblables à la corolle d'une fleur, qui, à certaines époques, terminent ses rameaux, tout, dans le Corail, rappelle la forme et l'apparence d'un végétal. Aussi, jusqu'au dix-huitième siècle, les naturalistes ont-ils, avec Linné, rangé, sans la moindre hésitation, le Corail et les êtres analogues dans le règne végétal. Réaumur combattit longtemps l'opinion contraire, et ce n'est que de nos jours que l'animalité du Corail a été scientifiquement établie.

L'*Anémone de mer* peut être citée comme un autre exemple frappant de la ressemblance de certains organismes inférieurs avec des végétaux. Ce mot d'*Anémone de mer* est par lui-même assez éloquent pour rendre superflue toute autre remarque au point de vue qui nous occupe.

Voilà donc le mot de zoophyte suffisamment justifié pour les êtres dont l'étude sommaire va nous occuper.

Nous ne surprendrons pas nos lecteurs en leur disant que la structure des Zoophytes, surtout dans les degrés inférieurs de cet embranchement, est excessivement simple. Quand on s'adresse au premier degré de l'échelle animale, on doit s'attendre à trouver une organisation rudimentaire. Chez ces êtres, véritable ébauche de l'animalité, les diverses parties du corps, au lieu d'être disposées par paire, de chaque côté d'un plan longitudinal, comme on le voit chez les animaux supérieurs, rayonnent habituellement autour d'un axe ou d'un point central, et cela, soit à l'état adulte, soit dans le jeune âge seulement. Les Zoophytes n'ont, en général, aucun squelette articulé, extérieur ou intérieur, et leur système nerveux, lorsqu'il existe, est très-peu développé. Les organes des sens, autres que ceux du tact, sont nuls chez la plupart des êtres qui appartiennent aux première classes de ce vaste embranchement.

Le Zoophyte a-t-il le sentiment? Le Zoophyte a-t-il la conscience? Question insoluble, abîme d'obscurité! Le Corail, ou l'agrégation d'êtres vivants qui portent ce nom, fixé dans la profondeur des eaux, au rocher qui l'a vu naître et qui le verra mourir; l'Infusoire, aux dimensions microscopiques, qui tournoie perpétuellement dans un cercle de la grandeur d'un centième de millimètre; l'Amibe, ce merveilleux protée qui, dans l'espace d'une minute, change cent fois de forme, aux yeux surpris de l'observateur, et n'est véritablement qu'un atome touché par la vie : tous ces êtres à l'existence purement végétative en apparence, à l'obscure et aveugle motilité, ont-ils la conscience ou l'instinct? savent-ils ce qui se passe à un millimètre seulement de leur corps microscopique? A Dieu seul la connaissance de ce mystère !

Jusqu'à ces derniers temps, en raison des nombreuses différences qui existent dans la structure des Zoophytes, on avait divisé en cinq classes cet embranchement du règne animal. Ces cinq classes étaient : les *Spongiaires*, — les *Infusoires*, — les *Polypes*, — les *Acalèphes*, — les *Échinodermes*. Mais à la suite des travaux nombreux dont ces animaux ont été récemment l'objet, on divise aujourd'hui l'embranchement des Zoophytes en trois groupes généraux, ainsi désignés :

Protozoaires ;

Polypes ;

Échinodermes.

Nous allons présenter successivement les types principaux et caractéristiques de chacun de ces trois groupes.

GROUPE DES PROTOZOAIRES

Les Protozoaires nous représentent, sous une forme matérielle, l'animalité réduite à sa plus simple expression. Ce sont des atomes organisés, des points animés et mobiles, des étincelles vivantes. Les Protozoaires sont, par leur structure, les plus simples des animaux. Ce sont aussi les plus petits. L'extrême petitesse de leurs dimensions les dérobe à notre vue. Il a fallu l'admirable invention du microscope pour nous donner connaissance de ces êtres, dont l'existence fut ignorée de toute l'antiquité, et ne se révéla qu'au dix-septième siècle, c'est-à-dire à l'époque de l'invention du microscope. Lorsque l'homme, armé de cet instrument merveilleux et nouveau, se mit à fouiller les divers milieux liquides; lorsque, à l'exemple de Leuvenohek, il appliqua le verre grossissant à l'inspection des eaux stagnantes, des infusions, des macérations végétales et animales, ou des débris d'êtres organisés; lorsqu'il scruta la goutte d'eau empruntée à l'Océan, aux rivières, ou aux lacs, il y découvrit tout un monde. C'est un coin de ce monde que nous aurons à parcourir dans les premières pages de ce livre.

Quelques naturalistes modernes ont cru voir dans les animaux que l'on désigne sous le nom de Protozoaires, une sorte de *cellule animale*, c'est-à-dire l'organe élémentaire, le principe et le début de tout corps organisé, tel qu'on le trouve dans la cellule végétale. Dans cette hypothèse, les Protozoaires seraient les *cellulaires du règne animal*, comme les Algues et les Champignons sont les *cellulaires du règne végétal*. Cette idée a le tort d'avoir été conçue sous l'empire de la théorie pure : « En réalité, disent MM. Paul Gervais et

Van Beneden, les animaux auxquels on l'étend ne ressemblent que rarement à des cellules élémentaires. »

Le tissu qui compose le corps des Protozoaires est habituellement dépourvu de toute véritable structure. Ces animaux sont alors formés d'une sorte de gelée vivante, amorphe et diaphane, qui a reçu de Dujardin le nom de *sarcode*.

Très-variés dans leurs formes, les Protozoaires sont munis de *cils vibratiles*, c'est-à-dire de l'organe de locomotion propre aux animaux inférieurs. Leur corps est tantôt nu, tantôt couvert d'une cuirasse siliceuse, calcaire ou membraneuse.

On divise les Protozoaires en deux classes : la classe des Rhizopodes et celle des Infusoires.

CLASSE DES RHIZOPODES

MM. Paul Gervais et Van Beneden comprennent sous le nom de *Rhizopodes*, qui signifie *pied-racine* (du grec ρίζα, racine, πους, ποδος, pied), des animaux excessivement simples, que l'on peut caractériser par l'absence de cavités digestives distinctes et par l'existence de cils vibratiles, ainsi que par la nature sarcodique de leur tissu. Ce tissu émet des prolongements, ou filaments, très-extensibles, tantôt simples, tantôt ramifiés. On voit quelquefois ces filaments ramifiés se retirer vers la masse du corps, disparaître et se fondre dans sa substance, de sorte que l'individu semble s'absorber et se dévorer lui-même.

Si, par une exception assez rare, quelques animaux supérieurs, comme les Loups, se dévorent entre eux, les Rhizopodes vont plus loin : ils se dévorent eux-mêmes !

Les Rhizopodes se trouvent dans les eaux douces et salées. Il en est qui vivent en parasites sur le corps des vers ou d'autres animaux articulés.

On distingue plusieurs ordres dans la classe des Rhizopodes. Nous ne parlerons ici que de trois de ces ordres : ceux des *Amibes*, des *Foraminifères* et des *Noctiluques*.

ORDRE DES AMIBES.

Dans presque toutes les infusions végétales ou animales anciennes, mais non putréfiées, et sur la couche vaseuse recouvrant les corps qui ont séjourné quelque temps dans l'eau douce ou l'eau de mer, on trouve les êtres singuliers qui portent le nom d'*Amibes*. Ce sont les animaux les plus simples de la création. Ils se réduisent à une petite larme concrétée de matière vivante. Leur corps est formé d'une substance gélatineuse, sans organisation appréciable. La quantité de matière qui les forme est si faible, qu'elle arrive à une incroyable diaphanéité, à une transparence telle, que l'œil, armé du microscope, la traverse en tous sens. Aussi pour apercevoir ces petits êtres, faut-il provoquer un phénomène de réfraction, c'est-à-dire légèrement modifier la nature du liquide qui les tient en suspension.

Il serait difficile de dire exactement quelle est la forme de ces animaux. Ils ont souvent l'apparence de petites masses arrondies, ou de gouttelettes. Mais quelle que soit leur forme, elle est toujours si instable, qu'elle change, pour ainsi dire, à tout moment, et qu'on n'a jamais le temps d'en faire un dessin complet sous le microscope et d'après le modèle : le dessin doit être achevé de mémoire.

Cette instabilité est d'ailleurs le caractère et comme la manifestation de la vie des Amibes, êtres nus, sans organes apparents, et si maltraités par la nature, qu'il faut les placer au dernier échelon de l'échelle animale.

La gouttelette transparente, immobile, dont nous parlions tout à l'heure, émet sur son contour une expansion et un lobe d'un aspect vitreux. Ce lobe, glissant comme une goutte d'huile sur le porte-objet du microscope, commence par se fixer et prendre un point d'appui. Ensuite il attire lentement à lui toute la masse, et s'accroît ainsi sous les yeux de l'observateur.

Les *Amibes*, suivant leurs dimensions et leur degré de développement, peuvent émettre successivement, de la même manière, un nombre plus ou moins grand de lobes, qui ne sont jamais les mêmes, mais qui, après avoir apparu quelques instants, rentrent successivement dans la masse commune, pour s'y fondre complétement. Variables dans leurs formes respectives, ces lobes sont pourtant d'aspects différents dans les divers Amibes ; ils sont plus ou moins longs, plus ou moins effilés, et souvent rameux. Quelquefois ils sont filiformes, et plantés en tous sens sur la masse de l'Amibe, qui roule dans le liquide, comme la coque d'une petite châtaigne.

On se demande comment peuvent se nourrir des êtres chez lesquels on ne distingue aucun appareil de nutrition. La réponse à cette question serait difficile. Tout porte à croire que ces animaux se nourrissent par simple absorption, et uniquement par absorption. On découvre souvent à l'intérieur de la masse glutineuse qui les constitue, des granules, des parcelles végétales microscopiques.

« On conçoit, dit Dujardin, comment ces objets ont pénétré dans l'intérieur, si l'on remarque d'une part que les amibes, en rampant à la surface du verre auquel elles adhèrent assez exactement, peuvent faire pénétrer par pression, dans leur propre substance, des corps étrangers qui, par suite des extensions et contractions alternatives des diverses parties, s'y trouvent définitivement engagés ; et d'autre part, que la masse glutineuse des amibes est susceptible de se creuser spontanément çà et là, près de sa surface ou à sa surface même, des cavités sphériques qui se contractent et disparaissent successivement en reportant ainsi au milieu même de la masse les corps étrangers qu'elles ont renfermés. »

On voit souvent des Amibes teintes en rouge ou en vert, par des particules colorées qu'elles ont englobées dans leur masse.

Comment peuvent se multiplier des êtres aussi simples dans leur organisation ?

On pense qu'ils se multiplient le plus souvent par l'abandon d'un lobe, lequel continue à vivre pour son compte, à se développer et à former ainsi un individu nouveau. C'est ce que les naturalistes nomment *génération par division*, ou *fissiparité*.

L'absence des appareils de nutrition et de reproduction dans les Amibes, et l'instabilité de leurs formes, expliquent qu'il soit presque impossible de caractériser comme espèces les nombreux individus que l'on rencontre journellement dans les infusions de matières organiques et dans les eaux stagnantes. Dujardin s'est basé, pour en distinguer quelques groupes, sur leur grandeur et sur la forme générale de leurs expansions.

On prendra une idée de l'aspect de ces êtres mystérieux à force de simplicité, en jetant les yeux sur les deux figures suivantes (fig. 1 et 2), que nous empruntons à l'atlas de l'ouvrage de Dujardin sur les *Zoophytes infusoires*, que nous aurons à citer plus d'une fois encore.

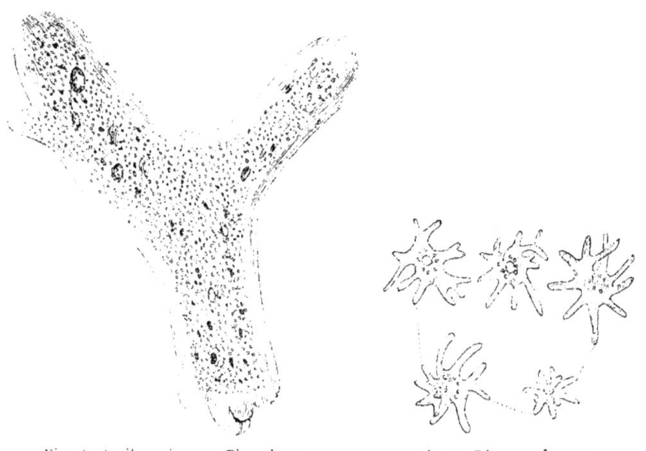

Fig. 1. Amiba princeps, Ehrenberg.
(Grossie 100 fois.)

Fig. 2. Diverses formes
de l'Amiba diffluens, Müller.
(Grossie 400 fois.)

Nous avons dit que les *Amibes* changent de forme en peu de minutes, sous les yeux de l'observateur. La figure 2 représente les divers changements de forme par lesquels passe, d'après Dujardin, l'*Amiba diffluens*, quand on examine ses évolutions sur le porte-objet du microscope.

ORDRE DES FORAMINIFÈRES.

Il n'y a rien de petit dans la nature. L'idée de petitesse ou de grandeur est une conception de l'homme, une comparaison qui lui est suggérée par la dimension de ses propres organes. La nature, quand il le faut, compense la petitesse par le nombre. Ce qu'elle produit avec des ossements de quelques grands animaux, elle peut aussi l'accomplir en accumulant les dépouilles de millions d'animalcules. L'histoire des *Foraminifères* va nous montrer un frappant exemple de cette vérité.

Qu'est-ce qu'un *Foraminifère* ? Un très-petit zoophyte à coquille presque invisible à l'œil nu, car, en général, ses dimensions ne dépassent pas un demi - millimètre, de sorte qu'on ne peut bien le voir qu'au microscope. Examinez au microscope le sable de l'Océan ou de la Méditerranée, et vous verrez que la moitié de ce sable est composé de débris de coquilles, de formes diverses, mais régulières, et habituellement percées d'un grand nombre de trous, ce qui leur a valu le nom de *Foraminifères* (de *foramen*, trou).

Avec ces animalcules microscopiques, voici ce que la nature a fait dans les temps géologiques, et ce qu'elle fait encore de nos jours.

Plusieurs couches de l'écorce terrestre sont uniquement composées de débris de Foraminifères. Aux temps les plus reculés de l'histoire de notre planète, ces zoophytes vivaient en masses innombrables, dans les mers. En se déposant au fond de ces mers, leurs coquilles, entassées pendant des siècles, ont fini par composer des terrains entiers. Nous dirons, pour prendre un exemple, que pendant la période carbonifère une seule espèce de ces zoophytes a formé, dans l'emplacement actuel de la Russie, d'énormes couches de terrain calcaire.

Plusieurs étages des terrains crétacés sont en partie composés de Foraminifères. On en trouve une quantité immense dans la craie blanche, depuis notre Champagne jusqu'à l'Angleterre.

Mais c'est surtout dans les terrains tertiaires que ces zoophytes ont contribué à former des dépôts énormes. La plus grande des pyramides d'Égypte n'est qu'une agrégation de *Nummulites*. Un nombre prodigieux de Foraminifères se voient dans les terrains tertiaires de la Gironde, de l'Italie et de l'Autriche. Le calcaire grossier, si abondant dans le bassin

de Paris, n'est presque uniquement composé que de Foraminifères. Ces zoophytes abondent tellement dans le calcaire grossier du bassin de Paris, que M. d'Orbigny en trouva plus de
58 000 dans un petit bloc de 27 millimètres cubes seulement
de calcaire provenant des carrières de Gentilly. Ce qui, d'après
cet auteur, conduirait à faire admettre l'existence de près de
3 milliards de ces zoophytes par mètre cube de pierr ! Comme
le calcaire grossier a servi à bâtir Paris, ainsi que les villes
et villages des départements voisins, on peut dire que Paris
et les centres de population qui l'entourent sont bâtis avec
des coquilles microscopiques d'animaux.

Le sable de tout le littoral des mers actuelles est tellement
rempli de ces petites coquilles, aux formes élégantes, qu'il
en est souvent à moitié composé. M. d'Orbigny trouva dans
3 grammes de sable des Antilles 440 000 coquilles de Foraminifères. Bianchi trouva dans 30 grammes de sable de la
mer Adriatique 6000 de ces coquilles. Si l'on calculait la proportion de tous ces êtres, contenus dans un mètre cube seulement de sable marin, on arriverait à un chiffre qui
dépasserait toute expression. Et que serait-ce si l'on voulait
étendre le même calcul à l'immensité de la surface des plages
de notre globe !

M. d'Orbigny a reconnu, par l'examen microscopique du
sable de toutes les parties du monde, que ce sont les débris
de Foraminifères qui forment, au sein des mers actuelles,
ces dépôts énormes, ces bancs qui viennent gêner la navi-
gation, obstruer les golfes et les détroits, et combler les
ports, comme on l'a vu pour celui d'Alexandrie.

Joints aux Coraux et aux Madrépores, les Foraminifères
composent ces îles qui surgissent sous nos yeux, au sein
de l'Océan, dans les régions chaudes, et dont nous aurons
à traiter longuement dans la suite de ce volume.

Ainsi, ces coquilles à peine appréciables à la vue suffisent,
par leur accumulation, pour combler certaines mers, et elles
jouent, à notre insu, un rôle considérable dans l'ensemble
de la nature.

La connaissance des Foraminifères ne date pas de nos
jours. Il est si facile de distinguer un grand nombre de cor-

puscules, à formes régulières et symétriques, dans le sable du littoral marin examiné au microscope, que ces corpuscules ont fixé de bonne heure l'attention des observateurs. Ces petites et élégantes coquilles figurèrent, dès l'époque de la découverte du microscope, parmi les curiosités révélées par cet admirable instrument. Ce n'est qu'à ce titre que le naturaliste italien Bianchi, plus connu sous le nom de Janus Plancus, les décrivit, à la fin du dix-septième siècle.

On constata plus tard que ces corpuscules réguliers n'étaient autre chose que la coquille, ou la charpente solide, d'une foule d'animalcules marins. On les considéra alors comme des espèces vivantes, analogues aux Ammonites et aux Nautiles des temps géologiques.

Linné les plaça dans ce dernier genre, qui comprenait pour lui toutes les coquilles multiloculaires.

En 1804 Lamarck les rangea parmi les Mollusques céphalopodes. Mais Alcide d'Orbigny fit voir que ce rapprochement était complétement inexact. Dujardin les détacha absolument de la classe des Mollusques, et montra qu'on devait les reléguer dans les classes inférieures de l'animalité.

Ces petits êtres, en effet, manquent de véritables appendices analogues aux pieds des Mollusques supérieurs ; ils possèdent simplement des expansions filamenteuses, variables dans leur forme.

D'Orbigny a été le grand historiographe des Foraminifères. Il a consacré à l'étude et à la classification de ces petits zoophytes de longues années de recherches.

Nous avons implicitement admis, dans ce qui précède, que tous les Foraminifères sont de dimensions microscopiques. Prise avec cette généralité, cette proposition serait erronée. Il existe un certain nombre d'espèces de Foraminifères dont les caractères sont visibles à l'œil nu. Tels sont les *Nummulites*, dont nous parlons plus haut, comme entrant dans la composition de la masse pierreuse des pyramides d'Égypte. Les *Nummulites des pyramides*, de forme circulaire, ont 2 centimètres 12 de diamètre. Les Foraminifères que l'on trouve dans le terrain nummulitique de Tremstein (Bavière), entre Munich et Saltzbourg, sont en-

core plus grands. Ils sont presque doubles en dimensions des
Nummulites des pyramides : ce sont les géants de cette tribu
d'animaux.

Après ces considérations préliminaires, nous pouvons donner une idée de la structure et de la classification de ces êtres
animés, dont le rôle ici-bas fut autrefois si considérable.

Le corps des Foraminifères, formé d'une substance glutineuse, est tantôt entier et arrondi, tantôt divisé en segments,
qui peuvent être placés sur une ligne, simple ou alterne,
enroulés en spirale ou pelotonnés autour d'un axe. Une enveloppe testacée, modelée sur les segments, suit toutes les
modifications de forme et d'enroulement, et protége ce corps
dans toutes ses parties. De l'extrémité du dernier segment,
d'une ou plusieurs ouvertures de la coquille, ou des nombreux pores de son pourtour, partent des filaments allongés,
grêles, plus ou moins nombreux. Ces filaments se divisent
et se subdivisent sur leur longueur, comme la branche ra-
mifiée d'un arbre. Ils peuvent s'attacher aux corps extérieurs,
avec assez de force pour déterminer la progression de l'animal. Formés d'une matière incolore, transparente, ils ne
constituent que des expansions qui varient de forme et de
longueur suivant les conditions du milieu ambiant. Ces filaments ont des positions très-variées. Tantôt ils forment un
faisceau unique et rétractile, sortant par une seule ouverture; tantôt ils se projettent au travers de nombreux petits
pores du test qui recouvre le dernier segment de l'animal, etc.
Comme nous l'avons déjà dit, ce sont ces pores nombreux
qui ont fait donner aux êtres dont nous esquissons l'histoire,
le nom de *Foraminifères* ou *Porte-trous*.

Au reste, ces filaments, contractiles et variables dans leur
forme, qui constituent les pieds et les bras de ces petits
êtres, paraissent avoir quelque chose de venimeux. On a
constaté, en effet, que des Infusoires sont tout à coup para-
lysés dans leurs mouvements, lorsqu'ils viennent à subir
le contact d'un de ces petits bras d'un Foraminifère.

« C'est probablement ainsi, dit Frédol, que le foraminifère réussit à
pêcher ses petits aliments?... N'est-il pas digne de remarque que ces

êtres si petits soient, malgré leur taille exiguë, des *carnassiers impitoyables!* Ainsi, avec une dose homœopatique de venin, la bestiole la plus faible et la plus microscopique peut devenir un redoutable destructeur[1]. »

Une observation bien singulière a été faite par Dujardin sur ces petits filaments, ou bras, qui servent de membres aux Foraminifères. Ce naturaliste assure que lorsqu'un *Miliole* veut grimper sur les parois d'un vase, il compose, à l'instant, aux dépens de sa propre substance, une sorte de pied *provisoire*. Ce pied s'allonge rapidement, et fonctionne comme un membre permanent. Le besoin une fois satisfait, ce pied temporaire *rentre dans la masse commune et se confond avec le corps!*

Ainsi, chez ces êtres inférieurs, la nécessité d'une fonction à remplir, c'est-à-dire la volonté seule, a la puissance de créer un organe ! Et l'homme, avec tout son génie, ne saurait se fabriquer un cheveu !

Jusqu'à ce jour on n'a pu découvrir chez les Foraminifères aucun organe de nutrition.

Nous avons déjà dit que les petites coquilles de ces Zoophytes varient beaucoup dans leurs formes. Elles sont généralement divisées en plusieurs chambrettes, communiquant entre elles par les pores des cloisons. Les différentes parties gélatiniformes de l'animalcule sont, de cette manière, mises en rapport les unes avec les autres.

Alcide d'Orbigny, à qui l'on doit presque tout ce que l'on sait aujourd'hui sur la classe d'animaux qui vient de nous occuper, les avait distribués en six familles, en se fondant sur la forme de leurs coquilles. Ces six familles renferment soixante genres et plus de seize cents espèces. Nous craindrions de fatiguer l'attention du lecteur en signalant ici les caractères de ces familles. Nous nous bornerons à mettre sous ses yeux les figures de cinq espèces de Foraminifères, qui donneront une idée suffisante de la variété et de l'élégance de l'organisation de ces zoophytes.

Voici d'abord les *Nummulites* (fig. 3). Dessin fait d'après

---

1. *Le Monde de la mer,* page 77.

nature sur un échantillon de l'étage nummulitique de Nousse
(Landes).

Le *Siderolites calcitrapoides* (Lamarck) fig. 4) se trouve

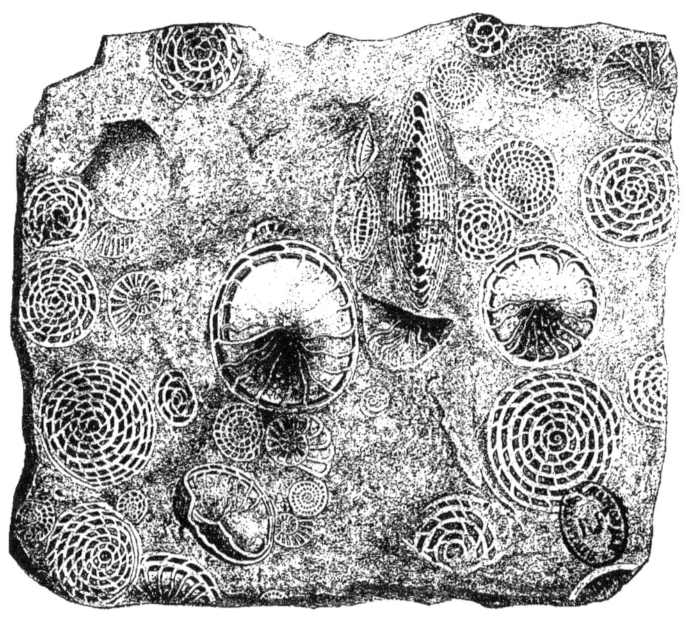

Fig. 3. Nummulites Rouaulti. *D'Archiac et J. Haime.*

dans la craie supérieure de la fameuse montagne de Saint-
Pierre de Maestricht, gisement célèbre en géologie par les

Fig. 4. Siderolites calcitrapoides. *Lamarck.*

travaux de Faujas de Saint-Fond, mais surtout par la découverte qu'y fit Cuvier, du monstrueux saurien fossile le *Mosa-*

saure ou *grand animal de Maestricht*, découverte que nous avons racontée dans notre ouvrage *la Terre avant le déluge*.

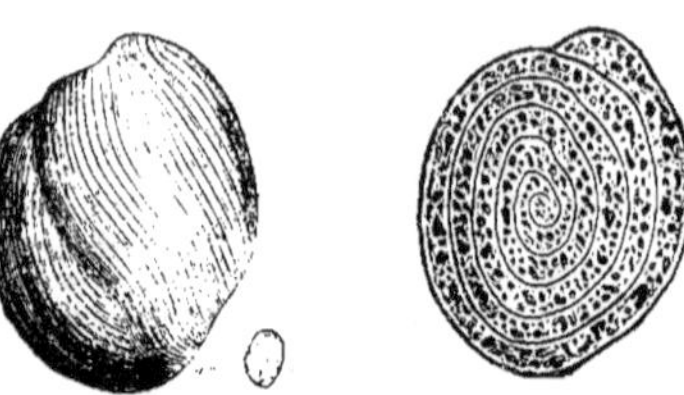

Fig. 5. Fabularia discolithes. *Defrance*.

La *Fabularia discolithes* (fig. 5) se trouve dans le calcaire grossier de Chaussy (Seine-et-Oise) et dans d'autres localités du bassin parisien.

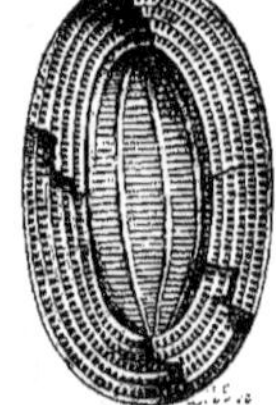

Fig. 6. Alveolina oblonga. *D'Orbigny*.

L'*Alveolina oblonga* (fig. 6) fait partie des terrains éocènes, dans l'étage des sables quartzeux glauconifères des environs de Paris. Les deux figures que le lecteur a sous les yeux représentent cette coquille vue dans son ensemble et par une coupe verticale.

Fig. 7. Dactylopora cylindracea. *Lamarck*.

Signalons enfin le *Dactylopora cylindracea* (Lamarck) (fig. 7) qui se trouve dans les sables moyens de Valmondois (terrain éocène) et dans le calcaire grossier de Grignon. Ce petit être a été considéré longtemps comme un polypier. D'Orbigny, dans son *Prodrome de Paléontologie stratigraphique universelle*, l'a transporté parmi les Foraminifères. Il paraît établir un passage entre les Foraminifères et les Polypiers.

Si l'on veut connaître la distribution des Foraminifères selon les périodes géologiques, nous dirons que les espèces, d'abord très-simples dans leurs formes, ont commencé à paraître, en petit nombre, avec le terrain carbonifère. Elles deviennent plus nombreuses, et en même temps plus compliquées dans leurs formes, dans le terrain crétacé. Elles se sont plus diversifiées encore et se sont multipliées en une proportion très-rapide dans le terrain tertiaire, où elles atteignent le maximum de leur développement numérique.

Les Foraminifères actuellement vivants ne sont pas répartis également dans toutes les mers du globe. Certains genres sont propres aux régions chaudes, d'autres aux régions tempérées et froides. Ils sont d'autant plus nombreux et d'autant plus variés dans leurs formes, que les mers sont plus chaudes.

ORDRE DES NOCTILUQUES.

Avant de passer à l'étude des Infusoires, nous dirons quelques mots de l'ordre des Noctiluques, auquel un genre unique a donné son nom.

La *Noctiluque miliaire* est un petit animal marin, gros comme la tête d'une épingle, et qui ressemble à un globule de gelée transparente, ou bien encore à une petite perle molle. C'est un des animaux qui contribuent le plus à la phosphorescence de la mer. Nous aurons à parler dans la suite de ce volume, de plusieurs genres d'animaux qui jouent un grand rôle dans les causes de la phosphorescence de la mer. Nous nous contenterons ici de dire quelques mots sur l'organisation de la *Noctiluque*.

Si l'on examine avec un grossissement assez fort cette perle vivante et lumineuse, on voit qu'elle présente en un point de sa circonférence une légère échancrure, une sorte d'ombilic, au centre duquel se trouve la bouche, et d'où part un appendice filiforme, grêle, mobile, et qui ressemble à une petite trompe. Autour du corps on voit une enveloppe membraneuse, sous laquelle se logent des expansions filamenteuses très-variables, formant comme une sorte de filet.

Les Noctiluques sont si abondantes dans nos parages maritimes, c'est-à-dire dans la Manche, l'Océan et la Méditerranée, que dans trente centimètres cubes d'eau de mer, rendue phosphorescente par leur présence, on a pu calculer qu'il en existe vingt-cinq mille !

CLASSE DES INFUSOIRES.

Avec les Infusoires nous rentrons dans le domaine des infiniment petits.

Les eaux douces et les eaux salées sont peuplées de légions innombrables d'êtres très-mobiles, et dont la dimension est si faible qu'ils ne sont pas appréciables à l'œil nu. Ces infiniment petits sont semés par millions et par milliards dans les abîmes des eaux. La connaissance de ces êtres nous eût échappé, comme elle a échappé aux anciens, sans la découverte du microscope, ce sixième sens de l'homme, selon l'heureuse expression de notre illustre historien et poëte, Michelet.

« Les animalcules infusoires, dit Frédol, sont tellement petits, qu'une gouttelette de liquide en contient plusieurs millions.

« Toutes les eaux en présentent, les douces comme les salées, les froides comme les chaudes. Les grands fleuves en charrient constamment des quantités énormes dans la mer.

« Le Gange en transporte, dans l'espace d'une année, une masse égale à six ou huit fois le volume de la plus grande pyramide d'Égypte. Parmi ces animalcules, on en a compté soixante et onze espèces différentes (Ehrenberg).

« L'eau et la vase recueillies entre les îles Philippines et les îles Mariannes, à une profondeur de 6600 mètres, en ont donné cent seize espèces.

« Près des deux pôles, là où de grands organismes ne pourraient pas
exister, on rencontre encore des myriades d'infusoires. Ceux qu'on a
observés dans les mers du pôle austral, pendant le voyage du capitaine
James Ross, offraient une richesse toute particulière d'organisations
inconnues jusqu'ici, et souvent d'une élégance remarquable. Dans les
résidus de la fonte des glaces qui flottent en blocs arrond's, par 78° 10′
de latitude, on a trouvé près de cinquante espèces différentes. Plusieurs
d'entre elles portaient des ovaires encore verts, ce qui prouvait qu'elles avaient vécu et lutté avec succès contre les rigueurs d'un froid
arrivé jusqu'à l'extrème (Ehrenberg).

« A des profondeurs de la mer qui dépassent les hauteurs des plus
puissantes montagnes, chaque couche d'eau est animée par des phalanges innombrables d'imperceptibles habitants (Humboldt).

« Les infusoires sont donc à la fois les animaux les plus petits et les
plus nombreux de la nature. Ces êtres microscopiques constituent,
aussi bien que l'espèce humaine, un des rouages de la machine si compliquée de notre globe. Ils sont à leur rang et à leur échelon : ainsi l'a
voulu la grande pensée première! Supprimez ces microscopiques bes-
tiolettes, et le monde sera incomplet! On l'a dit il y a longtemps, il
n'est rien de si petit à la vue qui ne devienne grand par la réflexion [1]! »

Les Infusoires existent partout. On les trouve depuis la
cime des plus hautes montagnes, jusqu'aux plus profonds
abîmes des mers. Ils vivent et se multiplient indifféremment
sous l'équateur et vers les régions polaires. La mer, les fleuves, les étangs, le vase à fleurs qui est sur notre fenêtre, et
jusqu'à nos tissus et nos humeurs, tout cela contient des
animalcules infusoires.

Des couches de terrain, souvent épaisses de plusieurs mètres, et qui occupent une étendue considérable, sont presque exclusivement formées des débris accumulés de ces
êtres.

C'est aux Infusoires que le limon du Nil, et d'autres dépôts fluviatiles ou lacustres, doivent leur prodigieuse fer-
tilité.

Ce sont les mêmes animalcules qui colorent en vert ou en
rouge des flaques d'eau et des étangs entiers.

Quand les eaux de la mer ont été convenablement concen-

1. *Le Monde de la mer*, page 57.

trées par la chaleur solaire, afin d'en extraire le sel, dans ces vastes bassins qui sont creusés, au bord des rivages, dans le midi de la France, et que l'on nomme *marais salants*, les eaux, arrivées à un certain degré de concentration, prennent une couleur rose. Cette coloration est due à la présence, dans ce milieu salé, de masses innombrables de petits Infusoires, à carapace rouge.

Disons enfin que les débris solides de certains Infusoires fossiles, d'une petitesse effrayante, ont formé cette pierre siliceuse qui sert à user les métaux, et que l'on connaît sous le nom vulgaire de *tripoli*.

L'étude des animalcules infusoires offrent un grand intérêt, aussi bien pour le naturaliste que pour le philosophe et le médecin. Ces petits êtres ont joué un si grand rôle dans la nature, ils ont contribué d'une manière si évidente à la formation de quelques terrains, que le géologue ne peut négliger leur action, lorsqu'il cherche à établir le mode de formation de notre globe. Le philosophe ne doit point ignorer que plusieurs savants ont cru trouver dans les Infusoires l'origine des animaux, et que des naturalistes modernes invoquent leur production comme une arme puissante en faveur de la génération dite *spontanée*. Enfin, le médecin doit savoir que la propagation de certaines maladies semble avoir pour cause ces mêmes animalcules microscopiques.

La découverte des Infusoires ne remonte qu'au seizième siècle. C'est au célèbre naturaliste observateur Leuwenhoek qu'on en doit la découverte. C'est le 24 avril 1676 que Leuwenhoek vit, pour la première fois, des animalcules infusoires. Cinquante ans plus tard, Baker et Trembley les étudièrent de nouveau. En 1752, Hill fit, le premier, l'essai d'une classification de ces animalcules. C'est Wiesberg, en 1764, qui leur donna le nom d'Infusoires, parce qu'on les trouve en abondance dans les *infusions* de nature animale ou végétale. Muller publia sur ces animalcules un ouvrage spécial.

Les Infusoires furent dès lors considérés comme formant un groupe spécial parmi les animaux Radiaires. Dans la suite, on ne vit dans ces êtres, en apparence imparfaits, que des prototypes indéterminés d'autres classes (Baer, de Blainville).

Mais les idées changèrent lorsque l'on put faire usage, pour
leur étude, de microscopes plus purs et plus puissants, c'est-
à-dire armés de bonnes lentilles achromatiques. C'est alors
que, grâce aux travaux considérables d'Ehrenberg et de Dujardin, on arriva à mieux comprendre l'organisation de ces
infiniment petits, et à établir d'une manière plus exacte les
limites du groupe zoologique qu'ils constituent.

Après ces considérations préliminaires, nous examinerons
de plus près les Infusoires, au point de vue de leur vie générale et de leur organisation. Nous signalerons ensuite
plusieurs espèces remarquables à divers titres. Nous emprunterons la plupart des renseignements qui vont suivre,
au savant ouvrage que Dujardin a consacré à la physiologie
et à la classification de ces animaux[1].

Certaines eaux stagnantes sont tellement remplies d'Infusoires, qu'il suffit de puiser au hasard dans ces milieux liquides pour s'en procurer abondamment. Dans d'autres
eaux, ils forment une couche occupant la surface ou le fond
du liquide. En général, il faut les chercher là où l'eau, main-
tenue en repos, est peuplée d'herbes, de Conferves et de
Lemna, s'il s'agit des marais; de *Ceramium* s'il s'agit de la
mer. Certains Infusoires vivent non-seulement dans les
eaux, mais dans des lieux habituellement humectés, comme
les touffes de Mousses, les couches minces d'Oscillaires, sur
la terre ou contre les murs humides. D'autres enfin vivent
en parasites, à l'extérieur ou à l'intérieur de certains animaux
(Hydres, Lombrics, Naïs). On en trouve des quantités dans
les excréments liquides et dans plusieurs autres produits de
l'organisme. On a signalé la présence de ces animalcules
jusque dans le lait de la femme!

Mais, comme leur nom l'indique, c'est dans les infusions
aqueuses, végétales ou animales, que ces animalcules abondent. Nos lecteurs pourront se procurer sans peine le plaisir
de voir s'agiter et grouiller sous leurs yeux, armés d'un mi-

---

1. *Histoire naturelle des Zoophytes. Infusoires*, par Félix Dujardin, professeur à la Faculté des sciences de Rennes. 1 vol. in-8°, avec atlas. Paris, 1841.
(*Suites à Buffon.*)

croscope, les animalcules qui nous occupent, en préparant une infusion de matière organique, qui est, pour ainsi dire, une manufacture d'Infusoires. Il suffit, pour les voir apparaître en abondance, de placer quelques débris de substances végétales ou animales, par exemple du blanc d'œuf ou du foin, dans de l'eau, renfermée dans un flacon à large ouverture, exposé à la lumière, en facilitant autant que possible le renouvellement de l'air. Certains réactifs, tels que le phosphate de soude, les phosphates, nitrates et oxalates d'ammoniaque, le carbonate de soude, ajoutés à ces infusions organiques, favorisent singulièrement le développement des Infusoires.

Il est aussi des infusions accidentelles qui fournissent une abondante source de ces êtres microscopiques. L'eau qui a séjourné sur la terre de jardin ou sur le terreau, l'eau des tonneaux d'arrosage, celle qui s'égoutte des vases à fleurs, etc., sont remplies de myriades de ces êtres.

Passons à l'organisation des Infusoires.

Nous avons déjà insisté sur leur petitesse. Leur grandeur moyenne est de un à cinq dixièmes de millimètre. Les plus grands peuvent s'apercevoir à l'œil nu. Ils sont ordinairement blancs ou incolores; cependant il en est de verts, de bleus, de rouges, de brunâtres, de noirâtres.

Vus au microscope, les Infusoires paraissent formés d'une substance glutineuse, transparente, nue, ou revêtue d'une enveloppe plus ou moins résistante, que l'on désigne, d'après Dujardin, sous le nom de *sarcode*. Cette substance est homogène, diaphane, élastique, contractile et pourtant dépourvue de toute espèce d'organisation.

Les Infusoires sont ordinairement de forme ovoïde ou arrondie. Ceux que l'on rencontre le plus fréquemment et qui attirent le plus l'attention des observateurs, sont munis de *cils vibratiles*, espèce de petites rames, disposées sur leur corps en quantités innombrables. Ces organes sont destinés à transporter rapidement l'animal d'un lieu à un autre. D'autres fois ils servent seulement à amener les aliments à sa bouche. Quelques Infusoires sont dépourvus de cils vibratiles; ils ont seulement un ou plusieurs filaments très-ténus, dont le mouvement onduleux suffit à déterminer leur progression dans le liquide qui les contient.

Les auteurs qui ont écrit sur les Infusoires, ont tantôt, comme Leuwenhoek, Ehrenberg et Pouchet, attribué à ces animaux une structure compliquée; tantôt, comme Muller, Cuvier et Lamarck, ils ont considéré ces êtres comme doués d'une organisation excessivement simple. Nous verrons bientôt que la vérité est entre ces deux extrêmes.

Chez les Infusoires supérieurs, outre des granules, des globules intérieurs, des vésicules pleines de liquide, des cils vibratiles et un système tégumentaire plus ou moins complexe, on trouve la substance que nous venons de désigner sous le nom de *Sarcode*.

L'appareil digestif des Infusoires a été l'objet de recherches très-nombreuses et qui ont provoqué de vives discussions entre les divers observateurs.

Dans les ordres inférieurs de cette classe, qui comprennent de très-petits animalcules, on n'a pu parvenir à observer d'une manière satisfaisante l'organisation de l'appareil digestif. Quelques naturalistes pensent que les Infusoires n'ont pas de bouche, mais seulement des fossettes creusées à la surface du corps. D'autres reconnaissent chez l'Infusoire l'existence d'un orifice buccal, quelquefois muni d'une armature solide. Quant à la disposition des cavités intérieures dans lesquelles la digestion s'opérerait, on ne sait rien de bien positif.

L'appareil digestif est connu d'une manière plus complète dans les Infusoires supérieurs, qui sont pourvus de cils vibratiles, c'est-à-dire dans les Infusoires dits *ciliés*. Ces cils vibratiles, en déterminant des courants de liquide, amènent vers l'entrée de l'appareil digestif les corpuscules nutritifs suspendus dans l'eau. Ce sont en quelque sorte les organes préhenseurs des aliments.

Nous devons ajouter ici, pour n'y plus revenir, que ces cils vibratiles sont en même temps des organes destinés à faciliter la respiration. En effet, tous ces petits fouets battent l'eau et la renouvellent sans cesse autour de l'Infusoire, dont le corps mou et gélatineux est très-propre à l'absorption de l'oxygène contenu dans cette eau.

Les cils vibratiles servent donc à la fois au mouvement de translation de l'animal, à sa nutrition, à sa respiration. Ils servent à trois fonctions différentes : exemple remarquable de cumul physiologique !

Les corpuscules de substance nutritive dirigés vers l'orifice buccal, par les cils vibratiles, sont bientôt portés dans l'intérieur du corps animal.

Afin de surprendre et de saisir plus facilement le phénomène de la digestion chez les Infusoires, un physiologiste allemand du dernier siècle, Gleichen, eut l'heureuse idée de répandre dans l'eau contenant ces animalcules une fine poussière de carmin. Il vit la matière colorante pénétrer dans le corps de quelques-uns de ces êtres. Mais il ne songea point à étudier, à l'aide de cet artifice, l'absorption de la matière nutritive. Ce n'est qu'en 1830 qu'Ehrenberg eut recours au même moyen pour étudier la structure interne de ces infiniment petits.

Ce naturaliste constata la réalité d'une déglutition chez beaucoup d'Infusoires, qu'il nourrissait avec du carmin, de l'indigo et d'autres matières colorantes. Il vit, en outre, des globules colorés, d'un volume à peu près constant, apparaître chez les différents individus d'une même espèce. Il tira de là cette conclusion, que la matière colorante s'était déposée dans autant de petites poches arrondies.

Ehrenberg pensa que chacune de ces poches était un estomac, et que l'introduction des aliments dans l'intérieur de ces réservoirs, ainsi que l'évacuation des fèces, devait s'opérer au moyen d'un intestin, autour duquel ces estomacs seraient accrochés. Dans quelques cas, il crut même pouvoir distinguer le trajet de cet intestin et ses rapports avec de nombreuses ampoules. Enfin, généralisant les conclusions tirées de ses observations, il admit, pour toute la classe des Infusoires, l'existence d'estomacs multiples, et nomma dès lors ces animalcules *Infusoires polygastriques*.

Chez les uns, Ehrenberg compta quatre estomacs : organisation qui rapprochait ces êtres microscopiques du Bœuf et de la Chèvre, ce qui était bien étrange. Chez d'autres, il put compter jusqu'à deux cents estomacs !

C'était beaucoup.

« On le lui fit bien voir. »

De vives objections ne tardèrent pas à s'élever de la part
de plusieurs observateurs, et particulièrement de la part de
Dujardin, contre cette fournée d'estomacs attribuée à de si
petits êtres, par le physiologiste allemand. Dujardin cher-
cha à établir que les globes colorés qui apparaissent dans
le corps de l'Infusoire, soumis au régime du carmin et de
l'indigo, ne sont point limités par une membrane, c'est-à-
dire ne sont pas contenus dans des poches stomacales.

« Ce sont, dit M. Edwards, des espèces de bols constitués par la matière alimentaire, dont chaque gorgée, réunie dans une masse arrondie, serait poussée dans une substance pâteuse, où elle ne se disperse-
rait pas, et continuerait à avancer en conservant sa forme. On a vu, en
effet, ces sphérules changer de place, se dépasser l'une l'autre dans
leur transport de la bouche à l'intestin. Ils ne le pourraient faire
évidemment, s'ils étaient autant d'estomacs attachés à un canal intestinal. »

Cette opinion, due aux études patientes et précises de Dujardin, a été adoptée par presque tous les naturalistes. En
outre, ce savant micrographe n'admet pas qu'il y ait dans la
masse sarcodique des Infusoires de cavité préexistante, destinée à recevoir les aliments. En un mot, il ne leur reconnaît
pas d'estomac. Mais cette simplicité extrême de structure a
trouvé des contradicteurs.

Pour n'accorder ni quatre ni deux cents estomacs aux Infusoires, on n'a pas cru devoir les en priver tout à fait. Aussi
Meyen représente ces petits êtres comme étant creusés d'un
grand estomac simple, occupé par une matière pulpeuse,
matière dans laquelle les masses alimentaires s'enfonce-
raient successivement.

« Toutes les observations les plus récentes, dit M. Milne-Edwards,
tendent à établir que l'appareil digestif des Infusoires ciliés se compose généralement : 1º d'une bouche distincte ; 2º d'un canal pharyn-
gien dans lequel les aliments prennent souvent la forme d'un bol ;

3° d'un grand estomac à parois distinctes et plus ou moins éloignées de la membrane tégumentaire commune; 4° d'un orifice excréteur. »

La bouche présente des différences sensibles quant à sa position et à son mode de conformation. Souvent elle occupe le fond d'une fossette, dont les bords sont garnis de cils vibratiles très-développés. L'action de ces appendices détermine l'ingurgitation des aliments. Ailleurs, la bouche est à découvert, ou se trouve au fond d'une simple échancrure. Mais alors cet orifice est contractile et préhensible. Quelquefois même, dit M. Edwards, la partie intérieure du canal alimentaire est susceptible de se renverser au dehors, en forme de trompe; et dans un assez grand nombre d'espèces, elle est pourvue d'une armature particulière, composée d'un faisceau de soies rigides disposées en forme de nasse et susceptible de se dilater ou de se resserrer suivant les besoins de l'animal.

L'œsophage, qui fait suite à la bouche, se dirige en général obliquement en arrière. Il se termine le plus souvent dans un grand estomac indivisible.

La situation de la partie terminale du canal digestif, ou plutôt du simple orifice qui donne issue aux produits non assimilés de la digestion, varie beaucoup. Quelquefois il est très-rapproché de la bouche, d'autres fois il est placé sur le bord postérieur du corps, ou sur sa face ventrale.

Le mode de reproduction des Infusoires va nous montrer les plus surprenants phénomènes, et prouver l'admirable fécondité des moyens que la nature met en jeu pour assurer la perpétuité des espèces animales.

Les Infusoires peuvent se reproduire de trois manières différentes : 1° en émettant des bourgeons, à peu près comme les plantes; 2° par reproduction sexuelle, car dans ces petits êtres on a découvert récemment des individus mâles et femelles; 3° par la division spontanée de l'animal en deux individus nouveaux, c'est-à-dire, selon le mot consacré en zoologie, par *fissiparité*.

Des trois modes de propagation que nous venons de citer, celui qui paraît le mieux constaté, c'est le mode par *division spontanée*, et voici le singulier phénomène dont on est témoin quand on a la patience d'examiner longtemps au microscope un Infusoire, bien isolé de ses innombrables et remuants compagnons.

On voit tout d'un coup le corps oblong de cet animal présenter en son milieu un étranglement, qui devient de plus en plus prononcé. Le segment inférieur commence bientôt à montrer des cils vibratiles, lesquels apparaissent à l'endroit où sera la nouvelle bouche. Bientôt cette bouche devient de plus en plus distincte, et l'Infusoire se coupe littéralement en deux parties : on voit flotter au bord de la plaie des lambeaux de la substance glutineuse intérieure. Les deux moitiés se parachèvent assez vite, et elles ressemblent finalement à l'animal primitif. Voilà assurément un des phénomènes les plus curieux que puisse nous présenter l'étude des êtres vivants !

Ainsi chez les Infusoires, le fils est la moitié de sa mère, et le petit-fils le quart de son grand-père.

« Par ce mode de propagation, dit Dujardin, un Infusoire est la moitié d'un Infusoire précédent, le quart du père de celui-ci, le huitième de son aïeul, et ainsi de suite, si l'on peut nommer père ou mère d'un animal celui qui revit dans ses deux moitiés, aïeul celui qui, par une nouvelle division, continue à vivre dans ses quatre quarts.... On pourrait, dit encore Dujardin, imaginer tel Infusoire comme une partie aliquote d'un Infusoire semblable qui aurait vécu des années et même des siècles auparavant, et dont les subdivisions par deux, et toujours par deux, se seraient, continuant toujours à vivre, développées successivement[1]. »

Ce mode de génération des Infusoires fait comprendre la miraculeuse fécondité de ces êtres, qui défierait le calcul si l'on voulait l'évaluer avec précision. On est parvenu cependant à calculer approximativement le nombre des Infusoires qui peuvent dériver d'un seul individu, par cette suite de dédoublements, qui crée à chaque fois une génération nouvelle. On a trouvé qu'au bout d'un mois deux *Stylonichiées* avaient une progéniture de plus d'un million quarante-huit mille individus ; et que, dans un laps de quarante-deux jours,

---

1. *Histoire des Zoophytes Infusoires*, page 86.

une seule *Paramécie* avait produit plus d'un million trois cent quatre-vingt-quatre mille formes semblables à elle.

A quel nombre prodigieux n'atteindrait-on pas si l'on pouvait tenir compte, en même temps, des autres modes de propagation propres aux Infusoires, c'est-à-dire la propagation par germes et par bourgeons qui appartient en même temps à ces mêmes animalcules ? Il suffit, comme on le voit, d'un seul germe placé dans des conditions convenables de développement, pour produire en très-peu de jours des myriades de formes microscopiques.

Nous venons de voir que les Infusoires se reproduisent : 1° par des bourgeons, 2° par des œufs, 3° par *fissiparité*, c'est-à-dire par la division spontanée de l'animal en deux autres. Existe-t-il un quatrième mode de reproduction des Infusoires ?

C'est ce qu'admettent les partisans de la génération dite *spontanée*. Dans ce système de vues, un Infusoire pourrait se reproduire sans œufs, ni germe, ni parent préexistant. Il suffirait d'exposer à l'action de l'air et de l'eau une matière organique animale ou végétale, à une température convenable, pour voir cette matière s'organiser et former des animaux infusoires vivants.

Tel est l'énoncé général de la grande question de la génération spontanée, ou *hétérogénie*, sur laquelle depuis dix ans on a tant écrit, et qui a entouré de tant de gloire les noms de deux naturalistes français : MM. Pouchet et Joly.

Les travaux des partisans de la génération spontanée ont été, hâtons-nous de le dire, vivement combattus par la grande généralité des autres naturalistes français. L'Académie des sciences de Paris, c'est-à-dire des hommes comme MM. Flourens, de Quatrefages, Coste, Pasteur, Milne-Edwards, Blanchard, Paul Gervais, Lucaze-Duthiers, etc., s'élèvent avec énergie contre une opinion qui va à l'encontre de l'esprit général et des opérations ordinaires de la nature.

Nos livres s'adressent à la jeunesse et aux gens du monde. Nous ne pouvons présenter aux simples amateurs des sciences que des faits avérés, et non les incertitudes, les *desiderata* de l'histoire naturelle. Nous nous bornerons donc à constater l'état d'indécision de cette question ardue, qui se débat en-

core en ce moment dans le domaine de la discussion et de
la polémique, en répétant avec le poëte:

Grammatici certant et adhuc sub judice lis est.

Beaucoup d'Infusoires subissent des métamorphoses, et
l'on a déjà reconnu que certains genres considérés comme
distincts ne sont que des formes transitoires dépendant de
l'âge d'une seule et même espèce.

On sait que les Insectes s'enferment souvent dans des sortes
d'enveloppes protectrices, et demeurent des mois entiers au
fond de ces retraites, dans un état de mort apparente. On a
observé des faits semblables chez les Infusoires. On a même
vu quelques-uns de ces êtres entourer comme une gelée les
corps étrangers, et leur former une sorte d'enveloppe vivante.

La durée de la vie des Infusoires n'est que de quelques
heures. Mais certaines espèces offrent, sous le rapport de la
durée de la vie, un phénomène véritablement inouï, qui a
toujours excité la surprise et l'admiration du naturaliste et
celle du penseur.

En desséchant avec précaution certains Infusoires, on peut
suspendre et prolonger indéfiniment leur vie. Ainsi desséchés, les Infusoires peuvent être entraînés avec la poussière,
à chaque souffle du vent. En cet état, ils sont portés souvent
à des distances énormes. Une fois desséchés, ils peuvent de-
meurer inertes pendant une période de temps indéterminée,
abandonnés sur le bord d'un rocher ou d'un toit, au coin
d'un mur, ou sous le chapiteau d'une colonne, d'un édifice.
Mais vienne une goutte d'eau, et la vie endormie se réveille
aussitôt. Le Lazare microscopique renaît: on le voit s'agiter,
se nourrir et se multiplier. La vie, suspendue depuis des
années entières, reprend son cours interrompu.

Dans quel monde de réflexions nous plonge la révélation
de cette mystérieuse propriété d'un être vivant!

Le physiologiste Müller a observé une autre particularité
étonnante dans la vie des Infusoires. Ces animalcules peuvent perdre une partie de leur substance, sans pour cela se
détruire. La partie morte disparaît, et l'individu diminué de
moitié, ou réduit au quart de son volume primitif, continue

de vivre, comme si rien ne lui était arrivé. Müller a vu une *Kolpode* (*Kolpoda meleagris*) se fondre sous ses yeux, jusqu'à ne conserver que la sixième partie de son corps. Après cette perte de soi-même, notre sixième d'animal, notre Infusoire invalide, se remettait à nager et à vivre, sans se préoccuper davantage de cette réduction de substance.

« Les infusoires, dit Frédol, offrent encore un autre genre de décomposition. Si l'on approche de la goutte d'eau dans laquelle ils nagent une barbe de plume trempée dans l'ammoniaque, l'animalcule s'arrête, mais continue à mouvoir rapidement ses cils. Tout à coup, sur un point de son contour, il se fait une échancrure qui s'agrandit peu à peu, jusqu'à ce que l'animal entier soit *dissous*. Si l'on ajoute une goutte d'eau pure, la décomposition est brusquement enrayée, et *ce qui reste* de l'animalcule recommence à se mouvoir et à nager (Dujardin)[1]. »

On divise les Infusoires en deux ordres : les *Infusoires ciliés* c'est-à-dire pourvus de cils vibratiles, et les *Infusoires flagellifères*, c'est-à-dire porteurs de bras ou de ramifications. La plus grande partie des Infusoires rentre dans le premier ordre, qui comprend plusieurs familles.

Nous nous contenterons de mentionner ici quelques types de ces deux groupes, qui nous paraissent intéressants, soit par leur petitesse, soit par leur grandeur relative, soit par quelque particularité de structure, soit enfin par leur abondance.

INFUSOIRES FLAGELLIFÈRES.

Les *Vibrioniens* sont des animaux filiformes, extrêmement minces, sans organisation appréciable, et sans organes locomoteurs apparents. Ce sont les premiers animalcules qui se montrent dans toutes les infusions de matières organiques.

En faisant usage des plus forts grossissements de nos microscopes, on ne les aperçoit que sous la forme de lignes très-minces et assez courtes, droites ou sinueuses. Les plus gros n'ont qu'une épaisseur de un millième de millimètre. Ils sont contractiles et se propagent par *division spontanée*.

Parmi les Vibrioniens, les uns ressemblent à des lignes droites, plus ou moins distinctement articulées et douées

1. *Le Monde de la mer*, page 64.

d'un mouvement de transport très-lent: ce sont les *Bacterium*. Les autres sont flexueux et ondulent avec une plus ou moins grande vivacité: ce sont les vrais *Vibrions*. D'autres enfin sont façonnés en forme de tire-bouchon, et tournent sans cesse sur eux-mêmes avec une grande rapidité : ce sont les *Spirillum*.

Le *Bacterium termo* (fig. 8) est le plus petit des Infusoires. On le voit paraître au bout de très-peu de temps, dans toutes les infusions végétales ou animales, exposées à l'air. Il s'y montre en nombre infini, formant comme des essaims d'animalcules. Il disparaît plus tard, c'est-à-dire à mesure que d'autres espèces, aux

Fig 8.
Bacterium termo. *Müll.* (Grossi 600 fois.)
Le même (Grossi 1600 fois).

quelles il sert de nourriture, viennent à se multiplier au sein du liquide. Quand l'infusion, par suite de la fermentation ou de la putréfaction, est devenue trop fétide pour que ces nouvelles espèces puissent y vivre, on voit reparaître le *Bacterium termo*.

Le *Bacterium termo* a été l'un des premiers Infusoires observés. Leuwenhoek le trouva dans la matière blanchâtre qui s'amasse entre les dents et les gencives, ou dans ce que l'on nomme communément le *tartre dentaire*. On trouve aussi le même animalcule dans divers liquides animaux altérés par quelque maladie.

Le *Vibrion baguette* (fig. 9) a un corps transparent, filiforme, articulé, à longues articulations, paraissant souvent brisé à chaque articulation. Il n'avance qu'avec assez de lenteur dans le liquide. Leuwenhoek a observé cette seconde espèce jointe à la première, dans le tartre dentaire. On la trouve dans un grand nombre d'infusions organiques.

Fig. 9.
Vibrion baguette. *Müll* (Grossi 300 fois.)

« Il n'y a pas d'objet microscopique, dit Dujardin, qui puisse exciter plus vivement l'admiration de l'observateur que le *Spirillum tournoyant* » (fig. 10).

L'observateur s'arrête plein de surprise quand il contemple ce petit être qui, avec le plus fort grossissement optique, n'apparaît que comme une ligne noire, façonnée en tire-bouchon, et qui, par instants,

Fig. 10.
Spirillum tournoyant. *Ehr.* (Grossi 300 fois.)

tourne sur lui-même avec une vélocité merveilleuse, sans
que l'œil aperçoive ou que l'esprit puisse deviner le moyen
de locomotion qui peut produire cet étrange phénomène
physiologique.

Les *Monadiens* sont d'autres Infusoires qui apparaissent
aussi de bonne heure dans les infusions végétales. Ces animalcules, qui constituent toute une famille, sont dépourvus
de tégument. La substance de leur corps peut s'agglutiner
ou s'étirer plus ou moins. Plusieurs filaments *flagelliformes*,
ou en forme de fouet, leur servent d'organes locomoteurs.
Ils sont quelquefois pourvus d'appendices latéraux ou disposés en guise de queue. Leur organisation est très-simple.
Leurs filaments flagelliformes sont très-fins et très-difficiles
à voir, la longueur de ce filament est ordinairement double
ou quelquefois quadruple de celle de l'Infusoire lui-même.

La *Monade lentille* (fig. 11) est une espèce qu'on rencontre
fréquemment dans les infusions végétales ou animales. Les
anciens micrographes l'avaient indiquée sous la
forme d'un globule, se mouvant avec lenteur et va-
cillation. Ce globule est formé d'une substance homogène, transparente, renflée en tubercules à sa
surface, et qui émet obliquement un filament flagelliforme, trois, quatre ou même cinq fois aussi long
que le corps de la Monade.

Fig. 11.
Monade
lentille.
Duj.
(Grossie
1600 fois.)

Le *Cercomonade de Davaine* a été découvert par
M. Davaine, dans les déjections encore chaudes des
cholériques. Son corps est pyriforme et présente en avant
un filament vibratile très-long, très-flexueux et très-agité.
En arrière du corps se trouve un filament plus épais, droit,
s'agglutinant quelquefois aux corpuscules environnants, et
autour duquel, dans ce cas, le *Cercomonade* oscille, comme
la lentille d'un pendule autour de sa tige.

Les *Volvoces* habitent les eaux douces limpides, pleines de
Conferves ou d'autres plantes aquatiques.

Les *Volvoces* sont, d'après Dujardin, des animalcules de
couleur verte ou jaune brunâtre, régulièrement disséminés
dans l'épaisseur et près de la surface d'un globe gélatineux,
transparent, qui devient creux et se remplit d'eau par suite

de son entier développement, et dans lequel se produisent
alors de cinq à huit globules plus petits, organisés de même,
et destinés à éprouver les mêmes changements, quand par
la rupture du globule contenant ils sont devenus libres.
Ces animalcules sont munis chacun d'un ou de deux filaments flagelliformes, qui, par leur agitation, déterminent le
mouvement de rotation de la masse.

Le *Volvoce tournoyant* (fig. 12) se trouve en abondance,

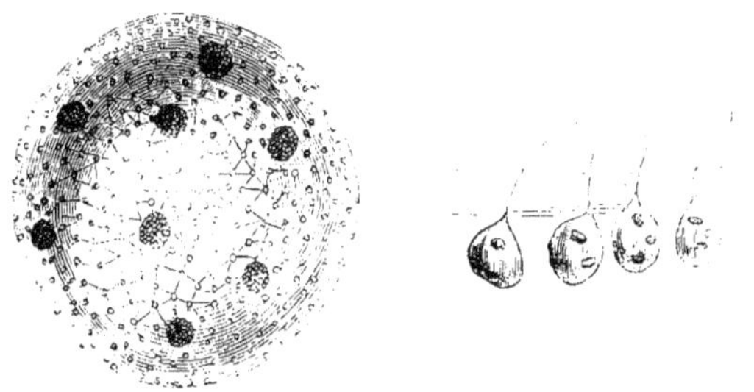

Fig. 12. Volvoce tournoyant. (Grossi 700 fois.) (*Volvox globator*, Mull.)

pendant l'été, dans les étangs ou les eaux stagnantes. Il est
constitué par des globules de couleur verte ou jaune brunâtre, larges d'un tiers de millimètre à un millimètre, formés
d'animalcules épars dans l'épaisseur d'une membrane sphérique, gélatineuse, diaphane, munis chacun d'un filament
flagelliforme et d'un point intérieur rouge, qu'Ehrenberg
avait pris pour un œil.

Leuwenhoek a le premier observé le *Volvoce* dans l'eau des
marais. Cet éminent naturaliste nous a laissé une relation
très-intéressante de ses observations sur ce microscopique
habitant des milieux aquatiques.

On ne saurait trop admirer aujourd'hui la patience et l'a-
dresse de cet incomparable naturaliste, qui faisait ses observations avec une simple lentille, qu'il construisait lui-même.
Il tenait d'une main cet instrument, bien grossier si on le
compare aux appareils perfectionnés et infiniment plus puissants que nous employons aujourd'hui, tandis que de l'autre
main il approchait de son œil le tube de verre plein d'eau
contenant les objets à examiner.

« Les microscopes de Leuwenhoek, dit Dujardin, étaient de très-petites lentilles biconvexes, enchâssées dans une petite monture d'argent; il en avait formé une collection de vingt-six, qu'il légua à la Société royale de Londres. Ces instruments, sujets à tous les inconvénients d'un maximum d'aberration de sphéricité et d'un manque total de stabilité, n'avaient pu servir utilement qu'entre les mains de Leuwenhoek, qui, durant vingt années de travaux, avait acquis une habitude capable de suppléer en partie à la stabilité de nos appareils modernes. »

Les *Euglènes* sont des Infusoires ordinairement colorés en vert ou en rouge. Leur forme est très-variable. Le plus souvent, ils sont oblongs et fusiformes, ou renflés au milieu pendant la vie, contractés en boule dans le repos, ou après la mort. Ils sont munis d'un filament flagelliforme, qui part d'une entaille en avant, et d'un ou plusieurs points rouges ou irréguliers placés vers l'extrémité antérieure.

L'*Euglène verte* (fig. 13) est l'espèce la plus commune du

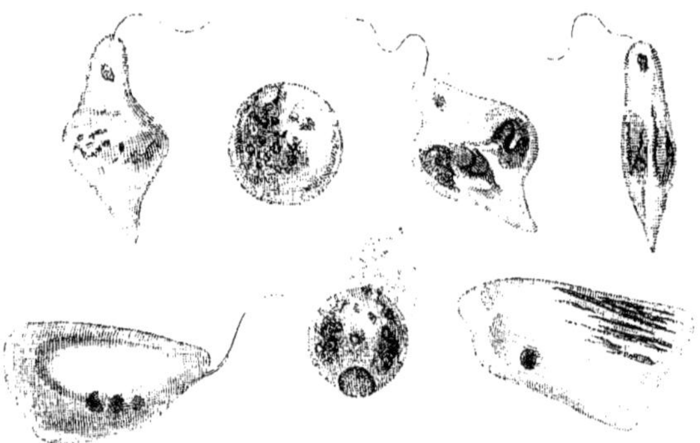

Fig. 13. Euglène verte. (Grossie 350 fois.) (*Euglena viridis*, Ehr.)

genre, et peut-être la plus répandue parmi tous les Infusoires. C'est cet animalcule qui habituellement colore en vert les eaux stagnantes, et qui forme sur les bords ou à la surface des eaux des marais une pellicule luisante, fortement colorée, qui, recueillie sur du papier, conserve pendant quelque temps sa nuance brillante.

L'*Euglène sanguine*, d'abord verte, devient d'un rouge sanguin. Elle avait été depuis longtemps entrevue par les micrographes. Ehrenberg, qui l'a décrite le premier, attribue à sa grande abondance la couleur rouge des eaux stagnantes.

La présence de ce microscopique Infusoire explique le prétendu miracle de l'eau changée en sang, phénomène invoqué dans l'antiquité par des prêtres égyptiens.

INFUSOIRES CILIÉS.

Jetons maintenant un regard sur quelques espèces remarquables du groupe des *Infusoires ciliés*.

Les *Paraméciens* sont des Infusoires à corps mou, flexible, de forme ordinairement oblongue et plus ou moins déprimée. Ils sont pourvus d'un tégument réticulé, lâche, à travers lequel sortent des cils vibratiles nombreux, disposés en séries régulières. Ces animalcules ont été vus par tous les anciens observateurs, et c'est dans ce groupe que l'on observe le mieux l'organisation des Infusoires portée à son plus haut degré de perfection. Les *Paraméciens* possèdent, en effet, outre un tégument réticulé contractile, des cils, disposés en séries, qui servent à la fois à leur locomotion, à la préhension des aliments et à la respiration. Ils sont pourvus d'une bouche, au fond de laquelle le tourbillon excité par les cils, dit Dujardin, détermine le creusement d'une cavité en cul-de-sac, et la formation de vacuoles sans parois permanentes, dans lesquelles sont renfermées les substances que l'animalcule a avalées en même temps que l'eau.

Les *Paraméciens* se multiplient par division spontanée : ils se coupent en deux pour se propager, phénomène étrange qui n'est pas d'ailleurs particulier aux seuls Infusoires.

Les *Paraméciens* abondent dans les eaux stagnantes, ou dans les eaux pures quand elles sont occupées par des herbes aquatiques. Ces eaux en contiennent quelquefois une quantité si prodigieuse, qu'elles en sont troublées. Ils se développent en abondance dans l'eau des vases de fleurs qui n'est pas renouvelée.

Les espèces du genre *Paramécie* ont un corps oblong, comprimé, avec un pli longitudinal oblique, dirigé vers la bouche, qui est latérale. Elles sont fort grosses, de sorte que l'emploi

de la loupe suffit pour les observer. La *Paramécie Aurélie*
apparaît dans la plupart des infusions végétales. Elle est
commune dans l'eau des fossés remplie d'herbes.

Pour donner une idée de l'étrange réduction à laquelle peut
parvenir la dimension d'un être organisé, de Humboldt a dit
qu'il existe de très-petits Infusoires qui vivent en parasites
sur d'autres Infusoires plus grands, et que ces derniers parasites servent eux-mêmes de demeure à d'autres Infusoires
plus petits encore. Cette assertion, qui peut paraître inad-
missible, se vérifie complétement pour l'Infusoire dont le
nom a été cité plus haut. La *Paramécie Aurélie* porte souvent des parasites. Ce sont de très-petits êtres, de forme cylindrique, pourvus de suçoirs. Nageant dans l'eau avec vivacité, ils se mettent à la chasse des Paramécies. Quand ils ont
pu atteindre le fugitif, ils se précipitent sur son corps, et s'y
établissent. Bientôt ils se multiplient à l'intérieur du corps
de la Paramécie, et leur famélique postérité suce et dévore
le malheureux animalcule, qui leur sert à la fois de maison
et de garde-manger.

Une autre variété de ces parasites de la Paramécie ne
chasse pas sa proie. Elle se tient, au contraire, immobile.
Quand la Paramécie vient à passer, elle se précipite sur sa
victime, se laisse emporter par elle et avec elle. Elle s'enfonce
dans le corps de la Paramécie, et bientôt elle s'y multiplie
tellement que quelquefois il existe jusqu'à cinquante de ces
parasites sur un seul individu. Pauvre victime !

Les *Nassules* ont le corps entièrement recouvert de cils,
ovoïde ou oblong, contractile, la bouche placée latéralement,
dentée, ou entourée d'un faisceau de baguettes cornées. Ce
faisceau de baguettes peut se dilater ou se resserrer, suivant
le volume de la proie que l'animal veut avaler. Il peut éga-
ement s'avancer au dehors pour saisir la proie que le mouvement des cils vibratiles n'amène pas à la bouche, comme
cela se passe chez les Paramécies, et qu'il est obligé d'aller
chercher.

Ces curieux Infusoires vivent dans les eaux stagnantes,
mais non dans les infusions. Ils se nourrissent des débris
des plantes aquatiques et en tirent leur coloration.

Les *Bussariens* sont des animaux à corps ovale ou oblong, contractile, pourvu de cils vibratiles, surtout à la surface, et qui offrent une large bouche, entourée de cils, disposés comme en moustache ou en spirale.

Nous citerons parmi les espèces de ce groupe le *Condylostome bâillant* (fig. 14). Remarquable par sa voracité et par sa grande taille, qui peut atteindre jusqu'à 1 millimètre 1/2, il est répandu depuis la Méditerranée jusqu'à la mer Baltique.

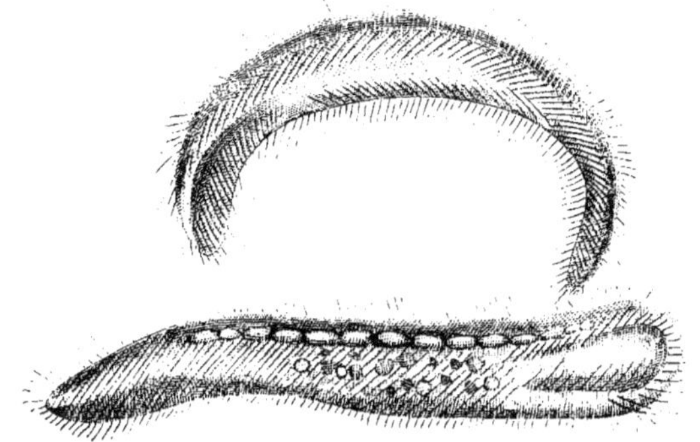

Fig. 14. Condylostome bâillant. (Grossi 350 fois.) (*Condylostoma patens*, Duj.)

Un autre Bussarien, le *Plagiostome du Lombric*, vit entre l'intestin et la couche musculaire externe de l'Annélide qui porte le nom de *Lombric*.

Au groupe des *Urcéolariens* appartiennent les *Stentors*, qui sont au nombre des plus grands Infusoires, car la plupart sont visibles à l'œil nu.

Les *Stentors* habitent les eaux douces stagnantes, ou tranquilles et couvertes d'herbes. Ils sont presque tous colorés en vert, en noirâtre ou en bleu clair. Leur corps est partout recouvert de cils vibratiles. Il est éminemment contractile et de forme très-variable.

Les *Stentors* peuvent se fixer temporairement, au moyen des cils de leur extrémité postérieure. Ils prennent alors la forme d'une trompette dont le pavillon est fermé par une membrane convexe et dont le bord est garni d'une rangée de cils obliques très-forts. Cette rangée de cils se contourne en spirale, pour aboutir à la bouche, qui est située près de ce bord. Lorsqu'ils nagent librement, ils ressemblent alternativement à une massue, à un fuseau, à une sphère.

Le *Stentor de Müller* vit dans les étangs des environs de Paris, on l'a même trouvé dans les bassins du Jardin des Plantes.

Pour ne pas fatiguer le lecteur, nous ne signalerons plus qu'une seule famille d'Infusoires : celle qui comprend le genre *Vorticelle*.

Les animaux qui constituent ce genre sont fixés dans la

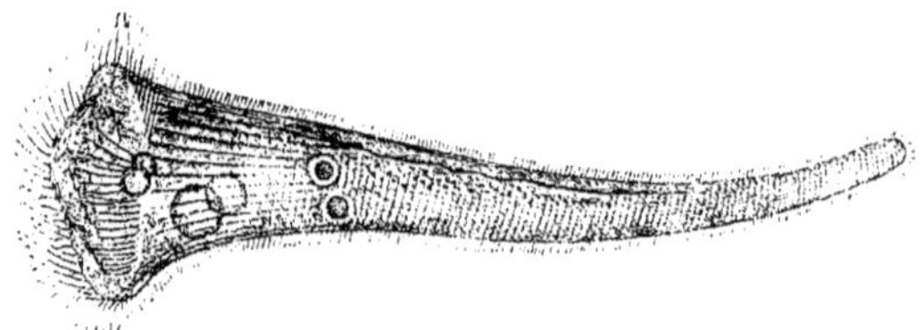

Fig. 15. Stentor de Müller. (Grossi 75 fois.) (*Stentor Mulleri*, Ehr.)

première période de leur existence, mais libres dans la seconde. Tant qu'ils sont fixés, ils ressemblent, dans leur état d'épanouissement, à une cloche ou à un entonnoir à bords renversés et ciliés. Dès qu'ils deviennent libres, ils perdent leur couronne de cils, prennent une forme cylindrique, plus ou moins allongée ou ovoïde, et se meuvent à l'aide d'un organe nouveau.

« Il n'est pas d'animaux, dit Dujardin, qui excitent l'admiration des naturalistes à un plus haut degré que les vorticelles, par leur couronne de cils et par les tourbillons qu'elle produit, par leur forme si variable, surtout *par leur pédicule susceptible de se contracter brusquement en tire-bouchon*, en tirant le corps en arrière pour s'étendre de nouveau. Ce pédicule est un cordon membraneux plat, plus épais sur un de ses bords et contenant, de ce côté, un canal continu occupé au moins en partie par une substance charnue analogue à celle de l'intérieur du corps. Pendant la contraction, ce bord épais se raccourcit beaucoup plus que le corps mince, et de là résulte précisément la forme de tire-bouchon. Simple chez la plupart des vorticelles, il est rameux chez quelques-unes.... »

GROUPE DES POLYPES.

Avec les Polypes nous sortons du domaine des infiniment petits, pour entrer dans le monde visible. A côté des Infusoires, les Polypes, qui ont quelques centimètres de long, sont de hauts et puissants personnages.

La science a fait de nos jours de grands progrès dans l'exacte connaissance de ces êtres singuliers. Beaucoup de préjugés scientifiques ont été dissipés, beaucoup d'erreurs ont été mises en évidence. Les Polypes, tels qu'ils doivent être définis dans l'état actuel de la science, répondent non-seulement aux *Polypes proprement dits* de Cuvier et de Blainville, mais aussi aux *Zoophytes acalèphes* des mêmes auteurs. On sait aujourd'hui que certains Polypes engendrent des Méduses ou des Acalèphes, et qu'il existe des Méduses différant à peine des Polypes ordinaires par les principaux traits de leur structure et les habitudes de leur vie.

Ainsi envisagé, le type des Polypes comprend un grand nombre d'animaux, dont le corps est généralement mou et gélatineux, et dont les divisions principales et similaires, au nombre de plus de deux, sont disposées autour d'un axe fictif, représenté par la partie centrale du corps. Ces divisions du corps ont, par leur ensemble, l'apparence d'un cylindre régulier, d'un cône tronqué, ou d'un disque. Elles sont revêtues d'une peau, qui présente fréquemment des corpuscules calcaires ou siliceux. Cette peau peut même être envahie, ainsi qu'une partie des tissus plus profonds, par un dépôt calcaire, dont la masse, tantôt particulière à chaque individu, tantôt commune à plusieurs, constitue ce que l'on appelle le *polypier*.

Chez ces animaux le tube digestif est simple, et ne présente point deux orifices distincts. Le même orifice sert à la fois à l'ingestion des aliments et à l'expulsion du résidu de la digestion. C'est une économie de dame nature, avec laquelle il n'y a pas à disputer, et qu'il faut se contenter d'enregistrer, sans autre réflexion.

Dans presque tous les Polypes, les sexes sont séparés : la génération est sexuelle. Cependant ces mêmes êtres se multiplient aussi par bourgeons, ou comme le disent les zoologistes, par *gemmation* (de *gemma*, bourgeon).

Les Polypes sont pourvus d'organes des sens. Ils portent presque tous des yeux, grand progrès d'organisation sur les animaux que nous avons décrits jusqu'à ce moment. Leur respiration s'effectue par la peau, autre économie de la nature. L'appareil de la circulation est, chez eux, peu distinct, bien qu'ils aient un fluide nourricier analogue au sang.

Des cils vibratiles et des organes urticants recouvrent souvent la surface extérieure des Polypes.

Ces quelques traits généraux paraîtront peut-être obscurs et insuffisants à la plupart de nos lecteurs. Des généralités sur des êtres encore aussi mal connus sont une tâche malaisée. Hâtons-nous de quitter ce terrain difficile. L'étude particulière des divers types qui va suivre, mettra aisément en lumière les traits intéressants de l'histoire de ces animaux.

Le groupe des Polypes se partage en plusieurs classes : celles des *Spongiaires*, des *Alcyonaires* ou *Cténocères*, des *Zoanthaires*, des *Discophores* et des *Cténophores*. Nous exposerons successivement les principaux caractères de chacune de ces classes, en mentionnant les espèces qui nous paraîtront devoir offrir au lecteur un intérêt réel.

CLASSE DES SPONGIAIRES.

L'Éponge est une production naturelle qui a été connue dès la plus haute antiquité. Aristote, Pline et tous les auleurs de l'antiquité qui se sont occupés d'histoire naturelle, lui accordent une vie sensitive. Ils reconnaissent que l'Éponge évite la main qui veut la saisir, et se cramponne d'autant plus aux rochers, qu'on fait plus d'efforts pour l'en détacher.

L'Éponge était pour les anciens un être intermédiaire entre les animaux et les plantes.

Rondelet, le célèbre ami de Rabelais, celui que le joyeux curé de Meudon désigne sous le nom de *Rondibilis*, et qui fut médecin et naturaliste à Montpellier, refusa le premier la sensibilité aux Éponges. Il fit naître ainsi l'idée que ces productions appartiennent au règne végétal, idée que Tournefort, Gaspard Bauhin, Rey, et même Linné dans les premières éditions de son *Systema naturæ*, appuyèrent de la grande autorité de leurs noms.

Toutefois, après les beaux travaux de Trembley et de quelques autres observateurs, Linné retira les Éponges du règne végétal. Il est facile de s'assurer, en effet, que certains polypes ressemblent beaucoup aux Éponges par la nature de leur parenchyme, et que, d'un autre côté, l'assimilation de l'Éponge avec une plante ne saurait être soutenue longtemps.

Tous les savants sont d'accord aujourd'hui pour reconnaître l'animalité des Éponges. Il faut dire pourtant que ces êtres constituent, malgré les travaux des naturalistes modernes, un groupe quelque peu problématique, et encore imparfaitement connu sous le rapport de l'organisation intime.

Les Éponges forment des masses d'un tissu léger, élastique, résistant, lacuneux, de dispositions extérieures très-variées. On en connaît, en effet, près de 300 espèces, dont les différents aspects ont été caractérisés par les marins sous des noms plus ou moins singuliers. Citons, par exemple, la *Plume*, l'*Éventail*, la *Cloche*, la *Lyre*, la *Trompette*, la *Quenouille*, la *Patte d'oie*, la *Queue de Paon*, le *Gant de Neptune*, etc.

Il est des Éponges fluviatiles et des Éponges marines.

Les premières forment des masses irrégulières et friables,

qui s'étalent sur les plantes ou sur les corps solides immergés dans les eaux douces. Telles sont les *Spongilles*, sur lesquelles ont été particulièrement faites les observations ana-

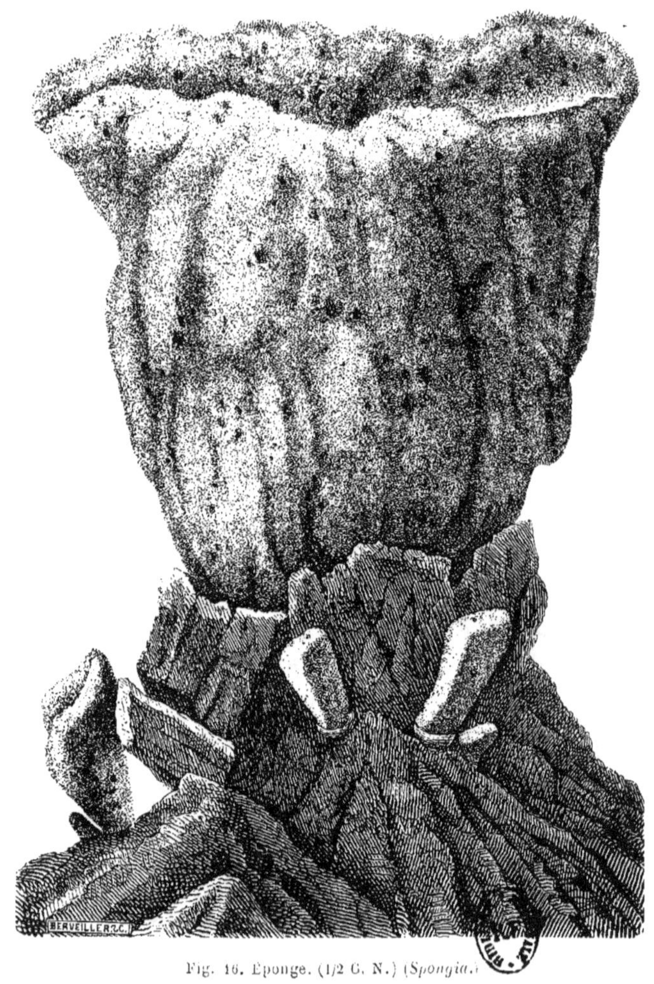

Fig. 16. Éponge. (1/2 G. N.) (*Spongia.*)

tomiques et embryogéniques relatives au groupe dont nous
esquissons l'histoire.

Les secondes habitent presque toutes les mers, principalement la Méditerranée, la mer Rouge et le golfe du Mexique. Affectionnant les eaux chaudes et tranquilles, elles adhèrent aux excavations et aux anfractuosités des rochers, à des profondeurs qui varient de 5 à 25 brasses. Elles se dressent, elles pendent ou s'étalent, suivant leur forme et leur station.

La figure 16 représente, d'après nature, une forme assez remarquable de l'*Éponge*.

L'*Éponge usuelle*, très-commune dans la Méditerranée, autour de l'Archipel grec, est connue vulgairement sous le nom de *Champignon marin*, *Nid marin*, *Éponge fine douce de Syrie*. C'est une masse plus ou moins arrondie, recouverte d'une couche muqueuse et gluante en dessous, formée d'un tissu résistant, léger, élastique, plein de vides et criblé de lacunes. Ce tissu est formé de fibres déliées, flexibles, anastomosées entre elles dans tous les sens, déterminant des pores nombreux, désignés par Lamarck sous le nom d'*oscules*, et des conduits irréguliers qui communiquent entre eux. On découvre dans ce tissu de très-petits corps solides, nommés *spicules*.

La forme de ces *spicules*, qui sont de nature siliceuse ou calcaire, varie avec les espèces et quelquefois dans la même espèce. Il en est qui ressemblent à des aiguilles, d'autres à des épingles, d'autres à de petites étoiles.

Le rôle physiologique des tubes ou orifices qui se montrent sur divers points de la surface des Éponges a été diversement interprété. Ellis, en 1765, supposait que ces trous étaient les ouvertures de cellules, ou loges, occupées par des polypes. En 1816, Lamarck adoptait encore cette opinion, et nous la retrouvons émise dans *le Monde de la mer* par Frédol.

« Les habitants de l'éponge, dit cet auteur, sont des espèces de tubes gélatineux transparents, fugaces, susceptibles de s'étendre et de se contracter. On dirait des polypes jeunes, sans consistance et sans barbillons, ou des polypes *commencés*, organisation modeste et pourtant suffisante!... L'animalcule de l'éponge est un estomac sans bras, un estomac très-simple, très-élémentaire, un estomac-animal[1]. »

1. Page 120.

Cette manière de considérer l'Éponge n'est pas conforme aux vues de la plupart des naturalistes. M. Milne-Edwards, par exemple, considère autrement l'être mystérieux qui nous occupe. Au lieu de voir dans l'Éponge une collection d'êtres réunis pour former une colonie, M. Milne-Edwards en fait un être isolé, un individu unique. Les innombrables canaux, dont la substance de l'Éponge est traversée, semblent servir, dit M. Milne-Edwards dans son grand ouvrage sur la *Physiologie et l'anatomie comparée des animaux*, tout à la fois à la digestion et à la respiration du zoophyte. Les cils vibratiles déterminent le renouvellement de l'eau aérée, c'est-à-dire du fluide respirable, à l'intérieur des canaux de l'Éponge. Ces courants ont une direction constante. L'eau pénètre dans l'Éponge par des orifices nombreux, dont les dimensions sont très-petites et la disposition irrégulière ; elle traverse les canaux creusés dans la substance de ces zoophytes, et qui se réunissent pour constituer des troncs de plus en plus gros, à peu près comme les racines d'une plante. Enfin l'eau s'échappe par des orifices spéciaux.

Pour M. Edwards, les canaux de l'Éponge remplissent donc une espèce de cumul physiologique : ils accomplissent les deux fonctions digestive et respiratoire. Les courants rapides d'eau aérée les traversent, pour y amener les substances nécessaires à la nutrition de ces êtres bizarres, et pour rejeter au dehors les matières excrémentitielles. En même temps, les parois de ces conduits qui offrent une large surface d'absorption, s'emparent de l'oxygène charrié par l'eau et dégagent l'acide carbonique résultant de la respiration.

Les Éponges renferment de véritables œufs. De ces œufs sortent des embryons, d'abord non ciliés, dans l'intérieur desquels naissent des cellules contractiles, puis des *spicules*, et qui enfin se recouvrent de cils vibratiles, à l'aide desquels ces larves, de forme ovoïde, nagent, ou plutôt glissent dans l'eau.

Ces sortes d'Infusoires nés des Éponges ressemblent aux larves de divers Polypes au moment où elles sortent de l'œuf. Elles se fixent bientôt contre quelque corps étranger,

dit M. Milne-Edwards, deviennent complétement immobiles,
ne donnent plus aucun signe de sensibilité ni de contractilité, et, en grandissant, se déforment complétement. La substance gélatineuse de leur corps se creuse de canaux, se crible de trous, la charpente fibreuse se complète : l'Éponge est
formée.

Nous ferons pourtant remarquer que certains zoologistes
(et nous pouvons citer à cet égard MM. Paul Gervais et Van
Beneden) ne comprennent point de cette manière le mode de
développement des Éponges. Selon eux les embryons, d'abord
mobiles, se fixent, se réunissent plusieurs ensemble, se fondent en une colonie commune, qui deviendra l'Éponge, telle
que nous la connaissons. Un embryon isolé pourrait aussi,
en poussant des germes, produire une semblable colonie,
qui serait de cette façon un produit de la génération *agame*.

La science, on le voit, est loin d'être fixée sur l'organisation et le mode de développement de ces formations obscures
et complexes.

Elle n'est guère plus avancée sur la durée de la vie des
Éponges et sur la vitesse de leur accroissement. On s'accorde à dire pourtant qu'on peut revenir pêcher dans les
lieux où elles avaient été presque épuisées, dès la troisième
année qui suit la dernière pêche.

De nos jours, la pêche des Éponges se fait principalement
dans la mer de l'Archipel et sur le littoral de la Syrie. Les
Grecs et les Syriens vendent le produit de leur pêche aux
Occidentaux. Ce commerce a pris une grande extension depuis que l'usage des Éponges s'est si généralement répandu,
soit pour la toilette, soit pour les nettoyages domestiques
et industriels.

La pêche commence ordinairement, sur les côtes de Syrie,
vers les premiers jours de juin, et finit en octobre. Mais les
mois de juillet et d'août sont particulièrement favorables à
la récolte des Éponges. Latakié lui fournit environ 10 bateaux, Batroun 20, Tripoli 25 à 30, Kalki 50 ; Simi en expédie
jusqu'à 170 et 180, et Kalminos plus de 200.

Nous représentons plus loin (fig. 17) la pêche des Éponges
sur les côtes de la Syrie.

Des bateaux montés par 4 ou 5 hommes se dispersent sur les côtes, et vont chercher leur butin à 2 ou 3 kilomètres au large, sous les bancs de roches. Les Éponges de qualité inférieure sont recueillies dans les eaux basses. Les plus belles ne se rencontrent qu'à la profondeur de 12 à 20 brasses. Pour les premières, on se sert de harpons à trois dents, à l'aide desquels on les arrache, non sans les détériorer plus ou moins. Quant aux secondes, ou aux Éponges fines, d'habiles plongeurs descendent au fond de la mer, et, à l'aide d'un couteau, ils les détachent avec précaution. Aussi le prix d'une Éponge *plongée* est-il beaucoup plus considérable que celui d'une Éponge *harponnée*. Parmi les plongeurs, ceux de Kalminos et de Psara sont particulièrement renommés. Ils descendent jusqu'à 25 brasses de profondeur, restent moins longtemps sous l'eau que les Syriens et font cependant des pêches plus abondantes.

La pêche de l'Archipel fournit au commerce peu d'éponges fines, mais une grande quantité d'éponges communes. La pêche de Syrie fournit en éponges fines ce qui convient le mieux pour la France. Elles sont de taille moyenne. Au contraire, celles que fournit la pêche de Barbarie sont de fortes dimensions, d'un tissu fin, et sont très-recherchées par l'Angleterre.

Sur les bancs des Bahamas, dans le golfe du Mexique, les Éponges croissent à de faibles profondeurs. Les pêcheurs espagnols, américains, anglais, après avoir enfoncé dans l'eau une longue perche, amarrée près du bateau, se laissent glisser sur les Éponges, dont ils font une récolte facile.

Dans la mer Rouge, les Arabes pêchent les Éponges en plongeant. Ils vont ensuite les vendre aux Anglais, à Aden, ou bien les envoient en Égypte.

La pêche des Éponges se fait donc sur divers points de la Méditerranée. Mais elle manque d'une direction intelligente, car elle est exploitée sans prévoyance préservatrice. D'un autre côté, la consommation commerciale de ce produit va toujours en augmentant. Aussi est-il certain que la spéculation, qui éclaircit chaque année les champs sous-marins

Fig. 17. Pêche des Éponges sur la côte de Syrie.

de ces zoophytes, finira par en amener une telle destruction que la reproduction ne sera plus en rapport avec la demande.

Il serait urgent de prévenir ce résultat fâcheux, en naturalisant en France et en Algérie les diverses espèces d'Éponges, et en favorisant par la culture la reproduction de ces zoophytes. On pourrait utiliser, à cet effet, les côtes rocailleuses de la Méditerranée, depuis le cap Cruz jusqu'à Nice, autour des îles de Corse et d'Hyères, dans les eaux de l'Algérie, et peut-être même dans certains lacs ou étangs salés de nos départements voisins de la Méditerranée.

M. Lamiral, considérant que la composition de l'eau de la Méditerranée est la même sur les côtes de la France et de l'Algérie que sur celles de Syrie; espérant d'ailleurs que la différence de température entre ces deux latitudes, à la profondeur moyenne où vivent les Éponges, ne saurait nuire à l'existence de ces robustes zoophytes, croit que leur acclimatation sur nos côtes de France et d'Algérie serait d'une réussite certaine. Il fait remarquer que plus l'Éponge s'avance vers le nord, plus son tissu devient fin et serré, et que par conséquent il y aurait ici à espérer une amélioration dans la qualité des produits.

La seule difficulté consisterait donc dans la transplantation des Éponges de Syrie sur les côtes d'Alger et sur celles de France. Un bateau sous-marin, tel que celui dont M. Lamiral a fait usage pour plusieurs travaux qui s'exécutent à de grandes profondeurs sous l'eau, permettrait, selon ce naturaliste, d'exécuter avec la plus grande facilité la récolte des Éponges destinées à être acclimatées sur nos côtes. Le bateau plongeur de M. Lamiral peut descendre à d'assez grandes profondeurs, et son équipage y séjourner assez longtemps, car il est constamment alimenté d'air au dehors, qui est envoyé par une pompe et un tuyau à l'intérieur du bateau. Les hommes qui composent l'équipage sous-marin pourraient manœuvrer au milieu des Éponges, et choisir celles qu'il faudrait transplanter dans les eaux françaises. Les blocs de rochers auxquels les Éponges sont adhérentes seraient enlevés. Après les avoir placées dans des caisses percées de trous, on les remorquerait jusque sur les côtes où l'on désire les acclimater. Tout annonce que dès l'année suivante ces zoophytes pourraient se multiplier dans leur patrie nouvelle.

On pourrait aussi, dans les mois d'avril et de mai, recueillir les larves qui s'échappent de l'animal, et les transporter rapidement de Syrie en Algérie.

Au bout de trois ans, lorsque ces véritables champs sous-marins seraient en plein rapport, on pourrait les mettre en exploitation méthodique, et les moissonner par couples réglées, au moyen de bateaux plongeurs.

L'éponge de luxe, ou, pour mieux dire, l'éponge de toilette, est une matière commerciale dont le prix est très-élevé ; il dépasse, en effet, 100 francs le kilogramme pour les qualités dites *de choix*. Bien peu de produits commerciaux ont une telle valeur, sous le même poids. Il y aurait donc grand intérêt à voir cette matière devenir usuelle et se mettre à la disposition de tous, par suite de l'abaissement de son prix. Si les éponges fines étaient plus abondantes et à bon marché, l'usage s'en répandrait dans nos campagnes, qui en connaissent aujourd'hui à peine l'existence. Les qualités spéciales de cette matière lui ouvriraient même toute une série d'applications industrielles. On pourrait en faire d'excellents sommiers de couchette, des garnitures de meubles, des tissus pour l'épuration et la filtration des liquides (tout un système de filtrage des eaux, le *filtre Souchon*, a pour base l'emploi des éponges) ; on pourrait s'en servir pour remplacer le crin dans la garniture des meubles, etc., etc.

Par toutes ces considérations, il serait très-désirable que l'on mît à exécution, sur nos côtes, l'entreprise sous-marine proposée par M. Lamiral. Avec l'appui de la *Société d'Acclimatation* de Paris, quelques essais ont déjà été tentés dans cette direction. Les premiers résultats n'ont pas été, il est vrai, satisfaisants. Mais la voie est excellente ; elle est tracée par la nature, et tout indique qu'en y persévérant, on verra cette entreprise couronnée du succès qu'elle mérite.

Telles qu'elles arrivent dans nos ports et sont livrées à la consommation, les éponges se distinguent en plusieurs sortes, suivant leur aspect, leur qualité, leur origine, etc.

L'éponge fine-douce de Syrie se distingue par sa légèreté, sa belle couleur blonde, sa forme, qui est celle d'une coupe, sa surface convexe veloutée, percée d'innombrables petits trous, et dont la partie concave présente des canaux d'un plus grand diamètre, qui se prolongent jusqu'à la face extérieure, en sorte que le sommet est presque toujours percé à jour en plusieurs endroits. Cette éponge est quelquefois blanchie à l'aide de substances caustiques, acides ou alcalines; mais cette préparation diminue sa durée et altère sa couleur. L'éponge *fine-douce de Syrie* est particulièrement employée pour la toilette, et son prix est élevé. Celles qui sont arrondies, moelleuses et très-volumineuses, se payent jusqu'à 100 et 150 francs la pièce.

L'éponge fine-douce de l'Archipel se distingue à peine de celle dont nous venons de parler, soit avant, soit après le nettoyage. Cependant elle est un peu plus pesante ; sa texture est moins fine, et les trous dont elle est percée sont plus grands et moins nombreux. Elle a la même patrie que *l'éponge fine-douce de Syrie*, qu'on pêche plus particulièrement le long des côtes de Syrie, bien qu'elle se retrouve aussi sur le littoral barbaresque et dans l'Archipel.

L'éponge fine-dure, dite *grecque*, est moins recherchée pour la toilette que les précédentes. On en fait usage dans l'économie domestique et dans quelques industries. Sa masse est irrégulière, de couleur fauve, dure, compacte, percée de petits trous.

L'éponge blonde de Syrie, dite *de Venise*, est estimée à cause de sa légèreté, de sa forme régulière et de sa solidité. Brute, elle est de couleur brune, de texture fine, serrée et nerveuse. Purifiée, elle devient blonde et d'un tissu plus lâche. L'orifice des grands trous qui la traversent est bordé de poils rudes et piquants.

L'éponge brune de Barbarie, dite *de Marseille*, se présente, au sortir de l'eau, sous la forme d'un corps allongé et aplati, à contours arrondis, chargé d'une boue noirâtre et gélatineuse. Elle est alors dure, lourde, d'une trame serrée et de couleur rougeâtre. Par le lavage à l'eau simple, elle s'arrondit eu demeurant lourde et rougeâtre. Elle offre un grand nombre de lacunes, dont l'intervalle est occupé par un lacis de fibres nerveuses et tenaces. Elle est très-précieuse pour les usages domestiques, à cause de la facilité avec laquelle elle absorbe l'eau, et de son extrême solidité.

D'autres sortes d'éponges sont : *l'éponge blonde de l'Archipel*, que l'on confond souvent avec l'éponge dite *de Venise;* — *l'éponge dure de Barbarie*, dite *Geline*, qu'on ne reçoit qu'accidentellement en France; — *l'éponge de Salonique*, dont la qualité est médiocre; — enfin *l'éponge de Bahama*, qui provient de la mer des Antilles. Elle manque de souplesse, dure peu; on la vend très-bas prix, mais elle n'a aucune qualité utile, et doit être rejetée de tout emploi.

CLASSE DES ALCYONAIRES OU CTÉNOCÈRES.

Les *Alcyonaires* tirent leur nom de leur principal type, celui des *Alcyons*.

Les tentacules de ces polypes sont généralement au nombre de huit, disposés à peu près comme les barbes d'une plume, et comme dentés en scie sur leurs bords, ce qui leur a fait donner le nom de *Cténocères* (du grec χτεις, peigne). Leur corps présente huit lamelles périgastriques. Leur polypier est le plus souvent formé de spicules. Nous verrons plus loin, dans les Gorgones, le polypier cesser d'être parenchymateux, et son axe prendre une consistance cornée très-résistante, qui devient même pierreuse dans le Corail. Dans ce dernier groupe, il reste toutefois à la surface de cet axe une couche plus molle, destinée spécialement à loger les polypes.

On aura une idée générale de l'organisation, des mœurs et du mode de multiplication des Alcyonaires, lorsque nous ferons plus loin l'histoire du Corail.

La classe des Alcyonaires peut être partagée en plusieurs ordres : 1° les *Tubiporaires*, 2° les *Gorgonaires*, 3° les *Pennatulaires*, 4° les *Alcyonaires* proprements dits.

ORDRE DES TUBIPORAIRES

Les *Tubiporaires* forment un groupe composé de diverses
espèces qui vivent au sein des mers tropicales, là où se
trouvent les *îles à coraux*.

Ce groupe est exclusivement formé par le curieux genre
Tubipora.

Le *Tubipora* est un polypier calcaire, formé par la réunion

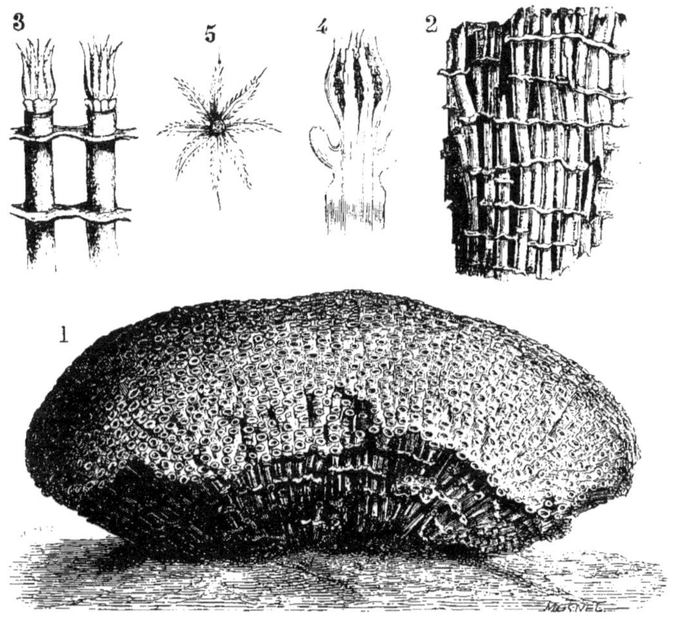

Fig. 18. Tubipore musique (1/2 G. N.). — (*Tubipora musica*, Linn.)

de tubes distincts, réguliers, réunis entre eux, de distance
en distance, par des expansions lamellaires, également pierreuses. Les polypiers agrégés résultant de la réunion des
tubes constituent des masses arrondies, qui atteignent souvent un volume très-considérable, à raison de leur aspect.
On voit représenté dans la figure 18 ce zoophyte, qui est
souvent désigné sous le nom vulgaire d'*Orgue de mer*. Sur
cette figure, 1 est l'individu réduit à la moitié de sa grandeur naturelle : 2, une portion de l'individu de grandeur

naturelle : 3, les tubes grossis et contenant les polypes, qui occupent les espèces de tuyaux d'orgue, dont l'ensemble constitue ce curieux polypier ; 4 est le polype grossi ; 5, la tête, c'est-à-dire l'ensemble des tentacules du même polype.

Les zoologistes du dernier siècle confondaient toutes les espèces de ce genre qui habitent les mers tropicales ; ils en faisaient une seule, à laquelle ils donnaient le nom de *Tubipora musica*. Mais il est reconnu aujourd'hui qu'il existe plusieurs espèces de Tubiporaires se distinguant nettement, à l'état frais, par des différences dans la coloration des polypes.

Le tissu de ces singuliers polypiers est toujours d'une couleur rouge intense. La disposition de leurs tubes en tuyau d'orgue a toujours fixé l'attention des *curieux de la nature*.

ORDRE DES GORGONAIRES

M. Milne-Edwards divise cet ordre en trois groupes naturels : les *Gorgoniens*, les *Isidiens* et les *Coralliens*.

GROUPE DES GORGONIENS.

Les *Gorgoniens* sont composés de deux substances. L'une externe, tantôt gélatineuse et fugace, tantôt au contraire crétacée, charnue, plus ou moins tenace. Animée par la vie, cette membrane est irritable et renferme les polypes ; elle devient friable en se desséchant. La seconde substance, interne et centrale, soutient la première et porte le nom d'*axe*. Cet axe offre l'apparence de la corne, et jusqu'en ces derniers temps on l'a considéré comme de la même nature chimique que les ongles ou les sabots des animaux vertébrés. On s'est assuré récemment que le tissu de ces polypiers est essentiellement formé d'une matière particulière, qui se rapproche de la corne, et qu'on a nommée *cornéine*. Un peu de carbonate de chaux se trouve quelquefois uni à cette substance, mais jamais assez pour lui donner une consistance pierreuse. Ce *sclérobase* se développe par couches concentriques entre la portion de l'axe précédemment formée et la surface interne de l'écorce.

Le mode de croissance de cet axe présente de très-grandes

différences. Tantôt il reste simple, et s'élève comme une baguette grêle. Tantôt il se ramifie beaucoup. Il est *arborescent*, quand les branches et les ramuscules se dirigent irrégulièrement dans des directions différentes, de façon à
constituer des touffes ; — il est *en panache*, quand les ramuscules se disposent des deux côtés de la tige ou des
branches principales, et occupent une même place, de ma-

Fig. 19. Gorgone éventail (*Gorgonia flabellum*, Linn.).
(*Rhipidigorgia flabellum*, Valenciennes).

nière à figurer les barbes d'une plume ; — il est *flabelliforme*,
quand les ramifications s'étalent irrégulièrement sous un
même plan ; — *réticulé*, quand les branches ainsi disposées,
au lieu de rester libres, se soudent entre elles à leurs points
de contact.

On trouve les Gorgones dans toutes les mers, et toujours
à une profondeur considérable. Elles sont plus grandes et
plus nombreuses entre les tropiques que dans les latitudes

froides et tempérées. Quelques-uns de ces zoophytes atteignent à peine quelques centimètres de hauteur; les autres peuvent s'élever à plusieurs mètres.

Il faut contempler, vivant au sein des mers, ces êtres singuliers, pour admirer les belles couleurs qui décorent et font resplendir leur corps demi-membraneux. L'éclat de leur

Fig. 19. Gorgone éventail (partie grossie).

robe brillante a singulièrement pâli et presque entièrement disparu, quand on les considère dans les armoires de nos collections d'histoire naturelle.

La *Gorgone éventail*, de la mer des Antilles (fig. 19), est une grande espèce qui atteint souvent un demi-mètre de haut sur presque autant en largeur. Le réseau de ses ramuscules, à mailles inégales et serrées, comme certaines guipures, lui a particulièrement fait donner le nom d'*Éventail de mer*. Sa couleur est jaune ou rougeâtre. La figure 20

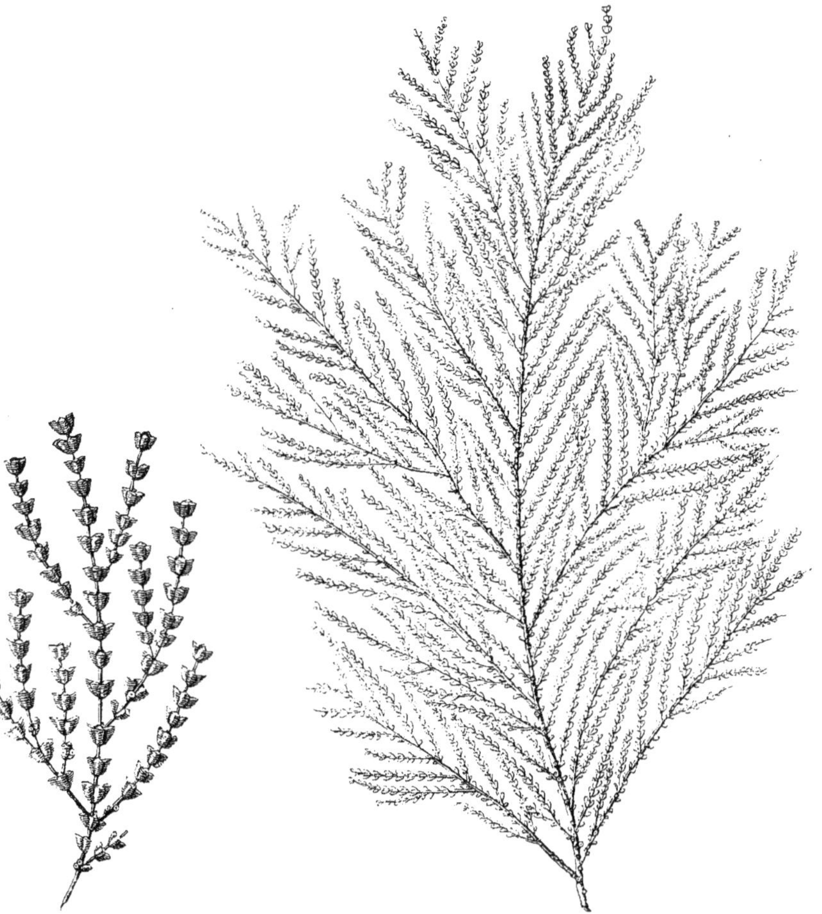

tion de Gorgone grossie 4 fois.

Fig. 21. Gorgone verticillaire| (*Gorgonia verticellata*, Pallas).
(*Primnoa verticellatis*, Ehr.)

nous montre la même *Gorgone éventail* grossie deux fois et nous fait voir les détails curieux de son organisation.

La *Gorgone verticillaire*, qu'on trouve dans la Méditerranée, est de couleur jaunâtre et d'une forme très-élégante. Ellis lui donnait le nom de *Plume de mer*. La *Gorgonia* mi-

niata des Antilles est d'un rouge intense. Le *Gricogorgia ramea* se distingue par l'élégance de ses formes.

Nous représentons dans la figure 21 la *Gorgone verticillaire*, qui habite la Méditerranée, ainsi qu'une partie de cette espèce grossie quatre fois, pour donner une idée exacte de sa forme.

Les Gorgones ne sont d'aucun usage ni dans les arts ni dans la médecine. Elles ornent les cabinets d'histoire naturelle, soit comme objets d'étude, soit à titre de curiosité zoologique.

GROUPE DES ISIDIENS.

Les *Isidiens* constituent un groupe intermédiaire entre les *Gorgoniens* et les *Coralliens*. En effet, leur polypier est arborescent, mais son axe est formé d'articulations alternativement calcaires et cornées. Leur genre principal est celui des *Isis*, qui se rencontrent dans les mers des Indes, d'Amérique, d'Océanie. Les habitants des îles Moluques font grand usage de ces animaux, à titre de remède contre les maladies. Mais comme ils les vantent contre les maladies les plus opposées, cette circonstance porte à douter de leur efficacité réelle au point de vue médical.

L'*Isis coralloïde* de l'Océan possède un polypier très-rameux, à branches grêles. Il est muni de nœuds cylindriques ou rétrécis vers le milieu, finement striés et de couleur rose.

On connaît encore quatre autres espèces d'Isidiens. C'est à la même famille qu'appartiennent les genres *Melithea* et *Mopsée*, que nous nous bornerons à citer.

GROUPE DES CORALLIENS.

Le groupe des *Coralliens* ne se compose que d'un seul genre, le *Corail*, dont l'espèce type fournit la matière dure, brillante et richement colorée, si recherchée chez tous les peuples comme objet de parure et d'ornement. Nous étudierons avec quelque détail cet intéressant zoophyte.

Dès les temps les plus anciens, le Corail a été adopté comme objet de parure. Dès l'antiquité la plus haute, on a cherché aussi à connaître sa véritable origine et la place qu'il faut assigner à ce beau produit dans les œuvres de la nature.

Théophraste, Dioscoride et Pline admettaient que le Corail est une plante. Tournefort en 1700 reproduisait la même idée. Réaumur, modifiant le premier cette opinion des anciens, déclara que les Coraux sont des pierres produites par certaines plantes marines.

La science en était là, lorsqu'un naturaliste d'un grand renom, le comte de Marsigli, fit une découverte qui parut établir avec éclat la véritable origine de cette production naturelle. Le comte de Marsigli annonça avoir découvert les fleurs du Corail. Il représenta ces fleurs dans son beau livre, *Physique de la mer*, qui renferme d'intéressants détails sur ce curieux produit des Océans. Comment douter que le Corail fût une plante, puisqu'on avait vu s'épanouir ses fleurs?

Personne n'en douta, et Réaumur prôna de toutes les manières la découverte de l'heureux académicien.

Malheureusement, une note discordante vint se mêler à ce concert. Elle partait de l'élève même de Marsigli!

Jean André de Peyssonnel était né à Marseille, en 1694. Il étudiait à Paris la médecine et l'histoire naturelle, quand l'Académie des sciences le chargea d'aller étudier le Corail aux bords des mers qui le renferment. Peyssonnel commença ses observations dans le voisinage de Marseille, en 1723 ; il les poursuivit sur les côtes de l'Afrique septentrionale, où le gouvernement l'avait envoyé en mission.

À l'aide d'une longue série d'observations, aussi exactes que délicates, Peyssonnel constata que les prétendues fleurs que le comte de Marsigli avait cru découvrir dans le Corail étaient de véritables animaux; de sorte que le Corail n'était pas du tout une plante, mais bien un être qu'il fallait placer aux derniers degrés de l'échelle zoologique.

« Je fis fleurir le corail, dit Peyssonnel, dans des vases pleins d'eau de mer, et j'observai que ce que nous croyions être la fleur de cette prétendue plante, n'était au vrai qu'un insecte, semblable à une petite ortie, ou poulpe.... J'avais le plaisir de voir remuer les pattes ou pieds de cette ortie, et ayant mis le vase plein d'eau où le corail était à une douce chaleur auprès du feu, tous les petits insectes s'épanouirent. L'ortie sortie étend les pieds et forme ce que M. de Marsigli et moi

avions pris pour des pétales de la fleur. Le calice de cette prétendue
fleur est le corps même de l'animal avancé et sorti hors de la cellule. »

Les observations de Peyssonnel venaient réduire à néant
une découverte qui avait excité une admiration unanime.
Aussi fut-elle très-mal accueillie des naturalistes du jour.
Réaumur se distingua surtout, dans la guerre qui fut entreprise contre le jeune novateur. Il écrivait à Peyssonnel, sur
un ton ironique :

« Je pense comme vous que personne jusqu'à présent ne s'est avisé
de regarder le corail comme l'ouvrage d'insectes. On ne peut disputer
à cette idée la nouveauté et la singularité.... Mais les coraux ne me
paraissent jamais pouvoir être construits par des orties ou poulpes, de
quelque façon que vous vous y preniez pour les faire travailler ! »

Ce qui paraissait impossible à Réaumur était pourtant un
fait que Peyssonnel avait montré à cent personnes, dans ses
expériences faites à Marseille.

Bernard de Jussieu ne trouvait pas les *raisons* de Peyssonnel assez fortes pour lui faire abandonner le préjugé ré-
gnant *touchant ces plantes*.

Peyssonnel, attristé et dégoûté par le mauvais accueil fait
à ses travaux, abandonna ses recherches. Il abandonna
même la science et les hommes, et alla vieillir obscurément
aux Antilles comme chirurgien de marine.

Voilà pourquoi le travail manuscrit que Peyssonnel a
laissé en France n'a jamais été imprimé. Ce manuscrit complet a été écrit en 1744. Il est conservé dans la bibliothèque
du Muséum d'histoire naturelle de Paris, où nous l'avons vu.
Il a pour titre : *Traité du corail, contenant les nouvelles dé
couvertes qu'on a faites sur le corail, les pores, madrépores,
scharras, litophitons, éponges et autres corps et productions
que la mer fournit; pour servir à l'histoire naturelle de la
mer ; par le sieur de Peyssonnel, escuyer, docteur en médecine.*

Il faut ajouter, pour compléter ce récit, que Réaumur et
Bernard de Jussieu finirent pourtant par reconnaître la va-
lidité des *raisons* invoquées par le naturaliste de Marseille.
Lorsque ces deux illustres savants eurent pris connaissance
des expériences de Trembley sur les Hydres d'eau douce ;

qu'ils les eurent répétées eux-mêmes; qu'ils eurent étendu des observations du même genre aux Anémones de mer et aux Alcyons; quand ils eurent enfin découvert, sur d'autres prétendues plantes marines, des animalcules semblables aux Hydres si admirablement décrites par Trembley, ils n'hésitèrent plus à rendre pleine et entière justice aux vues de leur adversaire.

Pendant que Peyssonnel vivait oublié aux Antilles, ses travaux scientifiques étaient couronnés à Paris d'un triomphe complet, mais stérile pour lui. Réaumur donna aux animalcules qui vivent sur le Corail le nom de *Polypes*, et celui de *polypier* aux parties dures qui leur servent d'enveloppe ou de support. Il considéra ces polypiers comme des produits de l'industrie architecturale des polypes. En d'autres termes, Réaumur introduisit dans la science les vues mêmes qu'il n'avait cessé de combattre et de contester à leur auteur.

Depuis cette discussion célèbre, l'animalité du Corail n'a jamais été mise en doute.

Nous ne nous arrêterons pas plus longtemps à signaler les noms et les travaux de divers savants qui ont porté leur attention sur cette belle production naturelle. Entrons tout de suite dans l'exposé de l'organisation et de la vie du Corail.

M. Lacaze-Duthiers, professeur au Jardin des Plantes de Paris, a publié en 1864 une remarquable monographie ayant pour titre : *Histoire naturelle du Corail* [1]. Ce savant naturaliste, chargé en 1860, par le gouvernement français, d'une mission ayant pour objet l'étude approfondie du Corail au point de vue de l'histoire naturelle, a fait un grand nombre d'observations nouvelles et précises sur ce zoophyte, et a dignement achevé l'œuvre de Peyssonnel. M. Lacaze-Duthiers a résumé dans l'ouvrage que nous venons de citer toutes les observations et découvertes qu'on lui doit. C'est cet ouvrage qui va nous servir de guide pour exposer l'histoire naturelle du Corail.

Une branche de Corail vivant est une agrégation d'animaux unis entre eux par un tissu commun, qui dérive d'un premier

---

1. Un vol. in-8° avec 20 planches dessinées d'après nature et coloriées. Chez J. B. Baillière et fils.

être par voie de bourgeonnement, et jouit d'une vie propre,
quoique participant à la vie commune. Cette branche a pour
point de départ un œuf, qui produit un jeune animal, lequel
se fixe bientôt après sa naissance, et d'où dérivent les êtres
nouveaux dont l'ensemble constitue la branche de Corail.

Cette même branche se compose de deux parties distinctes :
l'une centrale, dure, cassante, de nature pierreuse : c'est celle
qu'on utilise dans la bijouterie; l'autre extérieure, semblable
à une écorce d'arbre, molle et charnue, facile à entamer avec
l'ongle : c'est la couche essentiellement vivante de la colonie.

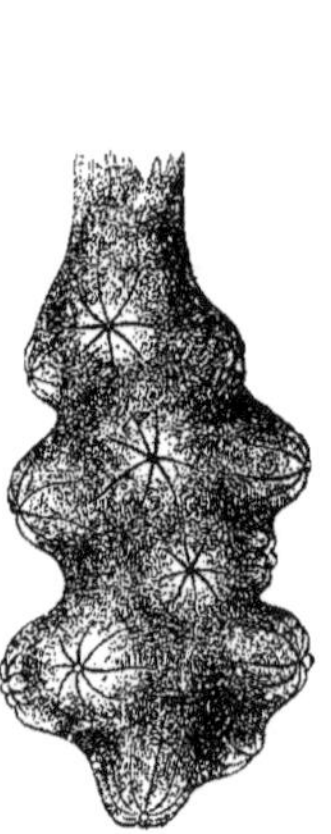

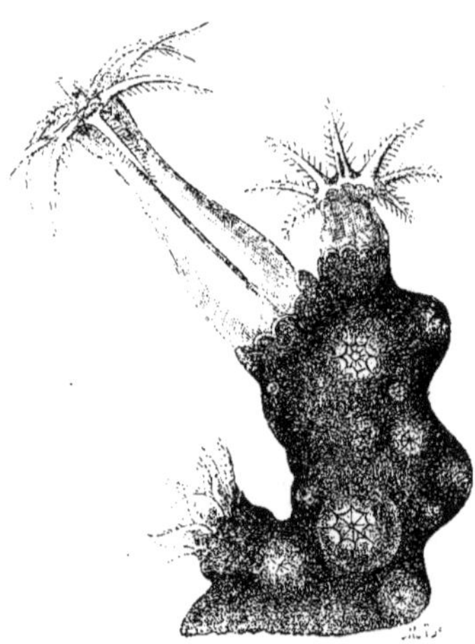

Fig. 22. Couche vivante du Corail, après la rentrée des polypes. D'après l'ouvrage de M. Lacaze-Duthiers (pl. I, fig. 4).

Fig. 23. Trois polypes du Corail, épanouis à des degrés divers. D'après l'ouvrage de M. Lacaze-Duthiers (pl. II, fig. 6.)

La première s'appelle *polypier*, la seconde est la réunion des
polypes.

Cette couche vivante (fig. 23) est fortement contractée lorsqu'on retire de l'eau la colonie animale. Elle est couverte de
mamelons saillants, plissés et sillonnés.

Chaque mamelon répond à un polype, et présente, à son
sommet, huit plis, qui rayonnent autour d'un pore central,
lequel a l'apparence d'une étoile. Ce pore, en s'entr'ouvrant,
laisse sortir le polype. Ses bords présentent un calice rouge,
comme le reste de l'écorce, dont la gorge festonnée présente
huit dentelures.

Le polype lui-même (fig. 23) est formé d'un tube membraneux blanc à peu près cylindrique, et d'un disque supérieur entouré de huit tentacules, qui portent des barbules latérales, nombreuses et délicates. L'ensemble de ces tentacules ressemble à une petite corolle végétale. Sa forme, très-variable, est toujours très-élégante.

La figure 24 représente, d'après M. Lacaze-Duthiers, une des formes du polype du Corail.

Les bras du polype sont parfois agités de mouvements très-

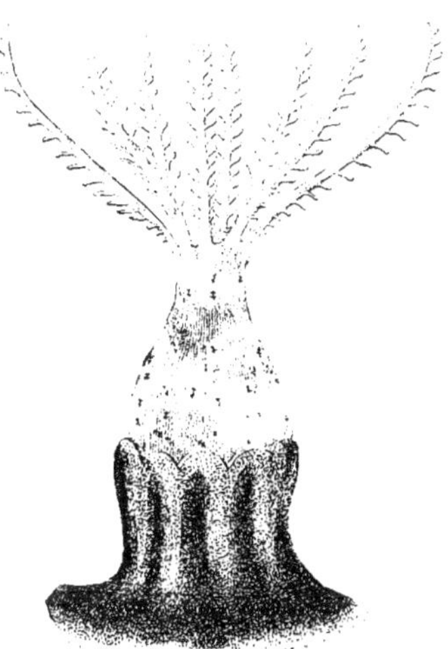

Fig. 24. Polype du Corail.
D'après l'ouvrage de M. Lacaze-Duthiers
(pl. II, fig. 7).

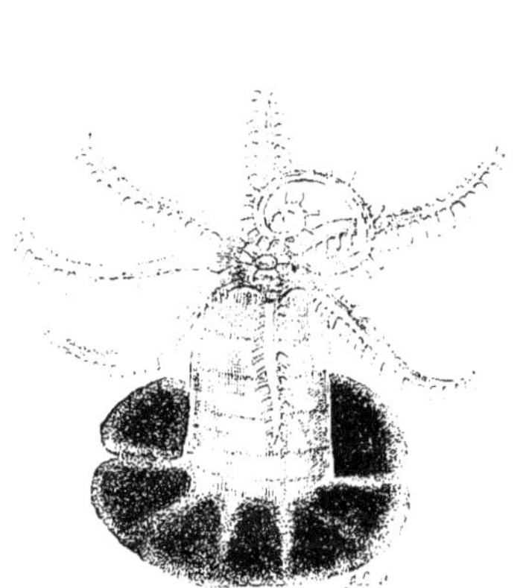

Fig. 25. Autre forme du Polype du Corail :
corps cylindrique et bras étalés en roue.
D'après l'ouvrage de M. Lacaze-Duthiers
(pl. II, fig. 8).

vifs : les barbules sont sensibles à la moindre excitation. Si cette excitation continue, on voit les tentacules se replier et se rouler en volute, comme le montre la figure 25.

Si l'on regarde un polype épanoui, on voit que les huit tentacules se soudent au corps, en circonscrivant un espace régulièrement circulaire, au milieu duquel s'élève un petit mamelon. Le sommet de ce mamelon est occupé par une fente à deux lèvres arrondies, et peu saillantes : c'est la bouche du polype, dont la forme est du reste très-variable. Sur la figure 25, on aperçoit très-bien la bouche dont il s'agit.

Un tube cylindrique partant de la bouche représente l'œsophage ; mais tout le reste du tube digestif est très-rudimentaire.

L'œsophage fait communiquer la cavité générale du corps avec l'extérieur, et se trouve comme suspendu au milieu du corps, par des replis qui partent, avec une symétrie parfaite, de huit points de la circonférence. Les replis qui fixent ainsi l'œsophage, forment une série de loges, au-dessus de chacune desquelles s'attache et s'ouvre un bras, ou tentacule.

Arrêtons-nous un instant sur cette écorce molle et charnue, dans laquelle sont engagés les polypes. Voyons aussi quels sont les rapports mutuels qui peuvent s'établir entre les divers habitants d'une même colonie, comment ils sont rattachés l'un à l'autre, et quelles sont enfin leurs relations avec le polypier.

Le corps charnu, épais, mou, facile à entamer avec l'ongle, est la partie vivante par excellence, celle qui produit le Corail. Elle s'étend et s'applique exactement sur tout le polypier. Si elle meurt en quelque point, les parties de l'axe correspondantes à ce point ne s'accroissent plus.

Il existe une relation intime entre l'écorce et le polypier. Si l'on examine de plus près cette écorce, on y reconnaît trois éléments principaux : un tissu général commun, des *spicules*, des vaisseaux. Ce tissu général est transparent, hyalin, cellulaire, contractile.

Les *spicules* sont de très-petites concrétions calcaires, plus ou moins allongées, couvertes de nodosités, hérissées d'épines et de forme assez régulièrement déterminée (fig. 26). Elles réfractent vivement la lumière, et leur couleur est celle du Corail, quoique plus faible, à cause de leur peu d'épaisseur. Elles se distribuent uniformément dans l'écorce et lui donnent cette belle couleur rouge qui caractérise le Corail.

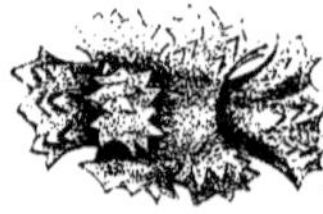

Fig. 26. Spicules du Corail. D'après M. Lacaze-Duthiers (pl. VI, fig. 24).

Les vaisseaux constituent un réseau qui s'étend et se retrouve dans l'épaisseur de l'écorce. Ces vaisseaux sont de deux ordres (fig. 28). Les uns, relativement très-gros, sont couchés sur l'axe et disposés parallèlement. Les autres sont

irréguliers et beaucoup plus petits : ils forment un lacis à
mailles inégales et occupent toute l'épaisseur de l'écorce. Ce
réseau a des rapports directs et importants d'une part avec
les polypes, et de l'autre avec le réseau profond. Il communique directement avec la cavité générale du corps des animaux, par tous les canaux qui s'en approchent. Les deux
réseaux s'abouchent par un grand nombre d'anastomoses.

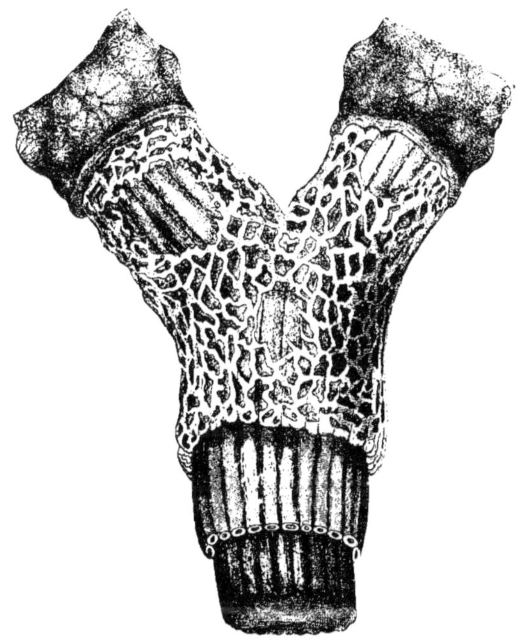

Fig. 27. Appareil de la circulation des fluides nutritifs dans le Corail.
D'après l'ouvrage de M. Lacaze-Duthiers (pl. V, fig. 21).

D'après cette disposition vasculaire on peut se rendre
compte de la circulation générale des fluides nourriciers
dans le Corail. Les vaisseaux voisins de l'axe ne s'abouchent pas directement avec les cavités des petits animaux
qui vivent dans le polype ; ils ne communiquent avec ces
cavités que par l'intermédiaire de canaux très-déliés. Ils reçoivent les fluides nourriciers du réseau secondaire, qui les
pousse directement dans la réunion des polypes. Les fluides

nourriciers, élaborés par les polypes, passent dans les ramuscules des réseaux irréguliers et secondaires, pour arriver
dans les gros tubes parallèles, parvenir d’une extrémité à
l’autre de l’organisme et servir à la communauté tout entière.

Si l’on casse ou si l’on déchire l’extrémité d’un rameau de
Corail vivant, on voit immédiatement s’écouler par les bles-
sures un liquide blanc, miscible à l’eau, et qui présente
toute l’apparence du lait. C’est le fluide nourricier qui s’est
échappé des vaisseaux qui le contenaient, et qui s’écoule,
chargé de débris de l’organisme.

Que se passe-t-il quand le bourgeonnement produit des
polypes nouveaux? C’est autour des animaux bien développés, et particulièrement autour de ceux des extrémités des
branches, que se produit le phénomène. Les nouveaux êtres
ressemblent à de petits points blancs percés d’un trou à leur
centre. On reconnaît, à l’aide du microscope, que ce point
blanc est étoilé de huit lignes blanches rayonnantes, et que
le bord de l’orifice porte huit échancrures distinctes. Nous
ne saurions entrer ici dans l’histoire du développement de ces
petits êtres, dont tous les organes grandissent peu à peu,
jusqu’à ce que le jeune polype ait pris sa forme définitive.

Arrivons à cette partie si généralement connue, si appréciée
par les gens du monde, que travaillent les joailliers, et qui
constitue le polypier du Corail.

Le corps de ce polypier est cylindrique, et présente à sa
surface des sillons ou cannelures, ordinairement parallèles à
l’axe même du cylindre, et quelquefois des dépressions ré-
pondant aux corps des animaux. Si l’on examine la coupe
transversale d’un polypier, on voit que sa circonférence est
régulièrement festonnée. On trouve vers le milieu, des replis,
tantôt en croix, tantôt en trigone, tantôt en lignes irrégulières, et dans le reste de la masse, des traînées plus rougeâtres, alternant avec des espaces plus clairs, qui rayonnent du centre vers la circonférence. Dans les coupes d’un
Corail très-rouge, on voit souvent que la couleur n’est pas
également distribuée, mais se répartit par zones, alternativement plus ou moins foncées (fig. 28). Des préparations très-
amincies ne se fêlent pas irrégulièrement, mais parallèlement

aux bords de la lame, de manière à reproduire les festons
de la circonférence. On peut déduire de là que la tige s'accroît par le dépôt des couches concentriques, qui se moulent
régulièrement les unes sur les autres. On rencontre partout
dans la masse de petits corpuscules irréguliers chargés
d'aspérités et plus rouges que
le tissu dans lequel ils sont
plongés. Ils sont beaucoup plus
nombreux dans les bandes
rouges que dans les bandes
claires, et ils doivent nécessairement donner plus de vigueur à la teinte générale.

Parlons enfin du mode de
reproduction du Corail, si bien
étudié par M. Lacaze-Duthiers,
mais que nous ne pourrons
signaler qu'en peu de mots.

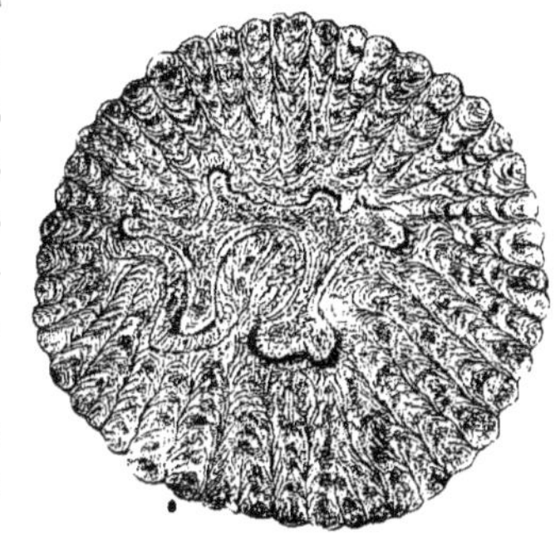

Fig. 28. Coupe d'une branche de Corail.
D'après l'ouvrage de M. Lacaze-Duthiers
(pl. VIII, fig. 37).

Tantôt, selon cet habile observateur, les polypes d'une
même colonie sont tous mâles ou femelles : le rameau est
alors *unisexué*. Tantôt les polypes d'une même colonie sont
les uns mâles, les autres femelles ; le rameau est *bisexué*.
Enfin, mais rarement, on trouve des polypes réunissant les
deux sexes.

Le Corail est vivipare, c'est-à-dire que ses œufs deviennent
des embryons à l'intérieur du polype. Les larves demeurent un certain temps dans la cavité générale des polypes,
où l'on peut les voir par transparence. C'est ce que montre la
figure 29, où l'on aperçoit, au milieu du polypier, une larve
du Corail, vue au microscope, grâce à la transparence de la
membrane enveloppante.

C'est par la bouche de leur mère que ces larves s'échappent, comme le montre la même figure 29 sur la branche
gauche du polypier. Elles ressemblent à un petit ver blanc,
plus ou moins allongé. La larve n'est encore qu'ovoïde, et
pourtant elle est creusée d'une cavité, et se montre couverte
de cils vibratiles à l'aide desquels elle nage. Bientôt l'une de
ses extrémités devient plus grosse, l'autre plus grêle et plus

pointue. Sur celle-ci se forme une ouverture, communiquant avec la cavité interne : c'est la bouche. Les larves nagent à reculons, c'est-à-dire la bouche en arrière.

Ce n'est qu'un certain temps après sa naissance que le Corail se fixe et commence ses métamorphoses. Cette méta-

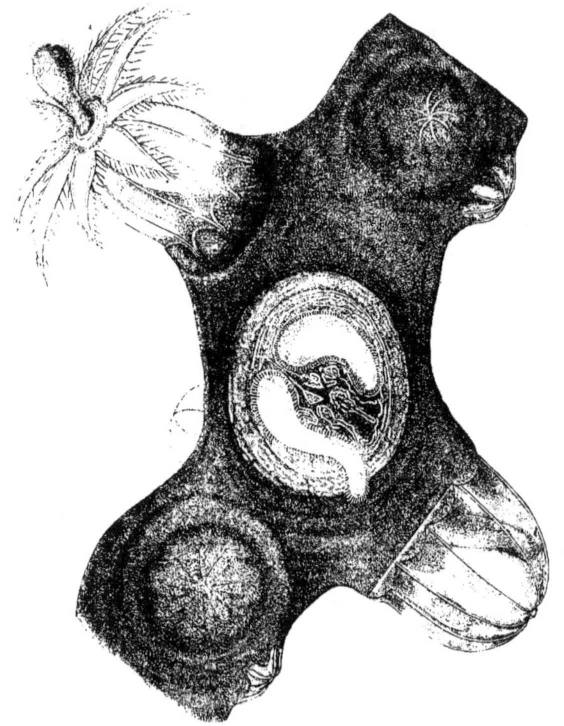

Fig. 29. Naissance des larves du Corail.
D'après l'ouvrage de M. Lacaze-Duthiers (pl. XIII, fig. 63).

morphose consiste essentiellement dans un changement de formes et de proportions. L'extrémité buccale diminue et s'effile, tandis que la base se gonfle et s'élargit. Ce ver devient discoïde. La face postérieure de cette sorte de disque est plane : la face antérieure présente la bouche, au fond d'une dépression bordée d'un gros bourrelet. Puis on voit paraître huit mamelons, correspondant aux chambres qui partagent l'intérieur du disque. Le ver a pris une forme rayonnée. Enfin les mamelons s'allongent et se transforment en tentacules.

On voit dans la figure 30 un jeune polype du corail fixé sur un Bryozoaire. Il forme un petit disque d'un quart de millimètre de diamètre, déjà coloré en rouge par des spicules.

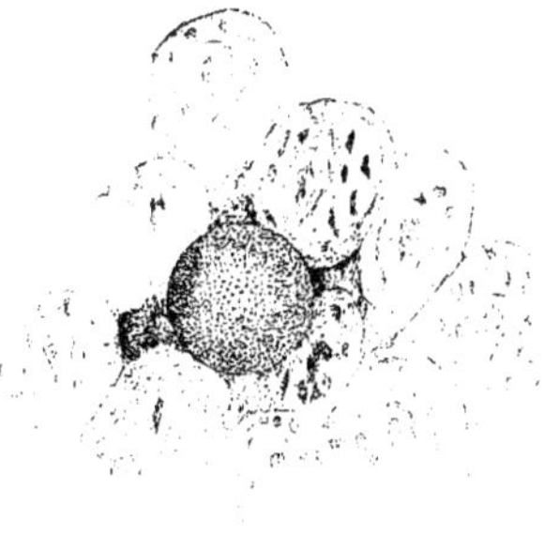

Fig. 30. Très-jeune polype du Corail, fixé sur un Bryozoaire. D'après l'ouvrage de M. Lacaze-Duthiers (pl. XVII, fig. 93).

La figure 31 montre les formes successives que prennent les jeunes polypes dans les phases progressives de leur développement.

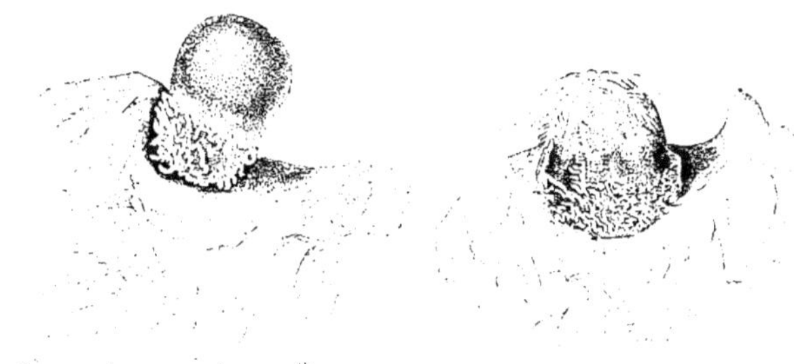

Fig. 31 A. Jeune polype du Corail fixé sur un rocher et contracté. D'après l'ouvrage de M. Lacaze-Duthiers (pl. XVIII, fig. 97).

Fig. 31 B. Jeune polype du Corail fixé sur un rocher et épanoui. D'après l'ouvrage de M. Lacaze-Duthiers (pl. XVIII, fig. 96).

La figure 32 représente, de grandeur naturelle, un petit rocher couvert de polypes et polypiers du Corail, de différentes tailles, mais tous jeunes et pouvant indiquer le terme définitif de développement de ces êtres collectifs.

L'état de simplicité de l'animal dont nous venons d'indiquer les diverses phases de développement, ne dure pas longtemps. Il jouit de la pro-

Fig. 32. Rocher couvert de jeunes polypes et polypiers du Corail. D'après l'ouvrage de M. Lacaze-Duthiers (pl. XVIII, fig. 105).

priété de produire de nouveaux êtres par bourgeonnement.

Comment se forme aussi le polypier ?

Si l'on prend de très-jeunes rameaux, on trouve au milieu
de l'épaisseur de l'écorce, des noyaux de substance pierreuse, qui rappellent par leur forme une agglomération de
spicules. Quand leur nombre et leur taille sont suffisants,
ces noyaux font partie d'une sorte de lamelle, qui s'élève

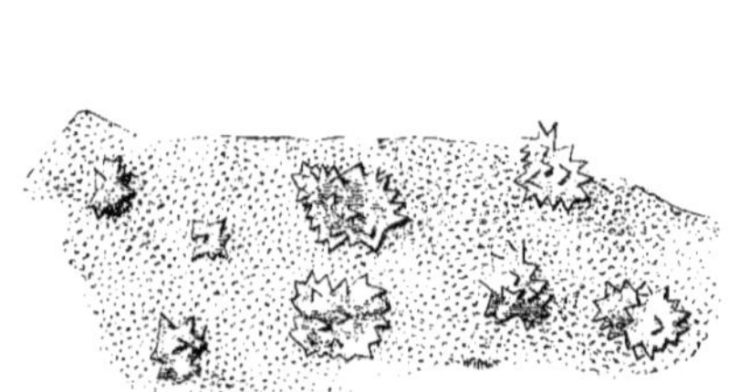

Fig. 33. Corpuscules qui sont l'origine
du polypier. D'après l'ouvrage
de M. Lacaze-Duthiers
(pl. XIX, fig. 110).

Fig. 34. Première forme du polypier
du Corail. D'après l'ouvrage
de M. Lacaze-Duthiers
(pl. XIX, fig. 111).

dans l'épaisseur des tissus de l'animal. Ces lamelles, d'abord
planes, forment, par suite du développement, une sorte de
fer à cheval.

Les figures 33 et 34 donnent une idée des premières formes
que présente le jeune polypier.

On manque de notions précises pour fixer d'une manière
approximative le temps nécessaire au Corail pour prendre
les proportions si variées qu'on lui connaît.

Passons à la pêche du Corail.

Elle est toute spéciale et ne présente d'analogie avec aucune autre pêche dans nos mers d'Europe.

La pêche du Corail se fait sur les côtes de l'Italie, de la
Barbarie (Afrique), et de la France, avec des matelots venus
de Gênes, de Livourne ou de Naples. Elle est excessivement

fatigante. Aussi dit-on souvent en Italie que, pour aller pêcher le Corail, il faut avoir été voleur ou assassin, ce qui
est une offense gratuite à d'honnêtes matelots, mais ce qui
donne bien l'idée des fatigues de ce travail de mer.

Les barques envoyées à la pêche du Corail jaugent de 6 à
15 tonneaux. Elles sont solides et bien taillées pour la marche.
Leur voilure consiste en une grande voile latine et un foc.
L'arrière est réservé au cabestan, ou à la pêche proprement
dite et à l'équipage. L'avant est emménagé pour les besoins
du patron.

L'ensemble des filets, des pièces de bois ou de fer employés
pour la pêche du Corail, porte le nom d'*engin*. L'engin est
composé d'une croix de bois, formée par deux barres solidement amarrées au milieu de leur longueur, au-dessus d'une
grosse pierre, et qui porte des paquets de filets en forme de
sac. Ces filets ont des mailles grandes et lâchement nouées :
on les nomme des *fauberts*.

L'appareil porte une trentaine de fauberts, destinés à accrocher, pendant la marche de l'embarcation, tout ce qui se
trouve au fond de la mer. Les fauberts sont éparpillés et
agités dans tous les sens par le mouvement de la marche du
bateau. On sait que le Corail se fixe et se développe au-dessous des rochers et y forme des *bancs*. C'est au-dessous de
ces rochers que les *fauberts* vont arracher la précieuse récolte. L'expérience, jointe à une intuition admirable, guide
les pêcheurs italiens dans la reconnaissance ou dans la
découverte des *bancs*.

La grande pêche emploie un patron, un *poupier* et huit
ou dix matelots. Elle dure nuit et jour (fig. 35).

Lorsque le patron juge qu'il est arrivé sur un banc de Corail, il fait lancer l'*engin* à la mer. Dès que l'appareil est
engagé, on ralentit la vitesse du bateau. Six ou huit hommes
accomplissent la manœuvre du cabestan, pendant que les
autres rament et orientent la voile. Deux forces agissent
donc sur les filets : la marche du bateau et la traction opérée
par le cabestan. L'engin, en rencontrant les inégalités du
fond de la mer, avance par saccades. Le *poupier* active ou
diminue selon les secousses, le travail du cabestan et l'ac-

tion de la voile. On laisse tomber l'*engin* au fond de l'anfractuosité des rochers, on le relève, pour le laisser retomber encore. De cette façon, les *fauberts* flottent, s'écartent, pénètrent au-dessous des rochers où se trouve le Corail et l'accrochent.

Dégager, ramener ces filets, c'est un travail d'une difficulté et d'une rudesse inouïes. L'*engin* résiste longtemps aux efforts énergiques et répétés des matelots qui, presque nus, et exposés au soleil brûlant de l'Afrique ou de l'Italie, manœuvrent le cabestan auquel est attaché le câble de l'*engin*. Le patron excite les hommes employés à la traction du cabestan, pendant que le matelot assis au pied du mât, et qui tient l'amarre avec fermeté, chante, sur un air lent et monotone, une chanson, ou bien des paroles qu'il improvise, en psalmodiant les noms des saints les plus révérés de l'Italie.

Le filet se dégage enfin et déracine ou brise des blocs énormes de rochers! La croix est bientôt retirée et amenée contre le bord du bateau, les filets réunis sur le pont. On s'occupe alors à recueillir le résultat de tant de fatigues. On recueille le Corail. Les branches du précieux zoophyte sont nettoyées, dégagées des coquilles et autres produits parasites qui les accompagnent. Enfin, le produit de la pêche est apporté et vendu dans les ports de Messine, de Naples, de Gênes ou de Livourne, où les ouvriers joailliers s'en emparent.

Voilà au prix de quelles fatigues, de quels durs labeurs et de quels périls on arrive à arracher des profondeurs de la Méditerranée ces élégants bijoux qui, chères lectrices, composent vos plus jolies parures!

ORDRE DES PENNATULAIRES.

Cette curieuse famille avait reçu de Cuvier le nom de *polypes nageurs*, et de Lamarck le nom de *polypes flottants*. Les animaux qui en font partie constituent des colonies. La colonie n'est jamais attachée au rocher par une base fixe et élargie; elle paraît vivre d'ordinaire au fond de la mer, sa base enfoncée dans le sable ou la vase, sa portion polypifère faisant saillie dans l'eau. L'agitation des vagues, les filets traînants des pêcheurs déplacent souvent ces êtres

Fig. 35. Pêche du Corail sur les côtes de la Sicile.

agrégés, et alors ils flottent ou nagent à diverses profondeurs, au sein des eaux.

Les polypes qui offrent huit tentacules, en forme de plume, sont distribués d'une manière plus ou moins régulière, de sorte qu'une des extrémités de l'axe commun qui les porte, en est toujours dépourvue. Cette partie a été comparée à la partie tubuleuse des plumes des oiseaux. La tige commune de la colonie offre un axe central solide, plus ou moins développé, qui est recouvert d'une substance charnue et fibreuse, susceptible de se contracter ou de se dilater.

L'ordre des Pennatulaires comprend divers genres connus sous les noms de *Pennatule*, *Virgulaire*, *Pavonaire*, *Ombellulaire*, *Vérétille*, etc.

Dans le genre *Pennatula*, les polypes sont disposés par rangées transversales, sur le bord supérieur et antérieur d'une série de grands prolongements en forme de plumes, situés de chaque côté de la portion supérieure et moyenne d'une tige, dont la portion inférieure est dépourvue d'appendices. Ces espèces d'ailes polypières sont à peu près en forme de faux, très-développées, et garnies d'une grande quantité de spicules aiguës, qui constituent des faisceaux à la base des calices. L'espace qui s'étend entre ces deux rangées d'appendices est tantôt lisse, tantôt squameux, tantôt granulé.

Un connaît cinq espèces de ce genre et elles paraissent toutes

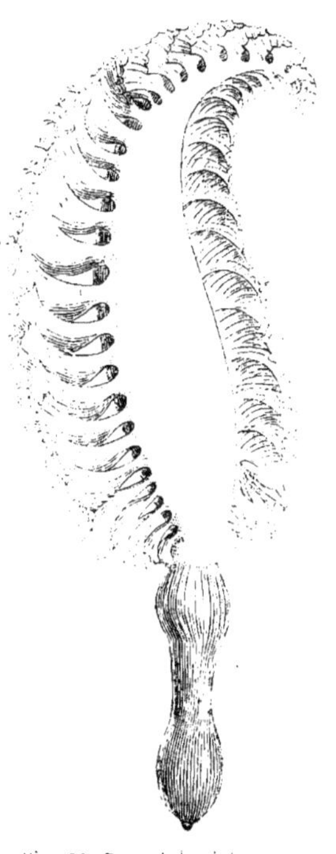

Fig. 36. Pennatule épineuse.
(*Pennatula spinosa.* Ellis et Solander; *Pennatula grisea.* Esper.)

douées de la propriété de la phosphorescence. Nous citerons parmi ces espèces la *Pennatule grise* (fig. 36), qui habite la Méditerranée et qui tire son nom de sa couleur, et la *Pennatule phosphorescente*, de couleur rouge, qu'on rencontre dans les mers d'Europe.

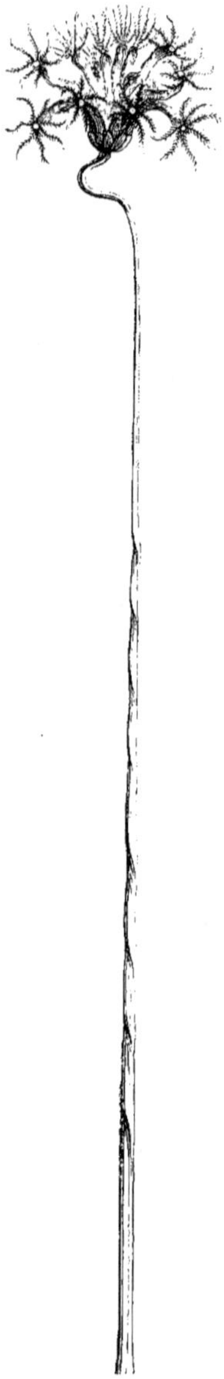

Les *Virgulaires* ne diffèrent guère des Pennatules que par le grand développement relatif de l'axe de la colonie, et par la brièveté des *pinnules* qui portent les polypes. La *Virgulaire admirable* habite les mers de Norwége et d'Écosse. Ses ailes courtes, onduleusement découpées, sont d'un

Virgulaire. (Partie grossie.)

jaune brillant. Les polypes qui apparaissent sur leurs lobes sont blanchâtres, transparents et forment comme une bordure de petites étoiles blanches diaphanes (fig. 37).

Qu'on se figure une baguette grêle et très-allongée ne portant de polypes non rétractiles que d'un seul côté, et l'on aura une idée des *Pavonaires*, dont on ne connaît qu'une espèce de la Méditerranée.

Les *Ombellulaires* ont une

Fig. **37.** Virgulaire à ailes lâches.
(*Virgularia mirabilis*, Lam.)

Fig. **38.** Ombellulaire du Groënland.
(*Umbellularia Groenlandica*, Lam.

très-longue tige (fig. 38) soutenue par un os de même longueur et terminée au sommet seulement par un bouquet de polypes.

Les *Vérétilles*, qui habitent la Méditerranée (fig. 39), ont un corps cylindrique simple et sans branches, avec un po-

Fig. 39. Vérétille cynomoire.
(*Veretillum cynomorium*, Lamarck.)

lypier rudimentaire, garni de polypes très-grands et de couleur blanche.

ORDRE DES ALCYONAIRES PROPREMENT DITS.

Les êtres qui composent ce groupe ont le polypier charnu, toujours adhérent, sans axe, ni tige solide à leur intérieur. On les partage en quatre tribus.

L'une de ces tribus est celle des *Cornulaires*, zoophytes qui

vivent isolés, ou réunis en petit nombre, à la surface d'une
expansion commune, membraniforme. Le *Cornularia cornu-
copiæ* vit sur les côtes de Naples, le *Cornularia crassa* sur les
côtes d'Algérie. D'autres genres apparaissent sur les côtes
de Norwége, d'Écosse ; la mer Rouge et l'océan Indien en
possèdent un grand nombre.

Une autre tribu est celle des *Alcyons* proprement dits. Ici
le polypier est très-épais, de consistance semi-cartilagi-
neuse, granulé, rude au toucher.

Le genre *Alcyonium* est nombreux en espèces et assez
répandu. Ces espèces sont vulgairement connues sous les
noms de *Mains de mer*, parce que le polypier charnu est divisé en lobes, ou en prolongements en forme de doigt. Les
polypes qui sont disséminés à sa surface, peuvent se retirer
complétement dans ces cavités. Ils sont d'ailleurs d'une extrème sensibilité vitale. Le moindre choc imprimé aux tentacules, la seule impulsion d'une vague, détermine leur contraction. Aussitôt tout l'animal, qui développé faisait une
saillie de 2 ou 3 millimètres, rentre et se cache dans sa cellule.

On trouve sur les côtes de la Manche et dans les mers du
Nord, l'*Alcyonium digitatum*, dont la masse est d'un blanc
rougeâtre, ferrugineux, ou orangé. Elle est lobée d'une manière irrégulière à son extrémité. Ces lobes, au nombre de
deux à cinq, sont épais, obtus et plus ou moins digitiformes.

L'*Alcyonium stellatum* est renflé, subrameux supérieurement, étroit vers sa base, assez rude à sa surface et de couleur rose. La *Main de larron* (*Alcyonium palmatum*) est cylindrique, rameuse au sommet, d'un rouge foncé, excepté à
la base qui est jaune, et se rencontre dans la Méditerranée.

Nous citerons encore comme type d'une autre tribu les
Nephtins, chez lesquels le polypier, d'un tissu coriace, est
hérissé de spicules dans toute son étendue. Le *Nephtya Cha-
broli* présente un polypier trapu, à branches grosses et couvertes de rameaux lobiformes dont les tubercules polypifères
sont volumineux et obtus. Les spicules sont vertes et les tentacules des polypes jaunes.

CLASSE DES ZOANTHAIRES.

Les Zoophytes qui composent la classe des Zoanthaires sont tout à fait de grands personnages. Il en est qui ont un demi-mètre de long. Il est vrai aussi que d'autres n'ont que quelques millimètres d'étendue.

Ces animaux vivent dans toutes les mers. Ils ont apparu de bonne heure sur le globe, ils ont joué un rôle assez important dans la formation de la terre ; de sorte qu'on les trouve dans les terrains appartenant aux périodes géologiques les plus anciennes.

Les Zoanthaires ont généralement les sexes séparés. Leur force de reproduction est extraordinaire : nous verrons que, chez un grand nombre d'entre eux, des parties retranchées de leur corps continuent de vivre, et deviennent autant d'individus nouveaux.

Ces Zoophytes sont carnassiers, et consomment une quantité vraiment prodigieuse d'animaux, tels que des crustacés, des vers, de petits poissons. Ils sont tous marins, presque tous fixés à la même place et vivant par colonies. Quelques-uns seulement demeurent isolés, qu'ils soient libres ou attachés au sol.

La structure des animaux appartenant à la classe des Zoanthaires diffère de celle des animaux appartenant à la classe des Alcyonaires, que nous venons d'étudier, par la disposition et le mode de multiplication des tentacules. Jamais ces appendices n'offrent la disposition *bipinnée* qu'on observe chez les Alcyonaires. Ils sont habituellement simples et ne se ramifient qu'exceptionnellement. Presque toujours au nombre de 12, souvent de 24, quelquefois de 48, et même parfois en bien plus grand nombre, les tentacules forment des espèces de couronnes concentriques.

La tendance à la production d'un polypier calcaire est une propriété presque générale chez les animaux de cette classe.

Les zoologistes s'accordent aujourd'hui à diviser les Zoanthaires en trois ordres bien distincts : celui des *Antipathaires*, dont le polypier est de consistance cornée, celui des *Madréporaires*, qui offrent un polypier pierreux, enfin celui des *Actiniaires*, qui ne produisent pas de polypiers.

Passons successivement en revue chacun de ces trois ordres.

ORDRE DES ANTIPATHAIRES.

Nous nous arrêterons fort peu sur l'ordre des *Antipathaires*, qui ne présente que peu d'intérêt.

Les Antipathaires correspondent à la famille des Gorgonides dans l'ordre des Alcyonaires. Ils leur ressemblent, en effet, par l'existence d'un axe central, se ramifiant, en général, comme un arbuscule ; mais les polypes ont la bouche entourée d'une couronne de six tentacules simples. Cet axe est d'un tissu plus dense, plus dur que celui des Gorgones, et offre généralement à sa surface de petits prolongements spiniformes. L'écorce polypifère qui le recouvre est en général très-friable, et se détache si facilement, que presque toujours on ne voit dans les collections que le squelette dénudé de la colonie.

Le groupe des Antipathaires comprend plusieurs genres, qui sont fondés sur l'état simple ou rameux du polypier, sur son aspect lisse ou chagriné, etc.

Ainsi les *Cirrhipathes* ont un axe simple, sans branche ni ramuscules. On trouve les *Cirrhipathes spiralis* dans la Méditerranée et l'océan Indien.

Les *Antipathes* ont, au contraire, l'axe rameux. Le tissu de cet axe est d'un noir opaque, ressemblant à l'ébène. C'est pour cela que les polypiers appartenant aux diverses espèces de ce genre sont souvent désignés sous le nom de *Corail noir*.

ORDRE DES MADRÉPORAIRES.

Les *Madréporaires* sont plus connus sous le nom de *Madrépores*. On les désigne quelquefois, mais par erreur, sous celui de Coraux, puisque le Corail ne fait pas partie de ce groupe.

Les *Madréporaires* sont remarquables par l'encroûtement

calcaire qui enveloppe toujours leur tissu, et qui détermine
la formation des polypiers. Ils sont du reste faciles à reconnaître à la structure étoilée de leur polypier, dans lequel on
distingue toujours une chambre viscérale, dont le pourtour
est garni de cloisons perpendiculaires. Celles-ci sont toujours
dirigées vers l'axe du corps, et lorsqu'elles sont suffisamment
développées, elles constituent par leur assemblage une étoile,
formée d'un grand nombre de rayons. Le polypier est toujours calcaire. La consolidation de l'enveloppe générale du
corps de chaque polype produit d'abord une epèce de gaîne,
à laquelle M. Milne-Edwards donne le nom de *muraille*. Les
cloisons qui se dirigent de la face interne de celle-ci vers
l'axe de la chambre viscérale, occupent les loges sous-ten-
taculaires ; la portion terminale et ouverte, nommée *calice*,
est en continuité organique avec le polype, qui s'y retire
plus ou moins complétement, comme dans une cellule.

M. Milne-Edwards a remarqué que le polypier des Madréporaires offre dans sa structure cinq modifications principales, dues en partie au nombre fondamental dont l'appareil
cloisonnaire présente les multiples, en partie au mode de
division de la chambre viscérale, et enfin au mode de constitution de son tissu. M. Milne-Edwards se fonde sur cette particularité de structure pour diviser les Madréporaires en cinq
sections : les sections des *Madrépores apores*, — des *Madrépores perforés*, — des *Madrépores tabulés*, — des *Madrépores
tubuleux*, — des *Madrépores rugueux*.

Madréporaires apores. — C'est dans ce groupe que le polypier est le plus accompli. On y trouve toujours réunis une
muraille bien complète et un appareil cloisonnaire très-développé. Le calice est nettement étoilé. Le nombre des rayons,
qui dans le jeune âge est de 6, arrive bientôt à 12, à 24, etc.
Les loges intercloisonnaires sont tantôt ouvertes dans toute
leur profondeur, tantôt plus ou moins complétement fermées
par des traverses. Celles-ci sont indépendantes les unes des
autres et ne se réunissent jamais dans toute la largeur de la
cavité viscérale, de façon à constituer des planchers discoï-
des comme on le voit dans les Madréporaires *tabulés et rugueux*.

Les animaux appartenant à ce groupe, qu'on peut caractériser par l'épithète de *stelliformes*, sont très-abondants dans nos mers actuelles et dans les diverses couches du globe. Ils

Fig. 40. Caryophyllie gobelet. (G. N.) (*Caryophyllia cyathus*. Lamarck.)

constituent plusieurs familles. Nous citerons la *Caryophyllie gobelet* dans la famille des *Turbinolides* (fig. 40), qui habite la Méditerranée et dont les polypes sont de couleur grisâtre,

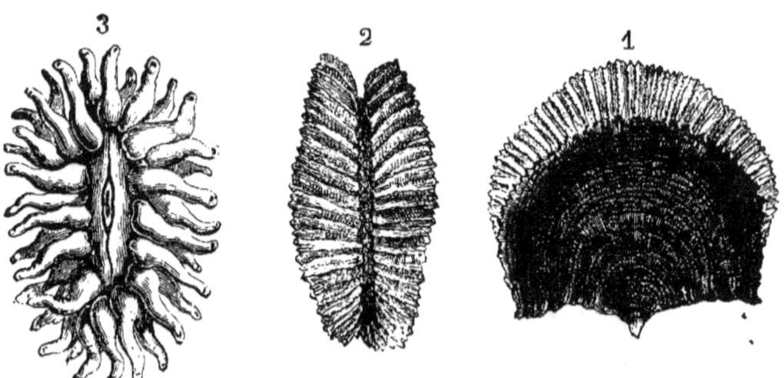

Fig. 41. Flabelline pavonine. (G. N.) (*Flabellum pavoninum*, Lesson.)
1. Position verticale. — 2. Bord supérieur avec ses lamelles et le sillon médian.
3. Forme de l'animal.

avec les tentacules annelés de blanc. Le polypier est élevé, droit, quelquefois cylindrique. Nous représentons encore la

Flabelline pavonine (fig. 41) qui habite l'archipel des îles Sand-
wich, et dont le polypier est comprimé.

Les *Oculines*, de la famille des Oculinidés, ont un polypier
arborescent, ou en touffe. Les individus se disposent sur des
lignes spirales ascendantes, et paraissent irrégulièrement
épars à la surface des rameaux. L'espèce type est l'*Oculine
vierge*, qui était nommée autrefois *Corail blanc*, quoiqu'elle

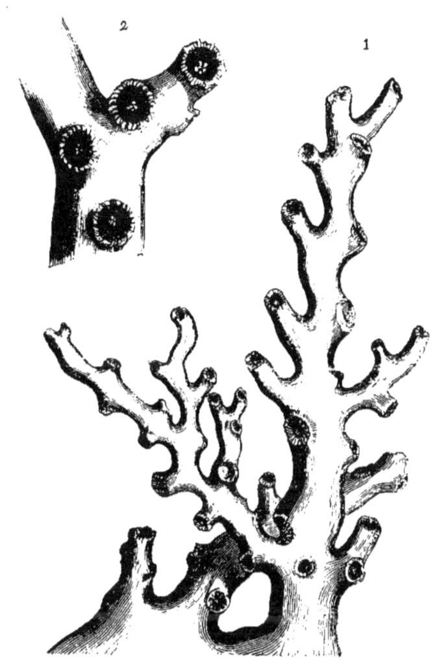

Fig. 42. Oculine vierge. (G. N.) (*Oculina virginea*, Lamark.)

diffère entièrement du véritable corail par sa structure et par
ses cellules polypifères étoilées. Cette *Oculine* (fig. 42) se
trouve dans la Méditerranée et danst les mers équatoriales.
Sur cette même figure, on voit (2) une portion de branche
grossie, pour faire mieux apparaître l'emplacement *et la
forme du polype et les cellules.*

L'espèce nommée autrefois *Oculine flabelliforme* et qui
porte maintenant le nom de *Stylaster flabelliformis*, repré-

sentée sur la figure 43, donnera une idée de ces magnifiques

Fig. 43. Oculine flabelliforme. (G. N.) (*Oculina flabelliformis*, Lam.)
(*Stylaster flabelliformis*, Milne-Edwards et J. Haime.)

zoophytes arborisés. C'est un polypier en forme d'éventail

très-rameux et à rameaux inégaux. Les grosses branches
sont lisses, les moyennes couvertes de petites pointes. Ce
beau zoophyte habite les mers de l'île Bourbon. On en voit
un très-bel exemplaire dans la collection du Muséum d'histoire naturelle de Paris.

La figure 44 représente l'*Astrée punctifère*, de la famille
des Astréides, qui habite la mer de l'Inde. Les *Astrées*, dont
les formes sont très-variées, ont été subdivisées en plusieurs
genres par MM. Milne-Edwards et J. Haime.

Leur polypier est encroûtant. On peut le qualifier de parasite, car il se fixe sur tous les corps. Ainsi il n'est pas
rare d'en rencontrer sur le test même des coquilles.

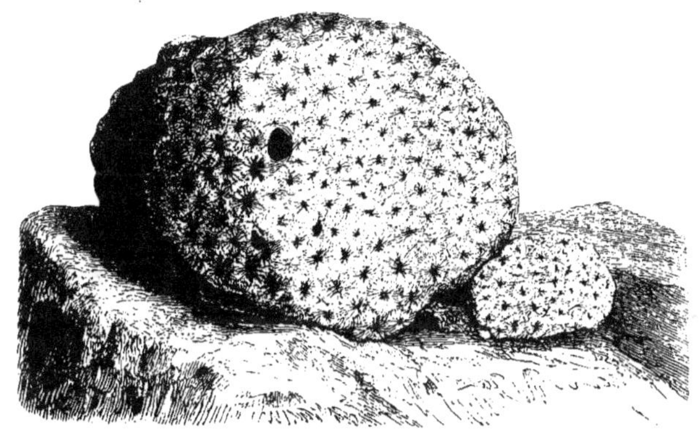

Fig. 44. Astrée punctifère. (G. N.)
(*Astrea punctifera*, Lam.)

La *Méandrine cérébriforme*, qui appartient à la même famille et que nous représentons dans la figure 45, habite les
mers d'Amérique.

Nous ne saurions passer sous silence parmi les *Madréporaires apores*, la tribu désignée sous le nom de *Fongides*.

La majeure partie des espèces de *Fongides* appartient à l'é-
poque actuelle. Elles étaient assez nombreuses à l'époque de
la formation des terrains crétacés. On en trouve déjà quelques
représentants pendant la période silurienne. C'est dans ce
groupe que se trouvent les Madréporaires de la plus grande
taille.

La tribu des Fongides tire son nom de la ressemblance

plus ou moins exacte de ces espèces animales avec les Champignons de l'ordre des Agarics (en latin *fungi*).

« Il y a cette différence entre les champignons terrestres et les marins, écrivait Peyssonnel, que les terrestres ont les feuillets dessous, et ceux de la mer les ont dessus, parce que ces feuillets ne sont que l'épanouissement de la madrépore. Ainsi, quoique je n'aie pas examiné ces champignons pétrifiés dans la mer, je ne balance point de croire que ce sont de véritables genres ou espèces de madrépores qui contiennent, comme les autres, une pourpre ou ortie qui les forme. Dans mes voyages en Égypte en 1714 et 1715, je n'ai jamais ouï dire que le Nil produisît de ces champignons. »

Par cette dernière remarque, Peyssonnel fait allusion à

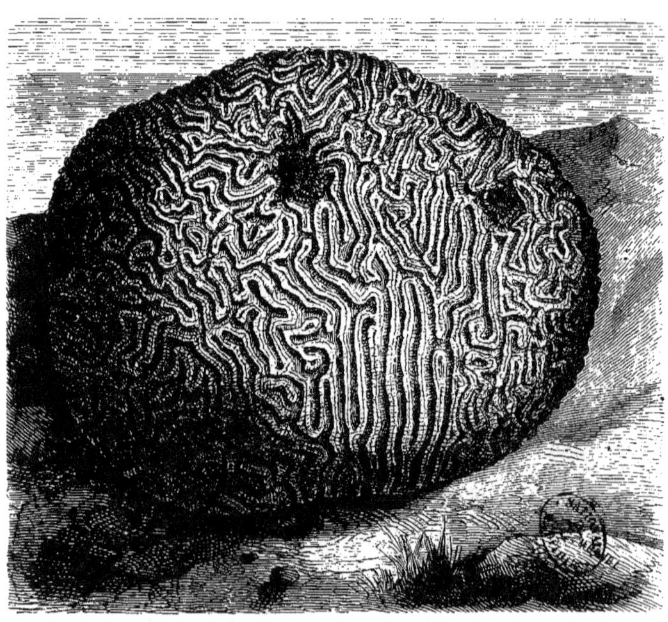

Fig. 45. Méandrine cérébriforme. (1/4 G. N.)
(*Meandrina cerebriformis*, Lam.)

l'opinion de plusieurs anciens auteurs qui regardaient les *Fongies* comme une production du Nil.

On voit dans la figure 46 l'image de la *Fongie hérissée* qui habite les mers de l'Inde et de la Chine. Ce polypier, de

forme oblongue, est convexe en dessus et concave en dessous ; la fossette d'où partent les lames ou cloisons est extrèmement longue. Les dents cloisonnaires sont très-irrégu-
lières, minces et échinusées ; elles s'arrêtent sur le bord
inférieur pour laisser à la partie concave le champ libre à
une foule d'aspérités que l'on pourrait comparer au plafond
voûté d'une grotte de petites stalactites.

La conformation générale des parties molles des *Fongies*

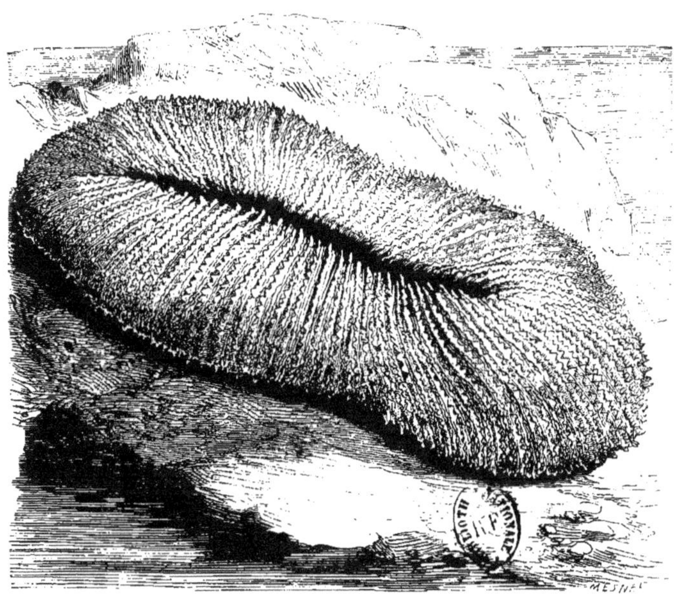

Fig 46. Fongie hérissée. (G. N.)
(*Fungia echinata*, Milne-Edwards et J. Haime.)

a été observée par plusieurs voyageurs. Toute la portion supérieure du corps de l'animal, correspondante à la partie
lamellifère du polypier, est garnie de tentacules épars, assez
longs dans certaines espèces, remarquablement courts dans
d'autres. Ces tentacules paraissent terminés par une petite
ventouse. Cependant l'animal ne peut reprendre sa position
naturelle quand il a été renversé.

Pour compléter notre description sur ces curieux madrépores, nous avons fait représenter, figure 47, la *Fongie aga-*

riciforme de Lamarck, recouverte de ses polypes. Cette espèce habite la mer Rouge et l'océan Indien.

Madréporaires perforés. — Dans ce groupe l'appareil mural constitue la partie essentielle des polypiers et ne présente pas de lames costales. La muraille est toujours perforée, la chambre viscérale est presque entièrement ouverte depuis la base jusqu'au sommet.

Pour donner au lecteur une idée des zoophytes qui com-

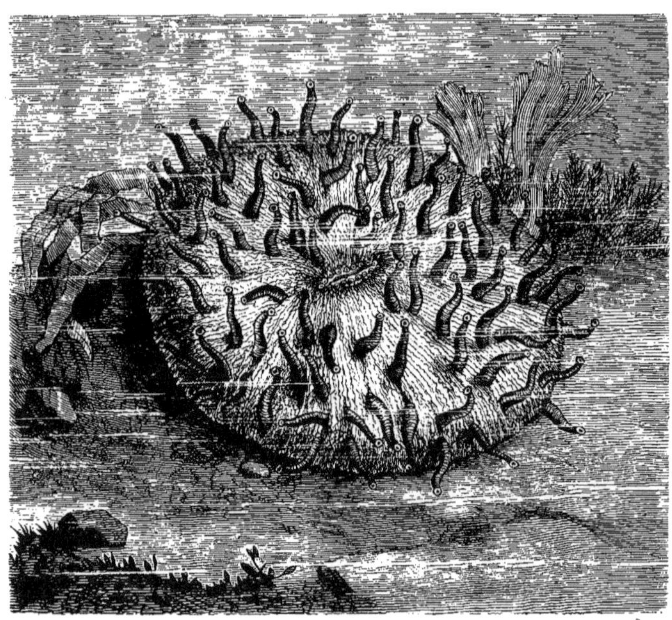

Fig. 47. Fongie agariciforme. (1/2 G. N.)
(*Fungia agariciformis*, Lam.)

posent ce groupe, nous signalerons trois genres, dont les deux premiers appartiennent à la famille des Madréporides et le dernier à la famille des Porilides.

La *Dendrophyllie en arbre* (fig. 48 et 49) est un élégant Madréporaire de la Méditerranée. Son polypier présente un tronc assez gros, chargé de rameaux courts, ascendants; il peut atteindre jusqu'à un demi-mètre en hauteur. Les polypes sont pourvus d'un grand nombre de tentacules, au milieu desquels est creusée la bouche. Ils sont contenus dans des loges assez profondes, rayonnées par des lames nombreuses inégalement saillantes.

Peyssonnel avait déjà vu les polypes de cette colonie.

« J'observai, dit-il, que les extrémités ou sommets de la madrépore que l'on appelle en provençal *fenouil de mer* (c'est notre espèce) étaient mollasses et tendres, remplis d'une mucosité gluante et transparente qui filait comme la bave que les escargots ou colimaçons terrestres

Fig. 48. Dendrophyllie en arbre. (1/2 G. N.)
(*Dendrophyllia ramea*, Blainville.)

rejettent. Ces extrémités étaient d'un beau jaune et avaient 5 ou 6 lignes de diamètre et molles plus d'un travers de doigt de long. Je vis un animal niché dedans. Cet animal était une espèce de sèche, de poulpe et d'ortie, ou poisson de même nature. Le corps de cette ortie remplissait le centre ; la tête était au milieu, entourée de plusieurs pieds ou pattes comme celles des sèches. La chair de ces animaux est très-délicate et se met en pâte et fond très-facilement dès qu'on la touche. »

Les Madrépores (*Madrepora*) abondent dans les mers tropicales et prennent une part considérable dans la constitution des récifs et des îles madréporiques qui se forment dans
les mers actuelles.

Comme exemple de ces intéressants zoophytes, nous citerons
rons le *Madrepora plantaginea* (Lamarck) (fig. 50), dont le
polypier est en touffes à branches grêles et prolifères.

Citons encore le *Madrepora palmata*, vulgairement nommé
Char de Neptune, grande et belle espèce, fort large, dont les
expansions sont aplaties, enroulées à la base, et forment des

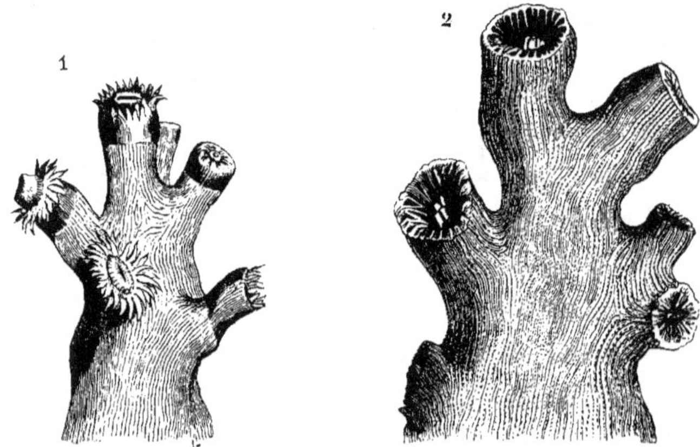

Fig. 49. Dendrophyllie en arbre.
(*Dendrophyllia ramea*, Blainville.)
1. Grandeur naturelle avec ses polypiers. — 2. Partie grossie.

lobes, dont la longueur est souvent de près d'un mètre sur
environ 5 décimètres de large et 3 à 6 centimètres d'épaisseur. On le trouve dans la mer des Antilles.

Les *Porites* ont un polypier polymorphe, formé par un
tissu réticulé et poreux. Les individus qui constituent ce
polypier sont toujours intimement soudés entre eux. Sa
forme extérieure est une sorte de treillage irrégulier et plus
ou moins lâche.

Comme type de cette organisation, nous citerons le *Porites
furcata* (fig. 51). La figure 1 représente le polypier de grandeur naturelle. On voit dans la figure 1 *a* une portion du

même grossie et vue en dessus, pour montrer la disposition
des calices.

Madréporaires tabulés. — Chez ces Madréporaires, le polypier est essentiellement composé par un système mural très-
développé. Les chambres viscérales sont divisées en une
série d'étages, par des diaphragmes complets, ou planchers
transversaux. Ces planchers ne dépendent pas des cloisons,

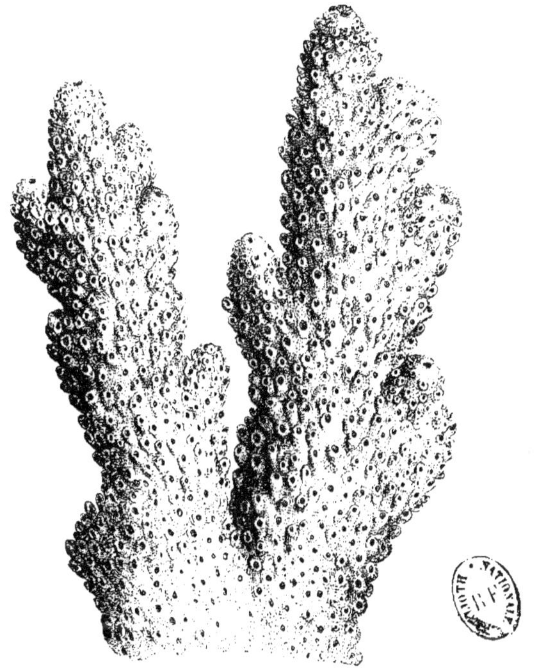

Fig. 50. Madrépore plantain. (G. N.)
(*Madrepora plantaginea*, Lam.)

et forment les divisions horizontales complètes en s'étendant
d'une paroi à l'autre de la cavité générale.

Pour donner au lecteur une idée des Madréporaires tabulés,
nous lui présenterons les polypiers connus sous le nom de
Millépores. C'est Linné qui, le premier, sépara des Madrépores un grand nombre d'espèces qui se distinguent, au premier abord, par la petitesse des pores ou des cellules polypifères. C'est ce qu'on voit aisément dans la figure 52, qui

représente le *Millépore corne d'élan*. Le *Millepora monili-formis* se fixe sur les branches des Gorgones et y forme une série de petites masses arrondies ou lobulées latérale-ment.

Madréporaires tubuleux et rugueux. — Nous ne dirons rien de ces dernières sections des *Madréporaires*, qui ne contien-nent presque exclusivement que des espèces fossiles. Tel est

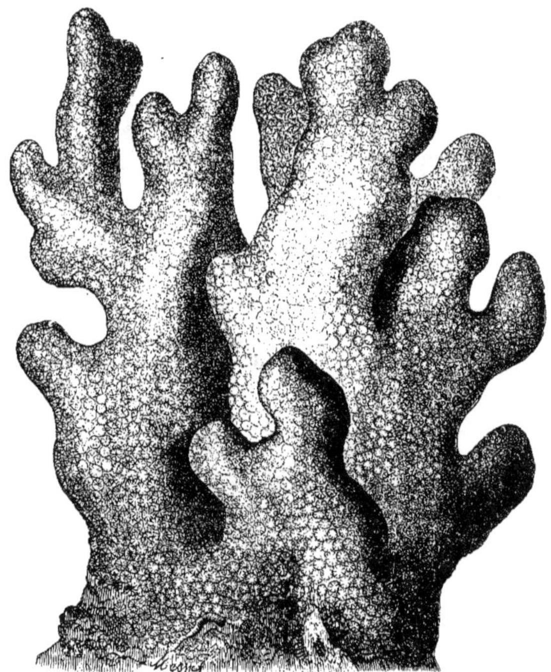

Fig. 51. Porite fourchu. (G. N.)
(*Porites furcata*, Lam.)

par exemple le *Cyatophyllum tunicatum*, espèce fossile propre aux terrains siluriens.

Si nous avons longuement insisté sur la description des Madrépores, c'est que cet ordre d'animaux joue un rôle très-important dans la nature. C'est à ces zoophytes qu'est due la formation de ces îles et récifs de polypiers qui, de nos jours, apparaissent au sein de l'Océan, dans les régions équatoriales. Les *îles à coraux* et les *îles madréporiques*, tel est donc le sujet que nous avons maintenant à aborder.

Nous allons assister à l'un des spectacles les plus extraordinaires que la nature présente à notre admiration. Ces zoophytes, dont nous venons d'esquisser l'histoire, ces êtres chétifs, doués d'une vie demi-latente, ces animalcules petits et fragiles, travaillent silencieusement, activement, au sein des mers. Comme ils sont réunis en masses innombrables,

Fig. 52. Millépore corne d'élan. (1/4 G. N.)
(*Millepora alcicornis*, Linné.)

leurs cellules et leurs axes solides finissent par produire des masses pierreuses énormes. Ces dépôts calcaires s'accroissent et se multiplient avec une si prodigieuse rapidité, que non-seulement ils tapissent complétement les rochers sous-marins, mais finissent par former des récifs, et même des îles entières.

En visitant les mers de l'Inde et de l'océan Pacifique, les

navigateurs avaient été depuis longtemps frappés de l'aspect
particulier de certaines terres basses, qui présentent un
mode de conformation fort singulier. En 1601, Pyrard de
Laval disait, en parlant des îles Malouines :

« Elles sont divisées en 13 provinces nommées *atollons*, qui est une
division naturelle selon les lieux, d'autant que chaque atollon est séparé des autres et contient en soy une grande multitude de petites îles.
C'est une merveille de voir chacun de ces atollons environné d'un
grand banc de pierre tout autour, n'y ayant point d'artifice humain
qui pust si bien fermer de murailles un espace de terre comme cela
est. Ces atollons sont quasi tout ronds ou ovales, ayant chacun trente
lieues de tour, les uns quelque peu plus, les autres quelque peu moins,
et sont tous de suite et bout à bout depuis le nord jusqu'au sud, sans
aucunement s'entre-toucher. Il y a entre deux des canaux de mer, les
uns larges, les autres fort étroits. Étant au milieu d'un atollon, vous
voyez tout autour de vous ce grand banc de pierre qui entoure et qui
défend les îles contre l'impétuosité de la mer. Mais c'est chose effroya-
ble, même aux plus hardis, d'approcher ce banc et de voir venir de
bien loin les vagues se rompre avec fureur tout autour. »

Après la publication de ces intéressantes remarques, des
îles circulaires ou des groupes d'îles analogues à ces *atollons* (plus connus aujourd'hui sous le nom d'*atolls*) et des
bancs des récifs constitués par des polypiers furent découverts, en grand nombre, dans l'océan Pacifique et d'autres
mers. On les désigne sous le nom d'*îles de corail*, de *récifs
madréporiques*.

Le naturaliste Forster, qui accompagnait le célèbre Cook
dans son voyage autour du monde, fit connaître les caractères les plus remarquables de ces gigantesques formations.
Il comprit parfaitement leur origine, qu'il attribua au développement de zoophytes à polypier calcaire.

Après Forster, plusieurs autres naturalistes, Chamisso,
Quoy et Gaimard, Ehrenberg, Darwin, Couthouy et Dana,
ont fourni à la science de précieux renseignements sur l'histoire des *îles à coraux* et des *récifs madréporiques*.

Ces amas de polypiers offrent trois dispositions particulières et constantes. Tantôt ils constituent un grand anneau
circulaire, dont le centre est occupé par un bassin profond,
en communication avec la mer extérieure par une ou plusieurs brèches très-profondes : ce sont les *atolls* ou *atollons*,

Fig. 53. Ile de Clermont-Tonnerre, dans l'archipel Pomotou (formation coralliaire).

décrits, il y a plus de deux siècles, par Pyrard de Laval. Tantôt ils entourent, mais à distance, une petite île, de manière à constituer une sorte de cadre: ce sont les *ceintures* de récifs. Enfin ils peuvent border immédiatement la côte d'une île ou de la terre ferme, et sont appelés, dans ces derniers cas, *récifs en bordure*, *récifs littoraux* ou *récifs frangés*.

A la distance de quelques centaines de mètres seulement des bords de ces récifs, la mer est d'une telle profondeur que la sonde ne peut jamais en toucher le fond.

Pour donner une idée de la forme générale des atolls, bien qu'ils soient rarement aussi réguliers, nous mettons sous les yeux du lecteur (fig. 53) la vue d'une île de ce genre, qui existe dans l'archipel Pomotou, dans l'Océan équinoxial (mer des Indes). C'est l'île de Clermont-Tonnerre, qui a été figurée par le capitaine Wilkes dans son ouvrage : *Exploring expedition, vol. X; Geology, by James Dana*. La ceinture extérieure de rochers entoure un bassin circulaire.

Telle est la forme générale, la forme type, pour ainsi dire, des *îles à coraux*, dont le lecteur a sous les yeux un spécimen fidèle.

Les zoophytes qui composent ces accumulations minérales appartiennent à des groupes assez divers. Voici le résultat des observations faites par M. Darwin, sur l'*atoll* qui forme la grande *île des Cocos*, située au sud de Sumatra, dans la mer des Indes.

Les Porites, d'après M. Darwin, composent les dépôts les plus élevés, ceux qui avoisinent le plus le niveau de l'eau. Le *Millepora complanata* entre aussi dans la composition des bancs supérieurs. Divers autres polypiers branchus se montrent en grand nombre dans les cavités laissées par l'entrecroisement des *Porites* et des *Millepores*. Il est difficile de reconnaître exactement les espèces occupant les parties les plus profondes. D'après M. Darwin, les parties basses de ces récifs sont occupées par des polypiers semblables à ceux des parties supérieures. Au-dessous de 36 mètres, le fond est alternativement composé de sable et de polypiers.

La largeur totale du récif circulaire ou de l'anneau qui constitue l'atoll de l'île des Cocos, varie de 250 à 500 mètres.

De petites îles parasites se forment sur les récifs, à 200 ou 300 mètres de leur bord extérieur, par l'accumulation des fragments rejetés pendant les grandes tempêtes. Elles s'élèvent de 2 à 3 mètres au-dessus de la haute mer, et sont composées de fragments de coquilles, de polypiers, d'oursins, le tout formant une roche solide et très-dure.

Ce qui vient d'être dit quant à la composition de l'atoll de l'île des Cocos, peut être appliqué, selon M. Darwin, à presque toutes les îles circulaires madréporiques qui se trouvent dans l'océan Pacifique.

Après ces considérations zoologiques sur les êtres vivants qui servent à former les étranges agrégations minérales qui nous occupent, il ne sera pas inutile de donner une idée pittoresque de l'un de ces atolls. Nous en emprunterons la description à M. Darwin, qui parcourut et observa, de 1832 à 1834, un grand nombre de ces groupes d'îles éparses dans l'Océan, entre la côte occidentale de l'Amérique du Sud et la côte de Madagascar.

M. Darwin raconte ainsi son excursion dans l'île des Cocos, l'une des plus renommées des formations minérales de ce genre.

« Le cercle des récifs qui forme la lagune de l'île des Cocos ou de Keeling, dit M. Darwin, est couronné, dans presque toute son étendue, d'une guirlande d'îlots très-étroits qui, au nord, sous le vent, laissent un passage aux vaisseaux pour pénétrer à l'intérieur du mouillage. Dès l'entrée, le spectacle est ravissant. L'eau calme, limpide, transparente, peu profonde, repose sur un lit blanc, uni, fin. Le soleil, dardant ses rayons verticaux sur cette immense flaque de cristal de plusieurs milles de largeur, la fait resplendir du vert le plus éclatant; des lignes de brisants frangées d'une éblouissante écume la séparent des noires et longues vagues de l'Océan, et les festons réguliers et arrondis des cocotiers épars sur les îlots se détachant sur la voûte isolée du ciel, achèvent d'encadrer ce miroir d'émeraudes, tacheté çà et là par des lignes de vivants coraux.

Dès le lendemain matin, j'étais sur la rive de l'île de la Direction, bande de terre ferme large à peine de quelques centaines de mètres. Une blanche marge calcaire, d'une réverbération fatigante sous cet ardent climat, la sépare de la lagune; à l'extérieur elle est défendue par un rebord large et plat, en roche de corail solide qui apaise et arrête la violence de la haute mer. Sous quelques sables, près de la lagune, le sol n'est qu'une accumulation de fragments de coraux arrondis et il faut le climat des régions intertropicales pour produire une végétation vigoureuse sur ce terrain désagrégé, sec et rocailleux. Rien de plus élégant néanmoins que les cocotiers vieux et jeunes, dont les palmes vertes s'unissent au-dessus de féeriques petits îlots qui les encadrent d'un anneau de sable argenté. L'histoire naturelle de ces îles est curieuse, grâce à son indigence même. C'est à peine si trois ou quatre espèces d'arbres semés par les vagues se mêlent aux bouquets de cocotiers, et l'un d'eux seul offre un bon bois de construction. Ma collection d'une vingtaine d'espèces de plantes, dont dix-neuf appartiennent à différents genres et à non moins de seize familles, doit renfermer à peu près toute cette modeste flore, qui semble un refuge de déshérités. Du côté du vent le ressac jette des semences. M. Keating, qui a résidé un an sur ces écueils, cite le Kimiri, natif de Sumatra et de la péninsule de Malacca, la noix de coco de Balei que distinguent sa forme et sa grosseur, le dadass que les Malais plantent avec la vigne vierge, le savonnier, le ricin, des troncs de palmier sagou, diverses graines inconnues aux habitants de ces écueils, des masses de teck de Java, d'immenses cèdres rouges, blancs, le gommier bleu d'Australie et jusqu'à des canots de Java, viennent s'échouer contre ces récifs. L'on suppose que ces épaves sont pour la plupart poussées par la mousson du nord-ouest, jusqu'aux côtes de la Nouvelle-Hollande, d'où les vents alizés du sud-est les ramènent. Les graines feraient ainsi de six à huit cents lieues sans perdre leur pouvoir de végétation.... La liste des animaux terrestres est plus bornée encore que celle des végétaux. Quelques rats ont été apportés de l'île Maurice sur un vaisseau naufragé, et les seuls oiseaux de terre sont une bécasse et un râle ; les échassiers après les palmipèdes sont les premiers colons de ces régions lointaines. Tout ce que j'ai rencontré en fait de reptiles, c'est un petit lézard, et à part les araignées qui sont nombreuses, je n'ai pu recueillir que treize espèces d'insectes, dont un coléoptère. Enfin sous des blocs isolés de corail pullule seule une petite fourmi.

Mais si de cette terre stérile nous portons nos regards vers la mer, nous y verrons affluer la vie. Il y a de quoi s'enthousiasmer à contempler le nombre infini d'êtres organiques dont regorgent les mers tropicales : de beaux poissons verts et de mille teintes diverses chatoient dans les creux, dans les grottes, et les couleurs de plusieurs des zoophytes sont admirables.

Les longues et étroites bandes de terre qui forment les îlots, s'élèvent seulement à la hauteur où le ressac peut lancer des fragments de coraux, où le vent peut entasser des sables calcaires. Au dehors un rebord de corail plat et solide brise la première violence des flots, qui autrement balayeraient ces écueils et tout ce qu'ils produisent. Ici l'Océan et la terre semblent se disputer l'empire ; si celle-ci commence à prendre pied, les citoyens de l'onde maintiennent leurs droits antérieurs. De tous côtés l'on voit diverses espèces de crabe ermite promener sur leur dos la coquille dérobée à la plage voisine ; d'innombrables hirondelles de mer, des frégates, des fous, fixent sur vous leurs yeux stupides et colères, planent dans l'air, surchargent les branches des arbres, infestent les bois de leurs nids. Parmi cette population ailée, je n'ai distingué qu'une charmante créature, une mignonne hirondelle de mer d'un blanc de neige. Vous épiant de son brillant œil noir, elle voltige doucement, toujours tout près, et sous cette gracieuse et délicate enveloppe on serait tenté d'imaginer quelque sylphe léger qui vous observe et vous suit....

Le 6 avril, j'accompagnai le capitaine au fond de la lagune; le chenal y tournoie entre des coraux délicatement ramifiés. Nous vîmes plusieurs tortues, auxquelles deux barques donnaient la chasse.... Arrivés au bout de la lagune, nous traversâmes l'étroit îlot pour voir, du côté du vent, la large mer se briser sur la côte. Je ne puis dire pourquoi ni à quel point ce spectacle me paraît imposant : ces élégants cocotiers, ces lignes de verdoyants buissons, cette marge plate, infranchissable barrière, semée de blocs épars, enfin cette frange de vagues écumantes qui se ruent à l'entour des récifs. L'Océan, comme un invincible et tout-puissant ennemi, lance ses flots, et il est repoussé, vaincu, par les moyens les plus simples. Ce n'est pas qu'il épargne les roches de corail dont les gigantesques fragments jetés sur la plage proclament sa puissance; il n'accorde ni paix ni trêve; la longue houle enflée par le doux mais incessant travail des vents alizés, soufflant toujours d'une même direction sur cet espace immense, soulève des vagues presque aussi hautes que celles qu'accumulent les tempêtes de nos zones tempérées. On reste convaincu, à voir leur incessante rage, que l'île du roc le plus dur, de porphyre, de granit, de quartz, serait démolie par cette irrésistible force, tandis que ces humbles rives demeurent victorieuses. Un autre pouvoir a pris part à la lutte. La force organique s'empare un à un des atomes de carbonate de chaux et les sépare de la bouillonnante écume pour les unir dans une symétrique structure. Qu'importe que la tempête arrache par milliers d'énormes blocs de rochers! Que peut-elle contre le travail incessant de myriades d'architectes à l'œuvre nuit et jour? Nous voyons ici le corps mou et gélatineux d'un polype vaincre, par l'action des lois vitales, l'immense pouvoir mécanique des vagues de l'Océan, auquel ne résisterait ni l'art de l'homme, ni les ouvrages inanimés de la nature [1]. »

Quelle est la dimension des atolls? Il en est dans les îles Maldives, situées dans la mer des Indes à l'ouest de l'île de Ceylan, qui atteignent jusqu'à 88 milles géographiques, avec une largeur variant de 10 à 20 milles. Dans les Marshall, certains atolls sont réunis par une ligne de récifs : telle est l'île Mentchicoff qui, grâce à ces récifs, a 60 milles de long.

Nous avons dit que les formations madréporiques, ou coralliennes, peuvent affecter trois formes, auxquelles on a

1. *Le Tour du Monde*, 1860, 2ᵉ semestre, page 151.

donné le nom d'*atolls*, de *barrières de récifs*, ou de *récifs frangés*. Nous avons parlé des atolls ; disons quelques mots des barrières de récifs et des récifs frangés.

Les *barrières de récifs* sont les formations qui entourent les îles ordinaires, ou qui s'étendent le long des rivages. Elles ont la forme et la structure générale des atolls. De même que les atolls, les barrières de récifs paraissent placées au bord d'un précipice marin. Elles s'élèvent sur les bords d'un plateau qui domine une mer sans fond.

Sur la côte occidentale de la Nouvelle-Calédonie, le capitaine Kent, à la seule distance de deux longueurs de vaisseau du récif, ne put trouver le fond avec une sonde de 300 mètres.

C'est ce qui a été vérifié également pour les îles Gambier, situées dans l'océan Pacifique, pour l'île d'Oualem, et beaucoup d'autres.

D'après M. Darwin, la barrière de récifs située près de la côte occidentale de la Nouvelle-Calédonie aurait 400 milles de long. Celle de la côte orientale de l'Australie se prolongerait, presque sans interruption, sur une étendue de 1000 milles (environ 400 lieues), se tenant à 20,30, 50 ou 60 milles de la côte.

Quant à l'élévation des îles ainsi entourées de récifs, elle varie beaucoup. L'île de Taïti s'élève à 2133 mètres au-dessus des eaux de la mer, l'île Maurna à 243 mètres, Aituaki à 109 mètres, Manonaï à 15 mètres seulement.

Autour des îles Gambier le récif a 360 mètres d'épaisseur, à Taïti 76, autour des îles Fidji il a 600 à 900 mètres.

On pourrait confondre les *récifs frangés* qui bordent immédiatement une île, ou une portion d'île, avec les *barrières de récifs* dont il vient d'être question, s'ils n'en différaient que par leur moindre largeur. Mais cette circonstance qu'ils bordent immédiatement la côte, au lieu d'en être séparés par un canal ou lagune plus ou moins profonde et continue, prouve qu'ils sont en rapport direct avec la pente du sol sous-marin et permet de les distinguer des barrières de récifs

Les dangereux brisants qui entourent l'île Maurice donnent un exemple très-net de ce que l'on nomme *récifs frangés*.

Cette île est presque entièrement entourée de cette barrière de rochers. La largeur de ces récifs est de 50 à 100 mètres; leur surface rude et abrupte est presque unie, et rarement découverte à la basse mer.

Des récifs analogues se voient autour de l'île Bourbon. Tout autour de cette île, les polypiers construisent, sur le fond volcanique de la mer, des mamelons détachés, qui s'élèvent à 2 ou 3 mètres au-dessus des eaux.

Les récifs côtiers madréporiques se voient également sur la côte orientale de l'Afrique et du Brésil. Dans la mer Rouge existent des récifs de polypiers, que l'on peut ranger parmi les récifs madréporiques des côtes, en raison du peu de largeur du golfe. MM. Ehrenberg et Hemprich ont visité 150 localités de la mer Rouge qui présentaient des récifs de ce genre.

Quel est le degré de rapidité avec lequel peuvent se former les bancs de Coraux et de Madrépores qui, par leur accumulation, finissent par composer les *atolls actuels* ou les *récifs frangés*? Pour éclairer cette question, assez difficile, il faut d'abord rechercher à quelle profondeur vivent les polypiers constructeurs de ces ouvrages.

Sur les côtes de l'île Maurice, dit M. d'Archiac dans son *Cours de paléontologie stratigraphique*[1], le bord du récif est formé des *Madrepora corymbosa* et *pocillifera*, qui descendent jusqu'à 16 et 30 mètres, et de deux espèces d'Astrées. A la partie inférieure est un banc de *Sériatopores*, de 30 à 40 mètres de hauteur; le fond est de sable et couvert de *Sériatopores*; à 40 mètres on a rencontré des fragments de *Madrépores*. Entre 40 et 66 mètres le fond était de sable et la sonde rapportait de grandes *Caryophyllées*.

Suivant MM. Quoy et Gaimard, les Astrées, que ces naturalistes considèrent comme constituant le plus de récifs, ne vivent pas au delà de 8 à 10 mètres de profondeur. Le *Mille-*

---

1. *Première année, deuxième partie* (1864, p. 331). — M. d'Archiac a présenté dans ce volume un long et savant exposé des recherches de M. Darwin et de l'état actuel de la question des *atolls* au point de vue géologique Pour la rédaction de ce chapitre, nous avons fait divers emprunts à l'ouvrage du savant professeur du Jardin des Plantes.

pora alcicornis s'étend de la surface à la profondeur de 24
mètres au-dessous ; les *Madrépores* et les *Sériatopores* jusqu'à 40. Des masses considérables de *Méandrines* ont été
ramenées de 32 mètres. Une *Caryophyllée* a été retirée de 160
mètres, par 33 degrés latitude sud. Parmi les polypiers qui
ne forment pas de récifs solides, M. Darwin cite les *Cellaires*,
trouvées à 380 mètres de profondeur, les *Gorgones* à 320, le
Corail à 200, les *Millépores* de 60 à 88, les *Sertulaires* à 80,
les *Tubulipores* à 188.

Suivant M. Dana, dit M. d'Archiac, toutes les espèces qui
forment des récifs : les *Madrépores*, les *Millépores*, les *Porites*,
les *Astrées*, les *Méandrines*, ne croissent pas au delà de 35 mètres de profondeur.

C'est dans la partie la plus rapprochée du niveau des
eaux que prospèrent surtout les zoophytes dont les produits
minéraux forment les bancs madréporiques. La partie bat-
tue par les vagues est le point le plus favorable à leur accroissement. C'est là que se trouvent les *Astrées*, les *Porites*,
les *Millépores*.

La proportion de l'accroissement, selon M. Darwin, dé-
pend à la fois des espèces qui construisent ces récifs et de
diverses circonstances accessoires.

La proportion ordinaire de l'accroissement des Madrépores
est, selon M. Dana, de 1 pouce et demi par an ; et comme
leurs rameaux sont écartés, cela ne ferait pas plus de 1
demi-pouce d'épaisseur de masse solide sur toute la surface
couverte par les Madrépores. Par suite de leur porosité, cette
même quantité se réduit à 3 huitièmes de pouce de matière
compacte. Il faut remarquer, en outre, que de grands espaces en sont dépourvus. Les sables provenant de la partie
détruite des polypiers sont entraînés par les courants, dans
de grandes profondeurs où il n'y a pas de polypiers vivants, et
la surface occupée par ceux-ci n'est pas de plus de 1 sixième
de toute la région coralligène ; ce qui réduit les 3 huitièmes
précédents à 1 seizième. Les coquilles et autres débris organiques peuvent entrer pour un quart dans la production
totale par rapport aux polypiers. De sorte que, tout considéré, l'accroissement moyen d'un récif ne doit pas dépasser

annuellement 1 huitième de pouce. D'après cela, quelques récifs qui ont jusqu'à 2000 pieds d'épaisseur, en admettant un accroissement de 1 huitième de pouce d'épaisseur par an, auraient exigé, pour se former, un intervalle de 192 000 ans.

Il faut dire pourtant que, dans des circonstances favorables, l'accroissement des masses de polypiers peut être beaucoup plus rapide. M. Darwin parle d'un navire qui, ayant fait naufrage dans le golfe Persique, fut trouvé, après une submersion de vingt mois seulement, revêtu d'une couche de polypiers de 2 pieds d'épaisseur. Le même auteur mentionne des expériences faites par M. Allen, sur la côte de Madagascar, tendant à prouver que, dans l'espace de six mois seulement, certains polypiers peuvent grandir de près d'un mètre.

Arrivons à l'explication théorique de ces curieuses formations minérales.

Les naturalistes et les navigateurs ont été fort partagés d'opinions sur la véritable origine des îles madréporiques. La plupart ont admis que ces bancs énormes sont uniquement composés par les dépouilles minérales et les détritus terreux des Madrépores et des Coraux, lesquels se développant au milieu, ou sur le fond des mers, se multipliant, se superposant d'âge en âge, de génération en génération, finissent par former des dépôts d'une hauteur immense. La colonne madréporique serait enfin arrêtée dans sa croissance par le manque d'eau, lorsque son sommet approche du niveau de la mer. C'est ainsi que Forster, Peron, Flinders, Chamisso, ont expliqué la formation des *atolls* et des *récifs madréporiques*.

Cette même opinion a été soutenue de notre temps par l'amiral Du Petit Thouars. Mais on objecte, avec raison, que les polypiers ne vivent pas aux prodigieuses profondeurs de mer où sont situées les bases de ces îlots.

Il a donc fallu chercher une autre théorie, une autre interprétation plus compliquée pour satisfaire aux diverses conditions de ce phénomène, et pour expliquer l'étrange disposition circulaire de ces îles, qui est à peu près constante, et dont il est essentiel de tenir compte.

Le géologue anglais Ch. Lyell a prétendu que la base d'un atoll est toujours le cratère d'un ancien volcan sous-marin, lequel, se couronnant de Coraux et de Madrépores, aurait produit cette muraille circulaire, formée d'un entassement de polypiers.

Cette théorie suppose l'existence de cratères volcaniques dans le voisinage de toutes les îles à coraux. Il est certain que ces îles sont très-souvent placées non loin d'un volcan, et M. Lyell a publié une carte vraiment curieuse sous ce rapport. On la trouve reproduite dans l'ouvrage de M. d'Archiac que nous avons déjà cité. Cependant cette coïncidence est loin d'être constante.

C'est pour tenir compte de toutes ces conditions compliquées du phénomène que M. Darwin a émis une thèse intermédiaire, pour ainsi dire, entre les deux opinions que nous venons de signaler. L'explication proposée par M. Darwin permet de relier en un seul faisceau tous les principaux faits relatifs au mode de constitution des îles madréporiques, et de rendre à peu près suffisamment compte des particularités de forme qu'elles présentent. Voici l'explication donnée par le naturaliste anglais.

Les atolls circulaires et les bancs madréporiques disposés en ceinture sont principalement formés de *Porites*, de *Millépores*, d'*Astrées*, zoophytes qui ne vivent pas à de grandes profondeurs dans la mer, et qui pullulent sur les flancs des rochers, à quelques brasses seulement au-dessous de la limite extérieure des eaux. Ces animaux, par leurs débris accumulés, ne tardent pas à former une sorte de revêtement autour des îles, et à constituer les récifs littoraux. Cette languette marginale, dit M. Darwin, est le premier âge d'une île madréporique.

Ici l'auteur de la théorie nouvelle fait intervenir une cause géologique. Il admet que, par un mouvement d'abaissement du sol, la colonie madréporique vient à s'enfoncer sous les eaux. Il est évident qu'après cette submersion la colonie animale continuera de se développer seulement sur la face supérieure. Comme les Madrépores prospèrent surtout dans les points qui sont le plus battus par les vagues, c'est près du bord extérieur de la banquette que leur développement sera le plus rapide. Si l'abaissement de l'île ainsi entourée continue, il arrivera un moment où le bord extérieur s'élevant par le travail continu des *Porites*, des *Millépores* et des *Astrées*, à mesure que la base commune descend, dépassera le niveau de la portion du banc situé plus près de la côte, et transformera cet espace en une sorte de lagune circulaire. Les dépôts madréporiques auront ainsi formé une ceinture isolée, et la lagune qui en occupe le centre deviendra de plus en plus profonde à mesure que le sol s'abaissera. C'est là le deuxième âge de l'île madréporique.

Ainsi l'existence des atolls serait subordonnée à deux conditions principales : l'abaissement progressif du sol baigné par la mer, et l'existence, dans ce même sol, de Coralliaires à polypier pierreux, dont la multiplication et la croissance sont rapides.

Il résulte de là que les îles madréporiques ne sauraient exister dans toutes les mers ; qu'elles ne peuvent naître que dans la zone torride, ou à peu de distance des tropiques, car c'est dans ces régions chaudes que les Madréporaires nécessaires à leur développement se montrent avec abondance.

Le grand foyer des formations madréporiques se trouve, en effet, dans les parties chaudes de l'océan Pacifique. C'est de là que semble partir, comme d'un centre, la série d'îles ou d'îlots madréporiques, dont nous croyons utile, en terminant ce chapitre, de tracer la distribution géographique. Nous emprunterons à M. Milne Edwards ce dernier exposé, c'est-à-dire le tableau de leur distribution dans les principales mers du globe.

C'est, disions-nous, dans les parties chaudes de l'océan Pacifique que se trouve la plus grande masse de ces îles. Elles donnent naissance, vers le sud, au groupe d'atolls connu sous le nom d'*Archipel des îles Basses*. La limite extrême de cette région est l'île *Ducie*. Une multitude d'autres îles de même nature parsèment cette mer, jusqu'à la côte Est de la Nouvelle-Hollande. Au nord de l'équateur, l'archipel des îles Carolines constitue un groupe considérable de terres madréporiques. Par contre, tout le long de la côte du continent

américain, autour des îles Galapagos, de l'île de Pâques, etc.,
on n'en trouve aucune trace. C'est que dans ces parages un
grand courant d'eau froide, venant des régions polaires an-
tarctiques, abaisse considérablement la température de la mer.

On rencontre encore quelques atolls dans la mer de la
Chine, et les barrières madréporiques sont abondantes autour des îles Mariannes et Philippines.

Ces récifs marginaux forment aussi une sorte d'immense
traînée depuis l'île de Timor et tout le long de la côte sud-
ouest de Sumatra, jusqu'au bord des îles Nicobar, dans le
golfe du Bengale.

A l'ouest de la péninsule indienne, les îles Maldives forment l'extrémité d'un autre groupe d'atolls et de récifs madréporiques considérables, qui se prolonge, vers le sud, par
les Maldives et les îles Chagos. Le banc de Saya de Malha,
vers le sud-ouest, constitue encore un petit groupe d'îlots
madréporiques. Enfin les côtes de l'île Maurice, de Madagascar, des Séchelles et du continent africain, depuis l'extrémité nord du canal de Mozambique jusqu'au fond de la mer
Rouge, sont bordées de nombreux récifs de même nature.

Ils manquent presque complétement le long des côtes du
continent asiatique, où viennent se déverser, entre autres,
les eaux douces de l'Euphrate, de l'Indus et du Gange.

La côte occidentale de l'Afrique, la côte Est de l'Amérique
continentale, sont presque complétement dépourvues de
grands récifs madréporiques; mais ils abondent dans la mer
des Antilles. Il n'en existe pas dans le golfe du Mexique, où
débouche le vaste courant d'eau du Mississipi.

C'est principalement sur la côte nord, ainsi que sur le ver-
sant Est de la chaîne des îles Lucayes, que les récifs madréporiques se montrent dans ces derniers parages.

ORDRE DES ACTINIAIRES.

Nous sortons ici du groupe des Polypes réunis en familles.
L'ordre des Actiniaires, qui a pour type les *Actinies*, se compose de tous les Zoanthaires qui ne produisent pas de polypier, c'est-à-dire dont les téguments restent toujours mous,
et ne forment à l'intérieur aucun produit solide. Cet ordre se

divise en deux familles : celle des *Actinidiens*, dont il sera surtout question ici, et celle des *Miniadyniens*.

FAMILLE DES ACTINIDIENS.

Quand on visite l'aquarium du Jardin d'Acclimatation de Paris, on est toujours frappé de surprise et d'admiration en voyant collés contre le cristal transparent du bassin plusieurs êtres vivants, colorés des plus brillantes nuances, et plus semblables à des fleurs qu'à des animaux. Supportés par une base solide et une tige cylindrique, ils se terminent comme la corolle d'une fleur, comme les pétales d'une Anémone : ce sont les *Anémones de mer*.

On peut toutefois voir ailleurs qu'au Jardin d'Acclimatation de Paris ces curieux zoophytes en état de vie. Toutes les personnes qui ont habité ou parcouru les bords de la mer, ont remarqué, tantôt suspendus aux rochers, tantôt appliqués sur le fond sous-marin, ces êtres charmants et craintifs qu'on appelle *Anémones de mer*, nom bien choisi, car ils ressemblent plus à des fleurs qu'à des bêtes.

On les appelle aussi *Actinies*, pour indiquer leur disposition en rayon ou en étoile (du grec ακτις, rayon).

Le corps de ces animaux, de forme cylindrique, se termine en bas par un disque musculaire, en général très-grand et très-distinct, qui leur permet d'adhérer fortement aux corps étrangers et de ramper lentement. Il se termine en haut par un disque portant plusieurs rangs de tentacules, qui ne diffèrent entre eux que par leur grandeur. Ces tentacules sont souvent parés des plus brillantes couleurs. Cette espèce de collerette n'est qu'un assemblage de tubes contractiles et le plus souvent rétractiles, percés, à leur pointe, d'un orifice donnant issue à de petits filets d'eau, qui jaillissent à la volonté de l'animal. Disposés en cercles multiples, ils se distribuent sur ces cercles avec une régularité parfaite. Ce sont les bras de ce zoophyte.

La bouche de l'Actinie s'ouvre entre les tentacules. De forme ovale, cette bouche communique avec un estomac, large et court, qui descend verticalement, et aboutit, par une large embouchure, dans une cavité viscérale, dont l'intérieur est divisé en petites loges et cloisons. Ces loges et ces cloisons n'ont pas toutes les mêmes dimensions. A partir des parois cylindriques du corps, elles s'avancent les unes plus, les autres de moins en moins, dans la direction du centre. Il y a plusieurs ordres de loges, qui se disposent les uns par rapport aux autres d'une manière très-régulière. Les tentacules qui leur correspondent sont disposés eux-mêmes sur des cercles de plus en plus périphériques.

L'estomac des Anémones de mer remplit des fonctions bien multiples. D'abord il est un organe de digestion. Il est aussi le siége de la respiration. Sans cesse mouillée par l'eau de mer qui la traverse, cette cavité viscérale absorbe l'air atmosphérique contenu dans l'eau. Cet estomac est donc aussi un poumon.

Bien plus, c'est par ce même organe que l'animal vomit ses petits !

En effet, les organes reproducteurs, les œufs et les larves, sont placés dans les tentacules, ou bras. Au mois de septembre, les œufs sont fécondés, les larves ou les embryons développés : et comme le dit Frédol dans *le Monde de la mer*, « ces animaux portent alors leurs petits, non sur leurs bras, mais *dans leurs bras*. » Les larves passent généralement des tentacules dans l'estomac, et sont ensuite rejetées par la bouche, en même temps que le résidu de l'alimentation.

Singulière bouche !

Ainsi, chez les Anémones de mer, l'estomac respire et la bouche sert à l'accouchement.

« Les *Anémones pâquerettes* du jardin zoologique de Paris, dit Frédol, ont vomi plusieurs fois de jolis petits embryons, lesquels se sont éparpillés et fixés dans divers endroits de l'aquarium, et ont produit des miniatures d'Anémones exactement semblables à leur mère.

« Une Actinie qui avait pris un repas très-copieux rendit, au bout de vingt-quatre heures, une portion de ses aliments, au milieu de laquelle se trouvèrent trente-huit jeunes individus (Dalyell). C'était un accouchement dans une indigestion !

« Les animaux des classes inférieures ont en général, comme fondement de leur organisation, *un sac avec une seule ouverture*. Cette ouverture remplit (ainsi qu'on l'a vu) des usages très-divers ; elle reçoit et rejette, elle avale et vomit. Le *vomissement*, devenu nécessaire, habituel, normal, ne doit plus être douloureux.... Peut-être même s'exécute-t-il avec quelque plaisir; car ce n'est plus une maladie, c'est une fonction et même une fonction multiple. Chez les Anémones, il expulse l'excrément et pond les œufs; chez d'autres, il sert encore à la respiration. Les animaux-fleurs jouissent donc d'un vomissement perfectionné et régularisé[1]. »

Les *Anémones de mer* se multiplient d'une autre manière. On aperçoit souvent au bord de leur base des espèces de bourgeons. Ces bourgeons se transforment bientôt en embryons, qui se détachent de la mère, et vont former autant d'êtres semblables à elle. C'est un mode de reproduction qui les rapproche des végétaux. Quelle variété montre la nature pour l'accomplissement des fonctions, chez les êtres les plus disgraciés en apparence!

Un autre mode de reproduction fort singulier a été observé par M. Hogg, sur une *Anémone œillet*. M. Hogg ayant voulu détacher cette Actinie de l'aquarium dans lequel elle vivait, ne put y parvenir que par de violents efforts, si bien que l'animal se déchira inférieurement. Six fragments en restèrent collés contre la paroi de verre de l'aquarium. Au bout de huit jours, on voulut détacher ces fragments; mais on reconnut avec surprise qu'ils se contractaient. Bientôt chacun de ces fragments se couronna d'une petite rangée de tentacules. Enfin chaque fragment devint une Anémone nouvelle.

Ainsi l'Anémone, en se divisant, avait formé autant de petits que de fragments! Quant à la mère ainsi mutilée, elle continua de vivre, comme si rien ne s'était passé.

Du reste, on savait depuis longtemps que les Anémones de mer peuvent impunément être amputées, mutilées, divisées et subdivisées. Une partie de leur corps qu'on leur retranche, ne tarde pas à repousser. Coupez à une Actinie ses tentacules; ces organes se reformeront complétement au bout d'un temps fort court; et l'on pourra répéter indéfiniment l'expérience. Ces mutilations que le célèbre Trembley, de Genève, avait exercées impunément sur le *Polype d'eau douce*, et que nous aurons bientôt à faire connaître avec détails, l'abbé Dicquemare les exerça plus tard sur les Anémones de

1. *Le Monde de la mer*, p. 140.

Fig. 54. Anémones de mer.

1. 2. 3. Anemonia sulcata (Miln. Edw.). — 4. Phymactis Sanctæ Helenæ (Miln. Edw.). — 5. Actinia Capensis (Lesson). — 6. Actinia Peruviana (Lesson). 7. Actinia Sanctæ Catherinæ (Lesson). — 8. Actinia amethystina (Quoy et Gaimard). — 9. Comactis viridis (Miln. Edw.).

mer. Il les mutilait et les tourmentait de cent manières. Les
parties coupées continuaient à vivre, chacune de son côté, et
la bête mutilée reproduisait elle-même les fragments de son
corps détachés par l'instrument.

Aux personnes qui reprochaient à l'abbé Dicquemare de
faire souffrir ces pauvres bêtes, l'abbé répondait, avec beaucoup de sens, que loin de leur causer des souffrances, « il
augmentait la durée de leur vie et les rajeunissait. »

Les Actinies se tiennent entre les crevasses des rochers.
Elles se logent parfois dans quelque coquille abandonnée,
laissant seulement dépasser en dehors leur brillante collerette, semblable à la corolle d'une fleur.

Les Anémones de mer passent presque toute leur vie adhérentes au rocher sur lequel elles paraissent avoir pris racine. C'est là qu'elles vivent, d'une sorte de vie inconsciente
et obtuse, douées d'un instinct si obscur, qu'elles n'ont pas
même le sentiment de la proie qui les avoisine, et qu'il faut
qu'elles soient heurtées par cette proie, pour s'en emparer et
l'engloutir dans leur bouche.

Bien qu'elles soient habituellement adhérentes, les Actinies
peuvent se mouvoir. Elles glissent en rampant avec lenteur,
au moyen de contractions et de relâchements successifs de
leur corps. Elles étendent un des bords de leur base et retirent le bord opposé.

A l'approche du froid, les Actinies de nos côtes descendent
vers des eaux plus profondes, pour y trouver une température convenable.

Nous disions plus haut que les Anémones de mer sont à
peine pourvues d'instinct vital. Cependant elles exécutent
certains mouvements volontaires. Sous l'influence de la lumière, elles épanouissent leurs tentacules, comme une pâ-
querette étale ses demi-fleurons. Si alors on touche l'animal,
ou si l'on agite l'eau qui l'environne, la fleur se ferme aussitôt.

Ces tentacules paraissent quelquefois servir à l'animal
d'armes offensives. La main de l'homme qui les a touchées,
s'enflamme, devient rouge et douloureuse. M. Hollard a vu
mourir de petits Maquereaux, longs de 5 ou 6 centimètres, qui
avaient seulement touché les tentacules d'une *Actinie verte*.

Ces propriétés toxiques ont été attribuées à des cellules spéciales, pleines de liquide. M. Hollard ne croit pas cependant que ces effets soient assez constants ni assez généraux pour constituer la fonction principale de ces organes, qui existent chez toutes les espèces et sur toutes leurs surfaces externe et interne.

Bien qu'elle soit incapable de discerner une proie à distance, l'Anémone de mer la saisit avec avidité, quand elle vient à s'offrir d'elle-même en victime. Si un petit ver aventureux, un jeune et étourdi crustacé, viennent à effleurer, en nageant, la collerette étalée d'une Actinie, aussitôt notre animal la frappe de ses tentacules, et la précipite dans sa bouche ouverte.

Rendez-vous à l'aquarium du Jardin d'Acclimatation de Paris, le mercredi ou le dimanche, à trois heures de l'après-midi, et vous serez témoin du spectacle, assez curieux, du repas des animaux aquatiques enfermés dans ces réservoirs. On jette, à travers l'eau, de petits morceaux de viande. Les Crevettes et autres crustacés ou zoophytes, habitants de ce milieu hospitalier, vont à la chasse de cette proie, pendant qu'elle tombe lentement vers le fond du bassin.

Mais pour les Actinies, c'est autre chose. Le morceau de viande peut glisser à quelques millimètres de leur collerette, sans qu'elles aient le moindre soupçon de sa présence. Il faut que, du dehors, une baguette propice, dirigée par la main du gardien, fasse adroitement tomber la nourriture sur l'animal même. Alors ses bras, ou tentacules, s'en saisissent aussitôt, et le repas commence.

N'est-ce pas un curieux spectacle que de voir donner de la viande à manger à des fleurs?

Les Actinies sont gloutonnes et voraces. Elles saisissent à l'aide de leurs tentacules, et engloutissent dans leur estomac, des proies quelquefois d'un volume et d'une consistance qui contrastent avec les dimensions et la mollesse de ces petits animaux. En moins d'une heure, selon M. Hollard, elles vident la coquille d'une Moule et réduisent un Crabe à ses parties dures. Elles ne tardent pas à rejeter ces parties dures, en renversant leur estomac, comme nous retournons notre poche, pour en vider le contenu.

Le docteur Johnson rapporte qu'il trouva une *Anémone crassicorne* qui avait avalé une valve de *Pèlerine géante*, laquelle était malheureusement entrée en travers, de telle sorte qu'elle divisait l'estomac en deux compartiments, l'un supérieur, l'autre inférieur. Ce dernier ne communiquant plus avec la bouche, l'animal était menacé de mourir de faim. Mais il y mit bon ordre. Au bout de quinze jours, une nouvelle bouche, pourvue de deux rangées de tentacules, se forma près de l'étranglement, et cette bouche supplémentaire desservit l'estomac inférieur. Dès lors, l'animal mangea par en haut et par en bas. L'accident qui avait manqué le faire mourir de faim, doubla, au contraire, ses délices gastronomiques.

« Les Anémones sont voraces et vigoureuses, dit Frédol; rien ne peut échapper à leur gloutonnerie : tous les animaux qui s'approchent sont saisis, précipités et dévorés.

« Malgré la puissance de leur bouche, ces estomacs insatiables ne retiennent pas toujours la proie qu'ils ont avalée. Dans certaines circonstances, celle-ci réussit à s'échapper; dans d'autres, elle est adroitement enlevée par quelque maraudeur du voisinage, plus rusé et plus actif que l'Anémone.

« On voit quelquefois, dans les aquariums, des Crevettes qui ont senti de loin la proie mangée, se précipiter sur le ravisseur, lui prendre audacieusement sa nourriture et la dévorer à sa place, au grand désappointement de celui-ci. Bien plus, lorsque le morceau savoureux a été complétement englouti, la Crevette, redoublant d'efforts, réussit à s'en emparer au milieu même de l'estomac. Elle fond en plein sur le disque étendu de l'Anémone; avec ses petits pieds, elle l'empêche de rapprocher ses tentacules; elle introduit en même temps ses pinces dans la cavité digestive et saisit l'aliment. L'Anémone essaye en vain de contracter ses barbillons et de fermer sa bouche.... Parfois le conflit devient très-grave entre le zoophyte sédentaire et le crustacé vagabond. Quand le premier est un peu robuste, l'agression est repoussée, et la Crevette court le risque de former un supplément au repas de l'Anémone[1]. »

Si les Actinies sont voraces, elles peuvent, en revanche, supporter un jeûne prolongé. On en a vu vivre deux et même trois ans, sans recevoir de nourriture.

Bien que les Anémones de mer soient bonnes à manger, l'homme en tire fort peu de parti sous le rapport de l'ali-

1. *Le Monde de la mer*, page 156.

mentation. Cependant en Provence, en Italie, en Grèce, on fait une grande consommation de l'*Actinie verte*. Toutes pourraient fournir à la nourriture des habitants des côtes. Dans son *Histoire des poissons*, Rondelet dit que l'*Anémone crassicorne* se vendait assez cher dans le port de Bordeaux. On trouve sur le marché de Rochefort, pendant les mois de janvier, de février et de mars, l'*Actinia coriacea*. Les marins particulièrement trouvent sa chair délicate et savoureuse.

Après ces considérations générales sur la structure et les mœurs des Actinies, et pour mieux faire connaître ces êtres intéressants, nous signalerons quelques genres et espèces remarquables. Nous suivrons pour cet exposé la classification proposée par M. Milne Edwards.

Les deux planches 55 et 56 montrent réunies les espèces principales d'Anémones de mer, telles qu'on les voit dans un aquarium, par exemple dans ceux des jardins d'acclimatation de Paris ou de Londres.

La première section de la famille des Actinidiens est celle des *Actinies vulgaires*, dont le pied est large et adhérent et dont les parois latérales sont lisses et imperforées. A cette section appartiennent, entre autres, les genres *Anemonia*, *Actinia* et *Metridium*.

L'*Actinie verte* (*Anemonia sulcata*, *Actinia viridis*) présente des tentacules très-nombreux (quelquefois près de deux cents) dépassant en longueur la largeur du corps, d'un beau vert, ou d'un vert olive tirant sur le brun, rose à l'extrémité. Le tronc est d'un vert grisâtre ou brunâtre; le disque est brun rayé de vert.

Cette Actinie se trouve dans la Manche et la Méditerranée. Lorsque ces animaux vivent fixés aux flancs des rochers, à peu de distance au-dessous du niveau de la mer, ainsi que cela a lieu le plus ordinairement dans la Méditerranée, ils laissent pendre leurs tentacules, comme s'ils n'avaient pas la faculté de les étaler en rayons. Mais quand ils sont fixés horizontalement et que la mer est tranquille, ils les écartent dans tous les sens, et les agitent sans cesse.

Cette Actinie, qui étale autour d'elle sa longue crinière et la balance au gré des vagues, est un spectacle intéressant,

Fig. 55. Anémones de mer.

1. Actinia judaica (Linn.).—2. Cereus gemmaceus (Miln. Edw.). — 3. Actinia bicolor (Lesson). — 4. Sagartia viduata (Gosse). — 5. Cereus papillosus (Miln. Edw.). 6. Actinia picta (Lesson). — 7. Actinia equina (Linn.). — 8. Sagartia rosea (Gosse). — 9. Sagartia coccinea (Gosse).

qui charme l'ennui des passagers et des matelots, quand ils aperçoivent cet être marin à une faible profondeur au-dessous de la ligne du sillage du navire.

L'*Actinia equina*, connue sous le nom vulgaire de *Cul d'âne* ou *Cabasseau*, est extrêmement commune sur les bords de la Manche. Elle se tient principalement sur les rochers battus par les vagues et qui sont découverts au moment du reflux. Elle a ordinairement cinq ou six centimètres de haut. Contractée, elle ressemble à une cloche perforée au sommet; dilatée, à un cylindre. Ses nombreux tentacules sont terminés par un petit pore. Sa couleur, qui est variable, est en général d'un rouge violacé. Quelquefois elle offre des taches rondes,

Fig. 56. Edwarsia callimorpha, *Gosse.*

d'un beau vert. D'autres fois elle est entièrement verdâtre. Le bord du pied est liséré de rouge, de vert et de bleu en dessous.

Le *Metridium dianthus* a le corps gros, à téguments d'un gris roussâtre. Le disque est fortement lobé, mince et transparent autour de la bouche. Les tentacules sont très-nombreux, très-courts, et occupent une zone fort large sur le disque. Les internes sont blanchâtres et très-espacés; les externes serrés, papilliformes et bruns. On trouve cette espèce sur les pierres et les coquilles, dans les mers du Nord et dans la Manche.

La deuxième section est celle des *Actinies verruqueuses*, qui ont les parois latérales du corps garnies de tubercules agglutinants et le pied bien développé.

C'est à cette section qu'appartient le *Cereus coriaceus* (*Ac-*

linia senilis, Hollard) qu'on trouve assez souvent enterré dans le sable, sur les côtes de France et d'Angleterre, dont le corps est varié de vert et rouge, les tentacules gros, courts, grisâtres, avec de larges bandes rosées.

Les Anémones de mer qui se rangent dans la quatrième section, ou la section des *Actinies pivotantes*, ont le pied très-petit et le corps fort allongé. A ce groupe appartient le genre *Edwardsia* (fig. 56).

Fig. 57. Phyllactis prætexta, *Dana* (G. N.).

Dans la grande famille des Actinidiens, M. Milne Edwards forme un groupe particulier des *Phyllactines*. Dans ce groupe, les polypes sont simples, charnus, et offrent à la fois des tentacules simples et des tentacules composés.

Tel est le *Phyllactis prætexta* (fig. 57), qui habite les parages de Rio de Janeiro. Ce zoophyte se fixe sur les rochers du rivage et se couvre de sable. Son tronc, de forme cylindrique, est couleur de chair, rayé de lignes verticales, de points rouges. Les tentacules internes sont sur deux rangées, sim-

ples, allongés; les tentacules externes sont spatulés et lobés,
assez semblables à des feuilles de chêne d'un brun olive.

Un autre groupe, celui des *Thalassianthines*, se distingue
du précédent en ce que tous les tentacules sont rameux, ou
papillifères. Tel est le *Thalassianthus aster*, de couleur ar-
doisée, qui habite la mer Rouge.

Dans le dernier groupe des Actinidiens, les polypes sont
agrégés, se multiplient par des bourgeons placés à la base,

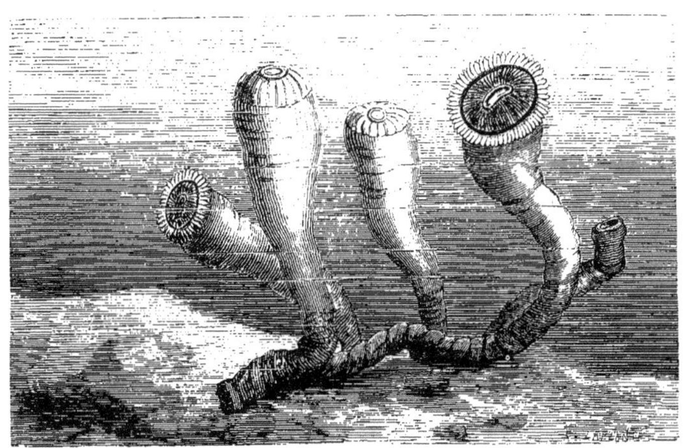

Fig. 58. Zoanthe sociale. (G. N.)
(*Zoanthus socialis*, Cuvier.)

et présentent une sorte de polypier coriace. Comme exemple de cette organisation, nous citerons le *Zoanthus socialis*
(fig. 58).

FAMILLE DES MINYADINIENS.

Les *Minyadiniens* semblent représenter, parmi les Zoanthaires, la forme particulière aux *Pennatules* parmi les Al-
cyoniens. En effet, chez ces animaux, la base du corps, au
lieu de s'étendre en forme de disque, pour s'accrocher aux
rochers, aux aspérités du fond de la mer, rentre en dedans,
de façon à constituer une sorte de bourse, qui paraît empri-
sonner de l'air. De cet ensemble résulte une sorte d'appareil

hydrostatique, à l'aide duquel ces animaux flottent dans l'eau
et peuvent se transporter d'un lieu à l'autre.

La *Minyade bleue* (*Minyas cyanea*) (fig. 59) sera pour nous

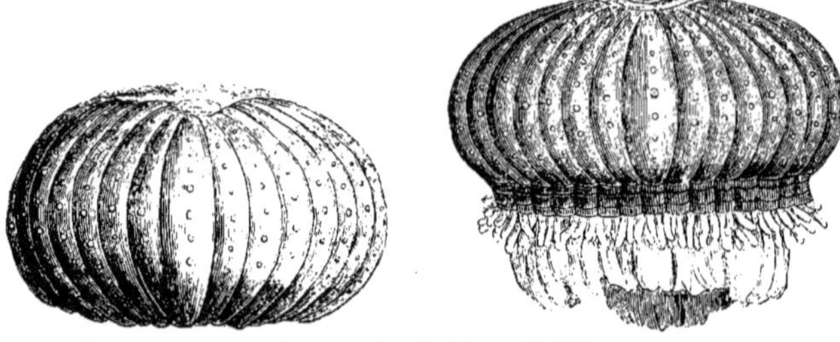

Fig. 59. Minyade bleue. (G. N.)
(*Minyas cærulea*, Cuvier.)

le type de cette famille. Son corps, en forme de melon, est
d'un bleu d'azur, avec des verrues blanches. Il est aplati à
ses deux extrémités dans l'état de contraction. Ce polype a
trois rangées de tentacules, courts, cylindriques, blancs. Les
organes internes sont d'un rose tendre.

CLASSE DES DISCOPHORES.

Les animaux si curieux, et si mal connus autrefois, qui
constituent cette classe de zoophytes, sont aussi désignés
sous le nom de *Polypo-méduses*, pour rappeler que tantôt on
les a nommés *Méduses*, et tantôt rangés parmi les *Polypes*.
On a, en effet, découvert de nos jours que, peu de temps
après leur sortie de l'œuf, ces zoophytes se montrent sous
la forme de polype, et que plus tard ils acquièrent la forme
animale à laquelle on donne le nom de *Méduse*. Ces êtres
sont donc de véritables protées. De là les difficultés considérables de leur étude, qui ont fait longtemps le désespoir des
naturalistes.

L'histoire de tous ces zoophytes est trop compliquée pour
que nous osions la présenter ici en traits généraux. Nous
nous bornerons à décrire les espèces les plus connues de
cette classe, celles qui ont attiré particulièrement l'attention des naturalistes, et qui sont de nature à intéresser nos
lecteurs.

La classe des Discophores se divise en quatre ordres : les
Hydraires, les *Sertulaires*, les *Médusaires* et les *Siphonophores*.
La forme de Méduse n'apparaît pas dans les deux premiers
ordres.

ORDRE DES HYDRAIRES.

Les Hydraires sont, d'après les naturalistes modernes,
des polypes *discophores*, arrêtés dans leur développement.
Ils ne comprennent qu'un seul genre, le genre *Hydre*, dont

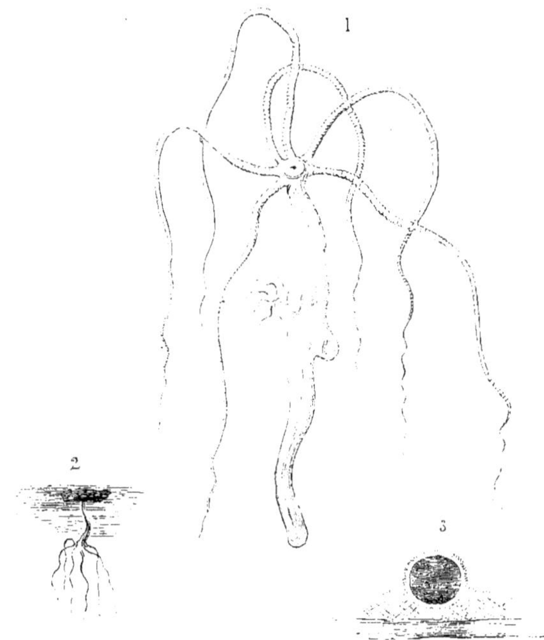

Fig. 60. Hydre commune (*Hydra grisea*, Trembley). — 1. Hydre avec un œuf et un
jeune éclos. — 2. Œuf grossi prêt à déchirer son enveloppe. — 3. Hydre de grandeur
naturelle fixée à la surface de l'eau et attachée à un morceau de bois flottant.

on connaît plusieurs espèces. Nous citerons seulement
l'*Hydre à longs bras*, ou *Hydre grise* (fig. 60), et l'*Hydre verte*
ou *Polype d'eau douce*, que nous allons particulièrement étudier.

L'*Hydre verte*, ou *Polype d'eau douce* (fig. 61), est commune
dans toute l'Europe. On la trouve dans les ruisseaux remplis

d'herbes. Elle s'attache particulièrement à la face inférieure des feuilles de plantes connues sous le nom de *Lentilles d'eau*. Tout l'animal se réduit à un petit sac tubuleux, verdâtre, fixé par une de ses extrémités, ouvert à l'autre, et portant autour de cette dernière ouverture six à dix appendices, grêles et de la grosseur d'un fil. Le sac tubuleux, c'est le corps de l'animal; l'ouverture, c'est à la fois sa bouche et

Fig. 61. Hydre verte (*Hydra viridis*, Trembley). — 1. Hydre grossie portant un embryon prêt à se détacher de la mère. —2. Animal de grandeur naturelle. — 3. Bourgeon naissant et beaucoup grossi. — 4. Grandeur naturelle du bourgeon.

la terminaison du canal digestif; les appendices sont ses tentacules, ou bras.

Les Hydres n'ont ni poumon, ni foie, ni intestin, ni système nerveux, ni cœur. Elles n'ont aucun organe de sens autre que ceux qui résident dans la bouche et la peau.

Les bras de l'Hydre verte sont creux intérieurement, et communiquent avec l'estomac. Ils sont munis de cils vibratiles, garnis d'un grand nombre de tubérosités, disposées elles-mêmes en spirale et contenant dans leur intérieur une

foule de capsules, pourvues chacune d'une sorte de fil. Ces
fils, d'une ténacité extrême, sont lancés au dehors quand
l'animal est irrité par le contact d'un corps étranger. On les
voit alors s'enrouler autour de la proie, quelquefois même
pénétrer dans sa substance, et effectuer la capture de l'ennemi.

Ainsi les *Hydres vertes* sont d'une organisation très-simple.
Ce qui ne veut pas dire que ce soit des animaux imparfaits,
car ils possèdent toutes les parties dont ils ont besoin pour
se nourrir et perpétuer leur espèce.

Il est des savants qui ont composé des centaines de volumes, des érudits qui ont publié des bibliothèques entières,
des naturalistes et des physiciens qui ont écrit plus que
Voltaire, et dont le nom est aujourd'hui profondément oublié. Au contraire, quelques savants heureux n'ont laissé que
deux ou trois mémoires, et leur nom vivra toujours. De ce
nombre fut le Génevois A. Trembley.

Trembley publia en 1744 un *Mémoire sur un genre de polype d'eau douce*. Il étudie dans ce travail un petit animal,
long de quelques centimètres, se bornant même à deux séries générales d'expériences : il *retourne* les Polypes d'eau
douce, et il les *multiplie* en les coupant. Ces deux séries
d'expériences sur un petit être que bien peu de personnes
ont vu, ont suffi pour assurer à son nom l'immortalité.

Trembley était le précepteur des deux fils du comte de
Bentinck. Il fit toutes ses observations à la maison de campagne de ce gentilhomme hollandais, et il eut, dit-il, « de
fréquentes occasions d'éprouver, avec ses deux élèves, que
l'on peut, même dès l'enfance, commencer à goûter les plai-
sirs que donne la nature. » Nous désirons que cette pensée
d'un naturaliste célèbre, qui ne parle que de ce qu'il a reconnu lui-même, demeure gravée dans l'esprit de nos jeunes
lecteurs.

Trembley a établi, par ses observations mille fois répétées,
que l'*Hydre verte* peut être retournée, comme on retourne
un doigt de gant, — de telle façon que ce qui était la peau
externe du zoophyte, devienne son tube intestinal, et que le
tube intestinal devienne sa peau externe, — le tout sans nuire

à la vie de l'animal, qui, deux ou trois jours après cette révolution interne, reprend l'exercice ordinaire de ses fonctions. Grâce à l'énergique vitalité de ces petits êtres, la peau externe devenue interne remplit les fonctions de l'estomac : elle digère; tandis que le tube intestinal, étalé à l'extérieur, fait les fonctions de la peau : il absorbe et respire.

Nous laisserons Trembley nous raconter lui-même ces expériences extraordinaires.

« J'ai essayé, pour la première fois, nous dit l'auteur, de retourner des polypes, dans le mois de juillet 1741. Mais ce fut inutilement que j'employai, pour y parvenir, tous les moyens auxquels je pensai alors. Je fus plus heureux l'année suivante, ayant enfin trouvé un expédient qui est assez facile. »

On a bien souvent parlé des expériences de Trembley sur le *retournement des polypes d'eau douce;* mais presque jamais on n'a cité la manière dont s'y prenait l'adroit expérimentateur pour obtenir ce singulier résultat. Nous demanderons à l'auteur comment il procédait, car l'opération est fort délicate. Voici donc comment se conduisait notre naturaliste pour mettre son monde à l'envers :

« Je commence, dit-il, par donner un ver au polype; je mets le polype, dont l'estomac est bien rempli, dans un peu d'eau dans le creux de ma main gauche ; je le presse ensuite, avec un petit pinceau, plus près de l'extrémité postérieure que de l'antérieure; je pousse de cette manière contre la bouche du polype le ver qui est dans l'estomac; il la force à s'ouvrir, et, en pressant encore un peu le polype avec mon pinceau, je fais sortir le ver en partie par sa bouche.... Lorsque le polype est dans cet état, je le conduis doucement, sans rien déranger, hors de l'eau, et je le place sur le bord de ma main, qui est simplement mouillée, pour que le polype ne s'y colle pas trop; je le force à se contracter de plus en plus, et je contribue par cela même à faire élargir l'estomac et la bouche. Je prends ensuite de la main droite une soie de sanglier assez épaisse et sans pointe, et je la tiens comme on tient une lancette pour saigner; j'approche son plus gros bout de l'extrémité postérieure du polype, je pousse cette extrémité et je la fais rentrer dans l'estomac du polype d'autant plus facilement qu'il est vide dans cet endroit-là et fort élargi. Je continue à faire avancer le bout de soie de sanglier qui, à mesure qu'il avance, retourne de plus en plus le polype. Quand il parvient au ver, qui tient la bouche ouverte, il pousse ce ver ou passe à côté, et sort enfin par cette bouche couvert de la partie postérieure du polype, qui s'est retourné. Il est facile de ne pas manquer la bouche, parce qu'elle est fort ouverte. Il arrive quelquefois que le polype se trouve d'abord entièrement retourné. On conçoit qu'il couvre alors le bout de soie de sanglier qui est logé dans le polype retourné; que la superficie extérieure du polype est devenue intérieure; que cette superficie touche celle de la soie de sanglier et que l'intérieure est devenue extérieure [1]. »

Le pauvre animal devait être bien surpris de cette situation nouvelle; désagréablement surpris, pouvons-nous ajouter, car il faisait tous les efforts imaginables pour revenir à sa position naturelle. Et toujours il finissait par y réussir. Le gant retourné se remettait de lui-même en place. « J'ai vu, dit Trembley, des polypes qui se sont *déretournés* en moins d'une heure. »

Ce n'était pas là l'affaire de notre expérimentateur, qui voulait reconnaitre si les Polypes ainsi mis à l'envers continueraient de vivre en cet état. Il fallait donc les empêcher de se *déretourner*. A cet effet, il passa à travers le corps du Polype après l'avoir retourné, et tout près de sa bouche, une soie de sanglier; en d'autres termes, il embrocha la bestiole par le cou.

« Ce n'est rien pour un polype, dit Trembley, que d'être embroché. » C'est, en effet, peu de chose, comme on va le voir.

Ainsi retournés et embrochés, les Polypes vivent, se nourrissent et se multiplient, comme si de rien n'était.

« J'ai vu, dit notre ingénieux expérimentateur, un polype retourné qui a mangé un petit ver deux jours après l'opération.... J'ai nourri un polype retourné pendant plus de deux ans. Il a beaucoup multiplié.

« Dès que j'eus retourné des polypes avec succès, je m'empressai de faire cette expérience en présence de bons juges, afin de pouvoir citer d'autres témoignages que le mien pour prouver la vérité d'un fait aussi étrange. Je témoignai aussi souhaiter que d'autres entreprissent de retourner des polypes. M. Allamand, que j'en priai, mit d'abord la main à l'œuvre avec le même succès que moi. Il a retourné plusieurs polypes, il a fait en sorte qu'ils restassent retournés, et ils ont continué à vivre. Il a fait plus, il a retourné des polypes qu'il avait déjà retournés quelque temps auparavant. Il a attendu, pour faire sur eux cette expérience, qu'ils eussent mangé après la première. M. Allamand les a aussi vus manger après la seconde opération. Enfin,

1. *Mémoire sur un genre particulier de polype d'eau douce à bras en forme de cornes.* Leyde, 1744, in-4'.

il en a même retourné un pour la troisième fois, qui a vécu quelques jours et a ensuite péri sans avoir mangé; mais peut-être sa mort n'est-elle point la suite de cette opération. »

Nous avons dit que l'*Hydre verte* n'a ni cerveau, ni système nerveux, ni cœur, ni anneaux musculaires, ni poumon, ni foie, et que les organes des sens, tels que ceux de la vue, de l'ouïe et de l'odorat, lui ont été refusés. Cependant ces animaux agissent comme s'ils étaient pourvus de tous ces sens. O nature! combien de secrets tu nous caches, et combien l'orgueil de l'homme doit s'humilier devant les mystères qui l'entourent, devant tant de spectacles qui frappent ses yeux, et qu'il est impuissant à expliquer!

Trembley a constaté que les Polypes d'eau douce, bien que dépourvus de tout anneau musculaire, peuvent se contracter, s'étendre, et même marcher. Quand on les touche, ou quand on agite vivement l'eau qui les renferme, on les voit se contracter avec plus ou moins de force, et même s'infléchir dans tous les sens. Grâce à cette faculté de s'étendre, de se contracter et de s'infléchir, ils arrivent à se mouvoir et à se déplacer.

Mais, nous n'avons pas besoin de le dire, ce mouvement progressif est d'une singulière lenteur. Pour un Polype d'eau douce, faire 20 centimètres de chemin, c'est une bonne journée. Si ces miniatures d'animaux ont leurs contes de fées, comme les hommes, les bottes de sept lieues, dont on amuse leur jeune imagination, les bottes de l'Ogre-Polype, sont des bottes de 7 centimètres.

Pénétré de son insuffisance comme marcheur, le Polype d'eau douce sait y suppléer. Aussi ingénieux que l'homme, quand il veut aller vite, il monte à cheval. Son cheval, c'est un Limaçon aquatique. Il grimpe sur la coquille de ce mollusque, marcheur ou nageur; et sur cette monture improvisée, il fait, en quelques minutes, plus de chemin qu'il n'en ferait en un jour, réduit à ses pauvres petits organes.

Les Polypes qui veulent se donner les délices d'un galop échevelé, se hissent, selon Trembley, sur les larves aquatiques des *Phryganes*, qui s'agitent dans l'eau tranquille des bassins, ou serpentent dans l'eau vive des ruisseaux. Cette

course vertigineuse, ce tourbillon furieux, doit bien surprendre des êtres aux allures aussi lentes que nos Polypes.

Les Hydres vertes, qui sont tout à fait privées d'organes
de la vue, sont pourtant sensibles à la lumière. Si l'on place
le vase qui les renferme, en partie dans l'ombre et en partie
au soleil, elles se dirigent sur la région éclairée. Elles apprécient les bruits. Elles s'attachent aux plantes aquatiques,
aux corps flottant dans l'eau. Ces animaux sans yeux, sans
cerveau et sans nerfs, guettent leur proie, la reconnaissent,
s'en emparent et la dévorent. Ils ne commettent point d'erreur, et n'attaquent que l'ennemi qu'ils peuvent terrasser.
Ils savent fuir un danger menaçant, et se retirer devant
un obstacle. Ils se recherchent, se fuient entre eux, ou se
livrent des combats. Il y a donc réflexion, délibération, action préméditée, chez des êtres si infimes. L'histoire du Polype d'eau douce jette l'esprit dans un abîme d'étonnements !

Trembley insiste beaucoup sur l'adresse que déploie
l'Hydre verte pour s'emparer, à l'aide de ses longs bras, des
petits animaux qui lui servent de nourriture. Cet animalcule
est carnassier et même passablement vorace. Des vers, de
petits pucerons, des mille-pieds, des naïs, des larves d'insectes *diptères*, sont sa proie habituelle. Quand un ver, ou
un puceron, passant à sa portée, vient à le toucher, le Polype,
averti par ce contact, saisit aussitôt le vagabond, l'enlace de
ses bras flexueux, le dirige rapidement vers sa bouche, et
l'avale.

Trembley s'amusait à donner à manger aux Hydres vertes,
pour observer la manière dont elles dévoraient leur proie :

« Quand les bras d'un polype sont bien étendus, dit-il, je mets dans
l'eau un mille-pieds ou un autre ver.... Aussitôt qu'un mille-pieds se
sent pris, il se débat avec vivacité ; souvent il se met à nager et entraîne
de côté et d'autre le bras par lequel il est arrêté.... Quelque déliés que
soient les bras des polypes, ils peuvent résister à des efforts considérables. Les mouvements que le mille-pieds se donne obligent enfin le
polype à retirer son bras : il le contracte d'abord en partie.... le mille-
pieds, qui se débat, s'entortille lui-même dans le bras qui le tient, et
souvent il rencontre d'autres bras que les secousses qu'il donne au
polype forcent à se contracter et à se rapprocher de sa tête, ou que le
polype rapproche de lui-même de sa proie pour seconder le bras qui
l'a prise. En un moment, le mille-pieds se trouve engagé dans la plu-

part de ces bras, qui, en se recourbant et en continuant à se contracter, le portent bientôt sur la bouche, contre laquelle ils l'appuient et
l'assujettissent [1]. »

Trembley a nourri des Polypes d'eau douce, non-seulement
avec des vers, mais avec de la viande de boucherie, du bœuf,
du mouton et du veau.

Frédol, dans *le Monde de la mer*, signale, à ce propos, une
particularité bien singulière.

« Les petits vers avalés par les polypes, dit-il, cherchent souvent à
s'échapper. Le ravisseur les retient alors avec un de ses bras *plongé
dans sa cavité digestive*. Chose admirable ! cette cavité digère les vers
et respecte le bras [2]. »

Voilà un fait fort étrange, s'il a été bien constaté. Pour
contenir les mouvements désespérés de la victime qu'il a
engloutie dans son estomac avide, le Polype le tient en respect avec son bras, jusqu'à ce que mort s'ensuive, et que la
digestion s'opère tranquillement! On a été beaucoup frappé
de voir, chez les animaux supérieurs, le suc gastrique attaquer, après la mort, les parois de l'estomac. On a conclu de
cette remarque que le suc gastrique n'attaque point les tissus vivants et ne digère que les corps privés de vie. Voici
pourtant, chez le Polype d'eau douce, le suc de l'estomac en
contact avec deux parties vivantes, — à savoir le ver, qui
est bien vivant, puisqu'il se débat et s'agite, et le bras du
Polype. — De ces deux parties vivantes, l'estomac attaque
l'une et respecte l'autre ! De quelles illusions ne nous berce.
pas la fureur des savants qui veulent tout expliquer, et qui
ne savent pas confesser, de temps à autre, notre complète
ignorance de bien des secrets de la nature !

Quand le Polype a digéré sa proie, il se débarrasse du résidu de son repas par une sorte de vomissement : il rejette
par la bouche le *caput mortuum* de la digestion. Le vomissement est un acte physiologique extrêmement commun chez
les animaux inférieurs. La nature a voulu économiser une

1. *Mémoire sur un genre particulier de polype d'eau douce à bras en forme
de cornes.* Leyde, 1744, in-4°.
2. *Le Monde de la mer,* page 85.

ouverture en assignant au même orifice le double emploi de l'entrée des aliments et de la sortie des résidus du repas.

« Quand un polype a trop mangé, dit Frédol, il se laisse tomber au fond de l'eau : il n'en peut plus. Parfois il vomit une partie de son trop-plein, excellente détermination qui lui permet de digérer le reste [1]. »

Les Romains de la décadence, qui avaient établi près de la salle de leur festin ce coin ténébreux et secret suffisamment désigné par le nom de *vomitorium*, ne se doutaient pas qu'ils se plaçaient ainsi au niveau des êtres les plus infimes du règne animal.

La nourriture des Polypes d'eau douce influe sur la couleur de leur corps, par suite de la ténuité et de la transparence de leur tissu. La matière rougeâtre des pucerons les rend rougeâtres ; les naïs leur donnent une franche couleur rouge ; d'autres aliments les rendent verts, d'autres noirs.

« Figurez-vous, dit Frédol, un homme qui deviendrait rouge après avoir mangé des cerises, ou vert après avoir mangé des petits pois [2]. »

On s'oublie à raconter les merveilles de l'organisation du Polype d'eau douce. Il est temps de terminer ce chapitre en parlant du mode de reproduction de ces êtres singuliers.

Leur multiplication s'opère de trois manières : 1º par des œufs ; 2º par des bourgeons, à peu près comme les végétaux ; 3º par la section d'un individu, lequel, coupé en un ou plusieurs segments, reproduit autant d'individus semblables.

Nous ne mentionnerons qu'en peu de mots le premier de ces modes de reproduction. Les œufs, d'après Ehrenberg, se développent chez l'Hydre verte à la base du pied, là où cesse la cavité stomacale. Ils sont portés pendant sept à huit jours, et déterminent par leur chute la mort de l'animal.

Trembley a étudié avec le plus grand soin le mode de développement de l'Hydre verte par bourgeons.

Les bourgeons qui doivent former un jeune Polype, apparaissent à la surface extérieure de son corps, comme ceux d'un végétal. On voit d'abord une petite excroissance, qui

1. *Le Monde de la mer*, page 85.
2. *Ibidem*, page 86.

ordinairement se termine en pointe. Quelques degrés de développement de plus font perdre au germe la forme conique : il devient à peu près cylindrique. C'est alors que les bras commencent à pousser à l'extrémité antérieure du jeune animal. Le bout postérieur, par lequel il est attaché à sa mère, se rétrécit peu à peu, s'étrangle ; si bien qu'il ne paraît toucher la mère que par un point. Enfin, la séparation s'effectue. La mère et l'enfant agissent de concert pour favoriser cette entrée dans le monde de l'intéressant *polypule*. L'un et l'autre prennent, avec leur bras et leur tête, un fort point d'appui sur les corps environnants : il n'y a plus qu'à exécuter un petit effort pour faire aboutir l'opération. C'est quelquefois la mère qui se charge de cet effort, quelquefois le jeune, et souvent tous les deux.

Dès qu'un jeune Polype est séparé de sa mère, il se met à nager et à exécuter tous les mouvements particuliers à ces animaux adultes. L'entrée dans la vie et l'âge viril ne sont, chez ces êtres, qu'un seul et même moment. L'enfance et la jeunesse sont rayés de ce petit monde.

Tant qu'il reste attaché à sa mère, celle-ci nourrit le jeune Polype, et ce dernier, par un touchant échange, la nourrit à son tour. En effet, les estomacs de la mère et du fils communiquent entre eux : de sorte qu'une proie avalée par la mère passe en partie dans l'estomac du fils! De leur côté, les petits, encore attachés à la mère, saisissent des proies, qu'ils partagent avec leur mère, grâce à la communication ménagée par la nature entre ces deux organismes.

En faisant des expériences propres à établir ce dernier fait, Trembley découvrit une autre particularité bien plus remarquable encore.

Sur un jeune Polype encore suspendu à sa mère, on voit quelquefois se former, pousser, grandir, un nouveau polype, un *polypule;* et sur ce premier rejeton naît quelquefois un autre individu. Ainsi, trois générations sont appendues à la mère : c'est une cascade, un chapelet d'enfants, de petits-enfants et d'arrière-petits-enfants. La mère porte à la fois son fils, son petit-fils et son arrière-petit-fils!

« En considérant de jeunes polypes qui étaient encore attachés à leur mère, j'en vis un, dit Trembley, qui avait lui-même un petit, lequel commençait à sortir de son corps; c'est-à-dire qu'il était mère pendant qu'il était encore attaché à sa mère. J'eus en peu de temps plusieurs jeunes polypes attachés à leur mère, lesquels avaient déjà trois ou quatre petits, dont quelques-uns étaient même parfaitement formés; ils pêchaient des pucerons comme les autres et ils les mangeaient. Ce n'est pas tout: j'ai vu même une mère polype qui portait sa troisième génération : du petit qu'elle produisait sortait un autre petit, et de celui-ci un troisième[1]. »

Le naturaliste Charles Bonnet, de Genève, a dit, avec esprit, qu'un polype ainsi chargé de toute sa descendance compose un véritable arbre généalogique vivant.

Nous parlions tout à l'heure du *retournement* des Polypes. Si l'on retourne un Polype lorsqu'il porte des petits à la surface de son corps, ceux qui ont déjà pris assez d'accroissement, se développent, continuent de grandir, quoiqu'ils se trouvent emprisonnés dans cette partie devenue interne; ils sortent ensuite par la bouche ! Ceux qui sont peu avancés au moment où on les a ainsi brusquement soustraits à la lumière, sortent peu à peu du sac maternel, et viennent achever à l'extérieur leur développement.

Le troisième et le plus extraordinaire mode de reproduction des Polypes a été découvert par Trembley, chez l'Hydre verte.

Notre naturaliste, surpris au plus haut degré de toutes les anomalies vitales qu'il trouvait dans ces êtres, avait fini par être fort indécis sur leur nature. Ce Polype était-il un animal ? Était-il une plante ?

Pour sortir de cette indécision, il eut l'idée de couper ses Hydres par morceaux. Estimant que les plantes seules peuvent se reproduire par des boutures, il attendait du résultat de cette expérience la conclusion qu'il cherchait.

Ce fut le 25 novembre 1740 que Trembley coupa pour la première fois un Polype.

« J'en mis, nous dit-il, les deux parties dans un verre plat qui ne contenait de l'eau qu'à la hauteur de 4 à 5 lignes. De cette manière, il m'était facile d'observer ces portions de polype avec une loupe assez forte.... Il suffira de dire ici que je coupai transversalement le polype dont il

1. *Mémoire cité.*

s'agit, et un peu plus près du bout antérieur que du bout postérieur....
Le neuvième jour après avoir coupé le polype, il me sembla, le matin,
apercevoir sur les bords du bout antérieur de la seconde partie de
celle qui n'avait ni tête ni bras, il me sembla, dis-je, apercevoir trois
petites pointes qui sortaient de ces bords. Cela m'animait extrêmement;
j'attendais avec impatience le moment où je saurais clairement ce
qu'elles étaient. Enfin, le lendemain, elles se trouvèrent assez grandes
pour qu'il n'y eût plus lieu de douter qu'elles ne fussent véritablement
des bras.... Le jour suivant, deux nouveaux bras commencèrent à sortir, et quelques jours après il en vint encore trois.... Je ne trouvai
plus alors de différence entre cette seconde moitié et un polype qui
n'avait jamais été coupé [1]. »

Voilà assurément un des faits plus étonnants qui soient
acquis à l'histoire naturelle. Divisez un Polype d'eau douce
en cinq ou six parties, et au bout d'un certain nombre de
jours, toutes ces parties se seront organisées, développées ;
elles formeront autant d'êtres nouveaux, semblables à l'individu primitif.

Et remarquons bien que le Polype qui aura ainsi perdu
les 5 6 de son corps, le père mutilé de toute cette génération,
se sera complété de lui-même, dans l'intervalle, et aura ré-
cupéré toute sa substance primitive !

D'après cela, si une Hydre verte désire se procurer les
douceurs de la famille, elle n'a qu'une chose à faire : se
couper un bras. Si elle désire deux enfants, elle coupera ce
bras en deux parties ; trois enfants, elle le divisera en trois.

Il va sans dire que le bras amputé repoussera bientôt au
père Polype, qui aura le plaisir de se retrouver, à l'état complet, au sein de sa famille.

« Hachez un de ces animaux, dit Trembley, et chaque par-
celle formera bientôt un individu pareil à l'individu ha-
ché. » Aussi, ajoute Frédol dans *le Monde de la mer*, « une
armée de polypes, *taillée en pièces*, serait-elle loin d'être
anéantie [2]. » Au contraire, dirons-nous à notre tour, elle
serait rajeunie et multipliée dans la proportion du nombre
des pièces taillées.

Un même Polype, dit Trembley, peut être successivement

1. *Mémoire* cité.
2. Page 87

coupé, retourné, recoupé et *reretourné*, sans qu'il en paraisse bien malade.

Si l'on coupe en deux une Hydre verte et que son estomac se trouve retranché par cette section, la bestiole vorace n'en continue pas moins de manger la proie qu'on lui présente : elle ingurgite les aliments, sans s'inquiéter de la perte qu'elle a subie. Seulement, les aliments ne lui profitent pas; car, une fois parvenus à la portion coupée du tube intestinal, ils tombent au dehors. La nourriture, entrée par une ouverture, sort incessamment par l'autre. Notre Polype réalise alors la bonne plaisanterie du cheval de *M. de Crac*, dans la pièce de ce nom, de Colin d'Harleville : il mange, mange sans cesse, sans pouvoir jamais se rassasier !

Tous ces faits de mutilation d'un animal, avec persistance et même accroissement de la vie, sont bien étranges. Les naturalistes qui en eurent connaissance les premiers ne voulaient pas en croire leurs yeux. Réaumur, qui répéta le premier cette dernière et mémorable expérience de Trembley, écrivait :

« J'avoue que lorsque je vis pour la première fois deux polypes se former peu à peu de celui que j'avais coupé en deux, j'eus de la peine à en croire mes yeux; et c'est un fait que je ne m'accoutume point à voir, après l'avoir vu et revu cent et cent fois [1]. »

En effet, on ne connaissait alors rien d'analogue dans le règne animal. Charles Bonnet écrivait vers la même époque :

« Nous ne jugeons des choses que par comparaison, nous avions pris nos idées d'animalité chez les grands animaux; et un animal qu'on coupe, qu'on retourne, qu'on recoupe, et qui *se porte bien*, nous choque singulièrement. Combien de faits encore ignorés, et qui viendront un jour déranger nos idées sur des sujets que nous croyons connaître ! Nous en savons du moins assez pour que nous ne devions être surpris de rien [2]. »

Malgré les dispositions de sérénité philosophique que nous recommande Charles Bonnet, le fait de la section des Polypes d'eau douce, et de la naissance d'individus nouveaux

---

1. *Mémoires pour servir à l'histoire des insectes.*
2. *OEuvres complètes de Ch. Bonnet.* Neuchâtel, in-4°, tome Ier.

à la suite de cette section, produit toujours le plus profond étonnement, et livre l'esprit à des méditations sans fin.

Évitons de nous faire d'avance des idées arrêtées sur la marche et les procédés de la nature. Observons les phénomènes, enregistrons-les, et ne posons *a priori* aucune loi générale, aucun système préconçu, que l'observation viendrait un jour démentir. Demandons à la nature le spectacle de ses opérations, et n'ayons pas la prétention de modeler ses œuvres sur le plan de l'organisation de l'homme.

ORDRE DES SERTULAIRES.

Les Zoophytes qui constituent cet ordre de *Discophores* habitent les mers. Ils recouvrent, comme de microscopiques arbustes, la plupart des corps solides que l'on retire de la mer, tels que les coquilles d'Huître, les carapaces de Crabe, etc. Ils forment des colonies que protégent contre les actions du dehors, des loges de nature cornée, flexibles et très-régulièrement arborescentes. La *Sertulaire cupressoïde*, c'est-à-dire en forme de cyprès, belle espèce, très-commune dans la mer du Nord, rappelle en petit l'arbuste dont elle porte le nom.

Chaque colonie se compose d'un axe droit, sur la longueur duquel s'implantent des branches courbées, qui sont plus longues vers le milieu. C'est le long de chaque branche que les loges à polypes se groupent en alternant. Chaque loge renferme un polype. La tête de l'animal est conique, et présente au sommet une bouche entourée de vingt à vingt-quatre tentacules.

Ces êtres curieux n'ont pas de cavité digestive à parois propres. L'estomac est commun à tous les individus.

Voilà, il faut en convenir, une singulière combinaison de la nature. Un seul estomac pour tout un groupe d'animaux! Jamais les partisans du principe de l'association n'ont poussé aussi loin l'application de leurs idées que ne l'a fait la nature en donnant un organe unique de digestion à toute une colonie d'êtres vivants. C'est le communisme zoologique.

Certains Sertulaires appartenant à la même colonie et qui sont destinés à perpétuer l'espèce, n'ont pas de forme bien

régulière. Privés de bouche et de tentacules, ils occupent
une loge spéciale, plus grande que celle des autres. Les colonies entières sont composées d'individus mâles ou femelles
exclusivement.

« Nous avons suivi tout le développement de la *Sertulaire cupressoïde*, disent MM. Paul Gervais et Van Beneden. Au bout de quelques
jours, les embryons se couvrent de cils vibratiles très-courts: aussi leur
mouvement est-il excessivement lent; puis, de sphériques qu'ils étaient
d'abord, ils s'allongent, prennent la forme d'un cylindre et replient
légèrement tout le corps, tantôt à droite, tantôt à gauche; les cils vibratiles se flétrissent ensuite, l'embryon s'attache à un corps solide,
un tubercule s'élève et la base s'étend comme un disque. En même
temps qu'on voit les premiers rudiments du polype apparaître, le tubercule disciforme produit sur ses flancs une sorte de bourgeon, et un
second polype se montre bientôt. Sa surface se durcit, le polypier chi-
tineux apparaît à son tour, et le même phénomène de gemmation se
répétant, une colonie de Sertulaires s'élève du sommet de la saillie
discoïde. Au bout d'une quinzaine de jours, la colonie qui s'est ainsi
développée sous nos yeux se composait de deux polypes et d'un bourgeon indiquant déjà un troisième polype. »

ORDRE DES MÉDUSAIRES.

Cet ordre comprend non-seulement les animaux que l'on
désignait, au temps de Cuvier, sous le nom de Méduses, mais
encore les polypes connus sous le nom de *Tubulaires* et de
Campanulaires. Occupons-nous d'abord des *Méduses*.

Quand on se promène le long d'une plage, après le reflux
de la mer, on aperçoit souvent, gisant immobiles sur le
sable, des espèces de disques gélatineux, de couleur verdâtre, d'un aspect assez repoussant, et dont l'œil et les pas
se détournent, par une sorte d'éloignement instinctif. Ces
êtres, dont l'aspect inspire un véritable dégoût quand on les
trouve glauques et morts sur le rivage, sont pourtant, quand
ils flottent au sein des eaux, un des plus gracieux ornements
des mers. Ce sont les Méduses. Quand on les voit suspendues, comme des cloches de gaze ou d'azur, au milieu des
flots, terminées par de délicates guirlandes aux reflets d'argent, on admire leurs couleurs irisées, et l'on ne peut se
défendre de ranger parmi les productions les plus élégantes

de la nature ces mêmes êtres qui, transportés dans un autre milieu, ne sont plus qu'un objet de répulsion.

Nous ne pouvons mieux commencer l'étude de ces filles de la mer, qu'en citant une page de notre illustre historien et poëte, Michelet.

« Entre les rochers assez âpres, les lagunes que laissait la mer gardaient de petits animaux trop lents qui n'avaient pu la suivre. Quelques coquilles étaient là toutes retirées en elles-mêmes et souffrant de rester à sec. Au milieu d'elles, sans coquille, sans abri, tout éployée, gisait l'ombrelle vivante qu'on nomme assez mal *Méduse*. Pourquoi ce terrible nom pour un être si charmant? Jamais je n'avais arrêté mon attention sur ces naufragés qu'on voit si souvent au bord de la mer. Celle-ci était petite, de la grandeur de ma main, mais singulièrement jolie, de nuances douces et légères. Elle était d'un blanc d'opale où se perdait, comme dans un nuage, une couronne de tendres lilas. Le vent l'avait retournée; sa couronne de cheveux lilas flottait au-dessus et la délicate ombelle (c'est-à-dire son propre corps) se trouvant dessous, touchait le rocher. Très-froissée en ce pauvre corps, elle était blessée, déchirée en ses fins cheveux, qui sont ses organes pour respirer, absorber et même aimer.... : la délicieuse créature, avec son innocence visible et l'iris de ses douces couleurs, était comme une gelée tremblotante, glissait, échappait. Je passai outre cependant; je glissai la main dessous, soulevai avec précaution le corps immobile d'où tous les cheveux retombèrent, revenant à la position naturelle où ils sont quand elle nage; telle je la mis dans l'eau voisine. Elle enfonça, ne donnant aucun signe de vie. Je me promenai sur le bord. Mais, au bout de dix minutes, j'allai revoir ma Méduse. Elle ondulait sous le vent. Réellement elle se remuait et se mettait à flot. Avec une grâce singulière, ses cheveux fuyant sous elle nageaient, doucement l'éloignaient du rocher. Elle n'allait pas bien vite, mais enfin allait. Bientôt je la vis assez loin [1]. »

De tous les zoophytes qui vivent dans l'Océan, il n'en est pas de plus nombreux dans leurs espèces, de plus singuliers dans leur matière, de plus bizarres dans leurs formes, de plus remarquables quant à leur reproduction, que ceux auxquels Linné imposa le nom de *Méduses*, nom bien terrible, comme le remarque Michelet, pour un être aussi charmant.

Les mers de toutes les latitudes du globe nourrissent diverses tribus de ces êtres singuliers. Ils vivent dans les froides eaux qui baignent le Spitzberg, le Groënland et l'Is-

1. *La Mer.*

lande ; ils pullulent sous les feux de l'équateur ; et les mers glacées des régions australes en nourrissent de nombreuses espèces.

Ce sont de tous les animaux ceux qui offrent le moins de substance solide. Leur corps n'est guère que de l'eau, à peine retenue par un imperceptible réseau organique. Ce n'est qu'une gelée transparente et sans consistance.

« C'est une vraie gelée d'eau de mer, disait Réaumur en 1710, elle en a ordinairement la couleur et la consistance. Si on en prend un morceau entre les mains, leur chaleur naturelle suffit pour le faire entièrement dissoudre en eau. »

Spallanzani ne retira que 5 à 6 grains de pellicule d'une Méduse pesant 50 onces. De certaines Méduses, pesant 5 ou 6 kilogrammes, on n'a pu obtenir, selon Frédol, que 10 à 12 grammes de matière solide.

« M. Telfair, dit le même auteur, vit, en 1819, sur le rivage de Bombay, une Méduse énorme abandonnée ; elle pesait plusieurs tonneaux. Trois jours après, l'animal commençait à se putréfier. M. Telfair fit surveiller cette décomposition par les pêcheurs du voisinage, afin de recueillir les os ou les *cartilages* de cette grosse bête, si par hasard elle en avait. Mais elle se pourrit tout entière et ne laissa aucun reste. Il fallut pourtant neuf mois pour qu'elle disparût complètement [1]. »

Les Méduses, quand elles flottent au sein des eaux, ressemblent à des cloches, à des calottes, à des ombrelles. Elles ressemblent encore à des Champignons nuageux, dont le pied serait divisé en lobes plus ou moins divergents, sinueux, tordus, crispés, frangés, et dont le chapeau offrirait des bords entiers découpés, et pourvus de longs appendices en forme de fils, qui descendent verticalement dans l'eau, comme les branches d'un Saule pleureur.

La substance gélatiniforme du corps des Méduses est tantôt incolore et limpide comme du cristal, tantôt opaline, tantôt d'un bleu clair ou d'un rose pâle. Chez certaines espèces, les parties centrales sont d'une couleur rouge, bleue ou violette assez vive, pendant que le reste est diaphane.

Ce tissu diaphane, souvent paré de si belles couleurs, est

---

1. *Le Monde de la mer*, page 150.

tellement fragile, que ces élégantes créatures, abandonnées par la vague sur la grève, se fondent, disparaissent et s'évanouissent sans laisser, pour ainsi dire, de traces matérielles.

Cependant ces êtres si fragiles, ces bulles de savon vivantes, font de longs voyages à la surface de la mer. Tandis qu'un rayon de soleil suffit pour dissiper et faire évanouir leur vaporeuse substance, sur une grève inhospitalière, elles s'abandonnent sans danger, pendant leur vie entière, à l'agitation des flots. Les Baleines qui vivent autour des îles Hébrides, se nourrissent principalement de Méduses qui ont été transportées par les flots en essaims innombrables, des côtes du Mexique jusqu'à ces îles, situées à l'ouest de l'Écosse, dans notre Atlantique.

« La locomotion des Méduses, qui est fort lente, dit de Blainville, et qui dénote un assez faible degré d'énergie musculaire, paraît au contraire n'avoir pas de cesse, puisque étant d'une pesanteur spécifique plus considérable que l'eau dans laquelle ils sont immergés, ces animaux, si nous qu'il n'est pas probable qu'ils puissent se reposer sur un sol solide, ont besoin d'agir constamment pour se soutenir dans le fluide qu'ils habitent. Aussi sont-ils dans un mouvement continuel de systole et de diastole. Spallanzani qui les a observés avec soin dans leurs mouvements, dit que ceux de translation sont exécutés par le rapprochement des bords de l'ombrelle de manière à ce que son diamètre diminue d'une manière sensible : par là une certaine quantité d'eau contenue dans le corps est chassée avec plus ou moins de force et le corps est projeté en sens inverse; revenu par la cessation de la force musculaire à son premier état de développement, il se contracte de nouveau et fait un pas. Si le corps est perpendiculaire à l'horizon, cette succession de contractions et de dilatations le fait monter; s'il est plus ou moins oblique, il avance plus ou moins horizontalement. Pour descendre, il suffit à l'animal de cesser ses mouvements; sa pesanteur seule l'entraîne. Jamais il ne se retourne, la convexité de l'ombrelle en bas. »

C'est par une série alternative de contractions et de dilatations de leur corps que les Méduses font de longs voyages à la surface des eaux. Ce double mouvement de contraction et d'amplification de leur charpente légère avait déjà été remarqué par les anciens, qui le comparaient aux mouvements de la poitrine de l'homme pendant la respiration. Aussi les anciens appelaient-ils les Méduses, *Poumons marins*.

Les Méduses habitent ordinairement la haute mer. Elles

sont rarement solitaires. Le plus souvent elles voguent par
bataillons considérables, sous les latitudes appropriées à
leurs espèces. Pendant leur marche à la surface des eaux,
elles dirigent en avant et un peu obliquement la partie convexe de leur corps, c'est-à-dire l'*ombrelle*. Si un obstacle les
arrête, si un ennemi vient à les toucher, l'ombrelle se contracte, diminue de volume, les tentacules se replient, et l'animal craintif descend dans les eaux profondes.

Les Méduses, avons-nous dit, constituent dans les mers
arctiques un des principaux aliments des Baleines. Leurs
troupes innombrables couvrent quelquefois plusieurs lieues
carrées d'étendue. Elles se montrent et disparaissent parfois
dans le même pays, à des époques déterminées, alternatives,
qui dépendent sans doute des vents et des courants réglés
qui les emportent ou les ramènent.

« Les barques qui traversent l'étang de Thau rencontrent, à certaines époques de l'année, dit Frédol, des colonies nombreuses d'une
espèce de la taille d'un petit melon, presque transparente, blanchâtre
comme de l'eau troublée par un nuage d'anisette. On serait tenté de
prendre ces animaux pour une collection flottante de bonnets grecs de
mousseline[1]. »

Les Méduses sont pourvues d'une bouche, située habituellement au milieu du pédicule. Cette bouche est rarement
oisive. De petits mollusques, de jeunes crustacés, des vers,
forment leur nourriture ordinaire. Malgré leur petite taille,
elles sont très-voraces. Elles happent leur proie tout d'une
venue, sans la diviser. Si la proie résiste et se débat, la Méduse, qui l'a saisie par une partie du corps, tient bon, et sans
faire elle-même un seul mouvement, attend que la fatigue
ait épuisé et tué sa victime, qu'elle peut alors avaler en toute
sécurité.

Sous le rapport de la grosseur, les Méduses varient beaucoup. Il en est de très-petites, tandis que d'autres atteignent
jusqu'à plus d'un mètre de diamètre. Plusieurs espèces sont
phosphorescentes pendant la nuit.

La plupart des Méduses provoquent une douleur très-vive

1. *Le Monde de la mer*, page 151.

lors qu'elles viennent à toucher le corps de l'homme. La sensation douloureuse qu'elles font éprouver par le contact est tellement générale dans ce groupe d'animaux, que ce caractère a longtemps présidé à leur dénomination. Jusqu'à ces derniers temps, en effet, on a désigné, avec Cuvier, tous les animaux du groupe qui nous occupe, sous le nom d'*Acalèphes* ou *Orties de mer*, nom tiré du grec (ἀκαλήφη, ortie), pour rappeler que ces animaux produisent une sensation pénible analogue à celle que produit le contact des feuilles de l'Ortie.

Selon l'abbé Dicquemare, qui a fait des expériences à ce sujet sur lui-même, la douleur est à peu près semblable à celle qu'on ressent quand on touche une plante d'Ortie. Mais elle est plus forte et dure environ une demi-heure.

« Dans les derniers moments, ce sont, dit l'abbé Dicquemare, comme des piqûres réitérées et plus faibles. Une rougeur considérable apparaît dans toute la partie de la peau qui a été touchée, et des élévations de même couleur, qui ont un point blanc dans le milieu. »

« La *vessie de mer*, dit le père Feuillée, m'occasionna, en la touchant, des douleurs si vives, que j'en eus des convulsions. »

Citons encore, sur le même sujet, quelques lignes empruntées au *Monde de la mer*.

« Pendant le premier voyage de la *Princesse Louise* autour du monde, dit Frédol, Meyen remarqua une magnifique physalie qui passait près du navire. Un jeune matelot, hardi et courageux, sauta nu dans la mer pour s'emparer de l'animal, nagea vers lui et le saisit. Celui-ci entoura son ravisseur avec ses nombreux filaments (ils avaient près d'un mètre de longueur); le jeune homme, épouvanté et sentant une douleur brûlante, cria au secours.... Il eut à peine la force d'atteindre le vaisseau et de se faire hisser à bord, mais la douleur et l'inflammation furent si violentes, qu'une fièvre cérébrale se déclara, et l'on fut très-inquiet sur sa santé[1]. »

L'organisation des Méduses est bien plus compliquée qu'on ne serait tenté de le croire au premier abord, et que ne l'avaient admis les premiers observateurs. Pendant longtemps on se contenta de voir, avec Réaumur, dans les Méduses, des masses de *gelée organique*, de l'eau gélatinisée. Mais lorsque Constant Duméril, ayant injecté leurs cavités avec du lait, vit ce liquide pénétrer dans de véritables vais-

---

1. Page 164.

seaux, on commença à comprendre qu'il fallait sérieusement
étudier ces êtres énigmatiques. Les travaux de Duméril, Cuvier, de Blainville, Ehrenberg, Brandt, Mekel, Eschscholtz,
Sars, Milne Edwards, et de plusieurs autres observateurs
modernes, ont prouvé quelle richesse de structure se dérobe
sous cette apparence gélatiniforme et simple des Médusaires,

Fig. 62. Rhizostome de Cuvier. (1/5 G. N.)
(*Rhizostoma Curieri*, Peron.)

et nous ont, en même temps, révélé les particularités mystérieuses et vraiment incroyables de leurs métamorphoses.

Mais avant de traiter de cette partie de l'histoire des Méduses, il sera nécessaire de présenter quelques types caractéristiques de cette nombreuse famille de zoophytes. Sans
cela, le lecteur ne pourrait nous comprendre, lorsque nous
ferons allusion, dans la suite de cet exposé, à ces mêmes
types caractéristiques.

Les Méduses qui portent le nom de *Rhizostomes* ont l'ombrelle hémisphérique, festonnée, un pédoncule divisé en quatre paires de bras fourchus et dentelés presque à l'infini, et garnis chacun, à leur base, de deux oreillettes dentelées. Tel est le *Rhizostome de Cuvier* (fig. 62) à ombrelle

Fig. 63. Rhizostome d'Aldrovandi.
(*Rhizostoma Aldrovandi*, Péron.)

d'un blanc bleuâtre, comme les bras, et d'un riche violet sur le pourtour.

Ce beau zoophyte habite l'océan Atlantique. Il vit en troupes et acquiert une grande taille. On le trouve communément, au mois de juin, sur les côtes de notre Saintonge, et en août, sur celles d'Angleterre ; sur les grèves de toutes les côtes de la Manche, on en voit au mois d'octobre des milliers qui gisent sur les plages où elles ont été jetées par des coups de vent.

Tel est aussi le *Rhizostome d'Aldrovandi* (fig. 63), qu'on voit toute l'année dans les temps calmes. C'est un animal très-justement redouté des baigneurs.

Le *Rhizostome d'Aldrovandi* possède un appareil *urticant*, c'est-à-dire agissant à la manière de l'Ortie, produisant une espèce de cautérisation, une *urtication*, mot consacré pour

Fig. 64. Cassiopée d'Andromède.
(*Cassiopea Andromeda*, Tilesius, Esch.)

rappeler cette irritation particulière. Si cet animal touche les yeux des pêcheurs, au moment où on le retire de la mer, il peut leur causer une forte inflammation de la conjonctive.

Les deux figures suivantes montrent deux autres types appartenant au même groupe : celui des *Cassiopées* et celui des *Céphées*. La figure 64 représente la *Cassiopée* ou *Méduse d'Andromède*, et la figure 65 la *Céphée cyclophore*.

Dans un autre groupe viennent se ranger l'*Aurélie*, la *Cyanée*, la *Pélagie* et la *Chrysaore*.

Fig. 65. Céphée cyclophore.
(*Cephea cyclophora*, Péron.)

L'*Aurélie* porte une ombrelle sphérique garnie de cils nombreux au pourtour ; elle a quatre bras.

L'*Aurélie auriculée* (*Aurelia aurita*) (fig. 66) a l'ombrelle hémisphérique, déprimée, garnie de cirrhes nombreux au pourtour, les bras lancéolés, une coloration pâle, hyaline-rosée.

Cette Méduse produit, par son contact avec le corps de l'homme, des effets très-irritants. Un naturaliste allemand,

Fig. 66. Aurélie auriculée. (1/3 G. N.)
(*Aurelia aurita*, Lam. — *Cyanea aurita*, Cuvier.)

M. Weber, a étudié les phénomènes qui résultent de l'irritation de nos tissus par l'action de cet Acalèphe.

L'*Aurelia aurita* existant en grandes quantités dans la mer Baltique, a servi aux études des naturalistes suédois; M. Rosenthal a fait, sur cette espèce, l'étude de l'anatomie des Méduses, et M. Sras a publié sur le même sujet de très-belles observations.

La *Pélagie* est pourvue d'une ombrelle à peu près hémisphérique, à pourtour régulier ou dentelé, avec huit tentacules, et un pédoncule terminé par quatre bras foliacés soudés à la base.

La *Pélagie noctiluque* a l'ombrelle hyaline, roussâtre, verruqueuse. Elle habite la Méditerranée, surtout la côte de Nice et, plus encore, les côtes de Sicile et d'Afrique.

La *Pélagie panopyre* est très-commune dans les océans

Fig. 67. Chrysaore de Gaudichand.
(*Chrysaora Gaudichaudi*, Lesson.)

Atlantique et Pacifique, entre les tropiques. Le naturaliste Lesson en a rencontré des bancs entiers dans l'océan équatorial, par 27° de latitude nord et 22° de longitude ouest. Pendant la nuit ces Méduses émettaient de vives lueurs phosphorescentes, et des individus vivants, que Lesson avait réussi à conserver, se montraient très-lumineux dans l'obscurité.

Cette Méduse est remarquable par son ombrelle demi-sphérique, légèrement déprimée, et comme ombiliquée au sommet, un peu étranglée ou rétrécie sur ses bords, à surface hérissée de petites verrues denses et allongées, à bord entier, mais marqué de festons réguliers et qui n'a pas moins de quatre pieds de diamètre. Sa couleur est d'un rose tendre.

La *Chrysaore de Gaudichaud* (fig. 67) habite les côtes des îles Malouines. Son ombrelle forme une demi-sphère régulière, très-lisse, parfaitement concave. Une calotte arrondie en forme la voûte. Du cercle qui la circonscrit, partent des gnes verticales, régulièrement espacées, colorées en rouge-

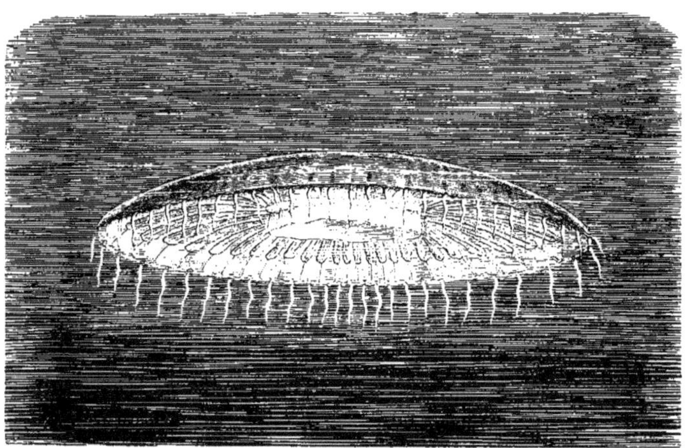

Fig. 68. Équorée violacée. (G. N.)
(*Æquorea violacea*, Mil. Edw.)

brun et qui se rendent au rebord de l'ombrelle. Douze grands festons réguliers forment ce rebord. Du sommet de ces lobes partent douze faisceaux de tentacules très-longs, très-simples, capillaires, d'un rouge clair vineux. Le pédoncule est large, écrasé, perforé au milieu, donnant attache à quatre larges bras foliacés.

Il nous suffira maintenant de mentionner un autre groupe de *Médusaires* comprenant les genres *Équorée*, *Océanie*, *Thaumantia*, qui sont plus voisins des Campanulaires et des Tubulaires, et offrent généralement une taille assez petite.

La figure 68 représente l'*Équorée violacée*, qui possède un disque un peu bombé, hyalin, garni tout autour de filaments tentaculaires très-courts, grêles et de couleur violacée.

Maintenant que nous avons présenté au lecteur certains types caractéristiques de Médusaires, nous sommes en mesure de traiter de l'organisation intime et des fonctions de ces êtres curieux. Nous avons, en effet, choisi les types que nous venons de signaler, parce qu'ils ont été particulièrement étudiés par les naturalistes, au point de vue anatomique et physiologique.

Les Médusaires n'ont d'autre organe de respiration que la peau. On remarque sur le corps de ces zoophytes divers prolongements cutanés, disposés de manière à favoriser l'exercice de la fonction respiratoire. Des franges marginales à surface très-étendue, ou les tentacules, sont surtout le siége de cette fonction.

Chez ces animaux les organes de la digestion offrent des dispositions toutes spéciales. La bouche est placée à la partie inférieure du corps. Elle est percée à l'extrémité d'un prolongement en forme de trompe, et pend quelquefois comme un battant de cloche.

Les parois de l'estomac sont garnies d'une multitude d'appendices, qui font saillie dans la cavité de cet organe, et qui sont très-mobiles. L'estomac, garni de cils vibratiles, paraît produire un suc susceptible d'attaquer les aliments et d'en opérer la digestion.

Il est quelques Médusaires chez lesquels manque la bouche centrale. Ainsi chez les *Rhizostomes* le réservoir stomacal n'a pas d'orifice inférieur; il communique latéralement avec des canaux qui descendent dans l'épaisseur des bras, et s'ouvrent au dehors par une multitude de petites bouches. Ce sont précisément ces bouches radiciformes qui ont fait donner à ces animaux le nom de *Rhizostomes* (du grec ρίζα, racine, στομα, bouche).

Les bras des Rhizostomes sont au nombre de huit. L'extrémité libre de ces bras est un peu renflée, et présente un certain nombre de petites ouvertures béantes qui donnent naissance à autant de petits canaux ascendants. Ces canaux se réunissent à la manière des veines, et le tronc commun ainsi formé, se dirige vers l'estomac, recevant, chemin faisant, un certain nombre de branches latérales.

Un système circulatoire bien distinct existe dans les Médusaires. La partie périphérique de l'estomac laisse passer les liquides nourriciers qui ont été élaborés dans la cavité digestive. Ce fluide réparateur circule ensuite à l'intérieur du corps des Médusaires, dans un ensemble de canaux bien distincts, mais dont nous devons nous contenter de signaler l'existence.

Fait singulier! on a cru découvrir des organes des sens chez ces Médusaires que les premiers observateurs avaient crus dépourvus de toute organisation, dans cette sorte de gelée vivante.

« Quoique dans mon séjour sur les bords de la mer Rouge, dit Ehrenberg dans son beau travail sur le *Medusa aurita*, j'eusse déjà examiné bien des fois les corps bruns placés sur le bord du disque des méduses, je ne suis parvenu cependant que dans le mois passé à reconnaître leur véritable nature et leurs fonctions.... Chacun de ces corps se compose d'un petit bouton jaune, ovale ou cylindrique, fixé à un pédoncule mince. Le pédoncule est attaché à une vésicule dans laquelle on remarque, sous le microscope, un corps glanduleux, jaunâtre lorsque la lumière le traverse, et blanchâtre lorsque cette dernière est réfléchie. De ce corps il part deux branches qui se dirigent vers le pédoncule du corps brun jusqu'à son petit bouton ou tête.... J'ai trouvé que chacun de ces petits corps bruns présentait un point rouge très-distinct placé sur la face dorsale de sa petite tête jaune. Si maintenant je me rappelle mes autres observations sur de pareils points rouges faites chez d'autres animaux, je trouve que ceux des méduses présentent beaucoup de ressemblance avec les yeux des rotifères et des entomostracés. Le corps bifurqué placé à la base du corps brun paraît être un ganglion nerveux et ses deux branches peuvent être regardées comme des nerfs optiques.... Chaque *œil pédonculé* présente sur sa face inférieure un petit sac jaunâtre dans lequel se trouve un plus ou moins grand nombre de petits corps cristallisés, clairs comme de l'eau.... »

La présence d'un pigment rouge à grains très-fins milite en faveur de l'existence de l'organe visuel chez ces zoophytes; mais les petits cristaux disséminés dans l'intérieur de ces organes ne sauraient guère agir à la manière du cristallin de l'œil des animaux vertébrés, pour réfracter la lumière. On trouve, en effet, des corpuscules marginaux analogues dans d'autres espèces de Médusaires ; ils sont d'un jaune pâle ou incolores et renferment tantôt un seul, tantôt plusieurs corpuscules calcaires. Lorsqu'ils sont incolores, on les a plutôt pris pour des oreilles réduites à leur plus simple expression.

Les Méduses ne sont pas absolument dépourvues de système nerveux. On a signalé chez ces animaux des ganglions et nerfs optiques. Ehrenberg a constaté également que les tentacules ont à leur base des ganglions, qui leur fournissent des filets nerveux.

Sans entrer dans plus de détails sur la structure intime, délicate et compliquée des Méduses, nous nous arrêterons maintenant sur le mode de génération de ces zoophytes. Nous allons trouver ici les phénomènes physiologiques les plus remarquables. Les recherches des naturalistes modernes ont mis hors de doute des faits d'un ordre complétement inattendu.

« Qui de nous, dit M. de Quatrefages, ne crierait au prodige, s'il voyait d'un œuf pondu dans sa basse-cour sortir un reptile, qui enfanterait ensuite de toutes pièces un nombre indéterminé de poissons et d'oiseaux ? Eh bien, la génération des méduses est pour le moins aussi merveilleuse que le fait en apparence incroyable que nous venons de supposer. »

Voyons d'abord, pour prendre un exemple, ce qui se passe dans l'*Aurélie rose*, belle Méduse à ombrelle presque hémisphérique, de 10 à 12 centimètres de diamètre, teintée d'un rose pâle, et dont le rebord est garni de tentacules roussâtres et courts. Nous prendrons pour guide dans ce qui va suivre, l'éloquent et savant auteur des *Métamorphoses de l'homme et des animaux*[1], M. de Quatrefages.

La Méduse désignée sous le nom d'*Aurélie rose* pond des œufs, caractérisés par l'existence de trois sphères concentriques. Ces œufs se transforment en larves ovales, couvertes de cils vibratiles, et présentant, en avant, une petite dépression. Elles nagent pendant quelque temps avec beaucoup de vivacité, à la manière des Infusoires, auxquelles elles ressemblent d'ailleurs d'une manière frappante.

[1] 1 vol. in-18, Paris, 1862.

Au bout de quarante-huit heures, les mouvements se ralentissent. A l'aide de la dépression déjà signalée, la larve s'attache à quelque corps solide, et se fixe en ce point, grâce à un mucus épais. Bientôt elle change de forme. Elle s'allonge; son pédicule se rétrécit, et son extrémité libre se renfle en massue. Bientôt une ouverture se montre au centre de cette extrémité, et laisse voir une cavité interne. Quatre petits mamelons s'élèvent sur les bords et s'allongent en façon de bras. D'autres paraissent et s'allongent aussi. Ce sont les tentacules d'un Polype.

Le jeune Infusoire est devenu un Polype!

Ce polype se multiplie par bourgeons et par stolons, semblable à un fraisier qui jetterait en tous sens des tiges grêles, couvrant le terrain de proche en proche.

La jeune Méduse vit quelque temps sous cette forme. Puis un des Polypes grandit, et sa forme devient cylindrique. Ce cylindre se partage en dix ou quatorze anneaux superposés. Ces anneaux, d'abord lisses, se festonnent, se divisent en lanières bifurquées. Les lignes intermédiaires se creusent. L'animal ressemble alors à une pile d'assiettes découpées sur les bords. Bientôt chaque anneau frangé agite isolément le bord libre de ses franges. Celles-ci deviennent contractiles. L'anneau s'individualise. Enfin ces êtres annulaires, obscurément vivants, s'isolent. Ils se détachent et se mettent à nager. Dès lors ils n'ont plus qu'à se compléter en modifiant leur forme. De plats, ils deviennent concaves d'un côté et convexes de l'autre. La cavité digestive, les canaux gastro-vasculaires se prononcent. La bouche s'ouvre, les tentacules s'allongent, les cirrhes marginaux flottent de plus en plus nombreux.

L'*Aurélie*, c'est-à-dire la *Méduse*, apparaît enfin, après toutes ces métamorphoses. Le fils est devenu parfaitement semblable à la mère.

« Ainsi, dit Frédol, des zoophytes sexués se propagent suivant les lois ordinaires; mais ils engendrent des enfants qui ne leur ressemblent pas et qui sont neutres, c'est-à-dire non sexués (agames). Ceux-ci produisent par bourgeonnement et par *fissiparité* des individus semblables à eux. Ils peuvent aussi donner des individus sexués; mais avant l'apparition de ceux-ci, l'animal, qui était simple, se transforme en animal composé, et c'est de la désagrégation des éléments de ce dernier que naissent des individus pourvus de sexes, c'est-à-dire les animaux les plus complets.

Ces deux modes de propagation si différents (la *sexuelle* et la *non-sexuelle*) se succèdent d'une manière régulière. Ils constituent ainsi une combinaison qui a reçu le nom de *génération alternante*, génération dans laquelle, ainsi que nous venons de le dire, les enfants ne ressemblent jamais à leur mère, mais bien à leur grand'mère[1]. »

Nous avons déjà dit que, d'après les recherches récentes, on a été conduit à séparer du voisinage des Sertulaires et à confondre avec les Médusaires des animaux dont on ne connaissait autrefois que l'une des formes, la forme polype, ou plutôt leur premier âge. Pendant cet âge, ils possèdent un polypier, des tentacules et un corps en forme de clochette. Pendant l'âge *médusoïde*, ils montrent un estomac central, avec quatre canaux en croix et 4 ou 8 cirrhes tentaculaires. Ces animaux constituent la famille des Tubularidés, qui comprennent plusieurs genres, entre autres les *Tubulaires* et les *Campanulaires*. En étudiant la génération des *Tubulaires* et des *Campanulaires*, M. Van Beneden, de Louvain, a découvert des faits extrèmement curieux, qui donnent des exemples remarquables du mode de génération dite *alternante.*

Les *Tubulaires* ont un polypier qui ressemble à des tuyaux d'orgue un peu flexueux et réunis en touffe, et ne s'élevant qu'à quelques pouces de hauteur. Les polypes ont les tentacules disposés sur une double rangée : l'une entoure la bouche, l'autre la cavité stomacale.

La *Tubulaire chalumeau*, qu'on trouve dans toutes les mers d'Europe, a des tiges nombreuses, cornées, jaunes, noueuses d'espace en espace, et qui ressemblent jusqu'à un certain point aux tiges sèches de nos plantes graminées. Au sommet de chaque tige, s'étale une sorte de corolle écarlate, formée par les tentacules rangés en double série. Les corolles se flétrissent au bout de quelque temps et elles sont remplacées par un bouton. Ce bouton forme un nouveau polype et ainsi de

1. *Le Monde de la mer*, page 155.

suite. De cette manière les tiges s'allongent successivement comme une plante, chaque corolle s'ajoutant à la corolle du tube qu'elle termine.

Les Méduses de ces *Tubulaires* se développent dans les tentacules inférieurs.

Les *Campanulaires* se multiplient par bourgeonnement. Les bourgeons se forment de la même manière que dans les Hydres. C'est une simple excroissance qui s'étend en dehors et qui prend la même forme que la branche dont elle provient. Ces bourgeons naissent à des distances et forment un polypier.

Des loges d'une forme particulière présentent dans l'intérieur de la masse charnue des corps oviformes, que M. Van Beneden appelle des œufs.

Cet observateur a suivi le développement de ces œufs. Il les a vus passer par différentes formes et se changer en embryons étoilés, qui sont encore contenus dans la loge ovifère et dont on aperçoit les mouvements distincts au travers des parois de cette loge. Les rayons de cette étoile ressemblent aux cirrhes des Méduses. Tant que cette petite étoile est prisonnière, ils sont repliés en dessous du disque; mais lorsqu'elle vient au jour, ils se déploient et se meuvent régulièrement. Au milieu de la face inférieure du disque, un tubercule se développe avec les cirrhes, et représente cet appendice, si varié dans sa forme chez les Médusaires, qui se trouve au milieu et en dessous de l'ombrelle. Il se contracte et s'étend dans tous les sens et présente de bonne heure une ouverture ou bouche à son extrémité. Il se produit ainsi une véritable Méduse.

Nous bornerons à ces quelques faits, pris seulement comme exemples, la notion très-sommaire que nous avons voulu présenter à nos lecteurs, des métamorphoses des polypes, et de la question générale de la *génération alternante*, question qui tient aujourd'hui une grande place dans les préoccupations des naturalistes. Ceux de nos lecteurs qui voudront étudier cette question, la trouveront exposée avec grand soin, dans un travail de M. Paul Gervais, aujourd'hui professeur de zoologie à la Faculté des sciences de Paris. Ce travail a pour titre : *De la métamorphose des organes et des générations alternantes dans la série animale et dans la série végétale*[1].

ORDRE DES SIPHONOPHORES *ou* HYDROMÉDUSES.

A côté des Méduses, les naturalistes placent des zoophytes marins, aussi remarquables par la beauté de leur forme que par la complication de leur structure, et dont la véritable organisation a été longtemps méconnue. On les a longtemps désignés sous le nom d'*Acalèphes hydrostatiques* ou *Hydroméduses*. Ils sont plus particulièrement connus de nos jours sous celui de *Siphonophores*.

Ces habitants des mers présentent les formes les plus gracieuses, et se font souvent remarquer par la délicatesse de leurs tissus ou l'éclat de leurs couleurs. Essentiellement nageurs, ils possèdent une ou plusieurs vessies remplies d'air, de véritables cloches natatoires, plus ou moins nombreuses et de formes variables. Ils flottent sur les vagues, mais demeurent toujours à la surface, quelle que soit l'agitation de la mer. Ce sont des esquifs naturels et des esquifs insubmersibles !

On divise les *Siphonophores* en quatre ordres ou familles : celles des *Vélelles*, des *Physophores*, des *Diphies*, des *Physalies*.

FAMILLE DES VÉLELLES.

Les *Vélelles* se réunissent par grandes troupes, que l'on voit flotter, pendant les beaux jours, à la surface de la mer. Elles sont communes dans les mers tropicales.

Pour donner une idée exacte de ces zoophytes, nous ferons ici l'histoire de la *Velella spirans* ou *Vélelle de la Méditerranée*, qui a été étudiée avec un soin infini par M. Charles Vogt, de Genève.

C'est au mémoire publié par ce savant, sur les *Animaux inférieurs de la Méditerranée*, que nous emprunterons les détails qui vont suivre sur la *Vélelle* de la Méditerranée. Nous aurons également recours aux remarquables études du même naturaliste pour les autres types de *Siphonophores*.

Montpellier, 1860, in-8°.

La *Velella spirans* (fig. 69), souvent désignée sous le nom de *Velella limbosa*, a été découverte dans la Méditerranée, entre Monaco et Menton, par Forskahl qui la prit, à tort, pour une Holothurie.

A la face supérieure de l'animal, est un appareil hydrostatique, destiné à équilibrer son poids avec celui de l'élément ambiant. Cet appareil se compose du *bouclier* et de la *crête*, organes dont M. Vogt a donné une description très-détaillée.

C'est sur la face inférieure de l'animal que se montrent les principaux organes de la *Vélelle*. On ne les voit pas lors-

Fig. 69. Vélelle au limbe nu. (G. N.)
(*Velella limbosa*, Lam.)
Holothuria spirans, Forskahl. — *Velella spirans*, Eschsch.

qu'elle nage, parce qu'alors elle ne laisse sortir de l'eau que sa crête.

Au milieu de cette face inférieure se voit une grande trompe, blanchâtre et contractile. On croyait autrefois que c'était là l'estomac de la Vélelle. Mais vous allez voir combien les idées ont changé ! On considère aujourd'hui cet appendice comme un polype : c'est le *polype central*. Autour de cette agrégation se groupent beaucoup d'autres appendices plus petits, blanchâtres, et dont la base est entourée de petites grappes jaunes. Ce sont les *individus reproducteurs*. Sur la limite entre le limbe et le bouclier, apparaissent de nombreux tentacules libres, vermiformes, cylindriques, d'une couleur bleu de ciel. Ces tentacules, très-contractiles, sont dans un mouvement continuel.

Ainsi la *Vélelle* n'est pas un individu unique, mais bien un groupe, une colonie. Les individus destinés à la reproduction sont les plus nombreux; ils occupent les parties inférieures.

Le polype central, par sa grosseur et sa structure, se distingue, dès le premier coup d'œil, de tous les appendices de la face inférieure du corps. C'est un tube cylindrique, très-contractile, qui présente ordinairement la forme d'une poire. Il peut se renfler en boule ou s'allonger considérablement. Sa bouche est ronde et très-dilatable. Elle s'ouvre dans une partie cylindrique, ou trompe, qui se continue en un sac en forme de fuseau allongé, revêtu par les téguments blanchâtres qui forment le corps du polype dans son entier. Au fond du sac on observe deux rangées d'ouvertures qui conduisent dans un réseau vasculaire. Ce réseau parcourt toute l'étendue du corps, toutes les parties membraneuses, en affectant diverses manières d'être dans sa disposition, et il est en rapport direct avec tous les individus reproducteurs.

C'est un caractère général de toutes les colonies de polypes, que les cavités digestives des individus composant la colonie s'abouchent dans un système vasculaire commun. La *Vélelle* montre la même conformation. Seulement ici le système vasculaire est étendu horizontalement, et il présente ce caractère essentiel de l'abouchement de tous les individus constituant la colonie avec ses canaux communs dans lesquels circule le fluide nourricier, élaboré pour tous et par tous. C'est un véritable communisme social, réalisé par la nature.

Le polype central est uniquement destiné à absorber les aliments. M. Ch. Vogt a toujours trouvé dans sa cavité intérieure des carapaces de crustacés, des restes de petits poissons, et il a souvent vu les parties dures qui résistent à la digestion, rejetées par l'ouverture de la trompe.

Ce polype central se nourrit et nourrit les autres; mais il est stérile.

Les tentacules sont des cylindres creux, complétement fermés à l'extrémité. Ce sont des tubes musculaires très-forts, d'une épaisseur considérable, dont l'intérieur est rempli d'un liquide transparent. Ils sont enveloppés par une membrane assez ferme, d'une couleur bleu foncé. L'épiderme est garni de petites capsules urticantes, formées d'un sac à parois très-épaisses.

Si l'on comprime ce sac sous le microscope, il éclate tout à coup, s'ouvre à un endroit déterminé, et lance au dehors un appareil qui est composé d'un fil long et raide, lequel est implanté sur un manche conique et entouré de pointes.

« Je ne sais, dit M. Vogt, si toute cette *machinerie* peut rentrer dans la capsule lorsqu'elle a une fois éclaté; mais je présume que l'animal peut les détendre et retirer à volonté. Un tentacule de vélelle convenablement comprimé se montre hérissé tellement de tous ces fils, qu'il a l'air d'une brosse. Les tentacules eux-mêmes sont en mouvement continuel et je ne doute pas que l'observation de M. Lesson, qui les a vus envelopper de petits crustacés et des poissons, ne soit réellement juste. Ces organes urticants servent sans doute, comme dans d'autres animaux de la même classe, à tuer la proie que les tentacules viennent de saisir.

Ainsi les Vélelles ont des javelots, comme les anciens guerriers grecs et romains, et un *lasso*, comme les cavaliers du Mexique.

Les individus reproducteurs forment la plus grande masse des appendices fixés à la surface inférieure de la Vélelle. La forme de ces individus est d'autant plus variable qu'ils sont extrêmement contractiles. Cependant ils ressemblent ordinairement à une corolle de jacinthe.

Les individus reproducteurs sont donc en même temps nourriciers. Les Méduses nées par bourgeonnement de ces individus reproducteurs constituent le véritable état sexuel des Vélelles.

Celles-ci ont, en somme, deux états alternants d'existence, l'un sexuel produisant des œufs, et dans cet état ce sont des individus isolés, des *Méduses*, qui jamais ne se groupent ensemble en colonie; l'autre état agrégé, non sexuel, et formant des colonies nageantes, connues sous le nom spécial de *Vélelles*.

Voilà un court aperçu des faits étranges auxquels a donné lieu l'étude approfondie des animaux marins inférieurs.

Les naturalistes placent à côté des Vélelles proprement dites et dans la même famille, les *Rataires* et les *Porpites*.

Déjà de Blainville avait considéré les Rataires comme de jeunes Vélelles non développées. M. Vogt ne doute nullement que les Rataires ne soient de jeunes Vélelles qui n'acquièrent que petit à petit la forme elliptique, dont le limbe se garnit seulement plus tard d'individus reproducteurs. Selon lui, ces Rataires sont engendrées par les Méduses nées des

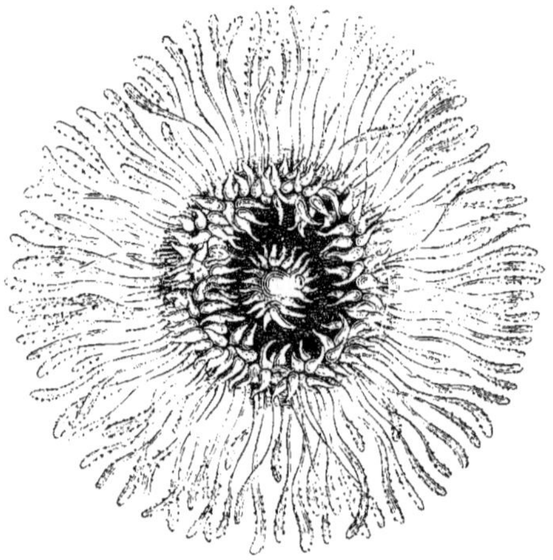

Fig. 70. Porpite du Grand Océan. (G. N.)
(*Porpita pacifica*, Lesson.)

Vélelles et résultent du développement des œufs que ces Méduses produisent.

Les *Porpites* constituent, comme les Vélelles, des colonies animales flottantes, munies d'un squelette cartilagineux horizontal et arrondi ; mais ils sont dépourvus de crête, ou voile.

Le disque de la *Porpite du Grand Océan* (fig. 70) a quinze lignes de diamètre, sans comprendre les tentacules. Ce disque est en dessus très-finement rayonné, et possède un éclat argentin ou nacré, très-brillant. Le repli membraneux qui l'entoure est découpé par de légers festons, excessivement étroits. Sa couleur est d'un bleu céleste clair, très-transparent. Les tentacules, très-pressés et très-minces, sont cylindriques. Ces tentacules sont azur clair et les glandes sont bleu indigo. Tous les individus reproducteurs, placés à la partie inférieure du corps, sont d'un blanc hyalin parfait.

Cette belle Porpite fut découverte par Lesson. Elle s'offrit aux yeux de ce naturaliste voyageur par essaims très-nombreux, à la surface d'une mer unie comme une glace, sur les côtes du Pérou.

« La manière de vivre des Porpites est, dit Lesson, parfaitement analogue à celle des Vélelles. Leur locomotion sur la mer est purement passive, au moins en apparence. Leur disque, couché à plat sur la ligne des eaux, laisse flotter librement et dans le sens horizontal les ·bras irritables disposés à l'entour, et qui voguent semblables à une petite corolle de passiflore bleue. »

FAMILLE DES PHYSOPHORES.

La famille des *Physophores* comprend les *Physophores* proprement dites, les *Agalmes* et les *Stéphanomies*. Jetons un coup d'œil sur l'organisation de la *Physophore hydrostatique* d'après les curieuses observations de M. Ch. Vogt.

La figure 71 représente cette espèce, d'après le mémoire de M. Vogt. On voit que la *Physophore hydrostatique* se compose d'un axe grêle et vertical, terminé par une vessie aérienne, portant latéralement des vésicules connues sous le nom de *cloches natatoires*, terminées elles-mêmes par une gerbe de filaments grêles et blanchâtres.

La vessie aérienne est brillante, argentée, et ponctuée d'une tache rouge. La bulle d'air est enchâssée dans une capsule transparente et comme cartilagineuse, se continuant dans le tronc commun médian, qui est rose, creux et très-contractile. En effet, il offre des fibres musculaires très-fines, qui s'épanouissent à la face interne de la capsule. Celle-ci est close de toutes parts.

Les cloches natatoires sont d'une transparence hyaline et d'un tissu ferme. Elles sont attachées obliquement et en alternant sur l'axe commun. Elles offrent sur leur courbure extérieure une ouverture ronde garnie d'un limbe musculaire très-fin, très-contractile et disposé comme l'iris de l'œil. Leur résistance est encore augmentée par des fils cornés et creux qui sont en communication directe avec la cavité du

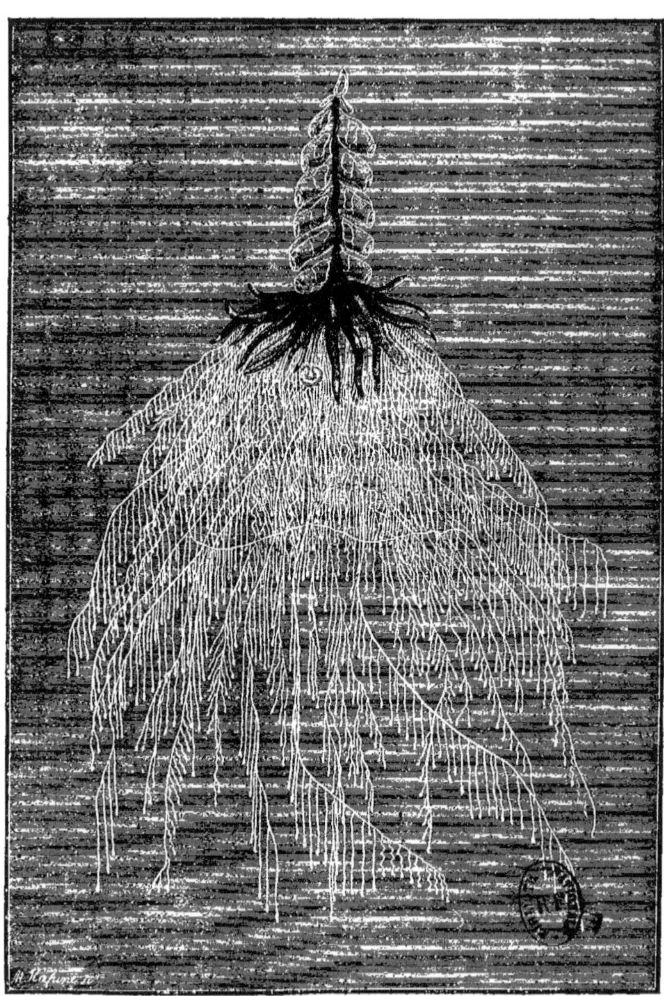

Fig. 71. Physophore hydrostatique. (2/3 G. N.)
(*Physophora hydrostatica*, Forskahl.)

tronc vertical et se rassemblent dans un canal circulaire commun.

« L'animal se dirige dans toutes les directions, dit M. Ch. Vogt, par
le moyen de ces cloches, qui, en s'ouvrant, se remplissent d'eau qu'elles
chassent en se contractant. On peut comparer leur mouvement à celui
de l'ombrelle des méduses. C'est la répulsion de cette eau chassée avec
violence qui fait avancer l'animal dans la diagonale, et par conséquent,
si les deux rangées travaillent à la fois dans le sens de l'axe du tronc
commun, suivant que l'une ou l'autre des rangées travaille davantage,
l'organisme entier va de côté, plonge ou s'élève à la surface, mais
toujours de manière à ce que la vésicule aérienne soit portée en avant. »

A sa partie inférieure, le tronc commun se renfle, s'apla-
tit, et s'enroule en spirale. Il est creux et renferme un liquide transparent, visqueux, dans lequel nagent de très-petites granulations qui paraissent être le résultat de la digestion. Ce disque donne attache à des appendices de trois sortes différentes. Parlons d'abord des tentacules.

Ils forment une couronne d'appendices vermiformes, de
couleur rouge, longs de trois centimètres, et qui sont dans
un mouvement continuel. Une substance hyaline et cartilagineuse constitue ces appendices. Ce sont des tubes coniques, fermés de toutes parts, excepté dans le point où le
tentacule s'attache sur le disque. Leur cavité est remplie de
ce liquide granuleux propre au disque et à l'axe vertical.

En dedans des tentacules et sur toute la face inférieure de
ce disque sont attachés des *polypes* et des *fils pêcheurs*.

La partie antérieure du polype est formée d'une substance
hyaline, qui présente les changements de forme les plus variés et les plus surprenants, et porte une bouche arrondie à
son sommet. La partie postérieure du polype est une tige
étroite, creuse et rouge. Mais près de cette tige rouge se trouve
une touffe épaisse d'appendices cylindriques, du milieu desquels sort un filament extensible et contractile que M. Vogt
a appelé le *fil pêcheur* et sur lequel il a donné les plus étranges renseignements.

Autant de polypes, autant de *fils pêcheurs*. Voici quelle est
la composition de ces fils. Chacun est formé par un assemblage de tubes cylindriques, analogue à un filament de Con-
ferve. Tous ces tubes sont traversés par un canal continu,
qui prend son origine dans la cavité interne de la tige du
polype. Chaque tronçon du *fil pêcheur* peut se contracter et

s'allonger prodigieusement. Quand le *fil pêcheur* se retire entièrement, les tronçons s'appliquent les uns contre les autres, à peu près comme les pièces qui composent un mètre de poche. C'est aux effets combinés de la contraction et du reploiement des tronçons que ces fils doivent les étonnants changements de longueur qu'ils présentent. On voit sur la figure 72 la réunion des Polypes et des *fils pêcheurs*.

Sur chaque tronçon est implanté, près de l'articulation, un fil secondaire qui porte l'organe urticant. Chacun de ces

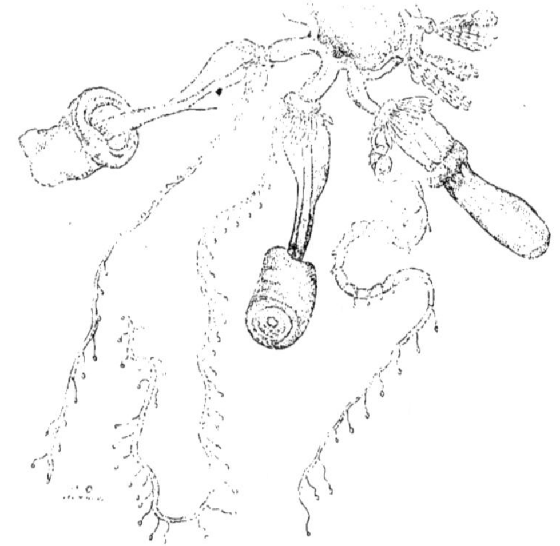

Fig. 72. Polypes et fils pêcheurs de la Physophore hydrostatique.
Portion du disque sur laquelle on a laissé trois polypes et deux paires
de grappes reproductrices.

fils est composé de trois parties : une tige étroite, musculeuse, contractile, creuse, dont la cavité communique avec celle du tronçon qui le porte ; une partie moyenne, sorte de boyau, contenant dans une cavité interne considérable un liquide transparent ; enfin une ampoule urticante qui termine l'appareil.

Celle-ci a la forme d'un œuf. Elle est composée extérieurement d'une substance hyaline, de consistance cartilagineuse, dans l'intérieur de laquelle se trouve une grande cavité qui s'ouvre au dehors près de la base de la capsule. A l'intérieur de cette cavité se trouve un second sac muscu-

laire attaché au pourtour de l'ouverture de la capsule, de
manière que cette ouverture conduit directement dans la
cavité du sac (fig. 73). Celui-ci cache dans son intérieur un
long fil ordinairement enroulé en spirale. Ce fil est composé
d'une énorme quantité de petits corpuscules durs, en forme
de sabre, et posés les uns contre les autres. Ils montrent

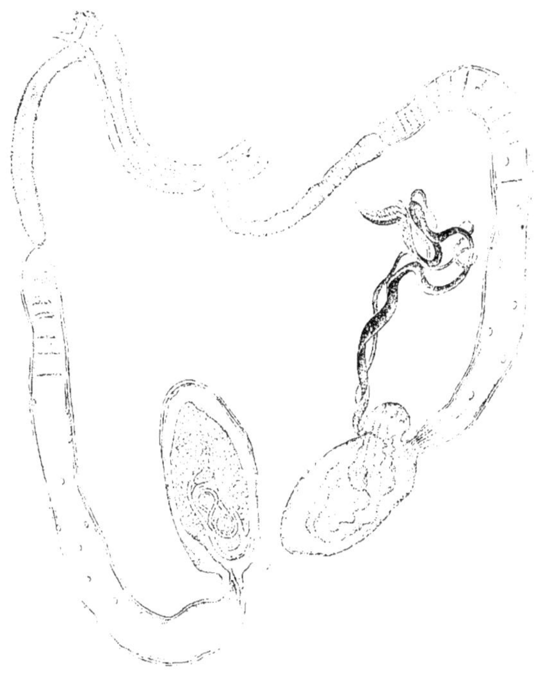

Fig. 73. Appareil offensif de la Physophore hydrostatique.
Deux capsules urticantes, dont l'une a éclaté, vues par un grossissement
de douze diamètres.

leur pointe tournée en dehors. M. Vogt les appelle *sabres
urticants*. L'extrémité du fil est composée de corpuscules
courbes, plus grands, d'un jaune brunâtre, très-résistants,
contenant une double pointe.

M. Vogt a pu observer la manière dont les capsules urticantes du *fil pêcheur* se mettent en action. Il les a vues écla-
ter naturellement, et il a aussi obtenu artificiellement le
même résultat. De l'ouverture pratiquée à la base de la cap-

sule s'élance tout à eoup, avec une violence inouïe, le fil
urticant tout entier.

« L'usage des fils pêcheurs devient évident, dit-il, lorsqu'on observe
une Physophore en repos, dans un bocal assez spacieux pour qu'elle
puisse s'y développer. Elle prend alors une position verticale. Les fils
pêcheurs s'allongent de plus en plus, en développant un à un les fils
secondaires à capsules urticantes. Bientôt la Physophore ressemble à
une fleur posée sur une touffe de racines très-allongées et extrêmement
fines qui vont jusqu'au fond du vase. Mais ces racines sont dans un mouvement continuel. Chaque fil pêcheur s'allonge, se raccourcit, se contracte de mille manières. Le moindre mouvement de l'eau fait retirer
subitement les capsules urticantes et les fils pêcheurs qui sont hélés avec
la plus grande vitesse vers la couronne des tentacules. C'est un jeu
continuel qui n'a d'autre but que de rechercher la proie destinée à la
pâture des polypes et qu'on ne peut mieux comparer qu'aux mouvements
d'une ligne de pêche ; car dès qu'une petite méduse microscopique, une
larve, un cyclope, ou quelque autre crustacé vient dans le voisinage
de ces fils redoutables, il est immédiatement entouré, saisi et ramené
vers la bouche du polype par la contraction du fil. Les organes urticants
si compliqués que nous voyons chez les physophores ont donc la même
destination que les capsules urticantes disposées dans les bras des hydres
ou sur la face extérieure des tentacules et des polypes prolifères de la
Vélelle. »

Est-il une forme animale plus gracieuse que celle de cette
Agalme rouge (fig. 74) dont nous reproduisons la figure,
d'après les planches du mémoire de M. Ch. Vogt? Cette belle
espèce est commune dans les eaux de la côte de Nice, depuis
le mois de novembre jusque vers le mois de mai. Vers le
milieu de décembre, M. Vogt en trouva, dans l'espace d'une
heure, en face du port de Nice, près de cinquante individus,
qui tous suivaient le même courant. Une quantité prodigieuse
de Salpes, de Méduses et de petits mollusques ptéropodes,
les accompagnait.

« Je ne connais rien de plus gracieux que cette Agalme, dit M. Vogt,
lorsqu'elle flotte étendue près de la surface des eaux. Ce sont de longues guirlandes transparentes dont l'étendue est marquée par des paquets d'un rouge vermillon brillant, tandis que le reste du corps se
dérobe à la vue par sa transparence. L'organisme entier nage toujours
dans une position un peu oblique près de la surface, mais il peut se diriger dans tous les sens avec assez de vitesse.... J'ai souvent eu en ma
possession des guirlandes de plus d'un mètre de long dont la série de
cloches natatoires mesurait plus de deux décimètres, de manière que
dans les grands bocaux de pharmacie dont je me servais pour garder

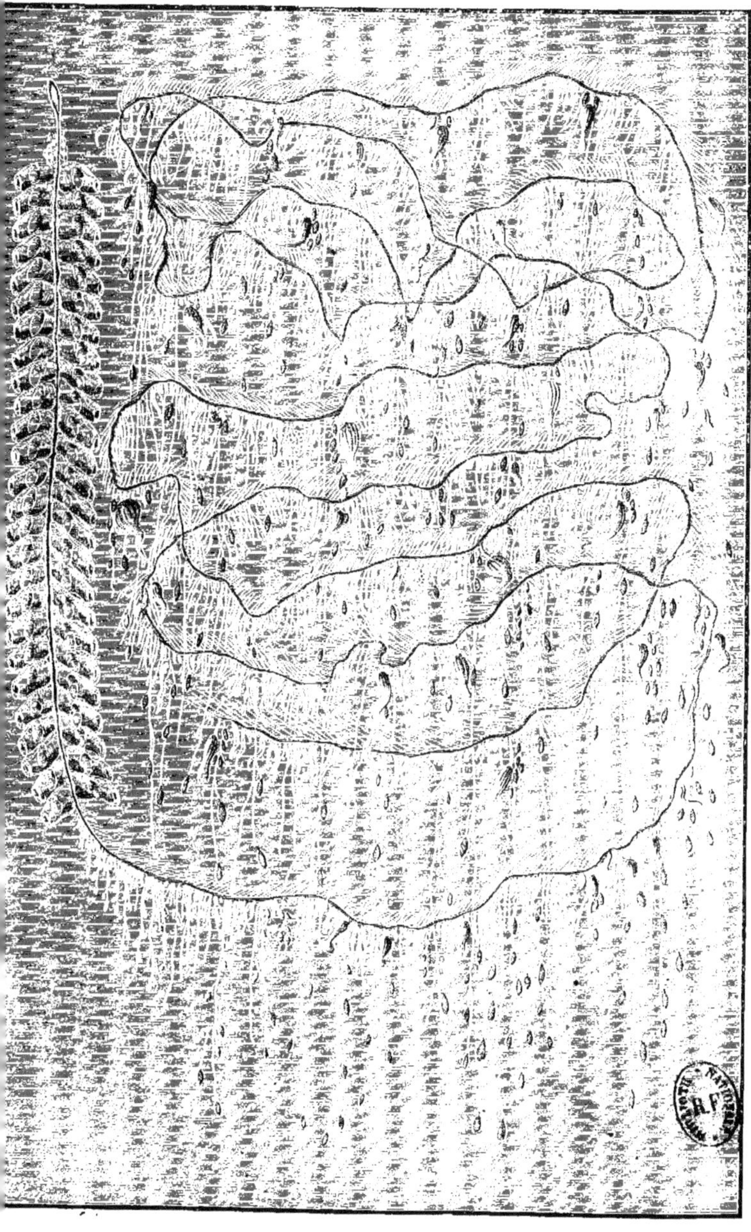

Fig. 74. Agalme rouge. (3/5 G. N.) (*Agalma rubra*, C. Vogt.)

mes animaux en vie, la colonne de cloches natatoires touchait le fond, tandis que la vésicule aérienne flottait à la surface. Immédiatement après la capture, les colonies se contractaient à tel point qu'elles étaient à peine reconnaissables; mais lorsqu'on laissait les bocaux spacieux en repos, tout l'ensemble se déployait dans les contours les plus gracieux à la surface du bocal. La colonne des cloches natatoires se tenait alors immobile dans une position verticale, la bulle d'air en haut, et bientôt commençait le jeu des différents appendices. Les polypes, placés de distance en distance sur le tronc commun de couleur rose, s'agitaient dans tous les sens et prenaient, par les contractions les plus bizarres, mille formes diverses, les individus reproducteurs si semblables à des tentacules se gonflaient et se contractaient alternativement en se tortillant comme des vers, les tentacules s'agitaient, les grappes ovariques se dilataient et se contractaient, les cloches spermatiques battaient l'eau avec leurs ombrelles comme les Méduses. Mais ce qui excitait le plus la curiosité, c'était le jeu continuel des fils pêcheurs qui se déroulaient en s'allongeant de la manière la plus surprenante et se retiraient quelquefois avec la plus grande précipitation. Tous ceux qui ont vu chez moi ces colonies vivantes ne pouvaient se détacher de ce spectacle saisissant où chaque polype ressemblait à un pêcheur qui fait descendre au fond de l'eau une ligne de pêche garnie d'hameçons vermeils qu'il retire lorsqu'il sent la moindre secousse et qu'il lance ensuite de nouveau pour la retirer de même. Les colonies restaient quelquefois en pleine vigueur pendant deux ou trois jours et j'ai réussi quelquefois à les nourrir avec de petits crustacés qui fourmillent près des côtes.... »

Quelques indications très-rapides suffiront pour faire connaître au lecteur la structure, ou plutôt le personnel de cette colonie.

L'axe commun de l'*Agalme* est un tube musculaire creux, dont la longueur peut atteindre un mètre et la largeur environ un millimètre et demi. Il est traversé par le double courant d'un liquide granuleux. A son sommet se trouve la vésicule aérienne. Au-dessous sont les vésicules natatoires. Celles-ci, disposées le long du tronc, sur une double série, atteignent quelquefois le nombre de soixante. Leur structure ne manque pas d'analogie avec celle qui caractérise les mêmes organes dans la *Physophore*.

En examinant la partie postérieure du tronc, on voit, de distance en distance, des polypes nourriciers, dont la base est entourée par un paquet de grains rouges. Chacun de ces polypes est armé d'un *fil pêcheur*, muni de filets secondaires, terminé par une vrille, d'un rouge vermillon, qui est un véritable arsenal d'armes offensives et défensives. On trouve là des sabres de diverses grandeurs et des poignards de formes variées ; le tout constitue un appareil urticant vraiment formidable.

Ces engins de guerre, ces armes d'attaque et de défense, dont l'homme s'entoure, grâce à son esprit prévoyant et industrieux, la nature en a libéralement doté quelques petits animaux qui sillonnent les mers. On dirait qu'après avoir créé ces êtres gracieux et charmants, qui sont l'ornement et qui font la gaieté des eaux profondes, elle a été si ravie de son chef-d'œuvre, que, pour le conserver, elle l'a muni d'armes de toutes sortes, destinées à le protéger et à le défendre contre toutes les attaques du dehors.

L'*Apolémie contournée*, charmante méduse qui habite la Méditerranée et particulièrement la côte de Nice, n'a pas une structure moins admirable que l'*Agalme rouge*. On la rencontre souvent dans le golfe de Villefranche, près de Nice. MM. Milne Edwards et Ch. Vogt, ainsi que M. de Quatrefages, en ont donné des dessins et des descriptions remarquables.

« Qu'on se figure, dit M. de Quatrefages, un axe de cristal flexible, long quelquefois de plus d'un mètre, tout autour duquel sont attachés par de longs pédoncules, également transparents, des centaines de petits corps allongés ou aplatis en forme de boutons de fleur. Qu'on mêle à cette guirlande de perles d'un rouge vif une infinité de filaments de diverses grosseurs, qu'on donne le mouvement et la vie à toutes ces parties.... et l'on n'aura encore qu'une faible idée du merveilleux de cette organisation[1]. »

Les cloches natatoires composent chez l'*Apolémie contournée* (fig. 75) une masse ayant la forme d'un œuf allongé et coupé par le milieu. Elles sont disposées sur douze séries verticales, et l'axe qui les porte se termine par la vésicule aérienne. Cet axe est toujours contourné en spirale, même dans son expansion la plus considérable. Teint en rose et un peu aplati, de manière à former un ruban, il est marqué, sur toute sa longueur, d'aspérités ou de mamelons creux, sur lesquels sont fixés les appendices.

Les polypes nourriciers avaient été nommés *organes po-*

1. *Métamorphoses des animaux.*

boscidifères par M. Milne Edwards, qui les a très-bien étudiés.
Ils se font remarquer au premier coup d'œil par la couleur
rouge ardent de leur cavité digestive, et sont extrêmement
dilatables. A la base de leur tige s'attache un *fil pêcheur* très-
délié, garni d'une multitude de vrilles urticantes, de couleur

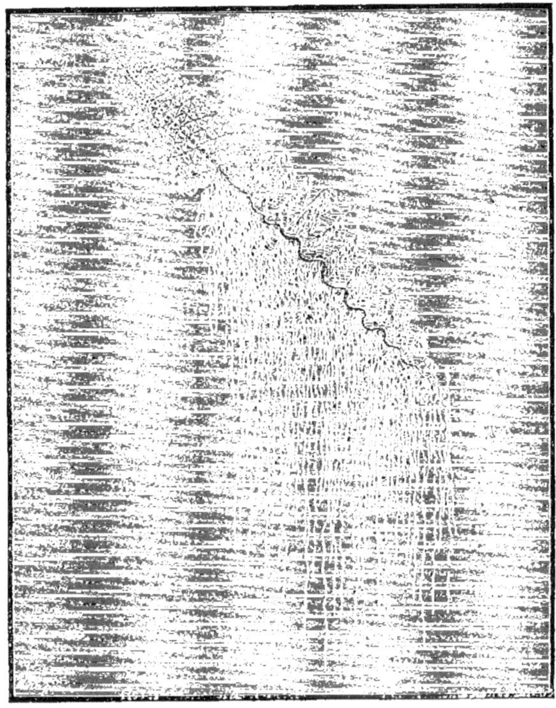

Fig. 75. Apolémie contournée. (1/3 G. N.)
(*Apolemia contorta*, Mil. Edw.)

rouge. Ces vrilles ressemblent en petit à celle des Agalmes,
et les sabres n'y manquent pas.

Entre les polypes nourriciers sont placés, deux par deux,
les individus reproducteurs, qui ont la forme d'un boyau
très-allongé, très-dilatable et fermé au bout libre. Ils n'ont
donc pas de bouche. M. Milne Edwards les appelait *appendices à vésicules* et M. Kœlliker tentacules. Les bourgeons disposés à la base des individus prolifères sont différents et il

y a toujours, selon **M. Vogt**, un individu mâle et un individu femelle réunis sur la même tige.

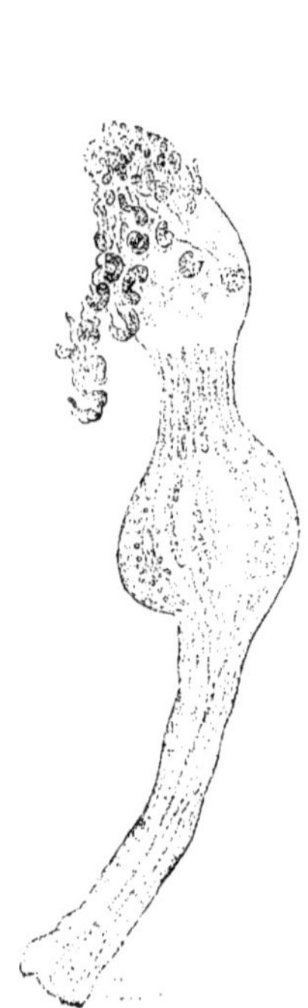

Fig. 76. Apolémie contournée.
Individu nourricier de l'Apolémie
contournée. (Grossi 12 fois.)

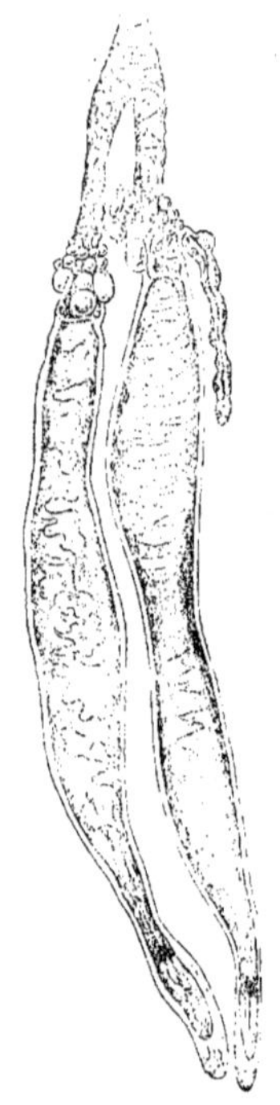

Fig. 77. Apolémie contournée.
Paire d'individus reproducteurs.
(Grossie 12 fois.)

Les figures 76 et 77 représentent les membres de la colonie animale qui vient d'être décrite.

FAMILLE DES DIPHYES.

On vient de voir que les *Physophores*, les *Agalmes*, les *Apolémies* ont au service de la colonie un grand nombre de vésicules natatoires et une vésicule terminale aérienne. Il n'en est plus de même dans la *Praya diphyes* (fig. 78).

Cette espèce est assez répandue dans la mer qui baigne les côtes de Nice, mais il est difficile de se la procurer entière. M. Vogt en a trouvé un échantillon, long de plus d'un mètre

qui nageait à la surface de l'eau, et qui, dans l'état de contraction, n'était pas plus long que le doigt. Ce zoophyte a été

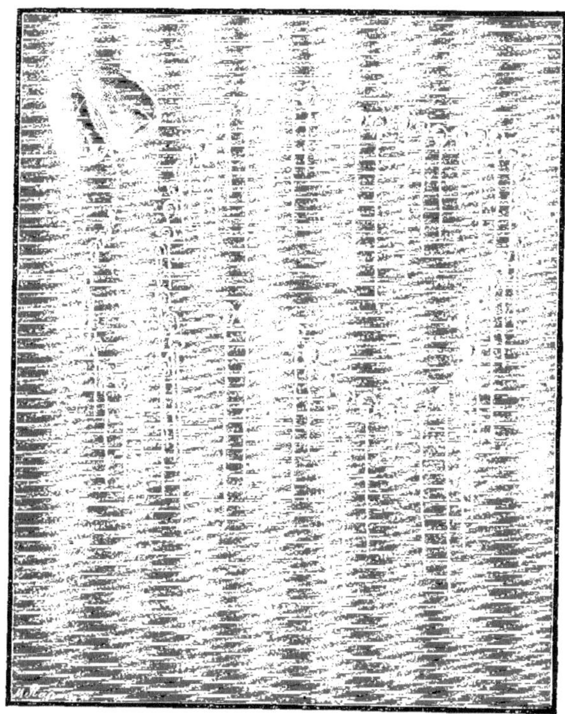

Fig. 78. Praya de San Yago. (1/2 G. N.)
(*Praya diphyes*, Blainv.)

rencontré également au port de la Praya, à San Yago, l'une
des îles du Cap-Vert.

La colonie de la *Praya* n'a que deux grandes cloches loco-
motrices, entre lesquelles le tronc commun est suspendu et
peut se retirer. Ce tronc cylindrique, mince, transparent,
porte, de distance en distance, des groupes nettement circon-
scrits et individualisés. Chacun de ces groupes se compose
d'un polype nourricier ayant son *fil pêcheur*, d'une cloche natatoire spéciale, d'un bourgeon reproducteur mâle ou femelle,
et d'un casque protecteur, enveloppant le tout.

La *Galéolaire orangée* dont on voit ici la magnifique image (fig. 79) empruntée au beau mémoire de M. Vogt sur les *Animaux inférieurs de la Méditerranée*, présente dans son organisation générale la plus grande ressemblance avec le genre *Praya*. Ici également on ne trouve que deux grandes cloches natatoires placées à l'extrémité du tronc commun, et servant d'appareil locomoteur à la colonie tout entière. Ce tronc porte de même des polypes placés de distance en distance, formant des groupes isolés, et pourvus chacun de sa plaque protectrice. Mais il n'y a point de cloche natatoire spéciale pour chacun de ces groupes, et, de plus, chaque colonie est mâle ou femelle.

FAMILLE DES PHYSALIES.

Signalons enfin, parmi les Siphonophores, un très-brillant zoophyte qui a été désigné sous bien des noms. Les marins l'appellent *Vessie de mer*, à cause de sa ressemblance avec une vessie; ou bien encore *petite galère*, *frégate*, *vaisseau portugais*, à cause de sa ressemblance avec une petite embarcation. Les savants la nomment *Physalie* (du grec φυσαλίς, bulle vésiculaire).

On a pris longtemps la *Physalie* (fig. 80) pour un individu isolé. Mais, d'après les recherches récentes, les Physalies sont, comme les espèces signalées et décrites plus haut, des républiques animales.

Qu'on se figure une grande vessie cylindrique, dilatée en son milieu, atténuée et arrondie à ses deux extrémités, de 11 à 12 pouces de longueur, sur 2 à 3 pouces de large. Son aspect est vitré et transparent, et sa coloration d'un pourpre dégradé, passant au violet, puis à l'azur en dessus. Elle est surmontée d'une crête, limpide comme le cristal, veinée de pourpre rutilant et de violet en teintes décroissantes. En dessous de la vessie flottent des filaments charnus, onduleux, contournés en spirale, qui quelquefois descendent perpendiculairement, semblables à des fils d'un bleu céleste.

Les marins croient que la crête qui surmonte la vessie fait l'office de voile, et que ces animaux s'en servent pour naviguer et *serrer le vent*, comme ils le disent. N'en déplaise

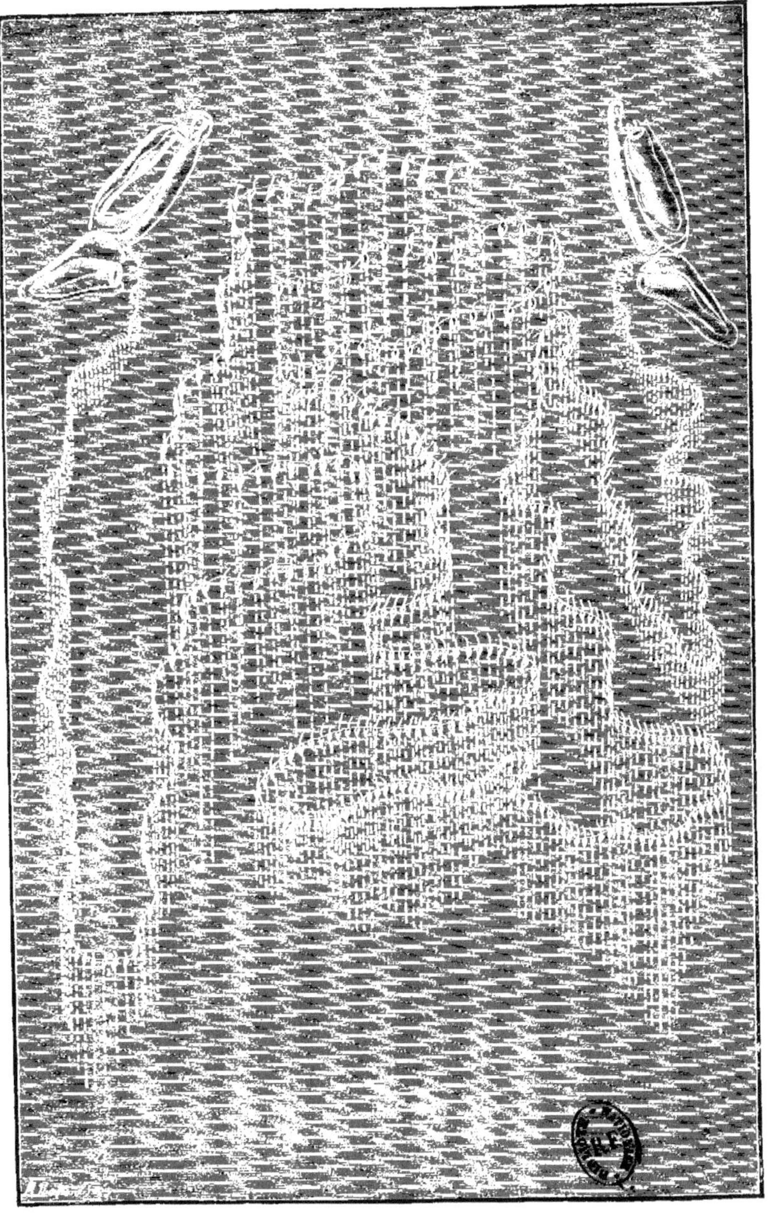

Fig. 79. Galéolaire orangée. (*Galeolaria aurantiaca*, C. Vogt.)

aux marins, la vessie aérienne n'est qu'un appareil hydro-statique propre à alléger l'animal et à modifier sa pesanteur spécifique.

Lorsqu'il est rempli d'air, le corps des *Physalies* fait saillie hors de l'eau. Pour que l'animal puisse descendre, il faut ou que l'air soit comprimé ou qu'il soit expulsé en partie. Le centre de gravité de l'animal doit se déplacer suivant que l'air se trouve dans la vessie ou dans la crête. Quand cette dernière est distendue, elle doit sortir presque verticalement hors de l'eau et agir alors, en effet, comme une espèce de voile.

Les appendices qui flottent sous le corps de la *Physalie* sont de diverses sortes: il y a des individus reproducteurs, nourriciers, des tentacules; enfin des organes désignés sous le nom de *sondes*, armes offensives et défensives vraiment redoutables.

Ces élégants animaux sont de terribles combattants. L'homme redoute et doit éviter son approche.

Pour donner aux lecteurs une idée de la puissance offensive des Physalies, nous citerons seulement deux faits.

Dutertre, le véridique historien des Antilles, raconte ce qui suit :

« Cette galère (notre Physalie) est autant agréable à la vue qu'elle est dangereuse au corps, car je puis assurer avec vérité qu'elle est chargée de la plus mauvaise marchandise qui fut jamais sur la mer. J'en parle comme savant et comme en ayant fait l'expérience à mes dépens. Car un jour que je gouvernais un petit canot, ayant aperçu en mer une de ces galères, je fus curieux de voir la forme de cet animal. Mais je ne l'eus pas plutôt prise que toutes ses fibres m'engluèrent toute la main, et à peine en eus-je senti toute la fraîcheur (car il est froid au toucher), qu'il me sembla avoir plongé mon bras jusqu'à l'épaule dans une chaudière d'eau bouillante, et cela avec de si étranges douleurs que, quelque violence que je pusse faire pour me contenir, de peur qu'on ne se moquât de moi, je ne pus m'empêcher de crier par plusieurs fois à pleine tête : Miséricorde ! mon Dieu ! je brûle, je brûle ! »

Leblond, dans son *Voyage aux Antilles*, rapporte l'anecdote suivante :

« Un jour, je me baignais avec quelques amis dans une grande anse devant l'habitation où je demeurais. Pendant qu'on pêchait de la sardine pour le déjeuner, je m'amusai à plonger, à la manière des Caraïbes, dans la lame prête à se déployer; parvenu de l'autre côté, je gagnais au large et revenais sur une autre vague m'échouer sur le rivage. Cette prouesse, que les autres ne s'avisaient pas de tenter, faillit me coûter la vie. Une *galère*, dont plusieurs étaient échouées sur le sable, se fixa sur mon épaule gauche au moment où la lame me rapportait à terre; je la détachai promptement, mais plusieurs de ses filaments restèrent collés à ma peau jusqu'au bras. Bientôt je sentis à l'aisselle une douleur si vive que, prêt à m'évanouir, je saisis un flacon d'huile qui était là et j'en avalai la moitié pendant qu'on me frottait avec l'autre. Revenu à moi, je me sentis assez bien pour retourner à la maison, où deux heures de repos me rétablirent à la cuisson près, qui se dissipa dans la nuit. »

Il est une question qui a été plusieurs fois agitée sans être positivement résolue. Il s'agit de savoir si les *Physalies* ont des propriétés vénéneuses; si elles peuvent tuer ou rendre malades l'homme et les animaux qui les avalent. Écoutons sur cette question un médecin de la Guadeloupe, M. Ricord-Madiana, qui a fait sur ce sujet des expériences directes.

Le docteur Ricord-Madiana a écrit sur les effets physiologiques de la Physalie quelques pages curieuses que Lesson a rapportées dans son ouvrage sur les *Zoophytes acalèphes*. Nous croyons devoir reproduire ici ces pages, peu connues.

« Beaucoup d'habitants des Antilles, dit Ricord-Madiana, et plusieurs des savants qui les habitent, disent que les galères sont un poison violent, et que les nègres s'en servent, après les avoir fait sécher et pulvérisées, pour empoisonner les hommes et les bestiaux. Les pêcheurs des îles croient aussi que lorsque les poissons avalent des galères, ils deviennent délétères et empoisonnent ceux qui les mangent. Ce préjugé a été adopté par beaucoup de voyageurs, et a même trouvé place dans un grand nombre de livres scientifiques. Nous allons voir par l'expérience que la galère peut bien brûler la main ignorante qui touche ses tentacules, mais que, lorsqu'elle est séchée et pulvérisée au soleil, ce n'est plus qu'une substance inerte qui ne produit aucun effet sur l'économie animale.

« Voici cependant ce qu'on lit dans les ouvrages des voyageurs les plus célèbres :

« Il ne faut pas manger la bécune sans précaution, dit le P. Labat « (vol. II, p. 31), car ce poisson est sujet à empoisonner ceux qui le « mangent quand il est dans cet état. Comme il est extrêmement vo- « race, il mange goulûment tout ce qui se rencontre dedans et dessus « l'eau, et il arrive très-souvent qu'il s'y rencontre des galères ou des « pommes de mancenillier, qui sont des poisons très-violents et très- « caustiques. La bécune n'en meurt pas, quoiqu'elle en mange; mais

« sa chair contracte le venin et fait mourir ceux qui la mangent, comme
« s'ils avaient mangé de ces méchantes pommes ou des galères. »

« Il y a tout lieu de croire, dit M. Leblond (ouvrage cité), que la
« sardine, après avoir mangé des filaments ou tentacules de galères,
« acquiert une qualité vénéneuse, ainsi que plusieurs autres espèces
« de poissons. Me trouvant à souper, continue-t-il, dans une auberge
« avec d'autres personnes, on servit une bécune, dont les gastronomes
« sont très-friands, et qui d'ordinaire ne fait aucun mal; cinq en man-
« gèrent et éprouvèrent bientôt après des symptômes de poison qui se
« manifestèrent par une chaleur brûlante à la région de l'estomac. J'en
« saignai deux : l'un fut guéri par le vomissement, l'autre ne voulut
« rien prendre que du thé et quelques cuillerées d'huile. La colique
« dura toute la nuit, s'apaisa le matin ; mais il lui resta une horreur
« de l'eau telle, qu'en la voyant seulement dans un verre, il en pâlis-
« sait comme quelqu'un prêt à se trouver mal. Cette incommodité se
« dissipa d'elle-même. »

« Et M. Leblond conclut de ce fait que les poissons qui mangent des
galères deviennent un poison pour ceux qui s'en nourrissent, et cependant rien n'avait prouvé à M. Leblond que cette bécune eût mangé
des galères ou toute autre substance réputée vénéneuse. Mais les livres scientifiques, dont un bon nombre ne sont que des échos, répè-
tent aussi tout ce qui a été publié de vrai ou de faux par les voyageurs[1], qui la plupart n'ont fait que répéter à leur tour ce qu'on leur
avait raconté dans les pays qu'ils avaient visités.

Rapportons nos expériences :

« *Première remarque.* — J'avais mis ma galère au soleil, pour la
faire sécher et la pulvériser. Les fourmis s'y mirent et la dévorèrent
en entier. Beaucoup de personnes, dans les îles, pensent que ces insectes ne touchent pas aux poissons vénéneux.

« *Deuxième remarque.* — Une autre galère que j'avais laissée sur
ma table dans mon laboratoire, fut assaillie par un nombre de grosses
mouches qui y déposèrent leurs œufs : l'éclosion des vers eut lieu, et
ils se nourrirent du zoophyte pourri.

« *Première expérience.* — Le 12 juillet 1823, me trouvant à la Guadeloupe, sur le bord de la mer, dans une anse entre Sainte-Marie et
la Goyave, je vis beaucoup de galères récemment échouées sur le sa-

---

1. A Carthagène, dans l'Amérique espagnole, le botaniste danois Van Rohr,
qui avait résidé quelque temps dans cette ville, assurait, dit le docteur Chisholm, dans une communication faite à son ami M. John Ryan de Sainte-Croix,
que les Espagnols faisaient usage de la galère (*Holothuria physalis*) comme
d'un poison. Pour cet effet, l'animal est desséché et réduit en poudre très-fine,
qu'ils mettent dans le chocolat de la victime qu'ils veulent empoisonner, ce
qui la fait périr infailliblement. Il est de coutume, dans cette partie de l'Amérique du Sud, de prendre une tasse de chocolat tous les matins, et lorsque
l'on soupçonne qu'une personne a été empoisonnée, on dit proverbialement
qu'elle a eu sa galère ce matin-là, ce qui est très-probable, ajoute le docteur
Chisholm, et il fait remarquer que cette infâme coutume a été propagée par
les Espagnols d'Europe eux-mêmes. (Chisholm, *in the Poison of fish*, p. 406.)

ble. Ayant avec moi un chien, comme cela m'arrive souvent pour mes expériences, je lui fis tenir la gueule ouverte par mon domestique et j'y introduisis, avec un petit bâton, la galère la plus fraîche parmi celles qui se trouvaient auprès de moi, avec tous ses tentacules filiformes qu'il avala, non sans quelques difficultés. Cinq minutes après il sembla éprouver une douleur sur le bord des lèvres et à la gueule, il bavait et se frottait cette partie dans le sable, sur les herbes, en faisant des sauts à droite et à gauche, passant sans cesse ses pattes sur sa gueule, où il ressentait certainement une vive douleur. Je remontai à cheval, et, malgré sa souffrance, le pauvre animal continua de me suivre ; après vingt minutes de marche, il sembla ne presque plus rien souffrir. J'avais un morceau de pain que je lui donnai, et il le mangea avec appétit, sans qu'il parût avoir aucune difficulté pour avaler. Son mal n'avait eu lieu que sur les bords de la gueule. Il fut bien toute la journée, n'ayant aucune évacuation extraordinaire qui pût indiquer que l'ingestion de cette galère eût eu quelque action sur les organes de la digestion. Le lendemain et les jours suivants, l'animal était aussi bien portant que de coutume, sans qu'il parût aucune trace d'inflammation ni dans la gorge, ni dans la gueule.

« *Deuxième expérience.* — Le 20 du même mois, je pris deux galères sur le bord de la mer, je les coupai en morceaux, puis, avec une cuillère, je les fis avaler à un très-jeune chien qui tetait encore sa mère, et cette forte dose de galère n'eut aucun effet sur lui ; les tentacules ayant probablement été enveloppés avec le corps de la galère en la coupant en morceaux, ne lui touchèrent point la gueule, ce qui fit qu'il n'y éprouva aucune douleur. Ne serait-il pas possible que les muqueuses internes supportassent l'application de certaines substances caustiques sans éprouver le même degré d'irritation que les membranes exposées à l'air ressentent lorsqu'on leur applique ce même caustique ?

« On avale quelque chose à un degré de chaleur qu'on ne pourrait supporter dans la bouche, si l'objet brûlant y restait.

« *Troisième expérience.* — Je me suis procuré plusieurs galères, puis, les ayant placées sur un carreau de vitre, je les ai fait sécher et les ai pulvérisées. Vingt-cinq grains de cette poudre, administrés à un très-jeune chien, n'ont produit aucun effet délétère. Deux fois cette quantité, administrée à un jeune chat, n'a rien produit non plus ; et cela ne m'a point surpris ; car, puisque la galère fraîche n'empoisonne point, comment pourrait-on supposer que la dessiccation de ce zoophyte pût augmenter ses qualités vénéneuses, s'il en avait réellement ? Bien au contraire, il est plutôt raisonnable de croire que, par sa dessiccation, le principe délétère provenant de n'importe quel animal, tout comme des holothuries ou galères, doit perdre infiniment de son activité par l'évaporation et les autres changements que l'air et la chaleur produisent avant qu'il soit entièrement desséché.

« *Quatrième expérience.* — Je coupai une galère en morceaux et je les fis avaler à un jeune poulet gras. Il n'en fut nullement incommodé.

Trois heures après, je le fis tuer et rôtir; puis je le mangeai et en fis

Fig. 80. Physalie utricule. (*Physalia utriculus*, Eschscholtz.)

manger à mon domestique, ce qui ne nous fit mal ni à l'un ni à l'autre,
preuve bien certaine que ce n'est point pour avoir mangé des galères

que les poissons deviennent vénéneux, car si c'était ainsi, le poulet
nous aurait bien certainement empoisonnés.

« *Cinquième expérience.* — Je mis vingt-cinq grains de galère pulvérisée dans un peu de bouillon, j'avalai cette dose sans la moindre
crainte, et je n'en fus nullement incommodé.

« D'après ces expériences, qui bien certainement sont concluantes,
que penser de l'histoire qu'on rapporte à la Guadeloupe d'un M. Tébé,
gérant de l'habitation de M. B.... dans le quartier du Lamantin, lequel
fut la victime de son cuisinier, qui, dit-on, après avoir cherché en vain
à l'empoisonner avec un peu de râpure de ses ongles qu'il avait soin
de répandre sur le poisson rôti qu'il lui servait tous les jours à dîner,
se décida, voyant qu'il ne réussissait pas par ce moyen, à mettre dans
sa soupe une galère pulvérisée. Une heure après son repas, ce monsieur
se rendit au bourg du Lamantin, à une petite distance de son habitation, et là, en entrant chez un de ses amis, il fut saisi de douleurs atro-
ces dans l'estomac et dans les intestins, qui le rongeaient comme aurait pu le faire le poison le plus corrosif. Le mal alla en augmentant
de plus en plus, jusqu'au lendemain matin qu'il mourut dans les
tourments les plus affreux. A l'examen de son cadavre, on trouva l'estomac et les intestins corrodés et enflammés, comme s'il eût été empoisonné avec de l'arsenic, et je n'ai presque aucun doute que ce ne fut
avec cette substance (l'arsenic), ou avec tout autre poison corrosif,
que le cuisinier de M. Tébé commit ce crime. Ce malfaiteur, pour ne
point faire connaître le poison dont il s'était servi, voulut laisser croire
à ceux qui l'accusèrent et le firent brûler vivant, que c'était avec une
galère pulvérisée qu'il avait empoisonné ce gérant.

« Les nègres ne font jamais connaître la substance dont ils se sont
servis pour commettre un empoisonnement ; ils avoueront tout ce qu'on
voudra leur faire avouer, excepté la vérité, qu'ils ont juré de ne jamais
faire connaître sur l'article des empoisonnements.

« Tels sont les faits les plus avérés de l'action vénéneuse des physalies[1]. »

D'après les expériences directes faites sur les animaux par
le docteur Ricord-Madiana, et dont on vient de lire le résumé, la Physalie, malgré les préjugés opiniâtres qui établissent l'opinion contraire, n'aurait donc rien de vénéneux. On
pourrait administrer sans inconvénient son corps à l'homme
ou aux animaux. Ce n'est que dans l'état vivant qu'elle produit par son contact les effets dangereux pour l'économie
animale que nous avons rapportés plus haut.

Les habitudes des Physalies sont encore peu connues.
Tout ce qu'on peut dire, c'est qu'elles se réunissent en trou-

1. *Histoire naturelle des Zoophytes.* Acalèphes, par Lesson. In-8°, Paris, 1843
avec atlas (*Suites à Buffon*), pages 548-553.

pes. Sur la surface unie de la mer, entre les tropiques, soit dans l'océan Atlantique, soit dans le Pacifique, on les voit, emportées par les courants, ou poussées par les vents alizés, traîner derrière elles leurs longs tentacules, teints d'une admirable couleur bleue d'outremer.

« Certes, dit Lesson, nous concevons qu'une imagination poétique ait pu comparer les formes sveltes d'une physalie au vaisseau le plus fin voilier, et que pour elle sa vessie ait été une carène gracieuse présentant aux vents une voile de satin et laissant traîner derrière elle des guirlandes trompeuses frappant de mort l'être qui se serait laissé entraîner à leur séduction[1]. »

Si les poissons ont le malheur de venir heurter une Physalie, chaque tentacule, par un mouvement aussi rapide que l'éclair, aussi brusque qu'une décharge électrique, les saisit, les engourdit, et s'enroule autour de leur corps, comme un serpent qui enveloppe cent fois sa victime. Une Physalie grosse comme une noix peut tuer un poisson beaucoup plus fort qu'un Hareng. Les poissons volants et les Polypes sont la proie habituelle des Physalies.

CLASSE DES CTÉNOPHORES.

Nous arrivons à la dernière classe des Polypes, à celle des *Cténophores*, qui répondent seulement à une partie des *Acalèphes hydrostatiques* de Cuvier, et que Blainville appelait les *Ciliobranches*. Le corps de ces polypes présente, en effet, des franges marginales garnies de cils vibratiles, qui sont des organes de natation. Comme, de plus, ces franges vibratiles s'insèrent directement au-dessus des principaux canaux dans lesquels circule le fluide nourricier, elles doivent nécessairement concourir à l'acte de la respiration, en déterminant le renouvellement de l'eau en contact avec la portion correspondante de la membrane tégumentaire.

Cette classe peut se partager en trois ordres, ou familles : celle des *Béroés*, celle des *Callianires* et celle des *Cestes*.

1. *Histoire naturelle des Zoophytes.* Acalèphes, par Lesson. In-8°, Paris, 1843, avec atlas (*Suites à Buffon*), pages 548-553.

Les animaux appartenant à ces trois ordres vivent par essaims, dans la haute mer. On les voit souvent apparaître brusquement et en grand nombre dans certains parages.

FAMILLE DES BÉROÉS.

Le *Béroé de Forskahl* (fig. 81) a été étudié avec le plus grand soin par M. Milne Edwards.

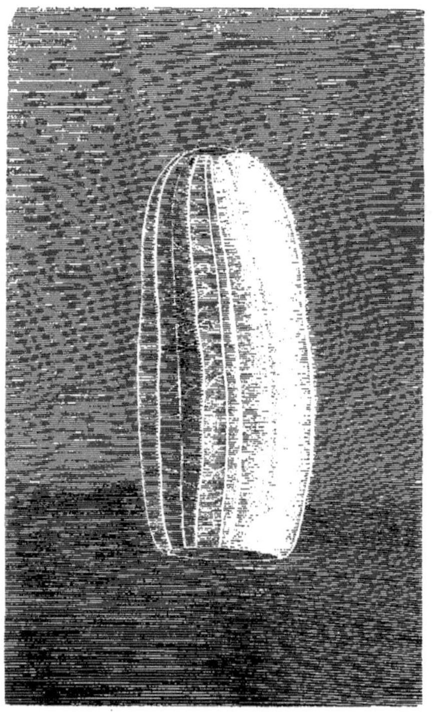

Fig. 81. Béroé de Forskahl.
(*Beroe Forskahli*, Mil. Edw.)

Ce beau zoophyte habite le golfe de Naples et quelques autres points de la Méditerranée. Les marins provençaux l'appellent *Concombre de mer*. Son corps, de forme cylindrique, est coloré en rose pâle, parsemé de petites taches rousses assez nombreuses pour qu'il paraisse entièrement ponctué. Il présente huit côtes bleues, sur lesquelles s'agitent, en faisant miroiter toutes les couleurs de l'arc-en-ciel, des cils vibratiles très-fins. La substance de ce corps est gélatineuse, son aspect hyalin. Sa forme varie suivant que l'animal est en repos ou en mouvement. Tantôt il se renfle en boule ; tantôt il se renverse sur lui-même, de manière à ressembler à une cloche ; tantôt il s'allonge en cylindre. A son extrémité inférieure s'ouvre une large bouche. A son extrémité supérieure se trouve un petit mamelon, offrant à sa base un point sphérique, de couleur rouge, renfermant plusieurs corpuscules cristalloïdes, qui reposent sur une sorte de ganglion nerveux, dont la fonction physiologique n'est pas bien déterminée.

Un vaste estomac occupe presque tout l'intérieur du corps du Béroë. L'appareil de la circulation est assez développé chez ce zoophyte. Cet appareil renferme un liquide en mouvement, qui charrie une multitude de globules circulaires et incolores. Le courant se dirige d'un anneau vasculaire entourant la bouche, vers le sommet du corps, dans l'intérieur de huit canaux superficiels, qui courent sous les côtes ciliées, et redescend par deux canaux plus profonds. Cependant les *Béroés* n'ont pas de cœur.

A côté des Béroés se placent les *Cydippes*. Leur corps est globuleux ou en forme d'œuf, garni de huit rangées de cils, et terminé par deux longs tentacules filiformes partant de la base du zoophyte et frangés sur un des côtés.

Le *Cydippe piléole*, qu'on trouve abondamment au printemps dans la mer sur les côtes de Belgique, est d'une transparence si grande qu'on le voit à peine dans l'eau, et qu'il ressemble à du cristal vivant.

Le *Cydippe dense* de la Méditerranée est d'un blanc hyalin, pourvu de rangées de cirrhes rougeâtres et terminé par deux tentacules plus longs que lui et colorés en rouge. Il est de la grosseur d'une noisette et phosphorescent.

FAMILLE DES CALLIANIRES.

Les *Callianires* forment le passage des *Béroés* aux *Cestes*. Leur corps est régulier, gélatineux, hyalin, allongé, tubuleux, obtus aux deux extrémités, et pourvu de deux paires d'appendices en forme d'ailes qui s'élargissent en feuillets garnis sur leurs bords d'une double rangée de cils vibratiles. Une grande ouverture transversale se voit à l'une des extrémités ; une plus petite à l'autre extrémité. L'animal est muni de deux tentacules rameux et dépourvus de cils.

FAMILLE DES CESTES.

Les *Cestes* ont le corps peu haut, mais démesurément développé dans le sens transversal. Ils forment de très-longs

Fig. 82. Ceste de Vénus.
(*Cestum Veneris*, Lesueur.)

rubans gélatineux, dont l'un des bords est garni d'un double rang de cils. Le bord inférieur est aussi pourvu de cils, mais plus petits et moins nombreux. C'est au milieu du bord inférieur qu'est la bouche, large ouverture qui donne dans un vaste estomac.

Il existe plusieurs espèces de Cestes, entre autres le *Ceste de Vénus* (fig. 82), qui habite la Méditerranée, et qu'on rencontre particulièrement dans la mer qui baigne les côtes de Naples et celles de Nice. Les pêcheurs le nomment *Sabre de mer*.

Ce beau zoophyte se déroule au sein des eaux comme une écharpe aux nuances irisées. C'est l'écharpe de Vénus se promenant à travers les ondes, sous les feux du soleil, qui la colore de mille reflets d'argent et d'azur.

GROUPE DES ÉCHINODERMES.

Dans leur *Histoire naturelle des Échinodermes*, MM. Hupé et Dujardin divisent ce vaste groupe naturel en cinq ordres : les ordres des *Astérides*, — *Crinoïdes*, — *Ophiurides*, — *Échinides*, — et *Holothurides*.

Les *Échinodermes* (du grec ἐχῖνος, hérisson, δέρμα, peau, c'est-à-dire *animaux à peau hérissée de piquants*, comme les *Hérissons*) sont des animaux tantôt libres, tantôt fixés par une tige flexible ou non, — rayonnés, c'est-à-dire présentant une disposition plus ou moins régulière de toutes leurs parties, suivant les rayons d'un cercle ou d'une étoile, — de forme globuleuse, ou ovoïde, ou cylindrique, ou bien en plaque pentagonale, enfin en étoile à branches plus ou moins allongées, — qui sécrètent soit dans tous leurs tissus, soit dans le tégument seulement, des pièces calcaires symétriques ordinairement très-nombreuses, et formant quelquefois un squelette interne ou un test régulier ; — couverts d'une peau plus ou moins consistante, souvent percée de trous qui donnent issue à des pieds ou tentacules ; munis souvent d'appendices de plusieurs sortes, tels que piquants, écailles, tentacules, etc.

Les Échinodermes sont parmi les Zoophytes les animaux dont l'organisation est la plus complète. Ils servent de transition entre les zoophytes et les animaux plus compliqués que nous aurons à étudier, en nous élevant dans l'échelle organique. En effet, ils ont toujours des organes respiratoires internes ou externes, et un système nerveux rudimentaire. Chez eux, les sexes sont ordinairement séparés. Ils se reproduisent par des œufs, dont l'embryon subit des métamorphoses importantes. Ils ont la propriété, comme la plupart des zoophytes, de reproduire les parties de leur corps accidentellement détruites.

ORDRE DES ASTÉRIDES OU ÉTOILES DE MER.

Voyez cet animal qui porte le nom, vulgaire et scientifique à la fois, d'*Étoile de mer*. Souvent, en vous promenant sur la plage, au reflux de l'Océan, vos yeux ont rencontré, à demi enfoui dans le sable, cet être vivant aux formes si régulières, si géométriques, qu'il a plutôt l'air d'une production de la main de l'homme, que d'un animal qui respire et se meut. Le divin géomètre qui l'a créé, n'a jamais réalisé de créature plus régulièrement arrêtée dans sa forme, plus parfaitement cadencée dans sa symétrie.

L'*Étoile de mer* a cinq bras parfaitement égaux. Elle ressemble à une croix d'honneur, qui a aussi cinq branches. L'*étoile des braves*, l'*étoile de l'honneur*, ce mot, quelque peu trivial, rappelle pourtant la ressemblance qui existe entre ces deux objets. Ici l'homme, sans s'en douter peut-être, a copié la nature.

Il faut pourtant ajouter que le nombre de cinq branches, quoique très-général, n'est pas constant chez l'*Étoile de mer*. Il peut varier d'un genre à l'autre, d'une espèce à l'autre, et même d'individu à individu. Le rapport des bras avec le disque peut également présenter des différences remarquables. Dans le genre *Culcite*, le disque est tellement développé, qu'il constitue pour ainsi dire à lui seul l'animal tout entier, tandis que les bras font à peine une légère saillie sur son pourtour. Dans le genre *Luidie*, au contraire, le disque est réduit au minimum, tandis que les bras sont très-allongés et très-grêles.

Les couleurs des *Étoiles de mer* varient beaucoup. Il en est d'un gris jaunâtre, d'un jaune orangé, d'un rouge grenat, d'un violet noirâtre, etc.

Les *Étoiles de mer*, comme l'indique leur nom, sont des êtres essentiellement et exclusivement marins. On ne voit rien de pareil dans les eaux douces. Elles habitent les forêts et herbages sous-marins. Recherchant les plages sablonneuses, elles se tiennent généralement à de petites profondeurs. Cependant on a pu récemment en retirer certaines espèces, à une profondeur de 300 mètres.

Les Astéries se rencontrent à peu près dans toutes les mers et sous toutes les latitudes. Mais c'est dans les mers des régions tropicales qu'elles sont le plus nombreuses, et que leurs

Fig. 83. Astérie commune ou Étoile de mer rougeâtre.
(*Asterias rubens*, Lam.,

formes sont le plus richement variées. On en compte environ 140 espèces.

Le corps des Astéries est soutenu par une enveloppe calcaire, composée de pièces juxtaposées, aussi variées que nombreuses. On évalue le nombre de ces pièces à plus de onze mille dans l'*Étoile de mer rougeâtre*, genre *Asteracanthion*, Muller et Troschel (fig. 83), espèce très-commune en Europe. Le corps des Astéries (fig. 83) est, en outre, muni de piquants, de granules, de tubercules, dont la forme, le

nombre et la disposition servent à caractériser les genres et
les espèces.

Une autre espèce, l'*Astérie frangée*, peut donner une idée
exacte du type général des animaux de cet ordre. Nous mettons en conséquence la figure de ce zoophyte sous les yeux
de nos lecteurs (fig. 84). Cette Étoile de mer est commune

Fig. 84. Astérie frangée. (G. N.)
(*Asterias aurantiaca*, Lam.)

dans les mers du Nord. Elle a cinq bras, assez longs, munis
de piquants. Elle est de couleur orangée.

Quand on voit échoué sur la plage un de ces animaux, on
le croit entièrement dénué du privilége de la progression.
Mais l'*Étoile de mer* n'est pas toujours immobile, elle est
pourvue d'un appareil de locomotion, qui paraît en même
temps servir à la respiration. Chez les êtres inférieurs, la nature vise, on le sait, à l'économie ; elle ne craint pas de donner aux pieds la fonction respiratoire, ou, si l'on veut, au
poumon le pouvoir de marcher.

Chez l'*Étoile de mer*, en effet, des pieds, auxquels on donne le nom d'*ambulacres*, sont placés, sur un double ou quadruple rang, dans des sillons creusés au milieu et à la face inférieure des bras, et en communication avec la cavité générale du corps. Ce sont des cylindres charnus, très-extensibles, creux à l'intérieur, terminés ordinairement par une petite ventouse. C'est au moyen de ces organes que l'animal commence par s'attacher aux corps étrangers, et parvient ensuite à se déplacer.

Le déplacement des *Astéries* est très-lent, et si régulier que le regard le plus attentif ne saurait saisir les mouvements qui le produisent, absolument comme la marche des aiguilles d'une montre, que l'œil ne peut saisir. Quand un obstacle se présente, si par exemple l'*Astérie* rencontre une pierre sur son chemin, elle élève un de ses rayons, pour prendre un point d'appui ; un second rayon exécute la même manœuvre, puis un troisième, et l'animal grimpe sur la pierre, avec autant d'aisance que s'il marchait sur du sable uni. C'est ainsi que l'*Étoile de mer* peut s'élever le long des rochers perpendiculaires. Tout ce travail se fait à l'aide de ces pieds, ou suçoirs (ambulacres), dont nous parlions plus haut, et qui sont très-nombreux.

« Si l'on renverse une Astérie sur le dos, dit Frédol, elle reste d'abord immobile les pieds enfermés. Bientôt elle fait sortir ces derniers, semblables à autant de petits vers ; elle les porte en avant et en arrière, comme pour reconnaître le terrain ; elle les incline vers le fond du vase et les fixe les uns après les autres. Quand il y en a un nombre suffisant d'attachés, l'animal se retourne [1]. »

Il n'est pas impossible au promeneur des plages de l'Océan de se donner le plaisir de voir marcher sur le sable une *Étoile de mer*. Quelques jours se passent rarement sans que l'un de ces animaux soit rejeté sur la grève, au moment de la marée, puis abandonné au retour des eaux. Généralement, ils sont morts. Cependant ils ne le sont pas toujours, et ne sont quelquefois qu'engourdis. Placez-les dans un vase plein d'eau de mer, ou tout simplement dans une flaque du rivage.

---

1. *Le Monde de la mer*, page 172.

Vous en verrez quelques-uns sortir de cette mor apparente, et exécuter les curieux mouvements de progression que nous venons de signaler. Les mouvements d'une Étoile de mer ainsi sauvée et ressuscitée forment un spectacle très-curieux à suivre du regard.

C'est à la face inférieure du disque qu'est située la bouche de notre animal. En ce point, les pièces constitutives de la carapace laissent un espace circulaire, recouvert par une membrane fibreuse, résistante, percée, au centre, d'une ouverture arrondie. Cette ouverture est quelquefois armée de papilles dures, qui jouent le rôle de dents.

La bouche aboutit presque immédiatement dans l'estomac. Ce dernier organe est un sac globuleux, qui remplit presque toute la portion centrale de la cavité viscérale.

« Ainsi, dit M. Milne Edwards, chez l'*Étoile de mer glaciale* (*Asteracanthion glacialis*), l'estomac est globuleux, mais incomplètement divisé en deux portions par un repli de sa membrane interne. La première chambre, ainsi délimitée, paraît être plus spécialement chargée de transformer les matières alimentaires en une pâte liquide qui passe peu à peu dans la chambre supérieure. Celle-ci se continue supérieurement avec un petit intestin, et communique latéralement avec cinq prolongements cylindriques qui ne tardent pas à se diviser chacun en deux tubes très-allongés et garnis d'une double série d'appendices creux ramifiés et terminés en cul-de-sac. »

Ces organes s'avancent dans l'intérieur des rayons, ou bras, de l'Astérie.

Voilà donc un animal qui porte son tube digestif *dans ses bras!* Un même organe sert à la marche et à la digestion. Quelles leçons d'économie nous donne la nature !

Les produits de la digestion trouvent dans les rayons de l'Astérie une surface absorbante d'une très-grande étendue ; ils doivent passer rapidement de là dans le fluide nourricier circonvoisin.

Les Astéries sont très-voraces. Elles attaquent volontiers les Mollusques, même ceux qui sont pourvus de coquilles. M. Pouchet rapporte avoir retiré dix-huit Vénus intactes, ayant chacune six lignes de longueur, de l'estomac d'une grande Astérie, qu'il disséquait sur le bord de la Méditerranée.

Il est même établi que l'Étoile de mer peut manger jusqu'à des Huîtres.

Les anciens naturalistes n'ignoraient pas que l'Étoile de mer a le pouvoir de manger des Huîtres ; mais ils croyaient que ces animaux attendaient le moment où le bivalve ouvre ses écailles, pour introduire un de leurs rayons entre les deux valves du mollusque. On croyait qu'après avoir ainsi mis un pied dans le domicile d'autrui, elle en avait bientôt mis quatre, et qu'elle finissait par atteindre et dévorer l'habitant savoureux de la coquille. Des observations modernes ont modifié sur ce point les idées des premiers naturalistes.

Pour s'emparer d'une Huître et la gober, il paraît que l'Étoile de mer commence par approcher sa bouche des deux bords fermés de l'Huître. Cela fait, à l'aide d'un liquide particulier que sa bouche sécrète, elle verse dans l'intérieur de l'Huître quelques gouttes d'un liquide âcre ou vénéneux, qui force l'animal à ouvrir ses écailles. Une fois la place ouverte, elle ne tarde pas à être envahie et dévastée.

M. Rymer Jones donne une autre explication. Selon ce naturaliste, l'Huître serait saisie entre les rayons de son ravisseur, qui la maintiendrait sous sa bouche, à l'aide de ses suçoirs. Alors, ajoute le naturaliste anglais, l'Astérie retourne son estomac et enveloppe l'Huître tout entière de ses replis, en distillant sans doute un liquide vénéneux. La victime, forcée d'entr'ouvrir sa coquille, devient la proie de l'ennemi qui l'enveloppe, — c'est le cas de le dire.

Quel que soit le procédé employé par l'Étoile de mer, il est aujourd'hui bien démontré, si incroyable que le fait paraisse au premier abord, qu'elle gobe des Huîtres, comme un habitué du restaurant de la Maison Dorée.

Ce petit être, formé de cinq branches, sans apparence de membres, accomplit un travail que l'homme est parfaitement impuissant à exécuter : il ouvre des Huîtres sans outil. Si un homme n'avait d'autre nourriture que des Huîtres, et qu'il fût privé de couteau pour les ouvrir, il est certain qu'avec tout son génie notre homme mourrait de faim auprès des coquilles obstinément fermées de l'impénétrable bivalve.

Les Étoiles de mer recherchent les viandes mortes de toute
nature. Elles font une chasse incessante et active à toutes
sortes de matières animales corrompues. Ainsi l'Astérie joue
au sein des mers le même rôle que divers oiseaux et certains
insectes utiles jouent sur la terre, c'est-à-dire qu'elle fait
disparaître, en se repaissant de leur substance, le cadavre
des animaux, qui, abandonné à l'action des éléments, deviendrait une cause d'infection. De même que certains animaux
assainissent l'air, les Astéries assainissent, sur une échelle
considérable, les mers qui les abritent.

Les zoologistes ne sont pas d'accord sur la manière dont la
respiration s'opère chez les Astéries. Cependant on pense que
le principal rôle dans ce phénomène est dévolu à des branchies sous-cutanées, qui constituent dans chaque rayon une
paire de doubles séries d'ampoules.

La fonction de la circulation est également peu connue,
bien que l'appareil vasculaire soit assez développé chez ce
zoophyte, et paraisse avoir pour centre un canal allongé à
parois musculaires, que l'on pourrait à la rigueur décorer
du nom de *cœur*.

Un petit anneau entourant l'œsophage, et duquel partent
des cordons qui se prolongent dans les sillons des bras, voilà
à quoi se réduit le système nerveux de l'Étoile de mer.

En fait d'organes des sens, nous devons signaler, comme
les appareils du tact, les *tentacules ambulacraires* et ceux qui
sont disséminés sur la face dorsale du disque.

On a considéré comme des yeux des points d'un rouge vif
situés à l'extrémité des bras, et en dessous. Singulière position pour l'organe de la vue! Ce seraient d'ailleurs des yeux
bien imparfaits, car ils ne posséderaient point de cristallin.

Les Astéries ont les sexes distincts et portés sur des individus différents. Leurs œufs, qui sont ronds et rougeâtres,
sont soumis à des phases curieuses de développement.

Elles produisent des petits, vermiformes, couverts de cils
vibratiles, et qui nagent avec vivacité, comme des Infusoires.
Ces petits subissent des métamorphoses considérables.

En 1835, M. Sars avait décrit sous le nom de *Bipinnaria
asterigera* un animal énigmatique, ressemblant à un polype

par les bras qui garnissaient l'une des extrémités du corps, mais ayant l'autre extrémité terminée par une queue, pourvue de deux nageoires, et se faisant surtout remarquer par l'existence d'une Astérie attachée à l'extrémité qui porte les bras. Il exprima l'opinion, qui fut bientôt mise hors de doute, que ce *Bipinnaria* était probablement une Astérie en voie de développement.

Ainsi l'œuf était devenu une sorte d'Infusoire; l'Infusoire était devenu le *Bipinnaria*, et de celui-ci procédait l'Astérie. En effet, le *Bipinnaria* ne devient pas l'Astérie par une sorte de métamorphose analogue à celle que tout le monde connaît chez les insectes, les Papillons par exemple. L'Astérie est en nourrice, pour ainsi dire, chez le *Bipinnaria*. La larve est grande, et c'est aux dépens d'un très-petit rudiment interne de cette larve que se développe l'Astérie. Celle-ci dérobe à la larve son estomac et son intestin, et en fait un appareil viscéral, à son usage. Mais l'Astérie se fait une bouche de toutes pièces, qui est très-éloignée de la bouche primitive de la larve. Ainsi le *Bipinnaria* se partage : il donne son estomac et son intestin, et garde son œsophage et sa bouche. Il peut vivre encore quelques jous après que l'Astérie s'est détachée de lui.

Peut-on bien s'imaginer l'existence d'un être qui n'a plus qu'une bouche et un œsophage! qui manque d'estomac et d'intestin, par cette raison qu'un autre animal s'en est emparé pour son propre compte! L'étude des animaux inférieurs abonde en surprises de ce genre. C'est un enchaînement de faits imprévus, d'impossibilités naturelles, de tout point réalisées. C'est un renversement incessant de toutes les notions puisées dans l'étude des êtres plus haut placés dans l'échelle animale.

L'histoire des *Étoiles de mer* ne serait pas complète si nous ne signalions le trait le plus remarquable de leur organisation.

Ces animaux jouissent au plus haut degré du phénomène vital de la *rédintégration*, c'est-à-dire de la faculté de reconstruire les organes qu'ils ont perdus. Ces bras, dont la structure est si compliquée et qui abritent des organes si importants, se détruisent bien des fois par accident. L'animal se préoccupe peu de cette mutilation. S'il perd un bras, il ne s'en inquiète guère: il en refait immédiatement un autre. On voit souvent dans nos collections des Astéries non symétriques, parce qu'on les a recueillies avant que les membres nouveaux, en voie de développement, eussent atteint leur longueur définitive.

M. Rymer Jones signale un fait de *rédintégration* bien plus complet, bien plus curieux. Ce naturaliste vit un rayon isolé d'Astérie qu'il avait recueillie, et qu'il observait, produire au bout de cinq jours quatre petits rayons et une bouche. Au bout d'un mois, le vieux rayon se détruisit, et ce fragment, désormais inutile, fut remplacé par un être nouveau complet, à quatre petites branches symétriques.

Cette faculté de reproduction d'organes que nous avons signalée chez le Polype d'eau douce, chez l'Anémone de mer, etc., existe chez beaucoup d'autres zoophytes ; mais aucun ne dépasse sous ce rapport l'Astérie.

Il nous reste à mentionner un dernier fait bien plus étrange, bien plus mystérieux, car il n'appartient plus à l'ordre physique ou organique, mais au monde moral.

L'Étoile de mer se suicide ! Certains de ces animaux paraissent vouloir échapper par le suicide aux dangers qui les menacent. Ce triste privilége d'attenter à son existence, qui semblait réservé à l'homme intelligent et libre, qui n'est nullement soupçonné par les animaux supérieurs, comme le Bœuf, le Chien et le Cheval, même soumis aux plus mauvais traitements, nous le retrouvons aux derniers degrés de l'échelle animale. L'homme et l'Étoile de mer ont une décision morale commune, et c'est celle du suicide.

Mystères de la nature, qui pourrait se flatter de pouvoir sonder vos abîmes! Secrets du monde moral, quel être, autre que Dieu, a le privilége de vous comprendre!

C'est dans une grande espèce d'*Étoile de mer*, la *Luidia fragilissima*, ou *Luidie ciliaire* de Philippi, habitant les mers de l'Angleterre, que réside à un haut degré cet instinct du suicide.

« La première fois, dit le docteur Forbes, que je pris une de ces créatures, je réussis à la placer entière dans mon bateau. N'en ayant jamais eu auparavant et ignorant tout à fait ses facultés de suicide, j'étalai l'animal sur le rivage, afin de mieux admirer sa forme et ses couleurs. Au moment où je cherchai à le reprendre pour le conserver, ô horreur et désenchantement! je ne trouvai plus qu'un assemblage de membres détachés. Mes préparatifs de naturaliste se trouvèrent tout à fait neutralisés par cette destruction soudaine, et l'animal est à présent mal représenté dans mon cabinet par un disque sans bras et par des bras sans disque. Un autre jour, j'allai promener ma drague dans le même endroit de la mer, bien déterminé, cette fois, à ne pas me laisser souffler mon spécimen de la même manière. J'avais apporté avec moi un baquet d'eau douce, pour laquelle les Astéries témoignent une grande antipathie. Comme je l'espérais, une Luidia se laissa prendre dans la drague. Comme l'animal ne se brise point, généralement, avant d'être soulevé au-dessus de la surface de la mer, je plongeai soigneusement et anxieusement mon baquet de niveau avec l'embouchure de la drague, et m'y pris avec douceur pour introduire la Luidia dans l'eau douce.

« Soit que l'air froid ne lui convînt pas, ou que la vue du baquet le terrifiât, je ne sais trop lequel des deux, l'animal se mit à se dissoudre; voyait ses membres s'échapper par toutes les mailles de la drague. Dans mon désespoir, je saisis le plus gros morceau et ramassai l'extrémité d'un bras avec son œil terminal, dont la paupière épineuse s'ouvrait et se fermait avec un clignotement qui ressemblait beaucoup à un regard de dérision. »

L'esprit demeure confondu devant de tels spectacles, et l'on ne peut que répéter avec Malebranche: « Il est bon de comprendre clairement qu'il est des choses qui sont absolument incompréhensibles. »

Si dans les collections d'histoire naturelle on trouve rarement des Étoiles de mer, et surtout des *Luidies* bien entières, c'est que l'animal, au moment où il est saisi par le pêcheur ou l'amateur, se brise de lui-même en plusieurs pièces, par l'effet de sa terreur ou de son désespoir. Pour les conserver entières, il faut les faire périr soudainement avant qu'elles aient, pour ainsi dire, le temps de se reconnaître. Il faut pour cela qu'au moment même où on la retire de la mer, on la plonge dans un vase d'eau douce. Le liquide non salé est mortel pour ces créatures, qui dans ces conditions périssent subitement et n'ont pas le temps de se mutiler elles-mêmes.

L'Étoile de mer est un curieux ornement de nos collections

d'histoire naturelle. Mais ces êtres à l'état de mort ne représentent que bien incomplétement l'élégance et la grâce toute particulière de ce type curieux. Pour comprendre l'Étoile de mer, il faut la voir dans une de ces maisons transparentes faites de cristal et d'eau, qu'on nomme *aquarium*. C'est là que l'on peut admirer les formes, la figure, le mouvement et les mœurs de cet être merveilleux.

L'Astérie est la constellation des mers. On dirait que le ciel, à force de se mirer, pendant la nuit, sur la surface argentée de l'Océan, a laissé tomber dans ses profondeurs une des étoiles qui décorent sa voûte resplendissante.

ORDRE DES CRINOÏDES.

Natura non facit saltus, avons-nous dit, avec Linné, dans les premières pages de ce volume. La nature procède au moyen de transitions insensibles ; elle ne s'élève que par degrés, d'une forme organique à une autre. La plupart des animaux que nous avons considérés jusqu'ici sont immobiles, invariablement fixés au sol, du moins dans l'âge adulte. Nous allons bientôt passer aux zoophytes privés de toute entrave, à l'animal

> Qui marche dans sa force et dans sa liberté.

Mais entre les zoophytes fixés au sol, comme les Coraux, les Gorgones, les divers Polypes agrégés, et les zoophytes ambulateurs, comme les Oursins et les Holothuries, la nature a placé un intermédiaire : ce sont les animaux qui se balancent. Il est en effet toute une classe de zoophytes qui, attachés à un rocher, par une sorte de racine armée de griffes, sont munis d'une tige longue et flexueuse, qui leur permet d'exécuter des mouvements dans le cercle limité par la longueur de leur tige d'attache ; à peu près comme le Bœuf ou la Chèvre de nos pâturages, retenus par la longe, peuvent prendre leurs ébats et leur nourriture dans l'espace circonscrit par la longueur du lien. C'est cette catégorie d'animaux qu'il convient maintenant de décrire.

Figurez-vous une *Étoile de mer* portée sur une tige flexible qui la tient attachée au sol, et vous aurez l'idée générale des zoophytes qui composent l'ordre des Crinoïdes.

Les naturalistes du dix-septième siècle décoraient ces êtres intéressants du nom de *Lis des eaux*. Cette image, un peu poétisée, prouve bien que la conformation de ces êtres a de bonne heure frappé les observateurs.

Ces Étoiles de mer *attachées au rivage*, non hélas ! par leur grandeur, comme Louis XIV, ces *Lis des eaux*, forment pour les naturalistes la plus curieuse des leçons vivantes. Les *Encrines* font revivre pour lui tout un monde enseveli dans les abîmes du passé. On ne connaît aujourd'hui que deux genres de ces zoophytes, et dans les premiers temps de l'existence de la terre, ils remplissaient les Océans. Les *Encrines* abondaient dans les mers pendant l'époque de transition et l'époque secondaire. C'était une des plus nombreuses tribus animales qui habitassent les eaux salées de l'ancien monde. En marchant sur certains terrains de notre pays de France, nous foulons sous nos pieds des myriades de ces êtres, dont les dépouilles calcaires composent à elles seules des couches entières du sol.

Les Encrines ont peu à peu disparu des mers anciennes ; leurs espèces ont graduellement diminué, à mesure que notre globe vieillissait ou se modifiait. Il n'en reste plus aujourd'hui que quelques types dans nos mers : la *Comatule de la Méditerranée*, la *Pentacrine tête de Méduse*, que l'on ne trouve que dans la mer des Antilles, et la *Pentacrine d'Europe*, fort rares d'ailleurs toutes les deux, et qui sont probablement destinées à bientôt disparaître, emportant avec elles le dernier échantillon de cette race zoologique de l'ancien monde.

Voilà le véritable intérêt que présente au naturaliste et au penseur l'examen des rares espèces actuelles de Crinoïdes.

Les Encrines les plus communes à l'état fossile sont le *Pentacrinus fasciculosus*, appartenant aux terrains du lias ; l'*Apiocrynus Roissyanus*, qui se trouve dans le terrain oolithique, c'est-à-dire à la période jurassique ; l'*Encrinus liliiformis*, qui appartient à la période du trias [1].

1. On trouvera la figure des Encrines fossiles appartenant aux divers terrains dans notre ouvrage *La Terre avant le déluge*.

Ces trois zoophytes fixes se montrent déjà en grand nombre pendant le premier âge du monde animé, c'est-à-dire dans la période silurienne. Ils atteignent leur maximum de développement générique pendant la période dévonienne, et ne font plus ensuite que décroître. Ils offrent, selon M. d'Orbigny, 39 genres dans les terrains paléozoïques, 2 dans les terrains triasiques, 7 dans les terrains jurassiques, 5 dans les terrains crétacés, 1 seulement dans les terrains tertiaires.

De tous ces genres, on n'en retrouve plus qu'un, le *Pentacrinus*, dans l'époque actuelle, pour représenter les formes si variées des premiers habitants des mers.

Les Crinoïdes libres, c'est-à-dire non fixés au sol par une tige, auxquels appartiennent les *Comatules*, n'ont commencé que plus tard d'apparaître sur notre globe. Ils manquent dans les terrains paléozoïques et triasiques. Ils apparaissent et atteignent leur maximum de développement à l'époque jurassique.

Les nombreux restes fossiles de ces êtres curieux qui remplissent divers terrains ont dû attirer de bonne heure l'attention des savants. Aussi les *Crinoïdes* ou *Encrines* furent-ils décrits dès les premiers pas, dès les premiers essais de la science moderne. Déjà au seizième siècle le célèbre minéralogiste George Agricola les mentionne sous le nom d'*Entroques*, de *Trochites* et d'*Astroïtes*. En même temps on désignait dès cette époque, sous le nom d'*Encrinus* (de κρίνον, Lis), le Crinoïde que nous appelons de ce nom, et qui caractérise le terrain du *muschelkalk*.

Pendant le dix-huitième siècle, les travaux sur les Crinoïdes furent très-nombreux, mais peu scientifiques. On rapportait ces restes organiques, tantôt à des végétaux, tantôt à des êtres voisins des Étoiles de mer ou des Polypes ; quelquefois à des colonnes vertébrales de poissons. Cependant, vers 1761, Guettard, l'un des plus savants naturalistes de son temps, fixa la véritable nature de ces productions naturelles. Guettard avait eu l'occasion d'étudier une Encrine vivante, envoyée de la Martinique, sous le nom de *Palmier marin*, et qui était la *Pentacrine tête de Méduse*. La comparaison de l'individu vivant avec les restes fossiles décrits par ses prédécesseurs, et qui figuraient dans les collections, lui dévoila la véritable origine des Encrines fossiles.

Ce bel échantillon, qui existe encore aujourd'hui au Muséum d'histoire naturelle de Paris, a été longtemps considéré comme unique; mais on en connaît actuellement quelques autres dans divers musées.

Les Crinoïdes ont été, depuis cette époque, étudiés par divers observateurs, tels que Miller, Forbes, d'Orbigny, Pictet. Nous résumerons rapidement nos connaissances à leur sujet.

Les espèces de Crinoïdes fixes actuellement vivantes, qui ont pu être le mieux observées, sont la *Tête de Méduse* ou *Pentacrine tête de Méduse*, et la *Pentacrine d'Europe*. La première a été pêchée plusieurs fois dans les mers des Antilles; la seconde, plus petite, vit dans quelques mers de l'Europe.

La *Pentacrine tête de Méduse* (fig. 85) et la *Pentacrine d'Europe* (fig. 86) peuvent être comprises dans la même description.

Ces curieux zoophytes ressemblent à une fleur portée sur sa tige. Elles se terminent par un organe qui a reçu le nom de *calice*, et qui est, à proprement parler, la tête de l'animal. De ce calice partent des bras plus ou moins ramifiés, et formés eux-mêmes, ainsi que leurs ramifications, de pièces nombreuses et articulées entre elles.

Le calice est supporté par une tige, plus ou moins longue, formée de pièces sécrétées par le tissu vivant qui les entoure. Les articles de cette tige sont ordinairement très-nombreux, cylindriques et présentent des stries rayonnantes sur leurs faces articulaires. Par exception, chez les *Pentacrinus* ils sont prismatiques, pentagonaux, ou à cinq angles saillants, et offrent sur leur face articulaire une étoile à cinq branches ou bien une rosace à cinq pétales.

A la base de la tige de cette plante-animal, on trouve, chez beaucoup de Crinoïdes, une sorte de racine étalée, implantée sur les rochers et susceptible de s'accroître par elle-même, de nourrir les tiges et d'en produire de nouvelles.

La racine et la tige des Encrines fixes s'opposent à ce que
ces animaux puissent vivre autrement que la tête en haut.

Leur station normale est donc tout à fait différente de celle

Fig. 55. Pentacrine tête de Méduse.
(*Pentacrinus caput Medusæ*, Miller.)

des autres Échinodermes, qui presque tous restent invariablement la bouche dirigée en bas.

Les *Têtes de Méduse* vivent sur les fonds marins rocailleux, au milieu des bancs de Coraux les plus profonds. Là,

attachés solidement par leurs racines, leur longue tige s'élevant verticalement, leur calice épanoui et muni de ses longs
bras, elles attendent la proie qui passe à leur portée.

La *Pentacrine tête de Méduse* a été, comme nous l'avons

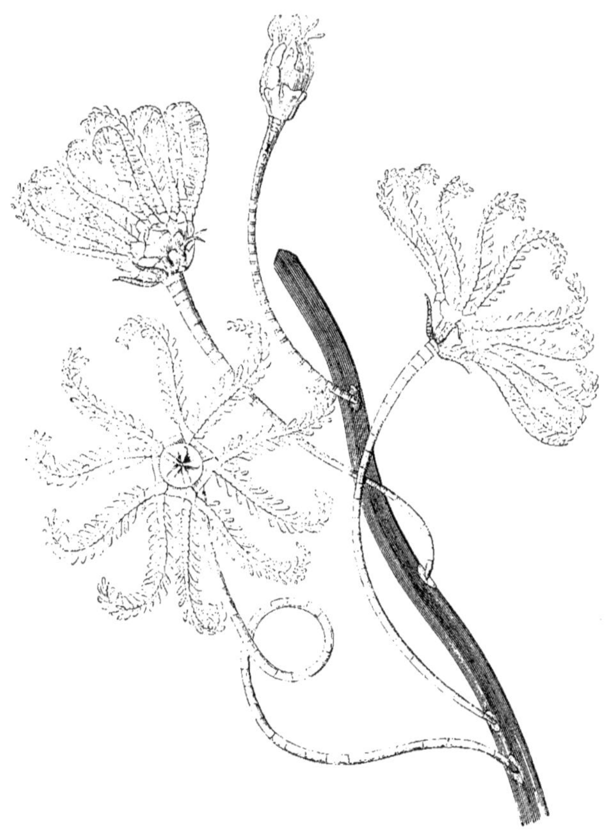

Fig. 86. Pentacrine d'Europe.
(*Pentacrinus europæus*, Thompson.)

dit, pêchée plusieurs fois, à de grandes profondeurs, dans
la mer des Antilles. Son calice, très-petit, est porté sur une
tige longue de 50 à 60 centimètres, et terminée par des bras
longs et mobiles, dont la surface interne porte des tentacules
dans une rainure. Au milieu des bras se voit la bouche, et
tout à côté l'orifice d'expulsion des résidus digestifs.

Dans la *Tête de Méduse* et dans la *Pentacrine d'Europe*, on a pu constater la présence d'un appareil digestif. C'est une sorte de sac irrégulier, avec une bouche centrale à la face supérieure, et un autre orifice situé, comme nous venons de le dire, à peu de distance de la bouche et destiné à rejeter au dehors les produits de la digestion.

Les bras de ces animaux, qui s'écartent, se rejoignent, se referment selon les besoins de leur vie, sont pourvus de tentacules charnus, qui servent à l'absorption, et de cils vibratiles, qui sont les organes de leur respiration.

Tels sont ces êtres curieux, sorte de terme moyen ou de transition entre les animaux immobiles et ceux qui marchent, et qui représentent à nos yeux les derniers restes de générations éteintes.

Tous les types de Crinoïdes munis de bras ont offert des exemples incontestables de la reproduction ou *rédintégration* des bras rompus, ou détruits par accident. Comme nous avons déjà souvent attiré l'attention du lecteur sur cette étrange faculté de reproduction des organes, dévolue à beaucoup de zoophytes, nous n'insisterons pas davantage sur ce sujet.

Tous les Crinoïdes ne sont pas semblables aux deux espèces que nous venons de décrire. Il est toute une famille d'animaux de cette classe, celle des *Comatules*, qui, fixes dans le jeune âge, se séparent dans l'âge adulte de leur tige, et, débarrassés des lisières importunes de leur jeunesse, vont vivre, comme de grands garçons, sur le fond de la mer, côte à côte avec les Astéries, dont le voisinage semble leur plaire.

Les Encrines et les Étoiles de mer vivent ainsi de compagnie, à des profondeurs prodigieuses, et sous de telles hauteurs d'eau que la lumière n'y parvient plus. Se figure-t-on bien l'existence d'animaux qui passent leur vie dans des ténèbres éternelles !

Les Comatules sont des animaux fort répandus dans plusieurs mers des deux hémisphères. Leur corps est aplati. Une grande plaque calcaire forme comme une cuirasse sur leur dos, qui offre, en outre des *cirrhes*[1] composés d'articles nombreux dont le dernier est en crochet. La surface ventrale présente deux orifices : .celui du milieu correspond à la bouche, l'autre est destiné à rejeter au dehors les produits non digérés.

Cet animal est pourvu de cinq bras, qui se bifurquent immédiatement. Les branches des bras offrent des *gouttières*

Fig. 87. Comatule de la Méd'terranée (G. N.)
(*Comatula mediterranea*, Lam.)

ambulacraires qui comprennent un double rang de tentacules charnus. Au milieu de cette double rangée de tentacules règne la gouttière *ambulacraire* proprement dite, revêtue de cils vibratiles sur toute sa surface. Ces cils déterminent le courant qui pousse vers la bouche les matières alimentaires, c'est-à-dire les corpuscules organiques des Algues et des

1. Ou mieux *cirres*, du latin *cirrus*, boucle de cheveux.

animaux microscopiques flottants dans l'eau de la mer, qui forment la nourriture de cet animal. Ils servent aussi puissamment à la respiration.

Les mouvements de ces êtres, aussi élégants que curieux, sont forts lents. Ces mouvements n'ont pour but que d'accrocher le corps de l'animal aux plantes marines, ou de contracter et d'étendre les bras, pour chercher dans l'eau un nouvel emplacement. Quelquefois aussi, pour changer le lieu de son pâturage, la Comatule abandonne les forêts sous-marines, les herbages, les Algues, et elle flotte dans les eaux, en agitant vivement ses bras, à la recherche d'une station nouvelle.

La *Comatule de la Méditerranée* (fig. 87), sur laquelle ont été faites les observations dont nous venons de donner un rapide aperçu d'après l'ouvrage de MM. Dujardin et Hupé[1], est très-répandue dans les mers qui bordent les côtes de l'Europe. Elle est large de 80 à 100 centimètres, de couleur pourprée, diversement nuancée et tachetée de blanc sur la face ventrale.

Si un voyageur nous disait qu'il a vu des animaux qui laissent tomber leurs œufs sur des arbustes de pierre, — que ces œufs, exécutant leurs évolutions progressives, arrivent à former des individus en tout semblables à leurs parents, et qui sont attachés au sol par une racine, comme une fleur de nos champs, ou à la tige mère, comme une branche d'arbre, — qu'une fois parvenu à l'état adulte, le lien flexueux qui retient ces animaux, fixé soit au sol, soit à la tige mère, se brise, — et que l'animal, devenu libre, s'élance dans le milieu liquide et va vivre d'une existence propre et indépendante : — en écoutant un récit si opposé, en apparence, aux règles ordinaires de la nature, nous taxerions d'erreur ou de folie le narrateur de ces faits incroyables. Cependant tous ces faits sont maintenant parfaitement établis. L'être qui nous présente ces merveilles n'a rien de fabuleux : c'est la *Comatule de la Méditerranée;* il habite le fond des mers, dont nos vaisseaux sillonnent incessamment la surface.

---

1. *Histoire naturelle des Zoophytes.* — Échinodermes. 1 vol. in-8° avec planches. Paris, 1862. *Suites à Buffon,* p. 192.

ORDRE DES OPHIURIDES.

Les Ophiurides sont ainsi désignés de deux mots grecs (οφις, serpent, et ουρα, queue), pour rappeler qu'ils ressemblent assez bien à une queue de serpent.

Ces zoophytes se rencontrent dans presque toutes les mers, mais surtout dans celles des régions tempérées. Aussi sont-ils très-communs sur tous les rivages, et les pêcheurs les ont-ils remarqués de bonne heure, par leur forme singulière, par la disposition de leurs bras qui ressemblent à la queue d'un Lézard, et par la singularité de leurs mouvements.

MM. Hupé et Dujardin, dans l'ouvrage que nous avons cité, donnent à peu près comme il suit les caractères généraux de ce groupe remarquable d'Échinodermes.

Ce sont des animaux marins, rayonnés, rampant au fond de la mer ou sur les plantes marines, formés d'un disque coriace, nu, ou revêtu d'écailles, qui contient tous les viscères; et de cinq bras très-flexibles, simples ou ramifiés, soutenus chacun par une série de pièces vertébrales internes, nus ou revêtus de granules, d'écailles ou de piquants, et laissant sortir latéralement des tentacules charnus destinés à la respiration. La bouche est située au milieu de la face inférieure du disque, et s'ouvre directement dans un estomac, en forme de sac. Elle est circonscrite par cinq angles rentrants, correspondants aux intervalles des bras, garnis d'une série de pièces calcaires, qui font fonction de mâchoires. Cette bouche se prolonge suivant cinq fentes, également garnies de papilles, ou de pièces calcaires, qui correspondent à l'un des bras. De l'extrémité de chacune de ces fentes part une série de pièces calcaires, en forme de vertèbres, qui occupent tout l'intérieur des bras, laissant au milieu de leur face ventrale un sillon, pour loger un vaisseau nourricier, et latéralement, entre leurs expansions, des cavités, d'où partent des tentacules charnus, rétractiles. La cavité viscérale s'ouvre par une ou deux fentes, à la face ventrale de chaque côté de la base des bras.

Les *Ophiurides* se meuvent en contractant brusquement

leurs bras, ce qui produit une succession d'ondulations analogues à celles du corps d'un serpent. Quelques-uns de ces
zoophytes sont assez agiles, mais d'autres ne font que s'attacher, par leurs bras, aux rameaux de certains polypiers,
comme les Gorgones, et demeurent immobiles pendant un
temps considérable, attendant leur proie, à peu près comme
l'Araignée se tient au centre de sa toile.

L'ordre des *Ophiurides* se divise en deux grandes familles :
la famille des *Ophiures*, qui comprend plusieurs genres, entre autres celui qui a donné son nom à la famille, et celle
des *Euryales* ou *Astérophytes*.

La famille des *Ophiures* constitue un groupe bien tranché
par ses cinq bras simples, longs, articulés, très-mobiles, non
ramifiés, attachés à un disque petit. Elle a pour type le genre
Ophiure, dont une espèce, l'*Ophiure nattée*, est très-commune,
et a été connue de très-bonne heure dans les mers de l'Europe.
Elle est de couleur verdâtre, avec des bandes transverses
plus obscures de distance en distance sur les bras et sur le
disque. Ce disque est large de 15 à 20 millimètres, couvert,
en dessus, de plaques inégales en forme de tuiles. Les bras
sont quatre fois aussi longs que le diamètre du disque, très-
grêles et effilés.

Le zoophyte qui fut désigné par Lamarck sous le nom d'*O-
phiure fragile* est maintenant placé dans le genre *Ophisthrix*.
Ce nom spécifique indique une particularité de structure de
toutes ces bestioles : il s'agit de leur extraordinaire fragilité.
En effet, tous ces êtres ont si peu de consistance, qu'ils
s'écrasent sous les doigts et se réduisent en pulpe au moindre contact.

Nous représentons (fig. 88) l'Ophiure qui est désignée aujourd'hui sous le nom de *Ophiocome de Rüse* (*Ophiocoma
Rusei*). Cet Échinoderme, qui vit dans les mers des Antilles,
est muni de cinq bras flexueux. Ces bras sont armés de
trois à quatre rangs d'épines, le corps supérieur étant formé
d'épines plus dures. Le corps et les bras sont d'un brun
rougeâtre, rayés d'un grand nombre de petites lignes
blanches.

Le type principal de la famille des Euryales est le genre *Astérophyton* ou *Euryale* de Lamarck. Il renferme des animaux fort remarquables par l'extrême développement de leurs bras. Les ramifications très-multipliées de ces bras se divisent vers les extrémités, en plusieurs milliers d'appendices très-grêles, dont l'usage principal est sans doute la locomotion, mais dont l'ensemble constitue également une

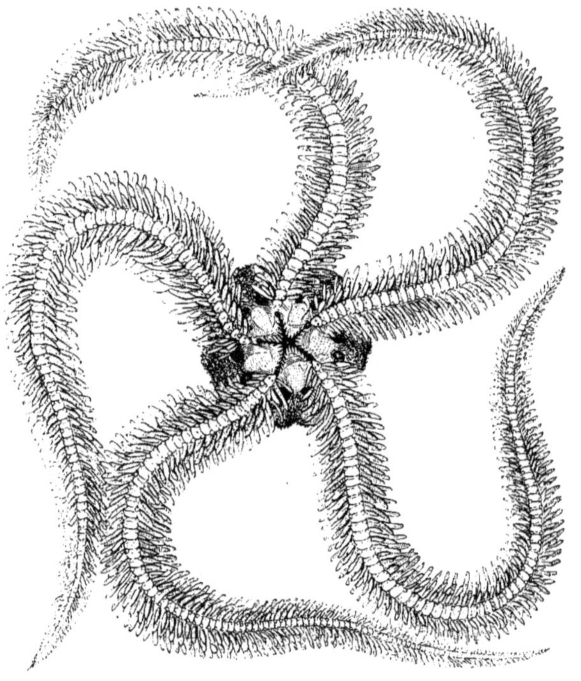

Fig. 88. Ophiocome de Rüse. (G. N.)
(*Ophiocoma Rusei*, Lutken.)

sorte de filet vivant. Ce filet semble destiné à saisir et à enserrer les animaux qui servent de proie à ces très-petits carnassiers.

L'*Astérophyton verruqueuse* (*Asterophyton verrucosum*) que nous représentons dans la figure 89 est jaunâtre; son disque a 10 centimètres et ses bras 40. Elle habite la mer des Indes.

Une autre espèce, l'*Euryale arborescente*, se rencontre sur
les côtes de Sicile.

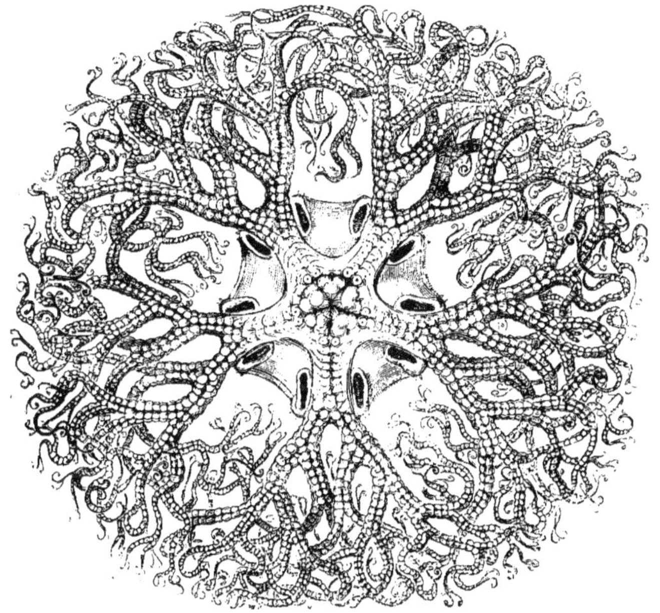

Fig. 89. Astérophyton verruqueuse.
(*Asterophyton verrucosum*, Lam.)

Rien de plus élégant que ces disques animés qui ressemblent à une dentelle, et ce qui est le comble, à une dentelle
vivante, qui agite au sein des eaux ses mobiles festons!

ORDRE DES ÉCHINIDES.

La forme si singulière des *Échinides*, ou *Oursins*, les prolongements épineux dont leur corps est couvert, ont depuis
longtemps appelé sur ces êtres marins l'attention des naturalistes. Aristote leur appliquait déjà le nom d'ἐχῖνος, qui signifie *Hérisson*.

Cependant, quand on voit rejeté sur la plage le corps
d'un de ces animaux, on ne s'explique pas d'abord cette
désignation. Le corps de l'Oursin, tel qu'on le ramasse si

souvent au bord de la mer, n'est pourvu d'aucune espèce de piquants. C'est une sorte de coque, à peu près sphérique, vide à l'intérieur, et dont la surface ne présente que des reliefs d'une régularité admirable : c'est comme une coquille d'œuf sculptée par des mains divines. Pour voir l'Oursin avec ses piquants, il faut le saisir dans son milieu liquide sur le fond de la mer, où il roule et promène sa petite masse hérissée. C'est alors seulement que l'on a le véritable Oursin, l'Oursin pointu, hérissé, criblé de piquants, et ressemblant, au physique, à ces aimables mortels dont on peint si bien le caractère en disant : *Qui s'y frotte, s'y pique.*

Dans son livre de *la Mer*, notre illustre Michelet met le petit discours qui va suivre dans la bouche de l'Oursin, bouche assez grande pour en contenir de plus longs, mais non de plus sensés.

« Je suis né sans ambition, dit le modeste Échinoderme. Je ne demande pas les dons brillants de messieurs les Mollusques. Je ne ferai nacre ni perle. Je ne veux pas de couleur brillante, un luxe qui me désignerait. Je désire encore bien moins la grâce de vos étourdies les Méduses : le charme ondoyant de leurs cheveux enflammés qui attirent, les font attaquer et leur servent à faire naufrage. O mère, je ne veux qu'une chose, *être*.... être un et sans appendices extérieurs et compromettants, — être ramassé, fort en moi, arrondi, car c'est la forme qui donnera le moins de prise, — l'être enfin centralisé. — J'ai bien peu l'instinct des voyages. De la mer haute à la mer basse, rouler quelquefois, c'est assez. Collé strictement sur mon roc, je résoudrai là le problème que votre futur favori, l'homme, doit chercher en vain, le problème de la sûreté. Exclure strictement l'ennemi, tout en admettant l'ami, surtout l'eau, l'air et la lumière. Il m'en coûtera, je le sais, du travail, un constant effort. Couvert d'épines mobiles, je me ferai éviter. Hérissé, seul comme un ours, on m'appelle *oursin*. »

Voyons maintenant un peu de près la structure générale des Oursins, ou *Échinides*, selon l'expression zoologique.

Le corps de l'Oursin a la forme d'un globe, d'un œuf, ou d'un disque un peu renflé. Il est essentiellement formé d'un test, ou carapace solide, revêtue d'une membrane mince, garnie de cils vibratiles. Cette carapace résulte de l'assemblage de plaques polygonales, contiguës, adhérant entre elles par leurs bords. Leur arrangement est tel que le test peut être divisé en zones verticales partant d'un point cen-

tral, le sommet, et aboutissant à un point diamétralement
opposé du sphéroïde, c'est-à-dire au pourtour de l'orifice
buccal. Ces zones verticales sont de deux sortes : les unes
plus larges, les autres plus étroites; toutes composées
d'une double rangée de plaques. Les premières portent des
piquants mobiles, les secondes sont percées de trous disposés en séries longitudinales régulières, par lesquels sortent des *tentacules charnus*, qui servent, comme nous le
verrons plus loin, à la marche de l'animal.

Les Oursins armés de leurs piquants ressemblent à des

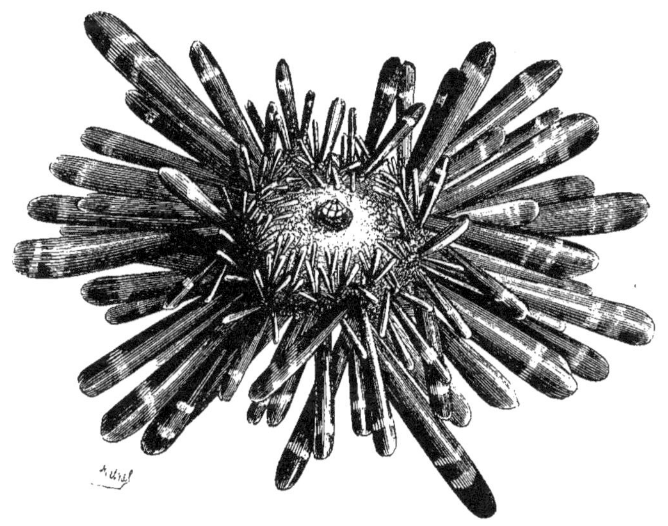

Fig. 90. Oursin mamelonne. (G. N.)
(*Echinus mamillatus*, Lam.)

hérissons; mais lorsque tous ces piquants sont tombés, ils
ressemblent à des melons, ou à des œufs, auxquels leur
forme et leur nature calcaire les ont fait souvent comparer,
tant par le vulgaire que par les savants.

On se fera une idée très-exacte des deux aspects différents
que présente la carapace des Oursins avant et après la chute
de leurs piquants, en jetant les yeux sur les deux figures
suivantes, qui représentent l'*Oursin mamelonné* armé de ses

piquants (fig. 90), et privé, après sa mort (fig. 91), de ces instruments de défense.

On a calculé que plus de dix mille pièces distinctes, admirablement unies et agencées, entrent dans la composition de la coquille de l'Oursin, à laquelle aucune autre ne saurait être comparée.

Les dimensions et la forme des piquants sont très-variables. Chez certains Cidarides, ils sont trois ou quatre fois plus longs que le diamètre du corps; quatre ou cinq fois

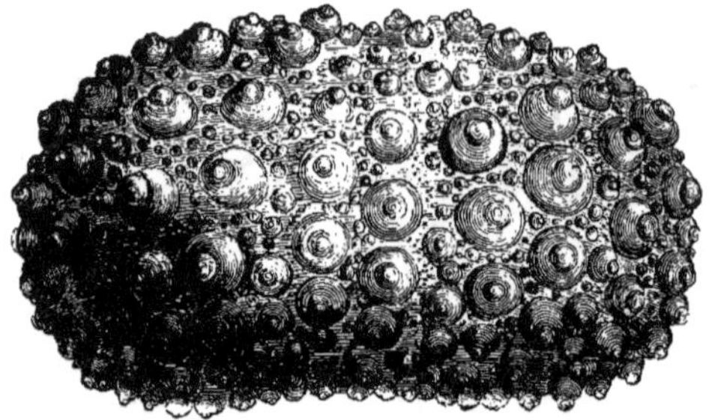

Fig. 91. Oursin mamelonné, dépouillé de ses baguettes. (G. N.)

plus courts que ce diamètre chez les Oursins proprement dits. Ils ressemblent quelquefois à des soies, courtes et couchées. Ces aiguilles défensives ont pour supports des tubercules dont l'arrangement à la surface de l'animal est d'une régularité parfaite. Elles offrent, à la base, une petite tête, séparée par un étranglement. Cette petite tête est creusée à sa face inférieure, d'une cavité qui s'adapte sur un tubercule de la coque. Chacun des piquants, malgré leur prodigieuse petitesse, est mis en jeu par un appareil musculaire.

Les piquants (*épines*, *baguettes*) et les tentacules (*pieds*, *ambulacres*, *suçoirs*), voilà donc les organes extérieurs essentiels de notre Échinoderme. Les premiers sont un instrument de défense et de progression, les seconds ne servent qu'à la marche.

Quand on sait que chaque piquant est mis en action par plusieurs muscles, on est surpris du nombre prodigieux de

ces organes que l'on voit implantés sur le corps d'un Oursin.
On a compté plus de douze cents piquants sur la coquille de
l'*Oursin comestible* (*Échinus esculentus*), que l'on voit représenté sur la figure 92. A cette première provision de pointes,
si l'on ajoute le cortége des autres piquants, plus petits et
en quelque sorte accessoires, on arrivera à un total de trois
mille baïonnettes. Ce Hérisson des mers représente donc à
lui seul dix escadrons de lanciers.

Fig. 92. Oursin comestible. (G. N.)
(*Echinus esculentus*, Linn.)

Considérez maintenant que dans chaque suçoir, ou ambu-
lacre, il n'existe pas moins de cent tubes pourvus d'un orifice, et vous aurez un total de quatre mille petits appendices
apparents sur le corps d'un animal de fort petite dimension.
Si enfin vous réfléchissez qu'il n'existe pas de coquille plus
admirablement symétrique, plus élégante, plus régulière,
plus ornementée, que la carapace de l'Oursin, vous n'aurez
pas de peine à reconnaître combien la nature est prodigue

de ses dons envers les êtres les plus infimes de la création, envers de pauvres animaux qui passent toute leur existence à ramper obscurément sur le fond des mers.

Que d'élégances sublimes dorment sous la masse épaisse des eaux, éternellement cachées aux regards de l'homme, — de l'homme qui s'imagine que tout dans la nature a été créé à son intention et à sa gloire !

On a fait une observation assez curieuse à propos de ces piquants qui servent de moyen de défense à notre Échinoderme. Chez un Oursin qui vit à la Nouvelle-Hollande (*Leiscidaris imperialis*), M. Hupé trouva un petit mollusque du genre *Stylifère*, abrité dans l'intérieur de l'un de ces piquants, lequel se trouvait creusé et fort élargi, en un mot accommodé de façon à servir de retraite à son hôte improvisé.

Que de faits imprévus nous offrent les mœurs des animaux que nous étudions ! La nature a gratifié un petit être d'une armure préservatrice ; un autre animal, plus petit, s'en avise, et il vient se mettre lui-même à l'abri de tout danger, sous la protection de ces baïonnettes intelligentes !

Un homme ayant, par ignorance, mis dans sa bouche un Oursin, avec tous ses piquants, se crut, par amour-propre, obligé de l'avaler, parce qu'on le regardait faire. Aussitôt il eut la bouche tout en sang. Le lendemain elle était dans un tel état qu'il était impossible à ce malheureux de pouvoir ni manger ni boire. On ne put le conserver à la vie qu'en le nourrissant pendant longtemps avec des lavements de bouillon et de crème de riz.

Voyons maintenant par quel mécanisme organique l'Oursin parvient à se déplacer et à marcher.

Ses tentacules, ou suçoirs, sont creux à l'intérieur, et, avons-nous dit, pourvus de petits muscles. Par l'afflux du liquide qu'ils renferment, ils se gonflent, dépassent la longueur des piquants, de sorte qu'ils peuvent, selon la volonté de l'animal, se fixer aux corps solides extérieurs, au moyen de leur ventouse terminale.

Frédol, dans *le Monde de la mer*, explique en ces termes le mode de progression des Oursins

« Supposons, dit-il, un individu au repos. Tous ses piquants sont immobiles et tous ses filaments retirés dans la coque. Quelques-uns de ces derniers commencent à sortir, ils s'allongent et tâtent le terrain tout autour; d'autres les suivent. L'animal les fixe solidement. S'il veut changer de place, les filaments antérieurs se contractent, pendant que ceux de derrière lâchent prise, et la coquille est portée en avant. L'Oursin marche ainsi avec aisance et même avec rapidité. Pendant sa progression les suçoirs ne sont que faiblement aidés par les piquants.

Les Oursins peuvent voyager sur le dos comme sur le ventre. Quelle que soit leur posture, il y a toujours un certain nombre de piquants qui les portent et de suçoirs qui les fixent. Dans certaines circonstances

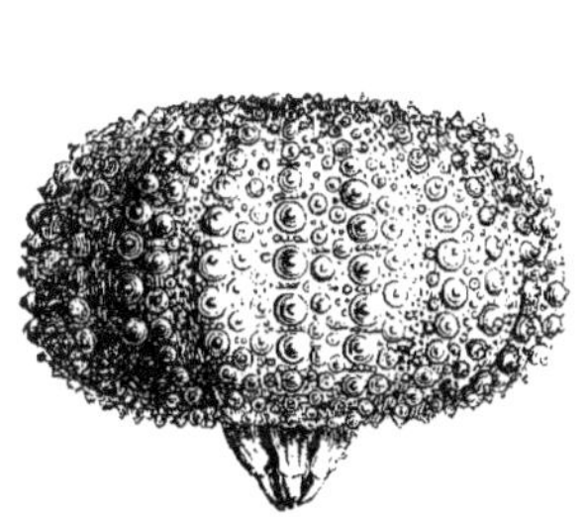

Fig. 93. Armature buccale de l'*Oursin livide* laissant voir l'extrémité des pics dentaires.

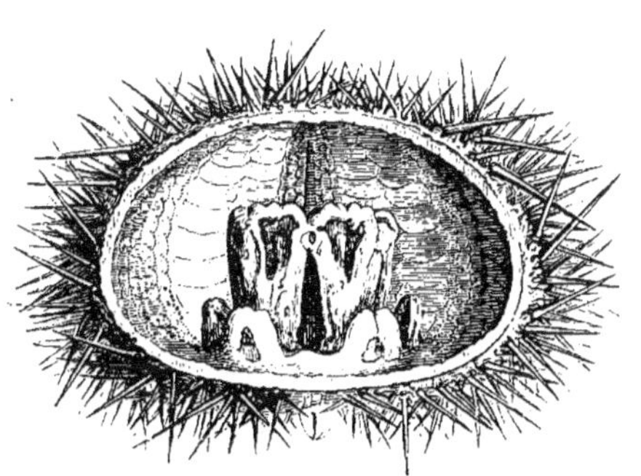

Fig. 94. Appareil mandibulaire ou Lanterne d'Aristote.

l'animal marche en tournant sur lui-même comme une roue en mouvement[1]. »

Rien n'est plus curieux que de voir l'Oursin marcher sur le sable uni. Sauf la couleur, on croirait voir une châtaigne, avec son enveloppe toute hérissée d'épines, et se servant de ces mêmes épines comme de pieds pour mettre en mouvement sa petite masse arrondie et piquante. On a vu des Oursins qui, pour marcher, tournaient sur eux-mêmes comme une boule, comme un fagot d'épines globuleux.

Un des organes les plus singuliers du *Hérisson de mer*, c'est sa bouche. Elle est monstrueuse. Placée au-dessous du corps, elle occupe le centre d'un espace mou, revêtu d'une membrane résistante. Elle s'ouvre et se ferme sans cesse, laissant apercevoir cinq dents aiguës, soutenues et protégées

1. Page 184.

par une charpente très-compliquée, qu'on a nommée *lanterne d'Aristote.* On voit cet appareil buccal représenté sur les figures 93 et 94, qui représentent l'*Oursin livide*, vu d'abord dans son état normal, ensuite par une coupe verticale qui laisse voir les organes masticateurs, c'est-à-dire la *lanterne d'Aristote.*

Pour donner une idée plus complète du même appareil buccal de l'Oursin, nous mettons sous les yeux du lecteur la disposition de cet appareil sur un Oursin des mers australes, le *Clypéastre rosacé.* Sur la figure 95 l'animal est représenté

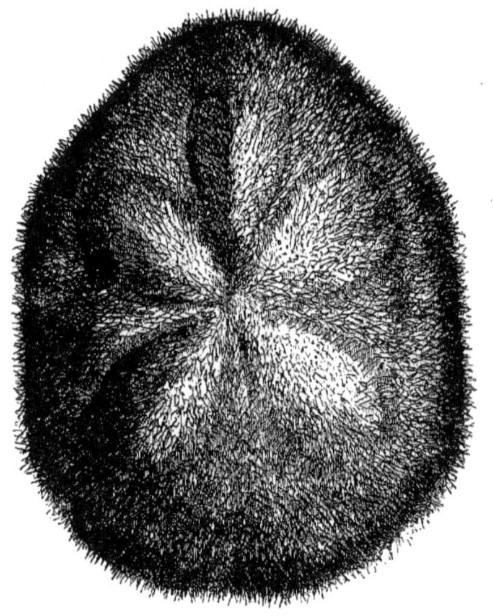

Fig. 95. Clypéastre rosacé.
(*Clypeaster rosaceus*, Lam.)

dans son entier. Sur la figure 96, on voit l'appareil buccal placé au-dessous de la coque, qui a été brisée pour mettre cet appareil à nu.

Le *Clypéastre rosacé* est de forme ovale, plus étroite en avant, à bords épais et arrondis. C'est la plus commune et la plus répandue des espèces vivantes. Il est pourvu de quatre ou de six ambulacres.

Je n'ai jamais compris pourquoi l'on a appelé *lanterne*

d'Aristote la charpente dentaire de l'Oursin. Ce formidable appareil dentaire ressemble plutôt à une batterie de canons qu'à une lanterne. Il se compose d'une série de pièces désignées sous les noms de *compas, faux, pyramides, plumules,* que nous nous dispenserons de décrire.

La bouche de l'Oursin, avons-nous dit, est monstrueuse. Si un homme en avait une pareille, — toute proportion gardée, — elle aurait le volume et à peu près la forme d'un seau de bois, et les dents seraient de la longueur du seau. Comme les dents se projettent hors de cette formidable bou-

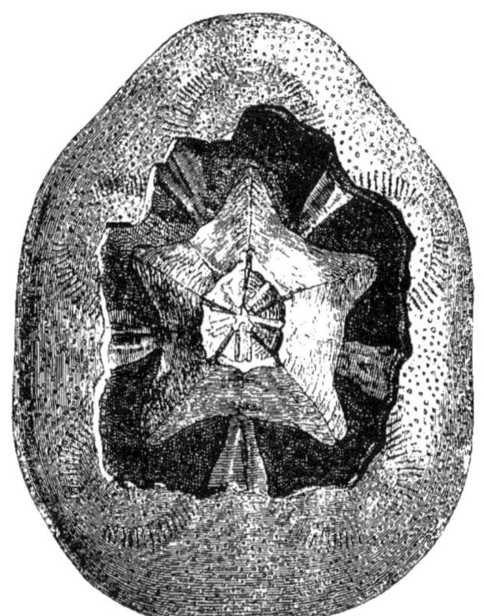

Fig. 96. Partie supérieure du Clypéastre rosacé, enlevée pour laisser voir le dessus de l'appareil mandibulaire et la charpente intérieure.

che, on peut s'assurer, en y promenant les doigts, du vif tranchant de leurs extrémités. Il faut bien, en effet, que ces organes soient singulièrement puissants, puisque, comme nous le verrons plus loin, l'Oursin entame avec ses dents les rochers du rivage, et s'y creuse un abri.

Les dents, dures et tranchantes, croissent par la base, à mesure qu'elles s'usent par la pointe, comme cela se passe chez les mammifères rongeurs. Elles sont de cette manière toujours aiguisées et en bon état. Cinq groupes de muscles puissants sont destinés à faire jouer ces terribles *osanores.*

A cette bouche succède un œsophage et un intestin, qui se déploie en s'appuyant le long de la paroi interne de la carapace, et décrit deux contours principaux.

Le régime des Oursins est encore peu connu. Cependant, comme on a constaté dans leur intestin la présence de coquilles, de débris de polypiers, de crustacés et même d'échinodermes, il est avéré qu'un certain nombre de ces zoophytes sont carnassiers. Du reste on s'est assuré, de la même manière, que, dans d'autres cas, leur régime est végétal.

La respiration de ces Échinodermes paraît particulièrement s'exercer à l'aide de vésicules aplaties en forme de feuilles très-délicates, qui adhèrent à la surface interne des parois du corps, et flottent librement dans le liquide dont la cavité viscérale est remplie. Ces organes, connus sous le nom de *branchies internes*, sont en relation avec le canal central des *tubes ambulacraires*.

Les Oursins ont un petit cœur en forme de fuseau, effilé par le haut, renflé en bas. Ils ont deux systèmes vasculaires distincts, l'intestinal et le cutané.

Le système nerveux se compose d'un anneau qui entoure l'œsophage, situé à peu de distance de la bouche. De cet anneau partent plusieurs troncs nerveux.

En fait de sens, les Oursins ont celui du toucher très-développé. Certains tentacules ramifiés qui entourent la bouche, organes façonnés en forme de pince, et les tentacules ambulacraires, sont les appareils principaux du tact.

Ces animaux ne paraissent point dépourvus du sens de la vue. On a considéré comme dès yeux quatre à cinq points rouges, situés au sommet de la face dorsale. Mais cette opinion a été contestée, car on n'en a pas trouvé de cristallin dans ces yeux.

Certaines observations tendent pourtant à établir que les Oursins sont doués du sens de la vue. M. de Candé, capitaine de vaisseau, rapporte le fait suivant :

« J'examinais, dit-il, dans une flaque d'eau un Oursin à longues baguettes, que je m'apprêtais à saisir, lorsque je le vis diriger de suite, dans la direction de ma main, toutes ses baguettes comme pour se défendre. Surpris de cette manœuvre, je voulus le saisir dans une

autre direction; immédiatement ses baguettes se dirigèrent de ce
nouveau côté. Je pensai dès lors que l'Oursin me voyait et se défen-
dait de mon approche; mais cependant, pour savoir si ce mouvement
de l'animal ne provenait pas de l'agitation de ces eaux à mon approche, je répétai l'expérience avec lenteur et même au-dessus de l'eau
avec un bâton. L'Oursin ayant toujours dirigé ses baguettes du côté
de l'objet qui s'approchait de lui, soit dans l'eau, soit en dehors, je dus
acquérir la certitude que ces animaux y voyaient certainement et que
leurs baguettes leur servaient de moyens de défense. »

Ces piquants, cette enveloppe calcaire, toute cette armure
merveilleuse et pointue dont la nature a pourvu les Oursins,
ne paraissent pas suffisants à certains de ces animaux pour
assurer leur conservation. Quelques-uns ont l'étonnante
propriété de se creuser une demeure dans les rochers même
les plus durs, comme le grès et le granit. Ils se fixent aux
corps solides au moyen de leurs tentacules. Ils entament le
roc avec leurs fortes dents, enlevant avec leurs épines les
détritus, à mesure qu'ils sont formés. Quand le trou est
creusé, ils s'y retranchent, laissant apparaître au dehors,
par l'ouverture, leurs piquants, leurs faisceaux d'aiguilles
menaçantes, comme nos vaisseaux de guerre laissent entre-
voir, par les embrasures, ou nos forts par leurs meurtrières,
la gueule menaçante de leurs canons.

Quand on veut exprimer un travail impossible, un travail
au-dessus des forces humaines, on dit : *creuser la terre avec les
dents*. L'humble Oursin de nos rivages accomplit une plus
difficile besogne : il entame avec ses dents le granit, la plus
dure des roches.

Il faut lire dans les mémoires de M. Caillaud, conserva-
teur au Musée de Nantes, les effets de perforation vraiment
incroyables produits par les Oursins, et par certains mollusques dont nous parlerons dans la seconde partie de ce volume, qui se creusent des retraites et ouvrent des galeries
dans les roches les plus dures.

M. Caillaud a prouvé que la perforation de la pierre par les
Oursins est produite par l'appareil buccal que nous avons
représenté (fig. 94) sur l'*Oursin livide*, et qui porte le nom de
lanterne d'Aristote. Les baguettes dures et résistantes représentées sur cette figure sont de véritables dents. Mues par

des muscles particuliers, elles viennent frapper de bas en
haut la pierre ramollie par l'eau, et finissent par entamer sa
substance.

« La *lanterne d'Aristote*, dit M. Caillaud, forme l'appareil mandibulaire. Dans cet appareil, les osselets dentiformes qui peuvent tout
également recevoir la dénomination de serres, de pics, sont au nombre
de cinq, et constituent les uniques instruments de ce petit être pour
creuser des excavations si surprenantes dans les roches diverses,
même dans le granit.... Ces dents, longues de deux centimètres, ces
cinq pics, qui agissent encore comme dents masticatoires, sont les
instruments d'exploitation de l'*Echinus*. En ouvrant les mâchoires,
ces cinq pics dentiformes doivent, avec l'élan voulu, frapper la pierre
plutôt que la gratter[1]. »

Cette propriété extraordinaire d'entamer les roches, pour
s'y creuser un abri, n'appartient qu'à un petit nombre d'espèces d'Oursins. La plupart de ces animaux se contentent de
se cacher sous les pierres. Ceux qui n'ont que des piquants
très-grêles et de minces coquilles, s'ensevelissent dans le
sable, dont ils se recouvrent en entier, ne laissant qu'un
petit trou pour respirer.

Voici, d'après un naturaliste anglais, M. Osler, qui a observé ce travail chez les *Spatangus*, comment procède notre
petit mineur, pour produire ces excavations sablonneuses.

Cette espèce d'Oursin est munie, à la partie inférieure du
corps, de piquants courts et robustes, dont l'extrémité s'é-
tale comme le manche d'une cuiller.

« Figurons-nous, dit le naturaliste anglais Jonathan Franklin, l'animal au bord de la mer, et supposons-lui l'intention de s'enterrer dans
le sable. Il commence ses opérations en tournant les épines inférieures, de manière à former un banc de sable creux, dans lequel il s'enfonce par son propre poids. A mesure que l'Oursin s'enfonce, un
plus grand nombre d'épines se mettent à l'ouvrage, et l'entreprise
augmente en activité. Cependant le sable qui a été repoussé, reflue et
couvre le corps de l'ouvrier, une fois que celui-ci s'est enterré au niveau de la surface. Dans cette situation, les longs piquants, — et,
pour ainsi dire, les crins, — situés sur le dos, commencent à jouer
leur rôle ; ils empêchent le sable de recouvrir entièrement l'animal, et

1. *Observations sur les Oursins perforants de Bretagne*, page 10. (*Annales
de la Société académique de la Loire-Inférieure.*)

Fig. 97. Oursins livides logés dans la roche qu'ils ont creusé.

ménagent un petit trou rond pour introduire l'eau vers la bouche et vers les organes respiratoires [1]. »

La cachette des Oursins se reconnaît facilement sur le rivage, au trou en entonnoir ménagé par l'animal. Les pêcheurs croient pouvoir prédire les orages d'après le degré de profondeur de ce trou.

Les Oursins se reproduisent par des œufs, qui sont rouges et presque microscopiques, car ils n'ont qu'un neuvième de millimètre de diamètre.

A sa sortie de l'œuf, la larve de l'Oursin a la forme d'un petit poisson. Elle ne se convertit pas directement en animal parfait, par une métamorphose analogue à celle d'une chenille en papillon, par exemple; mais, comme nous l'avons déjà vu chez les Astéries, elle produit, à une certaine époque, par une sorte de gemmation interne, un Oursin, lequel, n'étant d'abord en quelque sorte qu'un organe de la larve, vivra d'une vie indépendante lorsque la larve nourrice viendra à se détruire. La manière dont l'Oursin se développe aux dépens de la larve est donc très-analogue à celle qui nous a été offerte par l'Astérie. C'est un autre cas de cette génération alternante, dont nous avons dû nous borner à exposer les données générales.

Les Oursins se trouvent dans toutes les mers. Ils vivent sur les fonds sablonneux, et quelquefois sur les fonds rocailleux. On les pêche avec une pince de bois, quand ils sont à une faible profondeur dans la mer. Si on les trouve au bord de l'eau, on les saisit avec une main gantée.

L'Oursin devient rouge par la cuisson, comme l'Écrevisse, dont il a le goût.

Certaines espèces sont comestibles. En Corse et en Algérie, on estime l'*Oursin melon* (*Echinus melo*); à Naples et sur les côtes de la Manche, on mange l'*Oursin livide* (*Echinus lividus*); en Provence, l'*Oursin commun* (*Echinus esculentus*) et le *granuleux* (*Echinus granulosus*).

On mange les Oursins crus, comme l'Huître : on les coupe

---

1. *Le Monde des Métamorphoses*, traduit par Alphonse Esquiros. Paris, in-18, p. 377.

en quatre, et l'on puise, avec une cuiller, la chair de l'animal. Plus rarement, on les fait cuire dans l'eau bouillante, et on les mange, comme les œufs à la coque, au moyen de mouillettes de pain : de là leur nom d'*œufs de mer*, qu'ils portent en plusieurs pays.

Les *œufs de mer* étaient un plat recherché sur la table des Grecs et des Romains. On les accommodait avec du vinaigre ou de l'hydromel, additionné de menthe et de persil.

Quand Lentulus fêta le prêtre de Mars, Flamen Martialis, ce fut le premier plat du souper. Les *œufs de mer* parurent aussi dans le festin du mariage de la déesse Hébé !

« Vinrent ensuite, dit le poëte, les Crabes et les Oursins, qui ne nagent point dans la mer, mais qui se contentent de voyager sur les fonds de sable. »

Je n'ai mangé qu'une seule fois des Oursins, et ils m'ont paru un mets des dieux. Mais peut-être les circonstances expliquent-elles suffisamment cet élan d'enthousiasme culinaire.

Le restaurant de la *Réserve*, à Marseille, n'a pas toujours été le vaste édifice de pierre que l'on voit aujourd'hui, majestueusement adossé à la montagne, en face de la mer, sur la promenade de la Corniche du Prado. En 1845, il s'élevait tout à l'entrée du port. C'était une petite cage de verre, suspendue, comme par un fil magique, entre le ciel et l'eau. De cette demeure aérienne, surplombant, avec une audace inouïe, les eaux qui l'entouraient de toutes parts, on jouissait du plus admirable spectacle qui fût au monde ; et l'on se reposait de cette contemplation enivrante, en voyant passer sous ses pieds les navires qui entraient incessamment dans le port. C'est dans ce palais enchanté que les Oursins me furent servis, flanqués de la *bouillabaisse* traditionnelle.

Ils me parurent, je le répète, délicieux. Est-ce le dernier mets provençal, la savoureuse bouillabaisse, qui contribua à me faire apprécier d'une façon si supérieure l'humble Oursin de la Méditerranée ? La vue merveilleuse dont je jouissais des hauteurs de mon empyrée de verre n'en fut-elle pas plutôt la cause indirecte ? Problème tendre et charmant dont j'aime à laisser flotter la solution dans les nuages, à demi évanouis, des souvenirs de ma jeunesse.

ORDRE DES HOLOTHURIES.

Les ignorants, comme vous et moi, appellent l'*Holothurie*, *Cornichon* ou *Concombre de mer*, et ils n'ont peut-être pas tort. Pour deux raisons : d'abord parce que le mot de *Concombre de mer* exprime à merveille la configuration de cet animal et le milieu qu'il habite ; ensuite parce que les savants seraient fort en peine d'expliquer le mot d'*Holothurie*, fussent-ils des puits de science, comme l'est sans doute cet illustrissime Edgard, qui, dans la *Revue des Deux-Mondes*, régente si magistralement les vulgarisateurs scientifiques, et du haut de son fauteuil d'employé du télégraphe lance ses pesantes foudres contre tous les auteurs d'ouvrages de science populaire.

Le corps de l'Holothurie présente la forme d'un cylindre allongé et vermiforme. Ses dimensions sont si variables, que certaines espèces n'ont que quelques centimètres de longueur, tandis que d'autres peuvent atteindre jusqu'à 1 mètre. En général, la peau de l'Holothurie est épaisse, coriace. Elle renferme des muscles, et est armée quelquefois de petits crochets qui font saillie, et servent à l'animal pour adhérer momentanément aux corps étrangers. A travers cette enveloppe sortent ordinairement des *pieds tentaculaires*, analogues à ceux que nous avons signalés dans les Oursins et les Étoiles de mer.

Quand on ouvre une Holothurie, on trouve presque toute sa cavité intérieure farcie de petits tubes blanchâtres. On sait que le fabuleux Concombre dont il est parlé dans les *Mille et une Nuits*, était rembourré de perles, d'après les ordres de l'Oiseau parleur. Chez notre pauvre animal, ce ne sont pas, hélas ! des perles, mais plus prosaïquement, de simples tubes contenant les ovules.

La bouche se trouve à l'extrémité antérieure du corps. Elle est creusée dans une sorte d'entonnoir, et environnée, comme une auréole, d'un cercle élégant de tentacules. Dans l'animal vivant, et en sécurité, on voit ses tentacules s'épanouir, formant comme la corolle d'une fleur.

Quand on s'empare d'une Holothurie, quand le pêcheur, par exemple, la saisit au sein de l'eau, cette couronne de tentacules, ce plumet circulaire, n'est pas visible, car l'animal l'a brusquement rétracté. Notre zoophyte ne ressemble dès

Fig. 98. Holothurie (*Holothuria*, Lin.).
(*Holothuria lutea*, Quoy et Gaimard.)

lors, sauf la couleur, qu'à une vulgaire Sangsue. Mais si on conserve cette Holothurie dans l'eau de mer renouvelée, si on la laisse en repos, si on la traite, en un mot, avec les égards dus à cette porteuse de couronne, on la voit bientôt s'humaniser, et montrer, non les dents, mais la parure élégante qui entoure son chef.

Immédiatement après la bouche, commence un pharynx

musculeux, qui se continue en un intestin très-long, formant plusieurs circonvolutions, et qui se termine, à l'extrémité postérieure du corps, par un orifice, d'où l'on peut voir jaillir, de temps en temps, un petit jet d'eau. La portion terminal du canal digestif de ces animaux s'élargit et sert de vestibule à un système de tubes membraneux, qui se ramifie dans la cavité viscérale comme un arbre touffu, et qui reçoit dans son intérieur l'eau du dehors, en l'aspirant par son extrémité postérieure. L'animal peut à volonté remplir ce réservoir ou le vider; c'est par ces mouvements alternatifs d'inspiration et d'expiration qu'il renouvelle l'oxygène nécessaire à sa respiration.

Le système circulatoire, qui paraît former un cercle complet, ne possède pas d'agent central, c'est-à-dire de cœur.

Un anneau œsophagien, d'où partent cinq cordons nerveux principaux, représente un système nerveux rudimentaire.

Les sexes sont séparés chez les Holothuries.

Quant à leur développement, ces êtres diffèrent des Astéries et des Oursins, en ce que leurs larves se convertissent intégralement en une Holothurie nouvelle, sans perdre d'autres organes que la bouche et l'œsophage.

Le corps de certaines espèces de *Concombres de mer* est lubréfié par un liquide âcre, corrosif et brûlant. L'*Holothuria oceanica*, décrite par le naturaliste Lesson, et qui est longue d'un mètre, sécrète à la surface de son corps une humeur irritante, qui laisse aux doigts une démangeaison intolérable. Aussi les habitants des côtes de la mer du Sud ne peuvent-ils la voir sans une extrême répugnance.

L'Holothurie que nous représentons (fig. 98) est le *Stychopus luteus* de Brandt, qui lui donne pour caractère distinctif trois rangées de pieds tentaculaires à la face ventrale.

Nous avons parlé, à propos des *Étoiles de mer*, de l'étrange phénomène du suicide de cet animal. L'Holothurie a les mêmes tendances. Seulement, n'étant point formée, comme l'*Astérie*, d'une matière cassante, elle ne peut se briser en morceaux devant son ennemi déconcerté. Elle s'y prend autrement, elle se tue à sa manière. Si le suicide de l'Holothurie n'est pas toujours complet, si elle ne porte qu'une demi-atteinte à son existence, ce n'est point sa faute, mais bien le fait de son extrême puissance de reproduction organique, qui lui fait promptement recouvrer les parties dont elle s'est débarrassée volontairement.

Lorsque l'Holothurie a quelques motifs de chagrin, si quelque chose la trouble ou l'inquiète, si un ennemi l'attaque, si un pêcheur la poursuit, aussitôt, par un brusque mouvement, elle rejette au dehors, ses dents, son estomac, son appareil digestif. Elle se trouve ainsi réduite à un sac membraneux vide, avec une bouche dégarnie. Chose singulière ! ce sac vide se contracte encore avec force dans la main qui le saisit.

On ne peut admettre que ce soit là un moyen de se défendre, car le guerrier ne jette point ses armes au moment du combat ou du danger. Il faut donc croire que, dans cette circonstance, l'Holothurie obéit à cette étonnante détermination du suicide dont l'Étoile de mer offre un exemple incontestable, exemple qui permet de tirer une conclusion, par voie d'analogie, applicable à ce cas nouveau.

On pourrait croire, en se plaçant à un autre point de vue, que si le *Concombre de mer* se débarrasse aussi aisément d'une partie de lui-même, c'est qu'il a la conscience de pouvoir assez promptement récupérer les organes qu'il s'est volontairement retranchés. L'hypothèse du suicide perdrait alors de sa valeur.

Quelle que soit l'explication qu'on veuille en donner, le phénomène est certain, et c'est assurément l'un des plus étranges que nous présente l'histoire des animaux inférieurs.

Le docteur Johnston raconte qu'il avait oublié pendant quelques jours une Holothurie dans de l'eau non renouvelée. La bête ne tarda pas à vomir son appareil buccal, son tube digestif et une partie de ses ovaires. Et pourtant elle n'était pas morte ! Elle était encore sensible aux moindres excitations. Elle vécut et reproduisit de nouveaux viscères.

Non-seulement les Holothuries peuvent rejeter leurs organes et les restaurer plus tard, mais elles offrent encore un autre phénomène non moins étrange. Elles se divisent spontanément en deux portions. Leurs deux extrémités commencent par s'élargir, puis leur partie moyenne devient peu à peu étroite comme un fil. Enfin, ce fil se rompt, et chaque moitié de l'Holothurie devient alors une Holothurie parfaite. L'animal s'est coupé en deux, et les deux fragments forment deux individus nouveaux! O nature!

Les mœurs de ces animaux sont encore peu connues. Ils habitent les mers et sont répandus sous toutes les latitudes du globe. Leurs mouvements, très-bornés, consistent en une sorte de reptation, produite par les ondulations de leur corps, ou les contractions de leurs pieds.

On rencontre ordinairement les Holothuries en train de grimper sur des pierres ou quartiers de roches sous-marines, mais toujours dans des parties abritées, car elles paraissent redouter l'action de la lumière.

L'Holothurie se trouve quelquefois prise dans les filets de nos pêcheurs. Si le pêcheur la tient dans la main, elle se contracte ; son corps devient dur et raide, et l'eau de mer qu'il renferme est lancée au dehors avec force.

Nous n'avons pas besoin de dire que nos pêcheurs rejettent avec dédain sur le rivage l'Holothurie prise dans leur filet. Ce *Légume de mer* n'a jamais paru digne de figurer sur nos tables.

Vérité en deçà, erreur au delà, est un axiome aussi vrai en morale qu'en cuisine. Ce *Concombre de mer*, que l'Europe dédaigne, est le plat favori des Chinois. La pêche, la préparation de ces animaux et leur transport sur les marchés, jouent un rôle important dans l'industrie et le commerce de l'Orient.

Une assez grande espèce d'Holothurie, très-commune dans la Méditerranée, c'est l'*Holothuria tubulosa*, dans laquelle, par parenthèse, vit un singulier poisson parasite : le *Fierasfer Fontanesii*. Cette espèce est comestible, et on la mange à Naples. On préfère aux Iles Mariannes le *Guam* (*Holothuria Guamensis*).

Mais nulle part cet animal comestible ne prend une telle

importance que dans les mers de la Malaisie et de la Chine. Dans ces pays, et en général sur tous les rivages de l'océan Indien, on mange avec délices l'*Holothuria edulis*, vulgairement nommée *Trépang*.

Des milliers de jonques sont équipées tous les ans pour la pêche du *Trépang*. Les pêcheurs malais apportent à cette pêche une patience et une dextérité remarquables. Penchés sur l'avant de leurs embarcations, ils tiennent à la main de longs bambous, terminés par un crochet acéré. Leurs yeux, exercés à cette pêche, distinguent à une distance qui souvent n'est pas moindre que 30 mètres, les Holothuries qui rampent sur les rochers sous-marins ou les Coraux. Le pêcheur lance son harpon de cette énorme distance, et il manque rarement sa proie.

Pour s'emparer de ces monstres culinaires, quand les eaux sont peu profondes, c'est-à-dire quand elles n'ont que quatre à cinq brasses, on se contente d'envoyer des plongeurs, qui les saisissent à la main, et peuvent de cette manière en ramasser cinq ou six à la fois.

Quand il s'agit de préparer l'Holothurie pour son transport sur les marchés et pour sa conservation, les pêcheurs malais ou chinois la font bouillir dans l'eau et l'aplatissent avec des pierres. Ensuite on l'étend sur des cordes de bambou, pour la faire sécher, d'abord au soleil, puis à la fumée. Ainsi préparées, on les enferme dans des sacs, et on en charge des jonques, qui vont les vendre dans les ports de la Chine, où on les estime particulièrement. Cette pêche se fait aux mois d'avril et de mai.

Dans sa route vers le pôle austral, le commandant Dumont d'Urville, traversant les mers de la Chine, eut occasion d'assister à la pêche des Holothuries, faite par des Malais. Nous rapporterons le passage du *Voyage de l'Astrolabe et de la Zélée* dans lequel le navigateur français raconte ce qu'il a vu lui-même.

« Nous voyons, dit le capitaine Dumont d'Urville, entrer dans la baie quatre *praos* malais, portant les couleurs de la Hollande, qui viennent laisser tomber leurs ancres à une encablure de l'îlot de l'Observatoire. Les patrons de ces embarcations viennent aussitôt me saluer.

Ils m'apprennent que, partis de Marcassar vers la fin d'octobre, lorsque la mousson d'ouest commence, ils vont pêcher les holothuries (le Trépang) le long de la côte de la Nouvelle-Hollande, depuis l'île Melville jusqu'au golfe de Carpentarie, d'où les vents d'est les ramènent; en opérant leur retour, ils visitent de nouveau tous les points de la côte, mouillant dans les baies où ils espèrent pouvoir pêcher avec succès et compléter leur chargement. Nous sommes aux premiers jours d'avril, la mousson d'est est définitivement établie, les pêcheurs malais retournent dans leurs foyers, et, en passant, ils viennent exercer leur industrie dans la baie Raffles. Une heure après leur arrivée, il sont tous à l'ouvrage, le laboratoire pour la préparation de leur pêche est établi près de nos observateurs. La rade n'a plus le triste aspect d'une vaste solitude, des tourbillons de fumée couronnent l'îlot de l'Observatoire, sur lequel se sont élevés comme par enchantement plusieurs vastes hangars; de nombreuses embarcations garnies de plongeurs s'échelonnent dans les alentours afin de pêcher les holothuries, qui passent immédiatement aux fourneaux pour subir la préparation qui doit assurer leur conservation....

« Souvent dans mes courses j'avais remarqué, sur plusieurs points, de petits murs construits en pierres sèches, et affectant la forme de plusieurs demi-cercles accolés les uns aux autres. Vainement j'avais cherché à me rendre compte de l'usage auquel étaient destinées ces petites constructions, lorsque les pêcheurs malais arrivèrent. A peine leurs bateaux étaient-ils ancrés, qu'ils se hâtèrent de descendre dans l'île plusieurs grandes chaudières en fonte affectant la forme d'une demi-sphère, dont le diamètre atteignait souvent la longueur d'un mètre ; ils les placèrent sur les petits murs en pierre dont j'ai parlé et qui leur servent de foyers. Près de ces fourneaux improvisés, ils élevèrent ensuite des hangars en bambous, composés de quatre forts piquets fichés en terre, supportant une toiture qui recouvrait des claies destinées probablement à faire sécher le poisson lorsque le temps est à l'orage. Pendant leur séjour sur cette rade, ces pêcheurs, servis par un temps favorable, ne firent aucun usage de ces hangars, qu'ils avaient mis en état, je présume, par mesure de précaution.

« Cette foule d'hommes travaillant avec activité à établir leurs laboratoires, avait donné à cette partie de la baie un aspect inaccoutumé qui ne pouvait tarder d'attirer vers ce point les sauvages habitants de la Grande-Terre. Bientôt, en effet, ils accoururent de tous côtés ; presque tous atteignirent la petite île, soit à la nage, soit en traversant à gué la nappe d'eau peu profonde qui la sépare de la Grande-Terre. Je n'aperçus qu'une seule pirogue en écorce d'arbre mal assemblée, et qui avait donné passage à trois de ces visiteurs. Lorsque la nuit arriva, les Malais avaient terminé tous leurs apprêts; quelques-uns d'entre eux seulement restèrent à la garde des objets déposés à terre, tous les autres regagnèrent leur bateau....

« Sur ces entrefaites, un canot de l'*Astrolabe* étant venu porter quelques visiteurs sur l'île, j'en profitai pour aller en compagnie de M. Rocquemaurel visiter un des *praos* les plus proches, où nous fûmes reçus avec politesse, et même avec cordialité par le patron ou le capitaine du bateau : il nous fit parcourir son petit navire, dont nous pûmes examiner tous les détails. La carène nous parut solidement établie, les formes mêmes ne manquaient pas d'élégance ; mais le plus grand désordre semblait régner dans l'arrimage ; au-dessus d'une espèce de pont formé par des bambous et des claies en jonc, on voyait au milieu des cabines, ressemblant à des cages à poules, une infinité de paquets, des sacs de riz, des coffres, etc., etc. En dessous se trouvaient la cale à eau, la soute du trépang et le logement des matelots.

« Chacun de ces bateaux est muni de deux gouvernails (un de chaque côté), qui se soulèvent à volonté lorsque le bateau touche le fond. Ces navires vont ordinairement à la voile ; ils sont munis de deux mâts sans haubans qui peuvent à volonté se rabattre sur le pont au moyen d'une charnière. Leurs ancres sont toutes en bois, car le fer n'entre que bien rarement dans les constructions malaises. Leurs câbles sont en rotin ou en gomoton. L'équipage se compose de trente-sept hommes environ. Le nombre des embarcations est de six pour chaque bateau. Au moment de nos visites, elles étaient toutes occupées à la pêche et quelques-unes étaient mouillées à petite distance de nous. Sept ou huit hommes à peu près nus plongeaient pour aller chercher le trépang au fond de l'eau. Le patron de l'embarcation seul se tenait debout et ne plongeait pas. Un soleil ardent dardait ses rayons sur leurs têtes sans les incommoder ; il n'y a pas d'Européen qui puisse tenir plus d'un mois à faire un pareil métier. Il était près de midi, et notre capitaine malais nous assurait que c'était le moment le plus favorable pour la pêche. Nous apercevions, en effet, facilement chacun des plongeurs, revenant chaque fois à la surface de l'eau, en tenant au moins un poisson et souvent deux à chaque main. Il paraît que plus le soleil est élevé au-dessus de l'horizon, mieux ils peuvent distinguer leur proie et la saisir facilement. Les plongeurs paraissaient à peine à la surface pour rejeter dans le canot le poisson qu'ils avaient saisi, et ils replongeaient immédiatement. Lorsque ces embarcations étaient suffisamment chargées, elles étaient remplacées par des canots vides, et conduites à la plage de l'île. Je suivis l'une d'elles pour assister à la cuisson du trépang qu'elle apportait.

« Le trépang, ou holothurie de la baie Râfles, avait à peu près cinq à six pouces de long sur deux pouces de diamètre. C'est une grosse masse charnue affectant la forme d'un cylindre et dans laquelle on ne distingue à l'extérieur aucun organe. Ce mollusque colle sur le fond de la mer, et comme il n'est susceptible de prendre qu'un mouvement très-lent, les Malais le saisissent facilement ; le premier mérite du bon pêcheur est de savoir parfaitement plonger et d'avoir un œil exercé, pour le distinguer sur le fond de l'eau. Pour le conserver, les pêcheurs le jettent encore vivant dans une chaudière d'eau de mer bouillante, où ils le remuent constamment au moyen d'une longue perche de bois qu'ils appuient sur une fourche fichée en terre afin de faire levier. Le trépang rend en abondance l'eau qu'il contient ; au bout de deux minutes environ, on le retire de la chaudière. Un homme armé d'un large

Fig. 99. Pêche et préparation de l'Holothurie dans l'océan Indien.

couteau l'ouvre pour en extraire les intestins, puis il le rejette dans
une seconde chaudière où on le chauffe de nouveau avec une très-petite
quantité d'eau et de l'écorce de *mimosa*. Il se forme dans la deuxième
chaudière de la fumée en abondance produite par l'écorce qui se con-
sume. Le but de cette dernière opération semble devoir être de fumer
l'animal, afin d'assurer sa conservation. Enfin, en sortant de là, le trépang est placé sur des claies et exposé au soleil afin de se sécher. Il ne
reste plus ensuite qu'à l'embarquer.

« Il était deux heures de l'après-midi lorsque les plongeurs cessèrent
de pêcher, et vinrent à terre ; bientôt ma tente en fut entourée. Au milieu d'eux je pus reconnaître le capitaine du prao que j'avais visité dans
la journée ; il s'approcha de moi, et examina avec beaucoup d'attention
tous les instruments de physique qui se trouvaient à l'observatoire, et
dont il cherchait à comprendre l'usage. Un fusil à piston qui se trouvait à mes côtés le surprit extrêmement, surtout lorsque je lui démon-
trai par l'expérience combien son mécanisme était supérieur à celui
des fusils à pierre. Il m'assura que ces armes n'étaient point encore
connues sur l'île Célèbes, sa patrie ; mais il ne parvint pas à me convaincre ; puis ensuite il me questionnait sur les points que nous avions
déjà visités et sur ceux où nous devions aller. Je me hasardai à lui
tracer sur une feuille de papier un croquis de la carte de la Nouvelle-
Hollande, de la Nouvelle-Zélande et de la Nouvelle-Guinée. Aussitôt il
me prit le crayon des mains et y ajouta tout l'archipel de l'Inde, la côte
de la Chine, celle du Japon, sans oublier les Philippines. Surpris, je
lui demandai, à mon tour, s'il avait visité tous ces lieux ; il me répondit
négativement, mais en même temps il ajouta qu'il connaissait parfaitement la position de toutes ces terres, et qu'il y conduirait facilement
son bateau. Enfin, il termina en me demandant un verre d'arack. J'i-
gnore si ce brave Malais professe la religion mahométane, mais ce que
je puis assurer c'est qu'il but une demi-bouteille de vin et un quart de
litre d'arack sans paraître en être incommodé le moins du monde. Il
m'offrit ensuite du trépang préparé en m'engageant à y goûter. Je trouvai à ce poisson préparé un goût rapprochant beaucoup de celui du ho-
mard : mes hommes le trouvèrent fort bon, et ils acceptèrent avec
reconnaissance l'offre du capitaine. Pour moi, j'éprouvai une répugnance invincible même à le goûter. Le trépang se vend sur les marchés
de Chine ; d'après les renseignements qu'a pu nous donner notre capitaine malais, le prix de cette denrée serait quinze roupies (trente-deux
francs environ) le pikoul ou les cent vingt-cinq livres. Il estimait son
chargement à environ trois mille francs ; il lui suffit de trois mois pour
le faire. De tout temps, les pêcheurs malais ont exploité exclusivement
ce commerce, et il sera toujours difficile aux Européens d'élever à cet
égard une concurrence, à cause de l'économie que les Malais peuvent
apporter dans leurs armements, grâce à la sobriété excessive de ces
hommes qui ne manquent ni d'intelligence, ni d'activité.

« Il était près de quatre heures lorsque les Malais terminèrent leurs
opérations. En moins d'une demi-heure, ils eurent embarqué leur récolte, les hangars furent démontés et rapportés, ainsi que les chaudières,

sur les bateaux qui se préparèrent à appareiller ; à huit heures du soir, ils avaient hissé leurs voiles et ils sortaient de la baie[1]. »

On peut se faire une idée de l'importance et de l'étendue de la pêche des Holothuries, par le nombre de vaisseaux qu'elle attire dans les mers de cette partie de l'Orient. Le capitaine Kings assure que deux cents vaisseaux quittent chaque année Madagascar, pour se livrer à la pêche des *Limaces de mer*.

Le capitaine Flinders étant sur la côte nord de la Nouvelle-Hollande, apprit qu'une flotte de soixante embarcations, portant une centaine d'hommes, avait quitté Madagascar, deux mois auparavant, pour aller à la recherche des *Limaces de mer*.

Dans la classe des Holothuries, on place un genre particulier, le genre *Synapte*, qui se distingue des Holothuries en ce qu'il n'a pas de pieds ambulacraires, et qu'il réunit les deux sexes sur le même individu.

On voit représenté cet Échinoderme sur la figure 100. M. de Quatrefages, qui en a découvert une espèce particulière dans les eaux de la Manche, en a donné la description suivante dans son remarquable ouvrage intitulé *Souvenirs d'un naturaliste.*

« Figurez-vous, dit le savant académicien, un cylindre de cristal rosé, ayant quelquefois jusqu'à dix-huit pouces de largeur, plus d'un pouce de diamètre, parcouru dans toute sa longueur par cinq petits rubans de soie blanche et surmonté d'une fleur vivante dont les douze pétales, d'un blanc mat, se recourbent gracieusement en arrière. Au milieu de ces tissus dont la délicatesse semble défier les produits les plus raffinés de notre industrie, placez un intestin de la gaze la plus ténue, gorgé d'un bout à l'autre de gros grains de granit dont l'œil distingue parfaitement les pointes vives et les arêtes tranchantes.

« Voilà ce qui me frappa tout d'abord dans cet animal, qui semble n'avoir littéralement d'autre nourriture que le sable grossier qui l'entoure. Et puis, quand, armé du scalpel et du microscope, je pénétrai dans son organisation, que de merveilles inattendues ! Dans ce corps

1. *Voyage au pôle sud et dans l'Océanie sur les corvettes* l'Astrolabe *et la* Zélée, *exécuté par ordre du roi, pendant les années* 1837-1838-1839-1840, sous le commandement de M. J. Dumont d'Urville, capitaine de vaisseau. Tome VI, *Histoire du voyage*, Paris, 1844, pages 47-56.

Fig. 100. Synapte de Duvernoy.
(*Synapta Duvernœu,* Quatrefages.)

dont les parois avaient à peine un demi-millimètre d'épaisseur, je dis-
tinguai sept couches de tissus distincts, une peau, des muscles, des
membranes. Sur ces tentacules pétaloïdes, j'aperçus des ventouses qui
permettaient à la synapte de s'élever contre la surface polie d'un vase
de cristal. Enfin, cet être si dénué en apparence de tout moyen d'attaque
et de défense se montra protégé par une espèce de mosaïque formée de
petits boucliers calcaires hérissés de doubles hameçons, dont les pointes,
dentelées comme des flèches de Caraïbes, avaient prise jusque sur mes
mains. »

Si l'on conserve pendant quelque temps dans de l'eau de
mer des Synaptes vivantes, et qu'on les soumette ainsi à un
jeûne forcé, on est témoin d'un bien étrange phénomène.
L'animal ne pouvant se nourrir, se retranche successivement à lui-même diverses parties de son corps : il s'ampute
spontanément. On voit un vaste étranglement se former, et
la séparation de l'une des parties se faire brusquement.

« On dirait, dit M. de Quatrefages, que l'animal, sentant qu'il ne
peut se nourrir tout entier, supprime successivement les parties dont
l'entretien coûterait trop à l'ensemble, à peu près comme on chasse les
bouches inutiles d'une ville assiégée. »

Ce singulier moyen de combattre la famine, la *Synapte*
l'emploie jusqu'au dernier moment. Au bout de quelques
jours, en effet, il ne reste de l'animal qu'un petit ballon
sphérique surmonté de tentacules. Pour conserver la vie de
sa tête, la Synapte s'est retranché successivement toutes les
autres parties de son corps !

Pour trouver des spectacles naturels nouveaux, des sujets
imprévus d'étude ou de réflexion, il n'est pas nécessaire de
courir le monde, ni de franchir de grandes distances. Il
suffit de se baisser au bord de nos rivages, et de demander
aux côtes de la Manche un échantillon des merveilles que
recèle notre Océan.

MOLLUSQUES

MOLLUSQUES

Les mollusques constituent un des quatre embranchements du règne animal.

Les mollusques sont des animaux mous, sans squelette intérieur articulé, et sans squelette annulaire extérieur. Leur système nerveux, dépourvu d'axe cérébro-spinal, se compose seulement de ganglions, dont la réunion embrasse l'œsophage, sans constituer jamais une longue chaîne médiane droite. Leur appareil digestif est complet, c'est-à-dire pourvu de deux ouvertures. Leurs principaux organes sont symétriques par rapport à un plan, ordinairement courbe, qui partage leur corps en deux parties.

Telle est la formule scientifique à l'aide de laquelle on pourra distinguer l'embranchement des mollusques des autres embranchements zoologiques, *Zoophytes*, *Annelés*, et *Vertébrés*.

Bon nombre de personnes seront surprises peut-être que tant de façons soient nécessaires pour distinguer une Huître d'un Chat, un Colimaçon d'une Écrevisse ou d'une Éponge. Mais en matière de science, il importe de préciser les termes.

Fidèle au programme que nous nous sommes tracé pour l'histoire des Zoophytes, nous supprimerons ici toutes considérations générales sur les mollusques, sur l'organisation de ces animaux, sur les mœurs, la distribution géographique, les usages économiques et industriels de ces êtres mollasses qui vont faire l'objet de nos études. Nous nous bornerons à faire connaître successivement, et aux divers points de vue qui viennent d'être énumérés, les espèces les plus curieuses et les plus importantes de cette classe d'animaux. Notre livre s'adresse à la jeunesse et aux gens du monde. Les généralités scientifiques ne sont point leur fait, ou du moins ils ne sauraient y arriver que par la connaissance des diverses particularités sur chaque espèce animale.

Nous ne saurions pourtant présenter, sans aucune méthode, l'histoire de tant d'êtres si peu connus, et si dignes de l'être. Nous suivrons un ordre scientifique, et nous nous conformerons, dans ce but, aux grandes divisions établies par les naturalistes modernes dans le vaste embranchement qui va nous occuper. Les mollusques diffèrent singulièrement entre eux; l'unité est difficile à établir dans ce petit monde. Nous diviserons cet embranchement, avec tous les naturalistes, en deux séries principales, dont la première établit en quelque sorte le passage entre les zoophytes dont nous venons de faire l'histoire, et les mollusques proprement dits.

Cette première série, ce sous-embranchement porte le nom de *Molluscoïdes*. Il comprend deux types particuliers d'organisation. L'un est celui des *Animaux Mousses* ou *Bryozoaires* (de βρύον, mousse, ζῶον, animal), l'autre celui des *Tuniciers*, ou des *porte-tuniques*.

Les *Mollusques* proprement dits seront groupés en quatre classes :

Les Acéphales,

Les Gastéropodes,

Les Ptéropodes,

Les Céphalopodes.

Nous allons parcourir chacune de ces classes de l'embranchement des mollusques, en commençant par les *Bryozoaires*, c'est-à-dire en remontant l'échelle de complication de l'organisation animale.

BRYOZOAIRES

Les *Bryozoaires* sont le dernier terme de la série des mollusques, l'anneau qui rattache la chaîne des zoophytes à celle des mollusques. En raison de cette organisation intermédiaire, on les a longtemps considérés comme des Polypes. MM. de Blainville, Edwards et Ehrenberg proposèrent, presque en même temps, de les séparer de ces derniers animaux, et d'en faire un groupe séparé.

Les plantes marines sont quelquefois recouvertes d'une matière abondante, veloutée, parasite, qu'on prendrait, au premier aspect, pour une plante, c'est-à-dire pour une Mousse. Cette prétendue Mousse n'est autre chose qu'une agrégation d'animalcules, dont chacun a sa logette distincte, mais contiguë à celle du voisin.

Ces petits êtres vivent donc en communauté. Chaque logette est formée par leur peau, qui est incrustée de sels calcaires, ou bien qui se durcit à la manière de la corne. Cette sorte de coquille met l'animal à l'abri des attaques de ses ennemis.

Ce mode de retraite au fond d'un abri protecteur est d'ailleurs fréquent dans toute la série des mollusques. L'Huître s'enferme dans ses valves; le Colimaçon se retire dans sa coquille.

L'ensemble de ces logettes agglomérées que présentent les Bryozoaires, a longtemps été désigné sous le nom de *polypier*. On a proposé, avec juste raison, de le nommer *testier*.

Ce *testier*, dont chaque loge a une ouverture munie d'un bourrelet nu, ou dentelé, ou épineux, ou protégé par un opercule, présente des formes très-variables. C'est tantôt un ensemble de tubes ramifiés et rampants, tantôt une masse arrondie, d'apparence spongieuse, tantôt des expansions aplaties, lamelliformes, réticulées. Quelques espèces marines recouvrent les coquilles des Moules comme une fine dentelle.

Fait remarquable, ces cellules ne sont pas toujours inertes. Elles jouissent elles-mêmes de la faculté de se mouvoir. Tout le monde sait que les feuilles et les rameaux de la Sensitive se contractent et se replient, sous le doigt qui les touche. Le même phénomène se passe, d'après M. Rymer Jones, dans les cellules de certaines espèces de Bryozoaires. Dès qu'on les excite, ces cellules s'inclinent vivement; et le mouvement se communique de proche en proche, à toutes les cellules de la communauté. On dirait des capucins de cartes qui tombent l'un sur l'autre, quand le dernier de la bande a été ébranlé et jeté sur son voisin ! Ainsi, de simples organes jouissent d'un mouvement propre !

Revenons cependant à l'organisation du corps de l'animal contenu dans la logette. La portion supérieure et rétractile, qui est d'une délicatesse extrême, se termine, en avant, par un cercle de longs tentacules, au milieu desquels on aperçoit la bouche. Ces tentacules sont bordés latéralement par une série de cils vibratiles, qui peuvent à la volonté de l'animal, s'épanouir au dehors et rentrer dans la loge.

« Bientôt, dit Frédol, le Bryozoaire étale ses jolis petits bras ; les appendices et les cils de ses derniers commencent leurs rapides vibrations. L'œil, trompé par la vivacité et la régularité des mouvements qu'ils exécutent, croit voir des chapelets de gouttelettes de rosée balancés, tordus, noués et dénoués. Les corpuscules qui flottent autour de l'animal sont violemment agités, comme s'ils étaient sous l'influence de quelque tourbillon. Malheur, dans ce moment, aux infortunés infusoires que le hasard amène dans ce cercle fatal ! »

Cette proie pénètre dans la bouche, à laquelle font suite un pharynx, un œsophage, un estomac, un intestin, et, du côté du dos de l'animal, non loin de la bouche, une ouverture spéciale pour cet intestin.

La respiration se fait, chez les Bryozoaires, par les appendices ciliés qui entourent la bouche. Ils constituent à la fois des tentacules et des branchies. L'animal ne présente aucune autre trace d'organes des sens. Un petit ganglion et

quelques filets qui en partent constituent tout le système
nerveux. On ne voit ni cœur ni vaisseau.

L'œuf, chez le Bryozoaire, donne naissance à un jeune
animal, dont le corps est recouvert de cils à sa surface, et
qui nage librement, jusqu'à ce qu'il ait choisi un lieu convenable pour l'établissement de la nouvelle colonie dont il
sera l'origine. Mais ce choix ne se fait pas pour lui seul. Le
jeune animal renferme, sous son enveloppe ciliée, deux nouveaux individus qui, tout jeunes qu'ils sont, ont déjà l'aspect des Bryozoaires adultes. Ils augmentent tout d'abord le
personnel de la colonie par leur bourgeonnement; plus tard
ils produisent des œufs.

Après ce coup d'œil général jeté sur l'organisation de ce
petit groupe de mollusques dégradés ou à peine ébauchés
par la nature, nous appellerons l'attention du lecteur sur
quelques-unes des espèces caractéristiques de ce groupe.

On trouve assez communément, dans les eaux pures et
stagnantes, sous des feuilles de Nymphéa, des Potamots, ou
sur des fragments de bois submergés, des animaux bryozoaires que Trembley décrivit le premier sous le nom de
Polypes à panaches. Ce sont les *Plumatelles* (fig. 101). Ces
petits êtres diaphanes constituent des colonies, qui ressemblent à de petits arbustes rameux et microscopiques, formés de menus tubes, entés les uns sur les autres. Ils offrent
de 40 à 60 tentacules rétractiles, qui s'épanouissent, comme
les pétales d'une fleur, et sont garnis de cils vibratiles, dont
le mouvement suffit pour amener les aliments à la bouche.

Un autre genre qu'on trouve dans nos étangs de France,
est la *Cristatelle* (fig. 102). Les habitants de la colonie sont
réunis, en très-grande quantité, dans une enveloppe commune. Ce sont de longs filaments, de la grosseur d'une
plume de Cygne. Leur aspect rappelle assez bien celui des
cordons de passementerie qu'on appelle *chenille*. La villosité
est produite par l'ensemble des tentacules appartenant aux
animalcules de ce curieux essaim. La masse filamenteuse
est le cordon hyalin dans lequel ces animalcules sont logés,
et où ils peuvent rentrer quand on les inquiète. Ces cordons

sont tantôt libres en partie, tantôt complétement adhérents aux racines, aux tiges des petites plantes aquatiques. Les tentacules sont d'une belle couleur hyalin, le corps est coloré en brun.

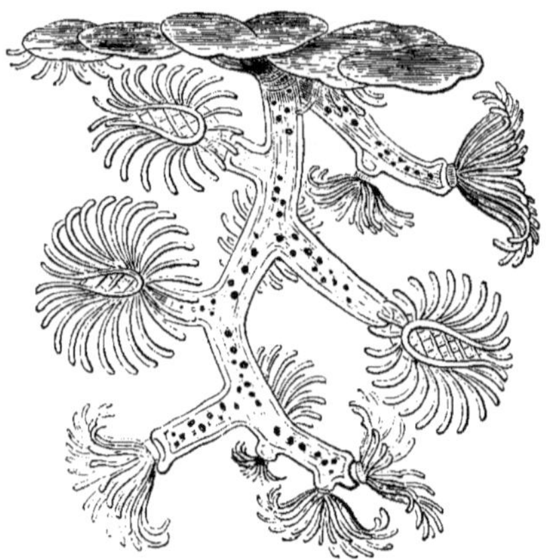

Fig. 101. Plumatelle cristalline.
(*Plumatella cristallina*, d'après Rœsel.)

La figure 102 représente une espèce de Cristatelle commune dans nos climats, la *Cristatelle mucedo*.

Les *Flustres* sont des Bryozoaires marins, dont la peau, s'endurcissant en grande partie, forme un *testier*, d'appa-

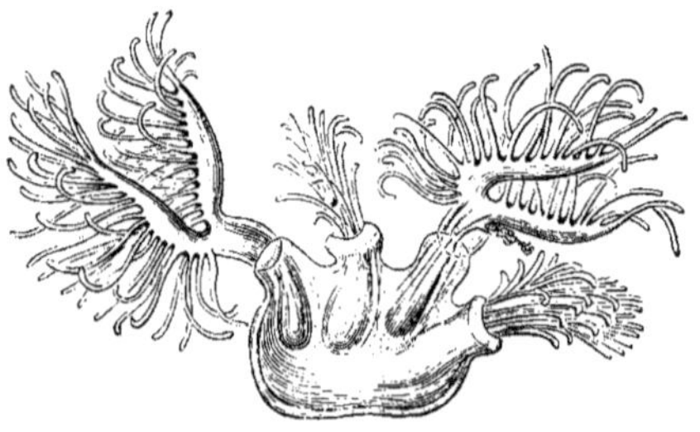

Fig. 102. Cristatelle moisissure.
(*Cristatella mucedo*, Cuvier.)

rence cornée et cellulaire. Les loges ou cellules sont rapprochées les unes des autres, et groupées symétriquement, comme les alvéoles des Abeilles. Tantôt elles composent des

croûtes qui recouvrent les Algues et autres végétaux ou corps
sous-marins ; tantôt elles forment des tiges rubanées.

Quelques espèces de Flustres existent sur nos côtes. Nous
citerons la *Flustre foliacée* (fig. 103), dont le testier peut acquérir jusqu'à un mètre de grandeur dans tous les sens.

« Les expansions, dit l'auteur du *Monde de la mer*, représentent des
ruches microscopiques dont les citoyens jouissent à la fois d'une exis-

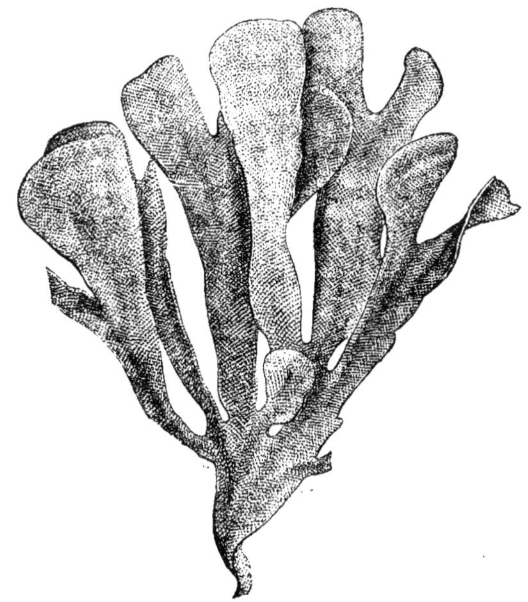

Fig. 103. Flustre foliacée.
(*Flustra foliacea*, Lin.)

tence commune et d'une existence indépendante. Comme chez les Polypiers, chacun mange pour le compte de l'association et pour son
propre compte. Travail et nutrition pour la république ; travail et nutrition pour soi ! Très-probablement il règne, entre tous les habitants
d'un même groupe, des sentiments de fraternité d'une nature particulière dont nous n'avons aucune idée. Puisque ce qui est digéré par un
membre de la famille, profite, jusqu'à un certain point, à tous les autres, ne doit-il pas y avoir entre tous les divers individus, surtout entre
les plus rapprochés, un lien physiologique plus ou moins étroit, lequel
entraîne peut-être un lien moral plus ou moins fort ? Et, s'il en était
ainsi, les animalcules d'une flustre ne devraient pas connaître le sentiment de l'égoïsme. »

TUNICIERS

En apercevant la plupart des *Tuniciers*, une personne étrangère à la zoologie ne saurait guère les prendre pour des animaux. Presque toujours attachés aux rochers sous-marins, ces êtres affectent ordinairement la forme d'un sac. Leur peau, gélatineuse, cornée, ou rocailleuse, est parfois hérissée de plantes marines et de polypiers. Ils n'ont ni bras, ni pieds, ni tête. En revanche, ils ont une bouche, placée à l'entrée du tube digestif, et une ouverture spéciale destinée à l'évacuation des produits de la digestion, — ce qui est d'ailleurs un privilége parmi la série de ces êtres imparfaits que nous considérons depuis le commencement de ce volume. La bouche est précédée d'une grande cavité, dont les parois sont tapissées de vaisseaux, qui rendent cette cavité propre à la respiration, et qui sont recouverts de cils vibratiles. Le même canal sert donc, en avant, à la respiration, et plus loin à la digestion. C'est toujours la même et savante parcimonie de la nature.

Autre disposition tout aussi remarquable dans l'organisation de l'appareil circulatoire. On ne saurait appliquer aux Tuniciers le dicton vulgaire : *Mauvaise tête et bon cœur*, attendu qu'ils ont un cœur, à la vérité, mais qu'ils n'ont pas de tête.

Ce cœur est le centre d'un système vasculaire assez développé. Seulement, il n'est pas fait comme les autres. Le sang, qui le traverse, prend une telle route, que, dans l'espace de quelques minutes, le cœur change son oreillette en ventricule et son ventricule en oreillette. En même temps ses artères se changent en veines et ses veines en artères. C'est que le courant qui traverse ces canaux change de direction à chaque contraction du cœur.

Si simples qu'ils soient, les Tuniciers ont un système nerveux. C'est un ganglion unique, d'où partent divers petits filets. Les organes des sens se montrent chez eux d'une façon rudimentaire : on leur trouve des yeux.

En cherchant bien, on a même pu découvrir une oreille, une seule ! La nature ne va pas si vite d'accorder, du premier coup, deux oreilles à des êtres aussi arriérés que les Tuniciers.

Ces animaux se reproduisent par des bourgeons, et aussi par des œufs. Les petits subissent les plus curieuses métamorphoses. Nous signalerons plus loin les prodigieuses particularités que présente la multiplication de certains Tuniciers.

On divise les Tuniciers en deux familles : les *Ascidies* et les *Salpes*.

FAMILLE DES ASCIDIES.

Les *Ascidies* (du grec ασκίδιον, petite outre) ont, comme leur nom l'indique, la figure d'une outre, ou d'une bourse. L'analogie devient plus évidente encore, si l'on considère que ces êtres sont habituellement remplis d'eau, que l'on peut expulser de leur corps, et leur faire rendre, en les pressant un peu fortement.

Les *Ascidies* sont tantôt entièrement libres et formant des individus séparés, tantôt réunies les unes aux autres, d'une manière plus ou moins intime. De là leur division en trois groupes particuliers : les *Ascidies simples, sociales* et *composées*.

Les *Ascidies simples* se fixent, chaque individu isolément, sur les rochers et autres corps sous-marins, et généralement à une certaine profondeur. Nous citerons comme type, la *Cynthie petit monde* de la Méditerranée, que l'on voit représentée sur la figure 104.

Ce nom de *petit monde* vient sans doute de ce que la *Cynthie* est, en effet, habitée par tout un monde animé, par des Algues et des Polypiers, qui ont pour séjour sa surface, et lui donnent une physionomie particulière, mais peu attrayante. Le goût de ces molluscoïdes est fort âcre, ce qui n'empêche pas les pauvres habitants de nos côtes de les manger.

Le *Phallusia* est un autre type à citer dans le même groupe.

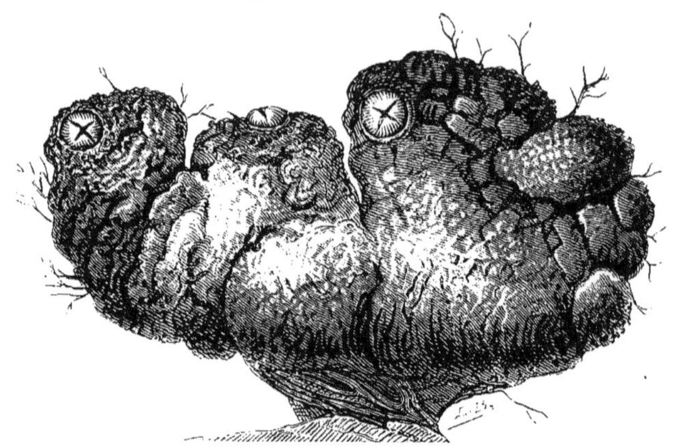

Fig. 104. Cynthie petit monde (*Cynthia microcosmus*).
(*Ascidia microcosmus*, Cuvier.)

Une espèce de couleur rouge, et de la grosseur d'une groseille, se loge communément dans les Huîtres de certaines localités, c'est la *Phallusia grossularia*.

On voit une autre espèce (*Phallusia ampulloïdes*) se développer, en quantité prodigieuse, à Ostende, dans les parcs à Huîtres. Ce parasite indiscret envahit jusqu'aux Homards vivants.

Les *Ascidies sociales* comprennent des Tuniciers vivants réunis sur des prolongements communs en forme de racines, mais libres d'ailleurs de toute adhérence entre eux. Nous citerons dans ce genre la *Bolténie pédonculée*.

Les *Ascidies composées* sont associées d'une manière plus intime encore. Un grand nombre de ces petits êtres vivent réunis en une seule masse. Tels sont les *Botrylles* et les *Pyrosomes*.

Le *Botrylle* est un des genres les plus intéressants du groupe que nous considérons. Qu'on se figure de dix à vingt individus, de forme ovale, plus ou moins aplatis, qui adhèrent, par leur face dorsale, aux corps sous-marins, et se tiennent entre eux par leurs côtés, de manière à former une sorte de roue.

« Quand on irrite une des branches de l'ensemble, dit Frédol, un seul Mollusque se contracte ; quand on tourmente le centre, ils se contractent tous (Cuvier). Les orifices buccaux se trouvent aux extrémités extérieures des rayons ; mais les terminaisons intestinales aboutissent à une cavité commune qui est au moyeu de la roue.

Voilà donc des animaux qui mangent séparément et qui remplissent ensemble une singulière fonction ! Ce genre d'union et de communauté nous rappelle ce qui se passait dans Ritta-Christina. Mais chez

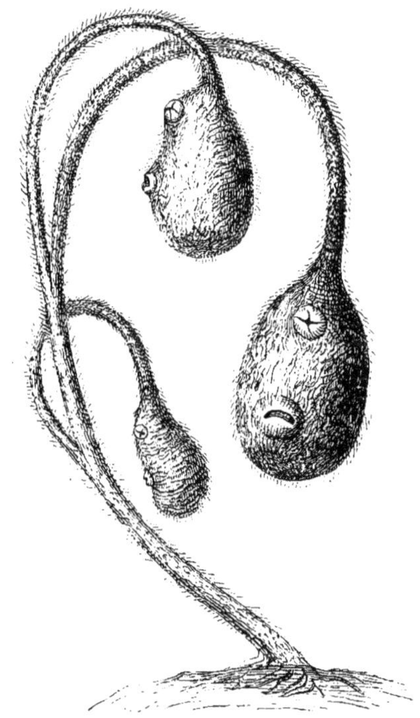

Fig. 103. Bolténie pédonculée (*Boltenia pedunculata*).
(*Ascidia pedunculata*, Miln. Edw.)

nos Mollusques, au lieu de deux individus soudés nous en avons une quinzaine.

On peut considérer l'étoile entière comme une seule bête à plusieurs bouches ! Mais alors il y a chez elle luxe d'organes pour la fonction intelligente qui cherche et qui choisit, et parcimonie pour la fonction stupide qui ne cherche pas et ne choisit pas [1] ! »

Tandis que le Botrylle est fixe et adhérent, le *Pyrosome*,

1. *Le Monde de la mer*, page 206.

au contraire, est parfaitement libre. La colonie animale qui le constitue flotte et se balance sur les eaux, comme la *Plume de mer* ou la *Physalie*, dont nous avons parlé en étudiant les zoophytes.

Le nom *Pyrosome* veut dire *corps en feu*. Ce nom a été donné à ces animaux en raison de la remarquable vivacité de leur phosphorescence. D'après les observations de Péron et Lesueur, rien n'est aussi brillant, aussi vif, aussi éclatant que la lumière émise, au sein des mers, par ces animaux. Par la manière dont les colonies se disposent, ils forment souvent de longues traînées de feu. Mais, fait singulier! cette phosphorescence offre le curieux caractère que présentent les cils des Beroés, c'est-à-dire que les couleurs varient instantanément, en passant, avec une promptitude étonnante, du rouge le plus intense à l'aurore, à l'orangé, au vert ou au bleu d'azur.

De Humboldt vit une troupe de ces brillantes colonies vivantes côtoyer son navire, en projetant des cercles de lumière qui n'avaient pas moins de cinquante centimètres de diamètre. Il put, de cette façon, apercevoir pendant plusieurs semaines, et à une profondeur de cinq mètres dans la mer, les poissons qui suivaient le sillage du vaisseau.

Bibra, voyageur au Brésil, ayant capturé six *Pyrosomes*, s'en servit pour éclairer sa cabine. La lumière produite par ces petits êtres était assez vive pour qu'il pût lire à un de ses amis la description qu'il venait d'écrire, de ces porte-flambeaux vivants.

On connaît trois espèces de Pyrosomes.

Le *Pyrosome élégant* n'a que deux ou trois pouces de long, et habite la Méditerranée.

Le *Pyrosome géant* se trouve dans la même mer. C'est un long cylindre bleuâtre, hérissé de tubercules, dont chacun appartient à un animal particulier, à un citoyen de cette république mobile, soudé à ses collègues par son enveloppe gélatineuse. C'est une alliance imposée à l'impitoyable nature, c'est du socialisme forcé.

Une troisième espèce, le *Pyrosome atlantique*, fut découverte par Péron et Lesueur, dans les mers équatoriales.

Les *Biphores* ou *Salpes* (fig. 106) forment un autre genre intéressant parmi les Tuniciers.

« Les *Biphores* ou *Salpes* sont réunies, dit Frédol, en longues files transparentes d'une grande délicatesse de tissu : cordons composés d'individus placés côte à côte et greffés transversalement; rubans dans lesquels chaque bestiole est greffée bout à bout avec ses sœurs, doubles chaînes parallèles de créatures sociales tantôt alternes, tantôt opposées.... Merveilleuse symétrie qui ne déroge jamais aux lois qui la régissent. Chapelets vivants dont chaque perle est un individu! »

Chaque individu offre un corps diaphane oblong, plus ou moins cylindrique ou prismatique, souvent muni en avant et rarement en arrière d'appendices tentaculiformes. Il est

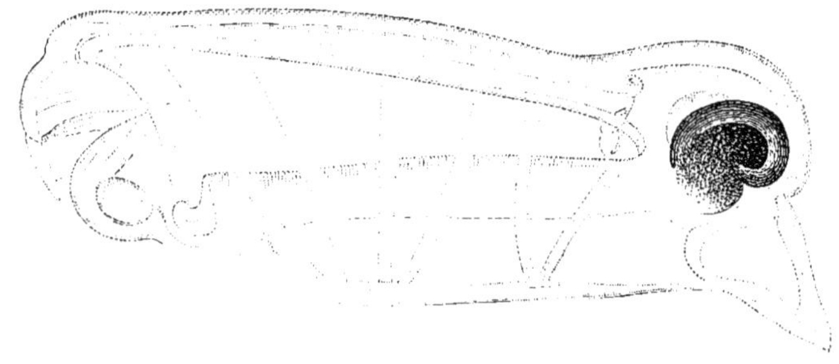

Fig. 106. Biphore birostré. (*Salpa maxima*, Forsk.)

d'une transparence si grande, que l'on peut voir fonctionner tous les organes dans l'intérieur du corps à travers sa peau.

Un philosophe ancien faisait à la structure de notre corps un petit reproche. Il regrettait que la nature n'eût pas songé à le percer d'une ouverture suffisante pour que chacun pût voir ce qui se passait à l'intérieur. L'animal qui nous occupe aurait satisfait notre critique : son corps est une maison de verre.

Pour se mouvoir, le *Salpe* emploie un singulier artifice. Il introduit de l'eau dans son corps, par une ouverture postérieure munie d'une valvule, et la fait sortir par une ouverture située en avant, du côté de la bouche. Il est ainsi toujours poussé en arrière et nage à reculons. De plus, il fait *la planche*, c'est-à-dire qu'il nage le ventre en l'air.

Les auteurs du *Dictionnaire de l'Académie française de* 1820, qui ont défini l'Écrevisse : *Un petit poisson qui marche à re-*

culons, — et qui n'ont fait que deux erreurs dans cette ligne, attendu que l'Écrevisse n'est pas un poisson et qu'elle ne marche pas à reculons, — auraient évité les justes quolibets dont on les a poursuivis, s'ils avaient accordé cet attribut au molluscoïde qui nous occupe. Les auteurs de ce Dictionnaire étaient trop forts en latin et en grec pour savoir quelque chose en histoire naturelle !

Tous les éléments d'une *chaîne de Salpes* agissent de concert. Ils se contractent et se dilatent simultanément. Ils marchent comme un seul homme ! On croirait voir un individu unique flotter avec des ondulations de Serpent.

Et, en effet, les matelots les appellent *Serpents de mer.*

Ces longues traînées vivantes abondent dans la Méditerranée, principalement vers les côtes d'Afrique et dans les mers équatoriales. Elles vivent dans la haute mer, immergées à des profondeurs considérables. Cependant, quand les nuits sont calmes, elles se montrent à la surface de l'eau. Comme elles répandent parfois une lueur phosphorescente, on les voit, sous la forme de longs rubans de feu, se dérouler au gré des vagues (fig. 107). Quel admirable spectacle la nature réserve souvent au navigateur qui traverse les mers des tropiques, pendant les nuits silencieuses de ces parages !

Lorsqu'on retire de l'eau une *chaîne de Salpes,* les anneaux se séparent, et ils ne peuvent plus adhérer de nouveau. L'assemblée est dissoute par ordre supérieur.

On rencontre quelquefois dans la mer des Salpes isolées et solitaires, dont la conformation extérieure diffère de celle qui est propre aux Salpes enchaînées. On serait donc tenté de les rapporter à un type différent. Mais les études de Chamisso, Krohn et Milne Edwards nous ont révélé à cet égard des faits aussi curieux qu'inattendus. A force de temps, de patience, de sagacité, on a fini par reconnaître que tout Biphore est vivipare, et que chaque espèce se propage par une succession alternante de générations dissemblables. L'une de ces générations est représentée par des individus solitaires, l'autre par des individus agrégés. Chaque individu solitaire engendre un groupe, une chaîne ; chaque membre constitutif de la chaîne engendre une *Salpe* solitaire.

Ainsi, une Salpe n'est pas organisée comme sa mère ou comme sa fille, mais bien comme sa sœur, sa grand'mère ou sa petite-fille ! Autre exemple de cette *génération alternante*, que nous n'avons pu qu'esquisser en parlant des Zoophytes.

Ces êtres marins qui passent leur vie dans une communauté forcée ; — ces animaux qui mangent, dorment ou reposent toujours en compagnie ; — qui s'abandonnent ensemble aux molles caresses de la vague ; — ces colonies, ces

Fig. 107. Chaîne de Salpes, phosphorescente, à la surface de l'Océan.

républiques animales, qui vivent constamment de la même existence, — nous révèlent une bien étrange merveille : la communauté, l'identité des sentiments dans une foule d'êtres rivés à la même chaîne, à une chaîne physique, intellectuelle et morale !

Celui qui n'a jamais porté son attention sur les animaux inférieurs, est étranger à de bien surprenants mystères. L'étude de l'histoire naturelle est donc le meilleur moyen d'ajouter à l'étendue, à la variété des connaissances et des idées de la jeunesse !

MOLLUSQUES ACÉPHALES

Nous voici arrivé aux mollusques véritables. La transition des *molluscoïdes* nous a préparé à mieux comprendre les particularités de l'existence et des mœurs des mollusques proprement dits.

Le nom même de *mollusque* indique le caractère qui avait le plus frappé les anciens naturalistes : ils sont mous (en latin, *molles*). Leur chair est froide, humide, visqueuse. En raison même de leur mollesse, ils sont ordinairement munis d'un appareil de défense ou de protection, d'une cuirasse pierreuse, nommée *coquille* ou *test*. Selon les espèces, ce test est une cotte de mailles, un bouclier ou une tour. Le Mollusque est donc armé et défendu contre les attaques du dehors, à peu près à la manière d'un chevalier au moyen âge. Seulement, le chevalier n'était pas étroitement et à jamais enfermé dans son armure, tandis que le Mollusque y est attaché par les liens indissolubles de l'organisation.

« Telle vie et telle habitation, dit M. Michelet, l'éloquent auteur de *la Mer* ; dans nul autre genre plus d'identité entre l'habitant et le nid. Ici, tiré de sa substance, l'édifice est la continuation de son manteau de chair. Il en suit les formes et les teintes. L'architecte sous l'édifice en est lui-même la pierre vive. »

La coquille des Mollusques a donné lieu à des appréciations assez diverses. Certains naturalistes la comparent au squelette des animaux supérieurs.

« On pourrait regarder la coquille comme l'os de l'animal qui l'occupe, » dit l'un de nos savants.

Mais un autre est survenu, émettant une vue différente :

« On peut dire, en thèse générale, que les mollusques testacés sont des animaux chez lesquels l'ossification se trouve rejetée à la surface extérieure du corps au lieu de se faire à l'intérieur, comme cela a lieu chez les Mammifères, les Oiseaux, les Reptiles et les Poissons. Chez les animaux supérieurs, les os gisent dans les profondeurs du corps ; chez les Mollusques, les os sont placés à la superficie. C'est le même système renversé, retourné. »

D'autres zoologistes repoussent en ces termes cette assimilation théorique :

« La coquille qui sert de demeure et d'abri à l'animal ne saurait être, disent ces derniers, considérée comme un squelette, parce qu'elle ne traduit pas extérieurement les formes de l'animal, parce qu'elle ne donne pas attache aux organes du mouvement, et enfin parce qu'elle est un produit de sécrétion qui croît sans cesse à mesure que le corps lui-même prend du développement. »

Cette dernière opinion nous paraît la plus acceptable.

Quoi qu'il en soit, par l'immense variété de leur forme et de leur grandeur, par leur éclat, par la beauté et la vivacité de leurs couleurs, les coquilles des Mollusques constituent un des plus attrayants objets d'histoire naturelle. Aussi les collectionneurs de coquilles sont-ils nombreux en tous pays.

Ce n'est pas toutefois par leur seule beauté qu'une collection de coquilles fait naître un vif intérêt : une créature vivante habite cette coquille, une créature qui a son organisation et sa vie, et surtout des mœurs dignes d'exciter au plus haut point l'intérêt, la curiosité et l'admiration. On a dit que cette coquille « est comme une médaille frappée par la main de la nature à l'effigie des climats. » En effet, les eaux douces ou salées, appartenant aux différentes régions du globe, sont caractérisées par la présence de coquillages particuliers. Enfin, la comparaison des coquilles vivantes avec celles des coquilles fossiles qui gisent dans les profondeurs du sol, est un grand élément d'information scientifique touchant l'origine des diverses couches qui constituent notre globe.

Ainsi, ne fermons pas les yeux devant ces êtres, en apparence misérables et chétifs. Dieu leur a prodigué les merveilles qu'il tient en réserve, pour embellir l'organisation et la vie. Qui oserait leur refuser un regard ! Qui ne trouverait du charme à examiner, à comparer leur structure ! L'homme descend dans les profondeurs du sol, pour y chercher u métal précieux ; — il plonge sous les eaux de l'Océan, pour y recueillir les débris d'un naufrage ; — il penche sa tête sur les ouvrages les plus minutieux, usant ses yeux et sa santé à exécuter de microscopiques instruments mécaniques ; — comme ces ambassadeurs siamois que nous montrait, à l'Exposition des Beaux-Arts de 1865, l'admirable pinceau de Gérôme, il se traîne à genoux, et cache son visage dans la poussière, pour rendre hommage à un puissant du jour! Pourrait-il refuser de se courber un moment sur le sable des mers, pour recueillir dans sa main, pour rapprocher de ses yeux les merveilleux ouvrages du divin Créateur?

Mais il est temps d'arriver à l'examen de la grande classe de mollusques dont le nom est inscrit en tête de ce chapitre, aux *mollusques acéphales*, c'est-à-dire sans tête (de α privatif et de κεφαλη, tête).

Point de tête ; le corps enveloppé par des replis de la peau assez semblables à des voiles ; une coquille à deux valves : tel est le signalement sommaire de tous les mollusques acéphales.

Le chapitre que nous consacrons à leur examen ne sera pas, nous l'espérons, sans intérêt pour nos jeunes lecteurs. On y apprendra à connaître, ou à mieux connaître, une vingtaine de mollusques sur lesquels il est bon de s'arrêter à divers titres, et dont quelques-uns sont d'une importance considérable. Telle est par exemple l'*Huître*, qu'on sème, qu'on cultive, qu'on récolte aujourd'hui, comme on récolte les fruits ; — la *Pintadine*, qui fournit à la parure le précieux ornement de la perle ; le *Taret*, qui, travaillant silencieusement à la destruction lente des bois de construction, produit souvent des désastres affreux, méconnus jusqu'à l'heure où ils se manifestent ; qui ronge les navires sous les pieds des marins insoucieux ou ignorants du péril ; qui mine et détruit ces digues gigantesques, obstacle salutaire opposé à l'inondation et à la ruine d'un pays.

Pour donner une idée à la fois intéressante et exacte du groupe naturel des *mollusques acéphales*, nous choisirons un certain nombre de familles, ou plutôt de types de ces familles. Les principaux types seront : l'*Huître*, la *Moule*, le *Bénitier*, la *Bucarde*, le *Taret*.

L'*Huître* est le type d'un petit groupe de mollusques acéphales, parmi lesquels nous distinguerons le *Spondyle*, le *Peigne*, le *Marteau* et la *Pintadine*.

La *Moule* est le type d'une autre famille dont font partie le *Jambonneau*, l'*Anodonte*, la *Mulette*.

Le *Bénitier*, ou *Tridacne*, représentera pour nous, à lui seul, un groupe particulier.

La *Bucarde* constitue, avec les *Donaces*, les *Tellines* et les *Vénus*, une famille.

Il nous restera enfin à considérer le redoutable clan dont le *Taret* est le chef destructeur, et qui comprend le *Solen*, ou *Couteau*, et la *Pholade*.

FAMILLE DES OSTRÉACÉS.

Cette famille de mollusques acéphales comprend un assez grand nombre de genres. Nous étudierons seulement les genres *Huître*, *Peigne*, *Spondyle*, *Marteau* et *Pintadine*.

GENRE HUÎTRE.

Nous parlerons successivement de l'organisation de l'Huître, de son développement, de sa distribution géographique, de sa pêche, enfin des moyens qui ont été imaginés de nos jours pour la reproduire et la multiplier, dans des bassins de mer.

La coquille de l'Huître, assez régulière, se modifie suivant le relief des corps sous-marins auxquels elle est fixée.

Les deux valves sont inégales : celle qui est adhérente est toujours la plus grande; elle est épaisse et concave; la valve supérieure est plus petite, plus mince et ordinairement plate. Leur surface, quelquefois unie, est ordinairement rugueuse et semble composée de feuillets brisés. Cette coquille est de structure lamelleuse. Les lames, faiblement adhérentes les unes aux autres, se recouvrent en se débordant successivement, et présentent à l'extérieur des feuillets plus ou moins frangés. Les accroissements très-inégaux de ces lames déterminent les nombreuses modifications de leurs formes. A la charnière qui relie les deux valves, se trouve un ligament élastique, noirâtre et aplati, qui fait écarter les valves l'une de l'autre.

La surface intérieure des valves est lisse, blanche, d'aspect nacré. Vers leur centre, un peu en arrière et en haut, on remarque une impression ovale ou arrondie sur laquelle s’attache un corps charnu, épais, blanchâtre : c’est le *muscle central*. Ce muscle est destiné à rapprocher les valves, pour y renfermer hermétiquement l’animal. C’est ce muscle que l’écaillère coupe en travers pour ouvrir une Huître.

L’Huître est un animal dépourvu de toute mobilité. Sa coquille, toujours adhérente, est fixée et comme soudée sur les rochers ou autres corps sous-marins. Le point d’adhérence se trouve près du sommet de la valve inférieure, dans la partie qu’on nomme le *talon*.

Supposons une Huître ouverte par la double section du ligament et du muscle central cylindrique et adducteur des valves, et voyons quelle est la disposition de l’ensemble de ses organes.

Quand elle est ouverte et étalée sous nos yeux, nous apercevons au fond de la coquille un animal aplati, demi-transparent, grisâtre et de forme ovalaire.

Le gastronome, qui ne voit pas plus loin que son nez, estime que, malgré ses mérites culinaires, l’Huître doit être placée dans les rangs les plus inférieurs de l’animalité. Le gastronome se trompe ; il ignore combien est complexe et délicate l’organisation de ce mollusque.. Nous allons nous efforcer de lui en donner une idée.

L’animal est enveloppé d’une sorte de manteau mince, lisse, contractile, replié sur lui-même, offrant deux lobes, séparés dans la plus grande partie de sa circonférence. C’est comme un capuchon, dont le sommet aboutit à la charnière. Les bords du manteau sont garnis de petits corps ciliés, que l’animal peut, à volonté, allonger ou raccourcir, et qui semblent doués d’une certaine sensibilité. C’est le manteau qui sécrète les éléments calcaires de la coquille.

Au point de réunion des lobes du manteau, vers le sommet des valves, se trouve la bouche, que l’on reconnaît à sa position transverse et à ses deux lèvres minces et membraneuses. Cette bouche est grande, dilatable, accompagnée de quatre pièces triangulaires et plates, au moyen desquelles l’animal introduit les aliments dans sa cavité.

Un œsophage très-court fait suite à la bouche, et s’ouvre dans un estomac qui a la forme d’une poire. Après cet estomac vient un intestin grêle, sinueux, qui, se dirigeant obliquement vers le côté antérieur, descend un peu, puis remonte, passe derrière la cavité stomacale, presque à la hauteur de la bouche, et se reporte en arrière, en croisant son premier trajet, pour gagner la face postérieure du muscle adducteur, sur le milieu duquel il se termine par une ouverture libre.

L'estomac et l'intestin sont entourés de tous côtés par le foie, qui constitue à lui seul une portion très-notable de la masse des organes. Ce foie, de couleur noirâtre, est pénétré d'une liqueur d'un jaune foncé, qui est la bile.

Ainsi, l'estomac et l'intestin des Huîtres sont entourés par le foie; la bouche s'applique sur l'estomac et l'intestin s'ouvre dans le dos.

Achevons d'indiquer en traits rapides la structure compliquée de l'animal dont nous esquissons l'histoire.

Le cœur de l'Huître est placé au-dessous du foie, et il entoure étroitement la partie terminale de l'intestin. Ce cœur est composé, comme celui des animaux supérieurs, de deux cavités distinctes : une oreillette et un ventricule. Du ventricule part un vaisseau, qui se divise en trois canaux distincts : l'un de ces canaux porte le sang vers les parties supérieures, c'est-à-dire vers la bouche et les tentacules ; l'autre le porte au foie ; le dernier distribue le fluide nourricier au reste du corps.

Le sang de l'Huître n'est pas coloré en rouge : comme celui des animaux inférieurs, il est limpide et incolore. Ce fluide passe successivement de l'oreillette du cœur, où il arrive vivifié, dans le ventricule, et de cette dernière cavité, dans le gros vaisseau dont nous avons parlé, et qui le distribue dans l'intérieur de l'animal.

Ainsi les Huîtres possèdent une véritable circulation, non pas cette circulation complète qui caractérise les animaux supérieurs, cette double circulation qui comprend l'artère pulmonaire, mais une circulation simple, comme elle existe chez les poissons et chez un grand nombre d'autres animaux.

L'Huître respire aussi au milieu de l'eau, à la manière des poissons. Elle est pourvue, comme le poisson, d'organes appelés *branchies*, qui sont chargés de séparer de l'air dissous dans l'eau l'élément respirable, c'est-à-dire le gaz oxygène. Ces branchies, placées sous le manteau, se composent d'une double série de canaux très-fins et très-serrés. Dessinant une ligne courbe, ils sont disposés comme les dents d'un peigne.

Privées de tête, les Huîtres ne peuvent avoir de cerveau. L'origine des nerfs se trouve près de la bouche. On voit en ce point un gros ganglion, d'où partent deux nerfs qui se distribuent aux régions de l'estomac et du foie, et se terminent à un second ganglion, situé à la partie postérieure du foie. La première branche nerveuse distribue la sensibilité à la bouche et aux tentacules ; la seconde aux branchies respiratoires.

En fait d'organes des sens, les Huîtres sont fort mal partagées, ce qui se comprend sans peine, vu la destinée sédentaire de ces êtres, éternellement rivés au rocher où ils ont pris racine dès leur jeune temps. Elles ne voient ni n'entendent ; le toucher paraît le seul sens qui leur soit dévolu. Il a son siége dans les tentacules de la bouche.

Passons à la reproduction de cet animal bizarre. Les Huîtres réunissent les deux sexes sur le même individu. Dans un même organe se trouvent à la fois les œufs et les corpuscules mobiles destinés à féconder ces œufs. Chaque Huître est donc à la fois père et mère.

Les œufs, de couleur jaunâtre, existent en nombre prodigieux sur chaque individu. On assure qu'une Huître peut porter jusqu'à deux millions d'œufs! La nature a toujours, et avant tout, la préoccupation de conserver l'espèce. Mais ici, on peut le dire, elle a largement pris ses mesures pour n'être pas prise en défaut! Demandez à un mathématicien le nombre d'individus que pourrait produire un banc d'Huîtres, en accordant deux millions d'œufs à chaque individu.

La saison du *frai* a lieu ordinairement du mois de juin à la fin de septembre. A cette époque, les Huîtres pondent leurs œufs. Ces œufs sont alors dans les plis du manteau. Pendant cette période d'incubation, les œufs séjournent au sein d'une matière muqueuse, qui est nécessaire à leur développement. Le tout ressemble à une crème épaisse. C'est alors que les Huîtres sont, comme on le dit, *laiteuses* : cette apparence laiteuse est due à l'accumulation d'une masse énorme d'œufs plongés dans la matière muqueuse.

A mesure que leur évolution se poursuit, la masse des œufs devient successivement jaunâtre, gris-brun et gris-violet. Les *jeunes* finissent par éclore au sein même de l'Huître mère.

La tendre mère n'a rien de plus pressé que de les jeter à l'eau.

Rien n'est plus curieux que de voir un banc d'Huîtres à l'époque du *frai*. Tous les individus adultes qui le composent lancent au dehors les innombrables phalanges de leur progéniture. On voit une poussière vivante s'exhaler du banc d'Huîtres, troublant l'eau, et y formant comme un nuage épais qui, se disséminant peu à peu dans le liquide, se dissipe et va se perdre loin de son foyer de production.

Fait bien remarquable! l'Huître, qui est condamnée à passer sa vie dans l'immobilité, éternellement attachée à un rocher sous-marin, jouit du privilége du mouvement, quand elle est encore à l'état de larve ou de *jeune*. Nous avons vu, dans nos études sur la botanique, des organes reproducteurs de végétaux cryptogamiques, comme les Algues, par exemple, avoir de même la faculté de locomotion, et ne devenir immobiles qu'en passant à l'état adulte. Voilà donc un trait de ressemblance bien étrange, une analogie bien curieuse, entre certains mollusques et quelques végétaux inférieurs !

Les larves de l'Huître qui, au moment de leur naissance, sont lancées au milieu des eaux, sont pourvues d'un petit appareil qui leur permet de nager et de se diriger dans le milieu liquide. Une sorte de bourrelet, garni de cils vibratiles, est disposé sur la jeune coquille. Grâce aux muscles puissants dont il est armé, ce bourrelet peut sortir hors des valves, ou être ramené à leur intérieur. Ainsi, la jeune Huître se déplace et nage avec facilité. Elle peut se jouer dans l'eau, au voisinage de sa mère, et même au moindre danger chercher un abri entre les valves de la coquille maternelle.

Cet appareil de natation est représenté sur les jeunes Huîtres que l'on voit sur la figure 108. Il disparaît quand l'Huître, devenue plus âgée, se fixe sur un point solide pour y passer sa vie.

Pour que l'Huître jeune puisse vivre et atteindre son entier développement, il faut qu'elle trouve à sa portée un corps solide, sur lequel elle puisse se fixer. Mais que d'obstacles avant d'en venir là! De combien d'ennemis le jeune mollusque n'a-t-il pas à triompher! De quelles embûches, de quels périls n'a-t-il pas à se tirer! Pour vivre, pour se maintenir au sein des eaux de la mer jusqu'au bienheureux moment où la jeune Huître aura pu se fixer sur un abri solide, il faut qu'elle soit préservée des courants violents qui pourraient l'entraîner au large, — des vases qui pourraient l'étouffer; — il faut qu'elle échappe à la voracité de la population marine, telle que crustacés, vers, polypes; — il faut

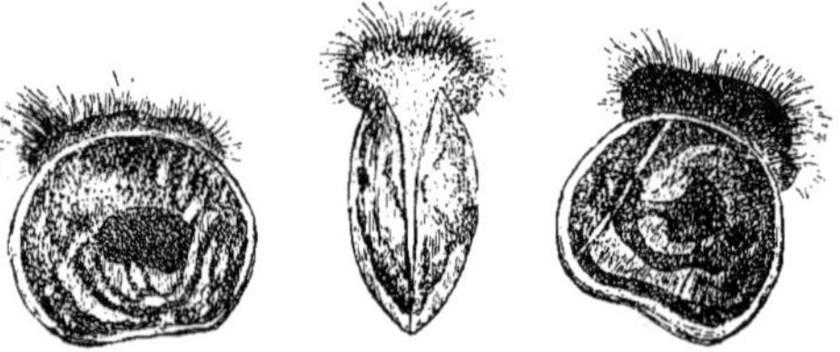

Fig. 108. Jeunes Huîtres munies de leurs organes locomoteurs.

qu'elle ne soit pas violemment arrachée de son lieu de repos par les engins terribles et multipliés du pêcheur avide. On comprend maintenant pourquoi la nature a accumulé dans une seule Huître une telle masse d'œufs, une telle abondance de générations nouvelles! C'est par un vrai miracle que le *naissain* de l'Huître peut se préserver des mille et un obstacles, des mille et un ennemis qui l'attendent; et si chaque Huître, malgré ses deux millions d'œufs, reproduit sa pareille, il faut encore s'en étonner!

Quand le jeune animal est parvenu à éviter toutes les causes diverses de destruction que nous venons d'énumérer, il s'accroît rapidement. Il avait à peine un cinquième de millimètre au moment de l'éclosion; au bout de six mois, il a atteint 8 à 10 millimètres de longueur. Une année après sa naissance, son diamètre est de 4 à 5 centimètres. Enfin, dans le courant de la troisième année, l'Huître est devenue *mar-*

chande, comme on le dit, c'est-à-dire susceptible d'être envoyée dans les parcs de conservation et d'engraissement.

On voit sur la figure 109 un groupe d'Huîtres de divers
âges fixées à un morceau de bois. En A sont des huîtres de

Fig. 109. Groupe d'Huîtres de divers âges fixées à un morceau de bois.

12 à 14 mois, — en B des huîtres de 5 à 6 mois, — en C des
huîtres de 3 à 4 mois, — en D des huîtres de 1 à 2 mois, —
en E des huîtres de 15 à 20 jours.

On appelle *bancs*, les amas considérables de ces mollusques accrochés à des anfractuosités sous-marines.

Sur les côtes favorables au développement des Huîtres, on trouve des bancs considérables, qui devraient, d'après les lois naturelles de la production, aller toujours en augmentant d'épaisseur et de richesse. Mais les causes de destruction qui les entourent s'opposent à ce développement excessif.

Les bancs d'Huîtres se trouvent dans les mers de presque tous les pays. En Europe, la mer Adriatique, la Méditerranée, l'Atlantique, la mer du Nord en possèdent.

On en trouve dans les mers d'Afrique et de l'Amérique, aux Antilles, à la côte de Coromandel, en Chine, etc.

Ils ne font pas défaut sur les côtes de la France. Tout le monde connaît ceux de la Rochelle, de Rochefort, des îles de Ré et d'Oléron, de la baie de Saint-Brieuc, de Cancale, de Granville, etc.

La côte de Danemark possède de 40 à 50 bancs d'huîtres situés à l'ouest du Schleswig, surtout entre les petites îles Sylt, Amron, Föhr, Pelworm, Nordstrand, etc. On en trouve encore à la pointe du Jutland, vis-à-vis de Shagen. Mais ils sont moins productifs que ces derniers.

Les Huîtres comestibles appartiennent à plusieurs espèces. Celles qu'on mange particulièrement en France sont :

L'*Huître commune* ou *comestible* (*Ostrea edulis*) et le *Pied de cheval* (*Ostrea hippopus*), qui vivent aux bords de l'Océan ; — l'*Huître rosacée* (*Ostrea rosacea*), et le *Pelocestion*, en languedocien *peloustiou* (*Ostrea lacteola*), qu'on trouve sur les côtes de la Méditerranée ; — l'*Huître lamelleuse* (*Ostrea lamellosa*), en Corse.

L'*Huître commune* présente, en France, deux variétés, que tous les amateurs connaissent. Ce sont l'*Huître de Cancale* et celle *d'Ostende*.

La dernière est caractérisée par la régularité et la consistance des valves, l'absence de chambre dans l'épaisseur de la valve concave et la grande épaisseur du corps de l'animal ; à l'extérieur, la valve est moins écailleuse et le bord antérieur du côté de la bouche a une sorte d'aile beaucoup moins développée.

On procède de diverses manières à la pêche des Huîtres. Au

Mexique, sur la côte de Campèche, ces mollusques se développent en quantité considérable sur les racines submer-
gées des Mangliers, qui croissent au bord de la mer, ou
sont rejetées au large. Les Indiens n'ont qu'à couper les
racines, à retirer de l'eau ces véritables grappes, et à les
porter au marché, sans autre formalité.

Aux États-Unis, pour récolter les Huîtres, on se sert de
longs râteaux, munis, à leur partie postérieure, d'une poche
tressée en filet, destinée à recevoir les produits de la pêche.
Quelquefois les dents de ces râteaux sont un peu recourbées,
de manière à retenir dans leur cavité une certaine quantité
de coquilles. On emploie aussi, dans le même pays, une immense paire de pinces, dont les extrémités inférieures sont
garnies de râteaux à dents, qui se croisent quand on les
rapproche. On se sert enfin quelquefois d'une lourde drague, analogue à celle qui est usitée en France.

En Europe, autour de l'île de Minorque, deux marins
s'associent pour la pêche. Ils plongent alternativement à de
grandes profondeurs, et détachent les Huîtres avec un marteau, qu'ils ont eu la précaution d'attacher à leur main
droite.

Mais ce mode avantageux et sage est loin d'être suivi dans
les autres parties de l'Europe. En France et dans la plupart
des mers de l'Europe, pour pêcher les Huîtres, on se sert de
la terrible et barbare drague, qui porte la dévastation au
milieu des champs producteurs.

La drague employée à la pêche des Huîtres, sur nos côtes,
est un engin de fer, très-lourd, que l'on jette au fond de la
mer. Il sillonne, racle et détache les Huîtres, pour les verser
dans un filet ou autre appareil collecteur. Par ce barbare
moyen de récolte, on arrache brutalement les Huîtres grandes et petites, adultes et jeunes, on enterre le frai sous la
vase du fond, et l'on détruit ainsi toutes les générations
nouvelles. Il serait difficile de rien imaginer d'aussi barbare
et d'aussi mal inspiré.

On voit en action, dans la figure 110, la pêche des Huîtres,
sur une côte française.

Cette pêche se fait toujours par une flottille d'une trentaine d'embarcations, qui portent chacune quatre ou cinq hommes. A une heure fixée, et sous la surveillance d'un garde-côte monté sur une *peniche*, portant le pavillon de l'État, la petite flottille commence la pêche.

Chaque barque est pourvue de quatre ou cinq *dragues*. On voit représentée très-exactement sur la figure 111 la forme de cette drague. C'est une sorte de couteau de fer, long d'un mètre environ. On le jette à la mer, dont il racle le fond, grâce au mouvement de progression de la barque. Un sac en toile de filet, placé au-dessous de la lame de fer, reçoit les Huîtres à mesure qu'elles sont arrachées. On retire la drague, une fois chargée. On jette le produit de la pêche dans un coin de la barque, et on lance de nouveau à la mer l'instrument collecteur.

Cette manœuvre continue sur toutes les barques, jusqu'à la fin de la journée. Alors, à un signe donné par la *peniche* de l'État, la pêche s'arrête et les embarcations rentrent au port.

C'est en raison de ce mode brutal d'exploitation que l'industrie huîtrière était tombée en France, il y a peu d'années, dans une décadence telle que, si l'on n'y eût porté remède, la source de toute production sur nos côtes eût été rapidement épuisée.

L'Huître, une fois dans le bateau du pêcheur, ne peut pas être directement portée au marché. Elle aurait une saveur trop peu agréable pour les exigences du gastronome. Il est indispensable, si l'on veut donner à ce mollusque la saveur que le consommateur recherche, de le tenir préalablement renfermé, pendant un certain temps, dans de grands réservoirs, alimentés par l'eau de mer, c'est-à-dire dans des *parcs*. Toutes les personnes qui ont visité Dieppe, Ostende, etc., ont vu de ces parcs d'Huîtres, qui occupent d'immenses espaces, sur certains points de nos rivages.

Les parcs d'Huîtres ne sont donc autre chose que des bassins creusés sur les bords de la mer, et dans lesquels peuvent pénétrer les eaux des grandes marées. On jette dans ces bassins les Huîtres recueillies par la drague, et on les laisse s'y accroître en repos.

Cette pratique d'ailleurs est loin d'être nouvelle. Vers le

Fig. 110. Pêche des Huîtres.

septième siècle avant notre ère, un chevalier romain nommé
Sergius Orata, homme riche, élégant, et qui jouissait d'un
grand crédit, imagina d'organiser des parcs d'Huîtres, et de
mettre à la mode ce mets délicat. Il fit venir des Huîtres de
Brindes, les conserva dans les eaux salées du lac Lucrin
(l'*Averne* des poëtes), et sut persuader à tout le monde que
les Huîtres contractaient, par leur séjour dans les eaux de

Fig. 111. Drague employée pour la pêche aux Huîtres.

ce lac, une saveur qui les rendait plus estimables que celles
de toute autre contrée.

Les Romains prirent goût aux Huîtres du lac Lucrin. Le
parc de Sergius acquit, en peu de temps, une renommée qui
servit à l'heureux inventeur à faire une fortune considérable.

C'est qu'en effet les Huîtres changent considérablement
après quelque temps de séjour dans les parcs. Les nouvelles
propriétés qu'elles acquièrent ajoutent beaucoup à leur valeur. Elles s'y dépouillent de l'odeur et du goût que leur
communique, au sein de la mer, leur enveloppe de Polypiers, d'Alcyons et d'Ascidies. Elles s'engraissent et se dé-
barrassent du goût vaseux ou de l'eau saumâtre qu'elles
avaient puisée dans des lieux moins convenablement disposés.

L'eau du port d'Ostende, mêlée, dans des proportions convenables, avec l'eau douce de l'arrière-port, mélange qui

sert à alimenter les bassins des parcs d'Huîtres, contribue singulièrement à l'amélioration de ces mollusques.

Tout le monde connaît, au moins de nom, les *Huîtres vertes* de Marennes. La conservation, l'amélioration et le perfectionnement de ces Huîtres représentent une industrie considérable. Pour en donner une idée, nous emprunterons nos renseignements à un très-remarquable ouvrage de M. Coste, de l'Institut, à son célèbre *Voyage d'exploration sur le littoral de la France et de l'Italie*[1].

Les parcs dans lesquels on dépose les Huîtres, à Marennes, pour leur faire acquérir la teinte verte qui les caractérise, sont des bassins établis çà et là, sur les deux rives de la Seudre, sur une longueur de plusieurs lieues de plage. Ces parcs portent le nom de *claires*. Ils diffèrent des parcs à Huîtres des autres pays par une circonstance particulière. Tandis que les parcs ordinaires sont submergés à chaque marée, les parcs de Marennes ne reçoivent l'eau de la mer renouvelée qu'aux époques des nouvelles et pleines lunes, époques où les flots sont poussés plus avant dans les terres que pendant les autres marées. Une submersion trop souvent répétée serait un obstacle au but qu'on se propose d'atteindre avec les Huîtres de Marennes.

Les *claires* ont 250 à 300 mètres carrés de superficie. Une écluse permet de régler à volonté l'entrée et la sortie de l'eau de mer, de la maintenir pendant l'intervalle des grandes marées, au niveau qui convient au besoin de l'industrie, et de l'écouler entièrement, quand il faut nettoyer le réservoir, pour en paver le fond, et y placer les Huîtres nouvelles que l'on veut faire verdir.

Lorsque ces travaux de construction sont prêts, on profite de la première grande marée pour remplir le réservoir. Quand les flots se retirent, l'écluse permet de retenir les eaux captives dans le bassin. Le séjour prolongé de cette eau de mer dans le bassin imprègne la terre d'un dépôt salé, qui lui donne des qualités analogues à celles des fonds marins, et la purge de tous les produits nuisibles qu'elle pouvait contenir.

---

1. Deuxième édition. Paris, 1857, in-4°.

Quand le bassin est resté ainsi plein d'eau de mer, pendant un temps convenable, et que le fond a été suffisamment imprégné, on le vide, on le laisse sécher et on l'aplanit, comme une allée de jardin ou comme une aire à blé. En cet état, le sol est prêt. Il ne reste plus qu'à y placer les Huîtres que l'on veut améliorer et rendre vertes.

Vers le mois de septembre, au moment de la marée basse, toute la population des environs de Marennes va ramasser les Huîtres sur les gisements découverts par le reflux de la mer, ou dépouiller, à l'aide de la drague, les bancs profondément situés. On emmagasine provisoirement les Huîtres ainsi récoltées dans des viviers d'entrepôts, placés sur le bord du rivage, et que l'eau de la mer vient recouvrir deux fois par jour. On réserve les plus jeunes pour l'éducation dans les parcs, ou *claires*. Les plus grosses sont vendues pour la consommation des contrées environnantes. Cependant, la récolte faite à Marennes étant insuffisante, un tiers environ de la provision destinée aux claires vient des côtes de la Bretagne, de la Normandie et de la Vendée.

« Ces huîtres étrangères, dit M. Coste, n'atteignent jamais l'excellent goût de celles qui sont prises dans la localité. On a beau les faire séjourner longtemps dans les claires, l'amélioration qu'elles y éprouvent en verdissant n'efface jamais complétement les traces de leur nature primitive. Elles restent plus dures, malgré les qualités nouvelles que leur donne l'industrie, et conservent une certaine âpreté que savent distinguer les vrais amateurs. Il en est de même des huîtres indigènes adultes. Lorsqu'elles sont parvenues à cette époque de leur existence, la coloration n'est plus pour elles, si je puis ainsi dire, qu'une fausse estampille à l'aide de laquelle la spéculation leur donne une valeur mercantile plus élevée. Il ne suffit pas, pour que ces Mollusques acquièrent le goût exquis, la saveur particulière qui les distingue, il ne suffit pas qu'ils contractent la *viridité*. Il faut que ces qualités leur soient imprimées, pendant le jeune âge, par l'influence continue de l'éducation dans les claires[1]. »

Il faut donc choisir les Huîtres de Marennes de douze à dix-huit mois, bien conformées, libres entre elles et débarrassées de tous les corps étrangers qui pourraient adhérer à leur surface.

---

1. *Voyage d'exploration sur le littoral de la France et de l'Italie.*

Ainsi triées, les Huîtres sont déposées à la pelle, sur le fond des claires, et ensuite espacées à la main, afin que, par leur développement, elles n'arrivent point à se toucher, qu'elles ne se gênent en rien dans le mouvement de leurs valves, et qu'elles conservent la régularité de leurs formes.

La jeune colonie repose sous une nappe d'eau de 18 à 30 centimètres, qui ne se renouvelle qu'aux grandes marées, et dont le niveau s'élève seulement à ces époques périodiques.

Les Huîtres ne sont pas abandonnées à elles-mêmes sur ce sol privilégié, pendant que leur développement et leur perfectionnement s'achèvent. Elles exigent un soin, une manutention particulière. Les flots de la mer qui viennent à chaque grande marée renouveler l'eau des parcs, charrient une matière limoneuse, dont la stagnation au sein des eaux, favorise le dépôt dans les claires, et qui, par son accumulation, serait pour les élèves un poison funeste et même mortel. De là la nécessité de transborder les Huîtres d'une *claire* trouble ou limoneuse, dans une *claire* reposée, et de renouveler l'opération toutes les fois que cela est nécessaire, jusqu'à la maturité de la récolte animale.

Pour qu'une Huître âgée de douze à quinze mois, au moment où on l'y dépose, atteigne une grandeur convenable, il faut deux ans de séjour dans les *claires*. Il en faut trois et même quatre pour lui donner le degré de perfection qui caractérise les meilleurs produits de Marennes.

Celles qu'on place adultes dans les réservoirs, verdissent, il est vrai, en très-peu de jours ; mais elles n'ont jamais les qualités exquises de celles qui ont séjourné, dès leurs premiers ans, dans les parcs, et qui ont exigé les longues et coûteuses manipulations que nous venons de décrire.

La coloration verte de l'huître de Marennes n'est pas, du reste, générale. Elle se montre particulièrement sur les branchies. Sur les palpes labiaux et le canal intestinal, elle est très-vague. Aucun autre organe que les branchies ne présente cette coloration. Cette substance colorante paraît différer chimiquement de toutes les matières colorantes vertes animales et végétales étudiées jusqu'à ce jour.

Quelle est l'origine de ce principe colorant? Faut-il l'attribuer au sol des claires? Telle est, selon nous, l'origine la
plus probable. Cependant plusieurs naturalistes prétendent
que cette coloration provient d'un animalcule infusoire, d'un
Vibrion coloré en vert. Quelques naturalistes ont avancé
qu'une maladie de foie, chez notre malheureux mollusque,
serait la cause réelle de sa coloration verte. La bile sécrétée
avec excès par le foie malade, teindrait en vert le parenchyme de l'appareil respiratoire de l'animal, rendu malade
par le régime exceptionnel auquel il est soumis.

De ces trois opinions, la première, comme nous l'avons
dit, réunit en sa faveur le plus de chances de probabilité.

Nous disions plus haut que le moyen barbare qui sert,
sur les côtes de la France, à la pêche des Huîtres, devait
nécessairement épuiser bientôt la source de toute production de ce précieux mollusque. En 1858, M. Coste traçait un
tableau de l'industrie huîtrière fort instructif à cet égard.

« A la Rochelle, à Marennes, à Rochefort, aux îles de Ré et d'Oléron,
disait le savant académicien, vingt-trois bancs formaient naguère l'une
des richesses de cette portion de notre littoral. Il y en a dix-huit complétement ruinés, pendant que ceux qui fournissent encore un certain
produit sont gravement compromis par l'invasion croissante des
moules....

« La baie de Saint-Brieuc, si admirablement et si naturellement
appropriée à la reproduction de l'huître, et qui portait autrefois sur
son fond solide et toujours propre quinze bancs en pleine activité,
n'en a plus que trois aujourd'hui....

« A Cancale et à Granville, dans ces deux quartiers classiques de la
multiplication du coquillage, ce n'est qu'à force de soins et de bonne
administration qu'on réussit, non pas à accroître la récolte, mais à mo-
dérer son déclin.

« Cependant, à mesure que l'industrie s'affaiblit ou reste station-
naire, les voies ferrées multipliant leurs communications de notre
littoral avec l'intérieur des terres appellent un plus grand nombre de
consommateurs au partage des fruits de la mer. Ces fruits, renchéris
par suite de l'insuffisance de la récolte, prennent sur nos marchés une
valeur que la concurrence surexcite, et les populations maritimes,
pressées par le besoin ou entraînées par les séductions d'un bénéfice
présent, se livrent à des déprédations qui, dans un avenir prochain,
aggraveront leur misère. »

Ce déplorable état de choses a trouvé de nos jours un remède héroïque. Ce remède c'est l'*ostréiculture*, c'est-à-dire la reproduction des Huîtres opérée dans des bassins où ce mollusque est retenu, lui et sa progéniture, si prodigieuse par le nombre.

L'idée de faire reproduire artificiellement les Huîtres ne date pas de nos jours. A différentes époques on a eu l'idée de cultiver les Huîtres. Sergius Orata, cet ingénieux Romain dont nous parlions plus haut, avait perfectionné cette industrie. Mais cette pratique était encore antérieure à Sergius Orata. On a découvert des monuments historiques qui prouvent qu'elle remonte peut-être au siècle d'Auguste, et même, comme Pline l'avance, jusqu'au temps de l'orateur Crassus, avant la guerre des Marses.

Ces monuments sont deux vases funéraires en verre, qui ont été découverts, l'un dans la Pouille, l'autre dans les environs de Rome. Leur forme est celle d'une bouteille antique, à ventre large, à goulot allongé. Sur la paroi extérieure se voient des dessins de perspective, dans lesquels, malgré leur représentation grossière, on reconnaît des viviers attenant à des édifices, et communiquant avec la mer par des arcades. On lit sur le vase trouvé dans la province de la Pouille les mots *Stagnum Palatium* (nom de la villa que possédait Néron sur les bords du lac Lucrin) et *Ostrearia*. Celui qui a été trouvé à Rome porte les mots suivants, écrits au-dessus des objets dessinés : *Stagnum Neronis*, *Ostrearia*, *Stagnum*, *Sylva*, *Baia*. Ce qui signifie que la perspective figurée a été tirée des édifices et des lieux de la plage célèbre de Pouzzoles et de Baia.

Quoi qu'il en soit, l'industrie de Sergius Orata, dans le lac Lucrin, fut pour lui la source d'immenses bénéfices. Ce n'était pas, en effet, pour son plaisir, mais par l'appât du gain que Sergius se livrait à cette entreprise industrielle. « *Nec gulæ causâ*, dit Pline, *sed avaritiæ*. » Le degré de perfection auquel sa manufacture d'Huîtres était arrivée était tellement célèbre en Italie, que les contemporains de Sergius disaient de lui, que si on l'empêchait d'élever des Huîtres dans le lac Lucrin, *il saurait bien en faire pousser sur les toits !*

Le lac Lucrin n'existe plus. Le 29 septembre 1538, un tremblement de terre, une éruption volcanique, si fréquents dans ces lieux célèbres, voisins des *Champs phlégréens* et de la *solfatare* de Pouzzoles, supprima la plus grande partie du lac, en même temps que surgissait le *Monte Nuovo*.

Il ne sera pas sans intérêt de lire, dans le récit d'un témoin oculaire, les particularités qui accompagnèrent la destruction du lac Lucrin. Il fut comblé presque entièrement par les déjections volcaniques dont l'entassement produisit, dans l'espace d'une seule nuit, le *Monte Nuovo*, situé au pied du *Monte Barbaro* et qui l'égale presque en hauteur.

Le chevalier Hamilton, dans son ouvrage *Campi Phlegræi*, c'est-à-dire *Description de la région volcanique des environs de Naples*, cite la lettre suivante d'un contemporain, nommé Pietro Giacomo di Toledo, qui raconte cet épisode :

« Il y a maintenant deux ans, écrit ce témoin oculaire, que la Campanie, et notamment la partie voisine de Pouzzoles, a éprouvé des tremblements de terre ; mais, le 27 et le 28 du mois de septembre dernier, ces secousses ne discontinuèrent, à Pouzzoles, ni le jour ni la nuit ; la plaine, située entre le lac Averne, le Monte Barbaro et la mer, fut un peu élevée, et il s'y produisit plusieurs fissures dont quelques-unes laissaient échapper de l'eau ; en même temps, la portion de la mer contiguë à la plaine fut mise à sec sur un espace de deux cents pas environ, de sorte que le poisson resta sur le sable, à la disposition des habitants de Pouzzoles. Enfin, le 29 du même mois, vers les deux heures de la nuit, la terre s'ouvrit près du lac, et laissa voir une bouche formidable d'où s'échappaient avec fureur du feu, de la fumée, des pierres et une boue de cendres. Un bruit semblable à celui du tonnerre le plus fort accompagnait le déchirement du sol, et les pierres rejetées étaient converties, par les flammes, en ponces, dont quelques-unes étaient plus grosses qu'un bœuf. Les pierres atteignaient une hauteur à peu près égale à celle où peut porter une arbalète ; puis elles retombaient, soit sur le bord, soit dans l'intérieur même de l'ouverture. La boue était d'une couleur de cendres ; très-liquide d'abord, elle s'épaississait graduellement, et était si abondante que, jointe aux pierres dont nous parlions tout à l'heure, elle forma, en moins de douze heures, une montagne de mille pas de hauteur. Non-seulement Pouzzoles et ses environs se trouvèrent inondés par cette boue, mais Naples le fut également, ce qui occasionna la destruction de plusieurs de ses palais. Cette éruption dura deux nuits et deux jours sans discontinuer, mais ce ne fut pas toujours avec la même intensité ; le troisième jour elle cessa, et je montai alors, avec un grand nombre de personnes, jusqu'au sommet de la nouvelle colline. De là je pus apercevoir l'intérieur de l'ouverture qui consistait en une cavité circulaire, d'un quart de mille ($\frac{1}{12}$ de l.) environ de circonférence. Les pierres qui y étaient tombées éprouvaient, en apparence, un mouvement semblable à celui des bulles qui se dégagent d'un vase rempli d'eau, lorsqu'il est sur le feu. Le quatrième jour, l'éruption recommença, et, le septième, elle se manifesta avec une intensité bien plus grande, quoique moins considérable toutefois, que pendant la première nuit. À ce moment, plusieurs personnes qui étaient sur la montagne furent renversées et tuées par les pierres, ou étouffées par la fumée. Dans le jour on voit encore de la fumée sortir de cette montagne, et souvent, pendant la nuit, on aperçoit du feu à travers cette fumée [1]. »

De ce lac Lucrin, si célèbre au temps des Romains, il ne reste aujourd'hui qu'un petit étang, qui est séparé de la mer par un exhaussement du rivage.

« Ce n'est maintenant, écrivait au siècle dernier le président de Brosses, qu'un mauvais margouillis bourbeux. Ces huîtres précieuses du grand-père de Catilina, qui adoucissent à nos yeux l'horreur des forfaits de son petit-fils, sont métamorphosées en malheureuses anguilles qui sautent dans la vase. Une vilaine montagne de cendres, de charbon et de pierres ponces, qui, en 1538, s'avisa de sortir de terre, tout en une nuit, comme un champignon, a réduit ce pauvre lac dans le triste état que je vous raconte [2]. »

Mais l'industrie que Sergius Orata avait fondée n'a pas péri avec le lac Lucrin. Elle fut transportée à peu de distance de cet emplacement, c'est-à-dire sur les rives du lac Fusaro, où elle s'est conservée depuis cette époque jusqu'à nos jours.

Il n'est pas de touriste faisant le voyage de Naples qui n'aille visiter le lac Fusaro, voisin de Cumes et de Baia. C'est une des plus intéressantes stations de l'admirable journée que le voyageur consacre à voir les environs de Pouzzoles, à quelques lieues de Naples. Au mois de février 1865, nous avons parcouru ces rivages célèbres. Nous nous sommes assis aux bords de ce lac historique, et nous avons goûté aux curieux produits de cette manufacture d'êtres vivants, dont l'origine remonte à l'époque romaine.

La figure 112 représente le lac Fusaro, tel que nous l'avons vu dans notre visite à ces curieux parages.

1. *Campi Phlegræi, Observations sur les volcanos des Deux-Siciles, communiquées à la Société royale de Londres*, par le chevalier Hamilton, in-folio, avec planches. Naples, 1776 (texte anglais et français), page 77.

2. *Lettres familières écrites d'Italie* en 1739 et 1740, par le président Ch. de Brosses.

Fig. 112. Vue générale du lac Fusaro (*Achéron des anciens*).

Le lac Fusaro avait, dans l'antiquité, un fort mauvais renom. Virgile en a fait l'Achéron mythologique, bien que le paysage n'ait rien de la tristesse et de la désolation que comporte le séjour des morts. C'est un étang salé, ombragé d'une ceinture d'arbres magnifiques. Il a une lieue de circonférence, et une profondeur d'un à deux mètres, dans sa plus grande étendue. Son fond boueux est noirâtre, comme toutes les terres de cette région volcanique.

Mais comment les habitants des rives de ce lac l'ont-ils

Fig. 113. Banc d'Huîtres artificiel entouré de pieux (Lac Fusaro).

transformé en une fabrique d'Huîtres? C'est ce qu'il faut expliquer.

D'après ce que nous avons dit plus haut, les causes qui empêchent la facile reproduction des Huîtres sont les conditions défavorables que le *naissain* rencontre dans le sein libre de la mer, à savoir : les courants qui entraînent au loin le jeune alevin, — l'absence de corps solides auxquels il puisse s'accrocher, pour y trouver un refuge, — les animaux destructeurs qui en font leur proie. Les habitants des rives du lac Fusaro ont annulé toutes ces influences contraires, en emmagasinant dans ce lac, voisin de la mer, des Huîtres prêtes à jeter leur frai, en retenant ces jeunes générations captives dans ce vaste bassin, et les préservant enfin des causes diverses de destruction qu'elles trouveraient dans la mer libre.

Sur le fond du lac et dans tout son pourtour, les riverains du Fusaro ont construit çà et là, avec des pierres jetées en tas, des rochers artificiels, assez élevés pour être à l'abri des dépôts de vase et de limon. Sur ces rochers ils déposent des Huîtres recueillies dans le golfe de Tarente.

Chaque rocher est environné d'une ceinture de pieux assez rapprochés et s'élevant un peu au-dessus de la surface de

Fig. 114. Pieux reliés par une corde et supportant des fagots propres à recevoir les jeunes Huîtres (lac Fusaro).

l'eau (fig. 113). D'autres pieux sont distribués par longues files et sont reliés entre eux par une corde. A cette corde sont suspendus des fagots de menu bois (fig. 114).

A l'époque du frai, les Huîtres déposées sur les rochers artificiels, et qui ont vécu comme en pleine mer, laissent échapper ces myriades de germes dont nous avons exposé plus haut le mode de développement. Les fascines et les fagots suspendus aux pieux arrêtent au passage cette poussière propagatrice, en lui présentant des surfaces sur lesquelles elle peut s'attacher, de même qu'un essaim d'abeilles s'attache aux arbustes qu'il rencontre dans son vol.

Sur ces supports, les jeunes Huîtres se développent dans d'excellentes conditions de repos, de température et de lu-

mière. Lorsque la saison de la pêche est arrivée, les propriétaires des bancs artificiels retirent du lac les pieux et les
fagots qui entourent les bancs. Ils en détachent les Huîtres
dont la taille paraît suffisante pour les besoins du marché ;
puis ils remettent en place les pieux, avec les Huîtres jugées
trop petites pour être conservées. Celles qu'on a respectées
continuent leur développement, et les vides occasionnés
par la récolte sont bientôt occupés par de nouveaux sujets.

On renferme dans des paniers d'osier le produit de la pêche, et on le dépose, en attendant la vente, dans une réserve,
ou parc. Ce parc est établi au bord du lac même, et construit avec des pilotis, qui supportent un plancher à claire-
voie, armé de crochets. A ces crochets sont suspendus les
paniers remplis d'Huîtres encore vivantes. Ce sont ces Huîtres
que l'on sert aux touristes venus en excursion à cette manufacture de chair vivante.

Si l'on compare les pratiques du lac Fusaro avec la manière brutale de récolter les Huîtres sur les bancs naturels
qui existent au sein des mers, on sera frappé, comme le faisait remarquer M. Coste dans le travail auquel nous faisions
allusion plus haut, de la profonde différence qui existe entre
ces deux modes d'exploitation. Dans le mode général de pêche, on ne prend aucun soin des générations nouvelles. On
ne se préoccupe que de perfectionner, de rendre plus meur-
triers, pour ainsi dire, les instruments qui servent à arracher les Huîtres des couches superficielles de leur gisement.
On attaque avec la même et terrible puissance de destruction
ce qui est ancien et ce qui est nouveau ; car les couches superficielles sont précisément celles où croissent les jeunes.

De tout cela M. Coste concluait qu'il fallait songer, pour
éviter une entière dépopulation de nos gisements huîtriers,
ou pour en créer de nouveaux, à imiter sur nos côtes les
procédés artificiels employés avec tant de succès, depuis des
siècles, dans le lac Fusaro.

En 1858, M. Coste demandait qu'on entreprît, aux frais de
l'État, par les soins de l'administration de la marine, et au
moyen de ses vaisseaux, l'ensemencement du littoral de la
France, de manière à repeupler les bancs d'Huîtres ruinés,

à étendre ceux qui prospéraient, et à en créer de nouveaux partout où la nature des fonds permettrait d'en établir de nouveaux. Ces champs seraient ensuite soumis, ajoutait le célèbre académicien, au régime salutaire des coupes réglées, par lequel on laisse reposer les uns, pendant que les autres sont exploités.

Les vœux de M. Coste furent entendus. En 1858, la baie de Saint-Brieuc fut le théâtre d'un premier essai de reproduction artificielle d'Huîtres. L'entreprise fut faite aux frais de l'État, au moyen de ses navires, et confiée à la garde de ses équipages.

Aux mois de mars et d'avril 1858, eut lieu l'immersion, dans la baie de Saint-Brieuc, de 3 millions d'Huîtres mères. Ces coquillages avaient été pris, les uns dans la mer commune, les autres dans les parages de Cancale ou de Tréguier. On les distribua sur dix gisements longitudinaux, répartis dans les divers points du golfe, et qui représentaient une superficie de mille hectares.

Après ce vaste ensemencement, il s'agissait d'organiser autour du coquillage les moyens de recueillir promptement la jeune progéniture et de la contraindre à se fixer sur les champs préparés à cet effet. Elle commençait, en effet, à se répandre déjà, car l'immersion avait lieu au moment des premières pontes.

Voici les deux artifices qui furent employés pour accomplir cette seconde opération, qui devait transformer la baie de Saint-Brieuc en une sorte de métairie sous-marine.

Le premier moyen consista à paver d'écailles d'Huîtres ou de tout autre coquillage les fonds des champs producteurs, de manière qu'un seul embryon ne pût y tomber sans y rencontrer un corps solide pour s'y fixer. Le second moyen fut d'établir de longues lignes de fascines, disposées en travers comme des barrages, et échelonnées d'une extrémité à l'autre de chaque champ sous-marin. Ces fascines étaient destinées à recueillir la semence entraînée par les courants. Des corps solides, coquilles d'Huîtres ou autres, étaient placés au-dessous de ces fascines, c'est-à-dire sur le fond de la mer. Par conséquent, les jeunes générations qui, entraînées par les tourbillons, ne s'arrêteraient pas dans les mailles des fascines, devaient tomber au-dessous, et rester sur les corps solides qui pavaient le fond.

Six mois après, les promesses de la science se traduisaient déjà en saisissantes réalités. Les Huîtres mères, les écailles dont le fond du golfe avait été pavé, en un mot, tout ce que ramena la drague, était chargé de *naissain* d'Huîtres. Les grèves elles-mêmes en étaient inondées. Les fascines portaient, dans leurs branchages et sur les moindres brindilles, des bouquets de petites Huîtres en grande profusion. On en trouvait jusqu'à 20 000 sur une seule fascine, du diamètre de 3 à 5 centimètres. Deux de ces fascines exposées à Binic et à Pontrieux excitèrent, pendant plusieurs jours, l'étonnement et l'admiration des pêcheurs du littoral.

Ce résultat devait encourager à poursuivre l'expérience, à essayer, comme le disait M. Coste, de créer sur nos rivages des établissements qui se seraient bientôt transformés en véritables usines de production d'êtres vivants, et qui changeraient des plages stériles et inhabitées, en des lieux de production manufacturière, source de travail et de bénéfice pour les pauvres habitants du littoral.

M. Coste proposa alors au gouvernement d'organiser ces expériences sur une grande échelle, c'est-à-dire de mettre les bords de l'Océan en culture réglée. Dans la rade de Toulon, dans l'étang de Thau, qui touche au port de Cette, ce même système fut mis en pratique par l'administration de la marine, comme on l'avait déjà fait dans la baie d'Arcachon et dans l'île de Ré.

Dans la baie d'Arcachon et dans l'île de Ré, l'industrie huîtrière prit des proportions gigantesques. Des associations s'y formèrent dans le but d'exploiter d'une manière méthodique les parcs nouvellement établis.

Ces nouvelles créations excitèrent à l'étranger le plus vif intérêt. Des savants distingués, M. Van Beneden, de Louvain, et M. Eschricht, de Copenhague, furent envoyés en France, par leurs gouvernements respectif, pour étudier le procédé d'ostréiculture mis en œuvre chez nous, et pour en faire l'application aux côtes de la Belgique et du Danemark.

On espérait parvenir ainsi à exploiter, non-seulement les profondeurs de la mer dans les régions qui ne se découvrent jamais, mais encore les terrains qui sont émergents à la marée basse, et sur lesquels on peut donner des soins au coquillage, comme on en donne dans nos jardins aux fruits des espaliers. La nouvelle industrie, en se développant rapidement, promettait de faire des centres de production active d'une foule de lieux autrefois déserts ou mal habités.

Deux établissements modèles avaient déjà été organisés, avons-nous dit, dans l'île de Ré et dans le bassin d'Arcachon (Gironde). Dans cette dernière baie, cent douze concessionnaires, associés à des marins, commencèrent alors d'exercer l'industrie huîtrière sur une étendue considérable, c'est-à-dire sur 400 hectares de terrain émergent.

Voici maintenant les résultats de cette industrie nouvelle, merveilleuse création de la science, application brillante et inattendue des seules données de l'histoire naturelle. En 1863, les pêcheurs du bassin d'Arcachon prirent, en six marées, et sur la moitié seulement des terrains repeuplés, 16 000 000 d'Huîtres, c'est-à-dire plus que n'en avaient donné, pendant la même année, les huîtrières séculaires de Cancale et de Granville.

Un an auparavant, c'est-à-dire en 1862, M. Coste, entretenant l'Académie des sciences de la transformation des terrains émergents en champs producteurs de coquillages, faisait remarquer l'importance et la grandeur de cette création du génie scientifique et industriel de notre temps. Le savant académicien disait, par un de ces rapprochements familiers à son heureuse imagination, que la culture des champs sous-marins où l'on élève les coquillages, doit être un jour plus simple, plus économique et plus lucrative que celle de la terre elle-même, car elle sera établie sur des vasières improductives, sur des rivages stériles.

« Cette industrie, disait M. Coste, appelle au bénéfice de la propriété un grand nombre de cultivateurs d'une nouvelle espèce.... Plusieurs milliers d'habitants de l'île de Ré, dirigés dans leurs travaux par M. Tayeau, commissaire de la marine, par M. le docteur Kemmerer, sont occupés depuis quatre ans à purger leur plage boueuse des sédiments qui la vouaient à la stérilité, et à mesure qu'ils couvrent leurs fonds nettoyés d'appareils collecteurs, la semence amenée du large par les courants, mêlée à celle des sujets reproducteurs importés ou nés sur place, se dépose sur ces appareils avec une telle profusion que l'administration locale y compte en moyenne, au minimum, soixante-douze millions d'huîtres, d'un à quatre ans, presque toutes marchandes. Ces huîtres, au prix de 25 ou 30 francs le mille, représentent une valeur de 2 millions de francs environ : résultat colossal quand on pense qu'il a été obtenu sur un espace aussi restreint. Il serait trois ou quatre fois plus considérable encore si, à l'origine de l'industrie, les parqueurs avaient connu le moyen de dégrapper le jeune coquillage. A défaut de ce perfectionnement, le plus grand nombre de sujets a été étouffé par la compression de ceux qui ont pris un développement prépondérant. D'après le recensement qu'en avait fait l'administration locale au début de l'opération, il y avait 300 millions de jeunes sujets là où il n'en reste plus aujourd'hui que 72 ou 80 millions parvenus à l'état adulte. Ces immenses pertes seront évitées à l'avenir par les perfectionnements des appareils producteurs. »

Puisque la disposition des appareils importe tant à la bonne réussite de l'opération, on nous excusera de ne pas terminer ce sujet sans donner quelques indications pratiques sur la manière la plus convenable de disposer les engins de cette nouvelle et curieuse exploitation manufacturière qui s'accomplit au sein des eaux.

Nous allons donner une idée succincte, mais suffisante, des appareils propres à recueillir le naissain, et à le fixer sur des systèmes collecteurs et protecteurs.

Ces appareils sont de deux sortes : les uns fixes, les autres mobiles.

Lorsque les fonds sur lesquels on opère sont déjà ensemencés, soit naturellement, soit artificiellement, on emploie, pour la multiplication des Huîtres qui garnissent ces fonds, des appareils collecteurs fixes : ce sont les *pavés* et les *toits* collecteurs. Les premiers sont de simples blocs de pierre, dont on pave en quelque sorte les parcs, de manière à produire une surface très-inégale, hérissée d'anfractuosités. La première année, on laisse tout en place ; mais à l'époque nouvelle du frai, on retourne les pavés, de manière que les Huîtres placées à leur face inférieure se trouvent au contraire exposées à la lumière. La face supérieure du pavé, devenue dès lors inférieure, se recouvrira bientôt de la nouvelle génération. Pendant la troisième année, on détache les Huîtres, qui sont dès lors propres à achever leur développement dans des bassins d'élevage.

Ce procédé, peu dispendieux là où la pierre est abondante, présente pourtant un certain inconvénient. C'est que les Huîtres ne peuvent, sans amener de grandes pertes, être détachées des pavés, contre lesquels elles s'incrustent solidement, en y contractant le plus souvent des formes défectueuses.

Dans les contrées où les pierres sont rares, comme aussi afin d'éviter la déformation de la coquille, on fait usage, pour recueillir le naissain des Huîtres, de tuiles semblables à celles qui servent à couvrir nos toits. Sur le fond où gisent les précieux mollusques, on construit des lignes de piquets, sur lesquels on cloue des traverses. On place sur cette espèce d'échafaudage des tuiles concaves, diversement inclinées les unes sur les autres. C'est à leur face concave que les jeunes Huîtres s'attachent. On les enlève facilement à l'époque voulue, pour les transporter dans les parcs d'élevage.

Avec les appareils collecteurs mobiles, on peut ensemencer les côtes absolument privées d'Huîtres, les bassins et les parcs artificiels. Avec ces mêmes appareils, on porte sur les fonds vierges des millions de jeunes Huîtres, âgées de quelques mois ; on les place dans les conditions de fond, de profondeur, de chaleur et de lumière convenables, et l'on peut exercer une surveillance facile et continue.

Ainsi, les *fascines*, les *planchers collecteurs*, les *ruchers collecteurs*, tels sont les appareils de ce genre qui ont rendu possible la culture des Huîtres. Nous avons déjà dit que les fascines ont le désavantage de ne pouvoir servir qu'une fois et pour une seule récolte. Elles ne sauraient durer assez longtemps pour permettre aux Huîtres qui les garnissent par milliers d'atteindre la taille marchande. De là l'utilité du *plancher collecteur*.

Le *plancher collecteur* est formé de plusieurs rangées parallèles de pieux, rapprochés deux à deux, et formant, au moyen de clavettes, des sortes de chevalets à double échelon. Ils portent des traverses d'une seule pièce, dont l'ensemble constitue des cadres carrés, contigus, sur lesquels on établit

un plancher, au moyen de planches de sapin, portant, par
leurs extrémités, sur les traverses inférieures. Ces planches
sont hérissées de copeaux soulevés au ciseau, chargées de
valves de coquillages, qu'on a engluées à leur surface à l'aide
d'une couche de goudron, et munies de menus branchages
de Châtaignier, de Chêne ou de Vigne : le tout pour offrir au
naissain un plus grand nombre de points d'attache.

L'organisation de ce plancher est si simple qu'une seule
personne peut le manœuvrer, c'est-à-dire le monter et le dé-
monter, soit pour retourner les planches qui le forment, soit
pour les transporter ailleurs. Il a l'avantage de mettre les
Huîtres à l'abri des vases qui les étouffent à la naissance, et
de la plupart des animaux qui leur font la guerre. Le
transport des germes recueillis sur les planches de cet appareil se fait aisément par mer, en suspendant ces planches
dans un cadre flottant, qu'on remorque sans peine à toute
distance. Pour le transport par terre, on place les mêmes
planches dans des caisses pleines d'eau de mer, ou bien on
les enveloppe d'herbes marines bien mouillées.

Le *rucher collecteur*, sous des dimensions restreintes, offre
au naissain des points d'attache extrêmement multipliés. Il
se compose d'un coffre enveloppant en bois léger, de forme
rectangulaire, long de 2 mètres sur 1 mètre de largeur et de
hauteur. Il est dépourvu de fond, mais muni d'un couvercle.
Ses parois sont criblées de trous, pour laisser à l'eau une
libre circulation. A ce coffre sont adaptés des cadres en bois,
dont le vide central est occupé par un filet de corde, ou un
treillage en laiton. Lorsque l'appareil doit fonctionner, on le
fixe sur le sol, préalablement couvert de coquilles d'Huîtres,
de valves de Moules, Bucardes, Vénus, etc. On dissémine sur
le terrain circonscrit une soixantaine d'Huîtres mères ; puis
on place les deux châssis du premier plan préalablement
garnis d'une couche de coquilles au-dessus de laquelle sont
parsemées d'autres Huîtres mères. Le premier plan dressé,
on établit le second de la même façon, ensuite le troisième,
dont on supprime seulement les Huîtres mères. Enfin on met
le couvercle en place.

L'appareil ainsi disposé est abandonné à lui-même. Les

Huîtres de tous les étages ne tardent pas à frayer. Ce frai emprisonné se dépose particulièrement sur les écailles et les coquilles dont les cadres sont garnis, et s'y développe peu à peu dans de bonnes conditions.

Cinq ou six mois après les pontes, les jeunes Huîtres peuvent être déplacées sans danger. On démonte l'appareil pièce à pièce, en procédant de haut en bas, et on dépose avec précaution le dépôt venant de chaque châssis, sur le sol d'un parc ou d'une rivière. On peut même transporter les châssis au loin, en les plaçant, comme nous l'avons dit, dans des caisses flottantes percées de trous, ou, si le voyage doit se faire par terre, en les emballant dans des caisses convenablement garnies d'herbes mouillées.

Un parc modèle pour l'application de ces méthodes de multiplication a été établi, avons-nous dit, sous la direction des employés de l'État, dans la baie d'Arcachon, à l'embouchure de la Gironde. Cet établissement, créé en 1860, fournit déjà à la consommation de grandes quantités de mollusques alimentaires. Les méthodes qui sont employées dans cette sorte d'usine physiologique, pourront être plus tard imitées et mises en pratique sur d'autres points du littoral de l'Océan et de la Méditerranée.

M. Félix Hément, professeur au collége Chaptal, a visité le parc modèle d'Arcachon, et en a donné, dans le *Petit Journal* du 29 août 1865, une courte description, que nos lecteurs trouveront peut-être ici avec plaisir :

« En une demi-heure, dit M. Félix Hément, nous avions franchi la distance qui nous séparait du parc. Il fallut se déchausser, retrousser son pantalon jusqu'aux genoux, puis chausser les *patins*. Ce sont des planchettes carrées au-dessus desquelles une pièce de bois forme grossièrement le moule du pied, et au-dessous deux nervures saillantes et croisées empêchent la planchette de toucher le sol. On peut ainsi marcher sans craindre d'écraser les huîtres ou de s'enfoncer par trop.

« L'opération faite, nous débarquons. M. Blacas, premier maître timonier, commandant la goëlette, nous reçoit sur le banc dont il dirige les travaux, sous les ordres du commandant Chaumel.

« Voici maintenant ce que nous avons vu et appris :

« Tous les terrains ne conviennent pas à l'exploitation des huîtres. Il ne les faut ni trop sablonneux ni trop vaseux. Les anciens bancs, ce qu'on nomme les *crassats*, doivent être préférés, mais à la condition de les préparer par un nettoyage complet, afin d'enlever les causes qui ont déterminé la destruction du banc.

« Sur ce terrain ainsi préparé on a tracé des allées qui se croisent à angles droits et qui sont indiquées par des piquets fort courts plantés aux angles des allées. C'est dans les espaces carrés ou rectangulaires que laissent entre elles les allées qu'on a mis les huîtres mères achetées ou pêchées sur des bancs naturels, et, dans tous les cas, choisies avec soin.

« De distance en distance se trouvent les *ruches*. Ce sont des tuiles superposées, la première rangée dans un sens, la seconde en sens transverse, la troisième dans le sens de la première, et ainsi de suite. Chaque ruche est formée d'une trentaine de tuiles disposées sur quatre ou cinq rangs superposés, le tout maintenu par des cordes.

« Au moment du frai, la progéniture des huîtres vient se fixer sur les tuiles, ce qui n'empêche pas qu'un grand nombre de jeunes s'arrêtent sur les vieilles, sur les piquets, et en général sur tous les corps assez durs.

« Chaque tuile porte depuis cent jusqu'à cinq cents rejetons en comptant ce qui est au-dessus et au-dessous. Si l'on admet une moyenne de 330 tuiles, cela fait 9000 huîtres par ruche.

« Sur toute l'étendue du parc, qui est de quatre hectares, se trouvent près de trois cents ruches, soit environ 2 millions et demi d'huîtres.

« Après le frai, les ruches sont démolies et les tuiles dispersées sur le banc. On nous a montré des tuiles recouvertes d'huîtres âgées d'un an, d'autres portant des huîtres de deux ans, elles sont entièrement recouvertes de groupes nombreux dont les coquilles sont enchevêtrées.

« Ces coquilles sont détachées, répandues sur le banc. On les livre à la consommation généralement au bout de trois ans, bien qu'on le puisse à la rigueur au bout de deux ans. En les laissant vieillir, elles deviennent naturellement plus grosses, et, passé trois ans, elles le seraient trop. Si l'on observe qu'au bout de deux ans l'huître est féconde, et qu'on peut en utiliser la progéniture avant de la vendre, il est facile de voir que le parc sera alimenté au moins autant qu'il alimentera.

« Le parc artificiel dispense de l'ancien parcage qu'il remplace avantageusement. Les huîtres ont un goût excellent et peuvent engraisser aussi bien que dans des bassins spéciaux.

« On y peut *élever* toutes les espèces d'huîtres et choisir par conséquent les meilleures. Les Romains ne faisaient aucun cas des huîtres de la Méditerranée et leur préféraient celles de la Manche et de l'océan Atlantique. Pline raconte qu'on les expédiait enveloppées et comprimées dans la neige, comme on le fait encore aujourd'hui pour les conserver vivantes.

« Nous pourrons maintenant faire l'élève d'huîtres de Cancale, ou de Marennes, ou d'Ostende, d'Amérique ou de Corse, aussi bien que les diverses races de chevaux, et avec autant de profit. Quant aux huîtres vertes, je ne sais jusqu'à quel point il est bon d'en encourager la production. On sait que la couleur verte est obtenue en déterminant chez l'huître une maladie. On la fait séjourner dans des bassins dont on ne renouvelle pas l'eau; des corpuscules microscopiques verts engorgent les branchies, l'animal remplit mal ses fonctions, et son état maladif rend sa chair plus tendre et plus délicate. . . . .

. . . .

« Nous sommes heureux de constater, en terminant, l'excellente tenue du parc modèle. C'est, croyons-nous, l'un des plus beaux résultats qu'ait fournis la *culture* des animaux aquatiques. M. le commissaire de la marine a pu le constater avec nous, et M. Coste, de l'Institut, inspecteur général, avait déjà exprimé son vif contentement. »

Une seule circonstance contraire pouvait entraver l'essor de l'ostréiculture dans les baies ouvertes, et elle a déjà produit des effets désastreux : nous voulons parler de la violence des courants qui tourmentent le fond de la mer. Ces courants peuvent quelquefois enlever le naissain, et faire perdre ainsi toute la récolte. Cette cause particulière paraît avoir beaucoup nui aux établissements de l'île de Ré.

C'est pour se mettre à l'abri de sa dangereuse influence que l'on a pris des dispositions nouvelles dans l'établissement d'ostréiculture de Régneville (Manche), qui a été créé par Mme Sarah Félix, sœur de la célèbre tragédienne. Cet établissement est confié à la direction de M. L. Chaillet.

On a construit en mer, à grands frais, des digues destinées à protéger les bassins contre l'action des courants. Les essais de culture qui ont été tentés en 1863 avec cet emménagement ont prouvé que les Huîtres placées dans des parcs, ou *claires*, se reproduisent, quoique isolées de l'action journalière et directe de la mer. Il est donc possible de mettre le frai à l'abri des courants maritimes sans nuire à son développement. Il semble même prouvé que la nouvelle méthode a encore l'avantage de beaucoup améliorer la qualité du produit.

Ce fut dans les premiers jours du mois de mai 1863 qu'on installa à Régneville les appareils collecteurs. Ces appareils n'étaient que des planches dont quelques-unes étaient enduites de brai servant à y fixer une multitude de coquilles. D'autres planches étaient munies de fascines attachées avec du fil de fer. Il y avait, en outre, des fascines isolées. Mais la plus grande masse des collecteurs était formée de tuiles demi-cylindriques de Bordeaux. Après avoir répandu les Huîtres mères sous les appareils, on fit arriver l'eau de la mer dans le bassin d'essai, puis la vanne du parc fut fermée, pour ne plus s'ouvrir qu'à l'expiration présumée de l'époque des pontes. Aux mois de juin et de juillet, on plaça quelques nouveaux appareils, en profitant du moment où, par suite de l'absorption des sables et de l'évaporation, le niveau de l'eau avait sensiblement baissé dans le parc ; on voulait s'assurer, de cette manière, que la période des pontes se prolonge pendant plusieurs mois.

Depuis l'immersion des appareils, on a eu soin de maintenir la nappe d'eau constamment assez profonde pour abriter les jeunes Huîtres des ardeurs du soleil. Pour empêcher le manque d'eau, on renouvelait de temps en temps les quantités absorbées ou évaporées.

Une première inspection, faite le 26 août 1863, montra les appareils chargés de naissain à profusion, tandis qu'il n'y en avait pas trace dans les parcs voisins, ni dans le canal qui les alimentait. Les jeunes Huîtres avaient déjà les dimensions de pièces de 20 ou 50 centimes.

On redoutait les rigueurs de l'hiver de 1864. Mais cet hiver s'est passé : il a été exceptionnellement rude, et les jeunes Huîtres se portent mieux que jamais. Elles ont grandi ; la plupart ont aujourd'hui la dimension d'un ancien écu de 3 livres ; beaucoup ont dépassé le diamètre d'une pièce de 5 francs en argent. Mais ce qui est plus remarquable encore, et peut-être sans précédent, c'est qu'elles sont vertes, et rappellent les huîtres du lac Lucrin, autrefois si célèbres.

Les huîtres de Régneville sont d'une espèce fine et délicate qui fera la joie des connaisseurs. Il paraît que les parcs artificiels ont réellement la propriété d'améliorer ce mollusque, et de donner en quelques mois aux produits ordinaires de la pêche les qualités de couleur et de goût qui distinguent les huîtres de Marennes.

Nous ne terminerons pas ce chapitre consacré à l'Huître considérée au point de vue de son organisation, de sa pêche et de sa culture artificielle, sans dire quelques mots de ses usages alimentaires.

L'homme a fait usage de l'Huître comme aliment dès la plus

haute antiquité. Dans les débris des festins des premiers habitants du nord de l'Europe on découvre souvent, mêlés aux autres résidus des repas, ou aux instruments de pierre, des tas de coquilles d'Huîtres. Les Romains commençaient leurs repas en mangeant des Huîtres.

Le même usage existe aujourd'hui dans toute l'Europe. De Stockholm à Naples, de Madrid à Saint-Pétersbourg, partout les tables recherchent les Huîtres avec empressement. A Saint-Pétersbourg, on les paye jusqu'à un rouble la pièce ; à Stockholm, un demi-franc.

C'est que l'Huître est, en effet, la gloire de nos tables. Elle joint à un goût des plus fins le rare privilége d'être l'aliment digestible par excellence. Certains gourmets l'ont appelée *la clef du paradis qu'on nomme l'appétit*. Les historiens rapportent que l'empereur Vitellius mangeait douze cents Huîtres dans un seul repas.

Pour sa nourriture journalière, un homme de moyenne taille a besoin d'absorber une quantité d'aliments qui représente 315 grammes de substance azotée sèche. Il lui faudrait, d'après cela, gober 16 douzaines d'Huîtres pour représenter ce poids de substance nutritive. Cette faible proportion de matière nutritive explique l'extrême digestibilité des Huîtres. Elle explique aussi le fait attribué à l'empereur Vitellius. L'Huître n'est autre chose, comme matière alimentaire, que de l'eau un peu gélatinisée. Sans cela Vitellius, tout empereur et maître du monde qu'il était, n'aurait pu en absorber douze cents pour s'ouvrir l'appétit.

En 1861, on a vendu à Paris 55 131 000 Huîtres, au prix moyen de 4 francs 2 centimes le cent. Cette quantité représente un prix total de 2 216 270 francs. On voit, par ce chiffre, quelle est aujourd'hui l'importance de la consommation de ce mollusque.

Les statisticiens prétendent qu'en 1864 Paris a consommé cent millions d'Huîtres !

GENRE PEIGNE.

Linné a confondu à tort, dans le genre *Huître*, un grand nombre d'espèces de coquilles qui, par les cannelures et les

côtes de leur surface, rappellent un peu la disposition des
dents d'un peigne : de là leur nom (*Pecten*, peigne). Ces coquilles étaient, du reste, connues des naturalistes bien avant

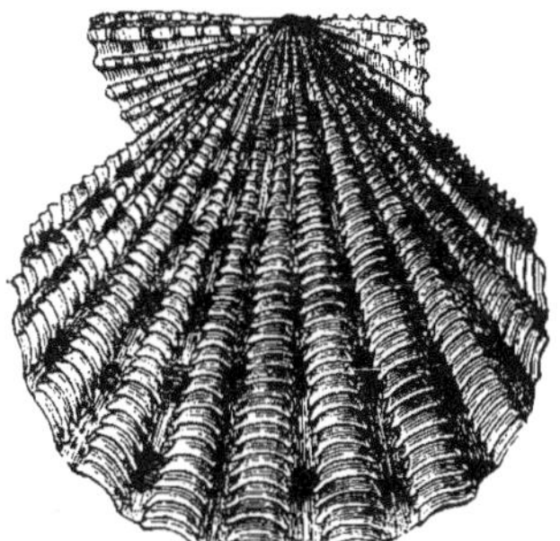

Fig. 115. Peigne manteau ducal.
(*Pecten pallium*. Lin.)

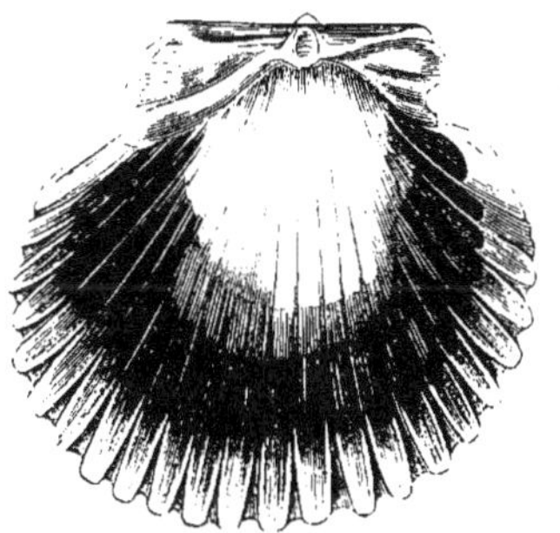

Fig. 116. Peigne pourpré.
(*Pecten purpuratus*. Lam.)

Linné. On les nommait aussi *manteaux* ou *pèlerines*. Ce dernier nom vient de l'usage qu'avaient autrefois les pèlerins,
d'orner leur robe et leur chapeau, en y appliquant, on n'a
jamais su pourquoi, les valves de ces coquilles.

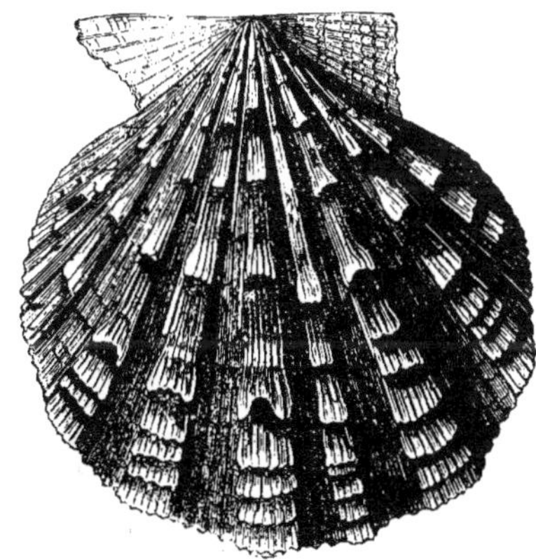

Fig. 117. Peigne coralline.
(*Pecten nodosus*. Lin.)

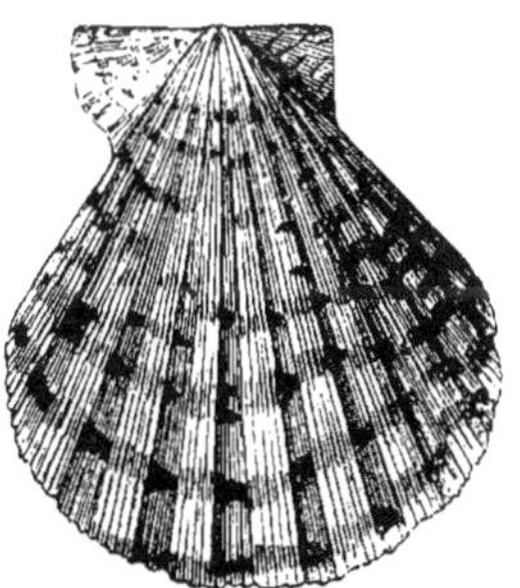

Fig. 118. Peigne tigre.
(*Pecten tigris*. Lam.)

Les coquilles de Peignes en général sont circulaires, plus
ou moins allongées. Elles se terminent, vers le sommet, par
une ligne droite, dont les extrémités se prolongent, de
chaque côté de la charnière, en deux appendices triangulaires

que l'on nomme *oreillettes*. Les valves sont très-régulières, mais dissemblables entre elles. Chez quelques espèces, dont la coquille se ferme exactement, la valve inférieure est plus ou moins convexe, et la supérieure plate. Dans d'autres, les

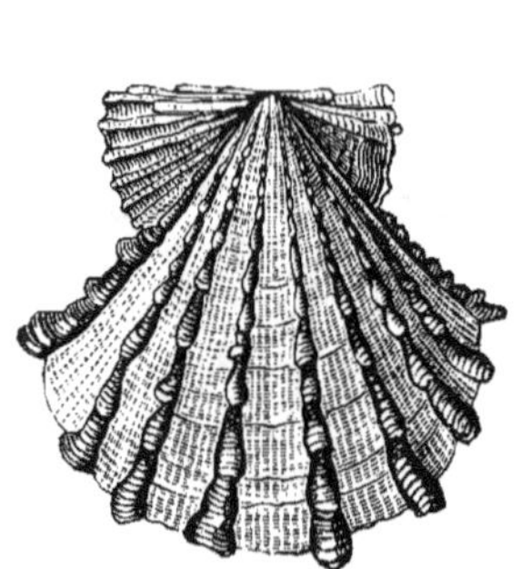

Fig. 119. Peigne foliacé.
(*Pecten foliaceus.* Quoy.)

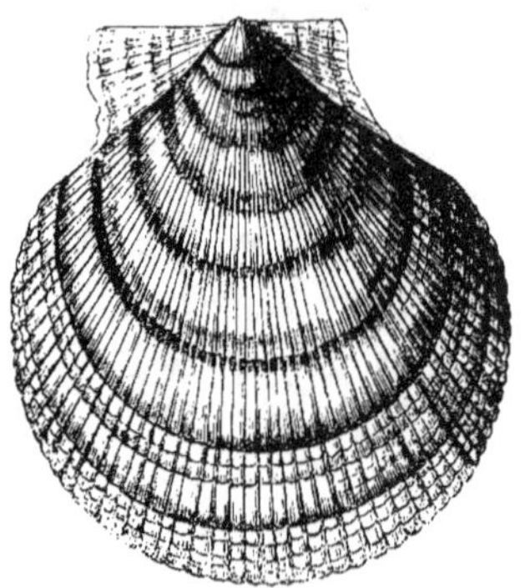

Fig. 120. Peigne du nord.
(*Pecten islandicus.* Chemnitz.)

deux valves sont convexes. La charnière est sans dents, et le ligament destiné à fermer la coquille est inséré dans une fossette triangulaire. Le muscle rétracteur est unique et presque central. Les valves ne sont pas nacrées en dedans; elles

Fig. 121. Peigne arrosé.
(*Pecten pseudamussium.* Chemn.)

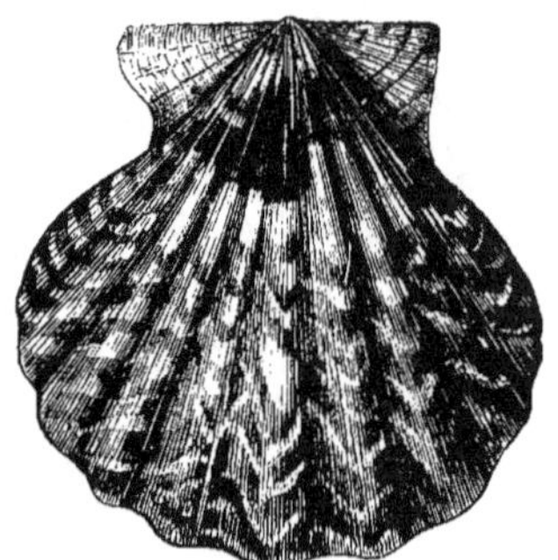

Fig. 122. Peigne glabre.
(*Pecten glaber.* Lin.)

présentent, sur leur surface extérieure, des côtes plus ou moins nombreuses, qui partent du sommet, et divergent vers la circonférence. Ces côtes sont quelquefois lisses, mais le plus souvent elles offrent des stries ou des écailles.

En somme la structure des valves chez les *Pectens* est très-variée, mais toujours très-élégante. Les couleurs qui les décorent sont souvent éclatantes et vives.

Nous présenterons comme spécimen de ce genre de coquilles les figures de huit espèces : le *Peigne manteau ducal* (fig. 115), le *Peigne pourpré* (fig. 116), le *Peigne coralline* (fig. 117), le *Peigne tigre* (fig. 118), le *Peigne foliacé* (fig. 119), le *Peigne du nord* (fig. 120), le *Peigne arrosé* (fig. 121) et le *Peigne glabre* (fig. 122).

L'animal qui habite la coquille des *Peignes* a la forme générale de celui de l'Huître. Il en diffère pourtant d'une manière assez notable. Les bords du manteau sont garnis d'une frange multiple de tentacules simples, entre lesquels se trouvent espacés des tentacules un peu plus gros, terminés chacun par une sorte de petite perle vivement colorée, à laquelle se rend un filet nerveux, qu'on a pris pour un œil. Autre dif-

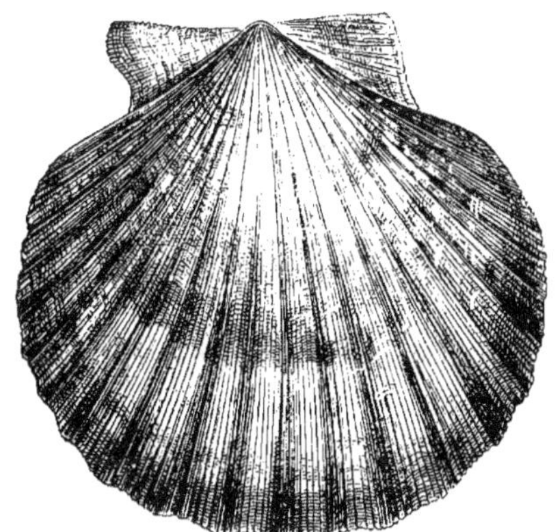

Fig. 123. Peigne operculaire.
(*Pecten opercularis*. Lin.)

férence : les branchies, au lieu d'être réunies en une lame striée, comme chez les Huîtres, sont découpées en filaments capillaires parallèles, formant des franges libres et flottantes ; la bouche est entourée de lèvres saillantes multifides, etc.

Tandis que l'Huître est complétement fixe le Peigne est, au contraire, libre, et peut se déplacer. Il se meut dans l'eau avec une certaine agilité. En fermant brusquement ses valves entr'ouvertes, il chasse le liquide avec force, et se trouve repoussé en sens inverse, par un effet de réaction. Répété à plusieurs reprises, ce mouvement suffit pour faire progresser l'animal à son gré, et lui faire éviter les dangers, ou le diriger vers le but qu'il doit atteindre. Quelques naturalistes ont même prétendu que lorsqu'il s'élève à la surface de l'eau, le Peigne entr'ouvre sa coquille de manière que sa valve supérieure lui serve de voile, et lui permette de naviguer, comme une embarcation à voiles.

Les Peignes habitent toutes les mers. On en a décrit une centaine d'espèces, dont une vingtaine appartiennent aux mers d'Europe. Nous citerons parmi ces dernières le *Peigne à côtes rondes.*

On pêche ce mollusque aux bords de l'Océan, et on l'apporte sur les marchés des îles voisines, car il est comestible, bien que le muscle rétracteur qui forme presque toute sa masse charnue soit d'une dureté extrême.

Le *Peigne bigarré* se trouve souvent mêlé avec les Huîtres

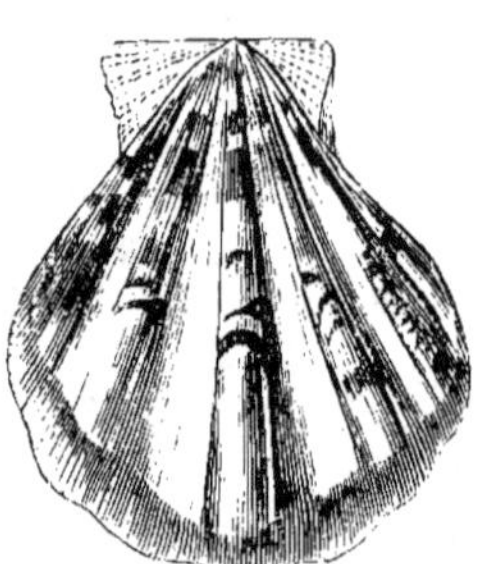

Fig. 124. Peigne mantelet.
(*Pecten plica*. Lin.)

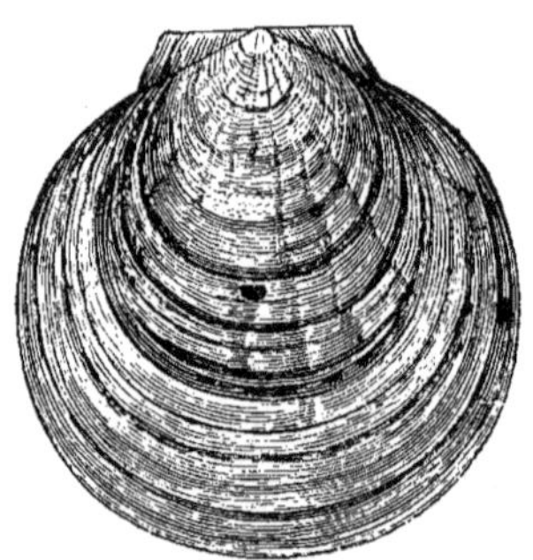

Fig. 125. Peigne concentrique.
(*Pecten Japonica*. Gmel.)

que l'on apporte sur les marchés de l'Ouest. Sa couleur, assez variable, est noire, brune, rouge, violette ou orangée ; cette couleur est tantôt uniforme, tantôt tachetée.

Le *Peigne operculaire*, que l'on voit représenté dans la figure 123, et le *Peigne mantelet*, sont encore des espèces propres aux mers de l'Europe.

Parmi les espèces des autres mers, nous citerons le *Manteau ducal* (fig. 115), qui habite les mers de l'Inde, et qui est remarquable par l'élégance de ses douze côtes ou rayons striés longitudinalement, hérissés d'écailles saillantes, et par l'élégante distribution de ses taches blanches, sur un fond rouge nuancé et marbré de brun ; le *Peigne manteau blanc* de l'océan Indien et le *Peigne concentrique*. La figure 124 représente le *Peigne mantelet* de l'océan Indien, et la figure 125 le *Peigne concentrique*, ou du *Japon*.

GENRE PÉTONCLE.

Les *Pétoncles* (*Pectunculus*) abondent sur les rivages de l'Océan et de la Méditerranée. Si l'on ramasse au hasard une poignée de coquillages sur les plages de nos côtes, un tiers sera formé de Pétoncles. On les trouve mêlés aux Cardiums,

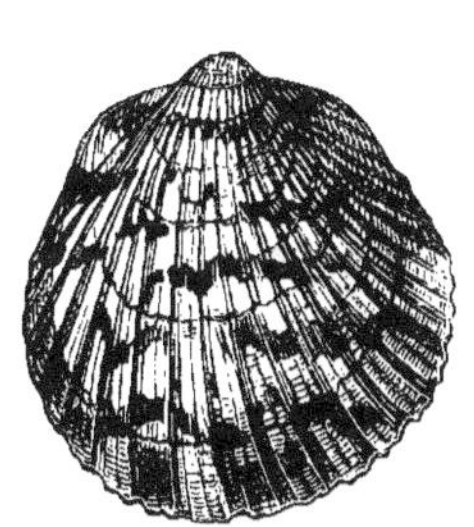

Fig. 126.
Pectunculus auriflua. (Reeve.)

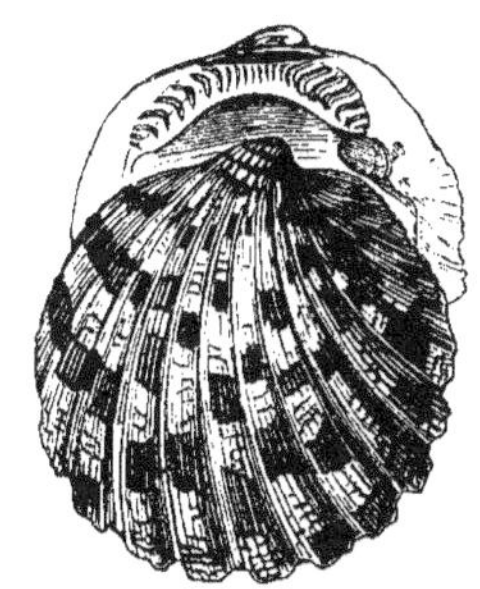

Fig. 127. Pétoncle de Delessert.
(*Pectunculus Delessertii.* Reeve.)

aux Vénus, aux Couteaux, aux Peignes. Leurs formes arrondies et robustes attirent l'attention. Les enfants les font figurer au premier rang de ces collections charmantes qui

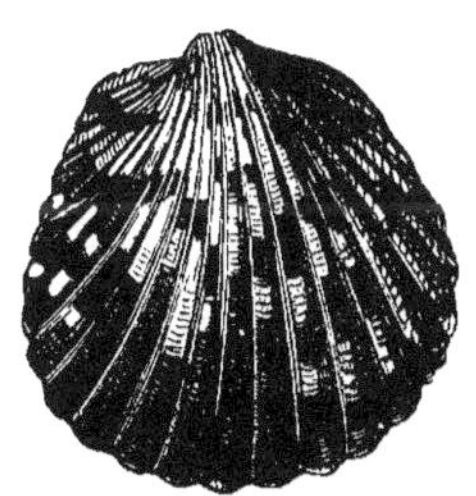

Fig. 128. Pétoncle pectiniforme.
(*Pectunculus pectiniformis.* Lam.)

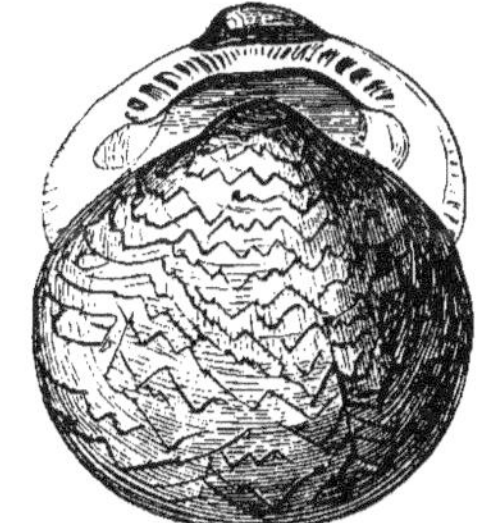

Fig. 129. Pétoncle écrit.
(*Pectunculus scriptus.* Born.)

s'amassent sur les genoux d'une mère, et qui durent l'espace d'un baiser.

L'animal qui vit dans l'intérieur de cette bonne et grosse coquille s'est moulé sur sa courbure : il est arrondi et ramassé comme elle. Il est pourvu d'une bouche large, épaisse, et de doubles branchies.

Souvent à travers ces coquilles, quand on les prend vivantes, il s'exhale un liquide épais et muqueux. L'enfant, qui a fait cette conquête au bord de la plage, la rejette, de dégoût et d'effroi, à l'aspect de cette bave peu engageante.

Comme espèces particulières des Pétoncles, nous signalerons celles que l'on voit représentées dans la page précédente, savoir : les *Pectunculus auriflua* (fig. 126), le *Pétoncle de Delessert* (fig. 127), le *Pétoncle pectiniforme* (fig. 128), le *Pétoncle écrit* (fig. 129).

GENRE SPONDYLE.

L'animal qui habite la coquille des *Spondyles* ressemble à celui des Huîtres, mais il se rapproche davantage encore de

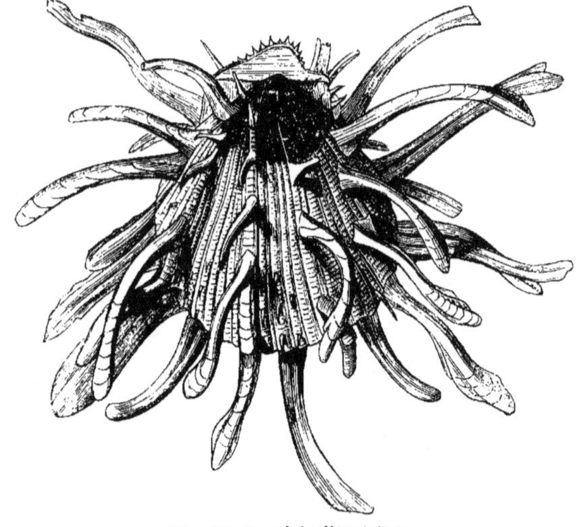

Fig. 130. Spondyle d'Amérique.
(*Spondylus Americanus*. Lam.)

celui des *Peignes*. Les bords du manteau sont garnis de deux rangées de tentacules, et dans la rangée extérieure, plusieurs de ces tentacules sont munis, à leur extrémité, de tubercules colorés.

La coquille des Spondyles est solide, épaisse, à valves inégales, adhérente, presque toujours hérissée d'épines. La
charnière présente deux dents très-fortes. Les épines qui

Fig. 131. Spondyle rayonnant.
(*Spondylus radians*. Lam.)

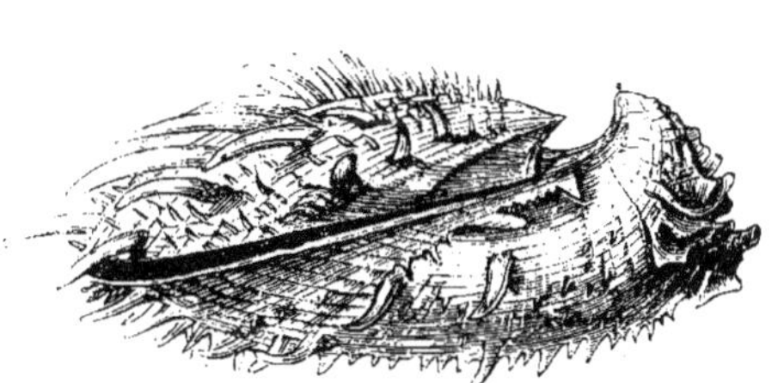

Fig. 132. Spondyle aviculaire.
(*Spondylus avicularis*. Lam.)

hérissent les valves, la variété et la vivacité des couleurs
dont elles sont parées, font beaucoup rechercher ces co-

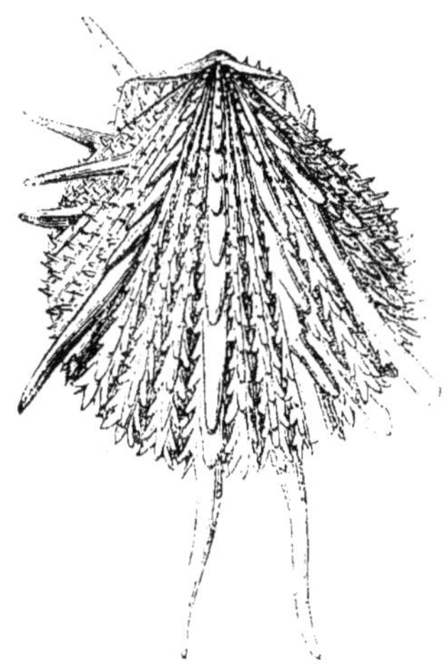

Fig. 133. Spondyle impérial.
(*Spondylus imperialis*. Chenu.)

quilles par les amateurs. Il en est qui ont un très-grand
prix.

Comme spécimens nous donnerons les figures de quelques
espèces de ces bivalves: le *Spondyle d'Amérique* (fig. 130), le

Spondyle rayonnant (fig. 131), le *Spondyle aviculaire* (fig. 132),

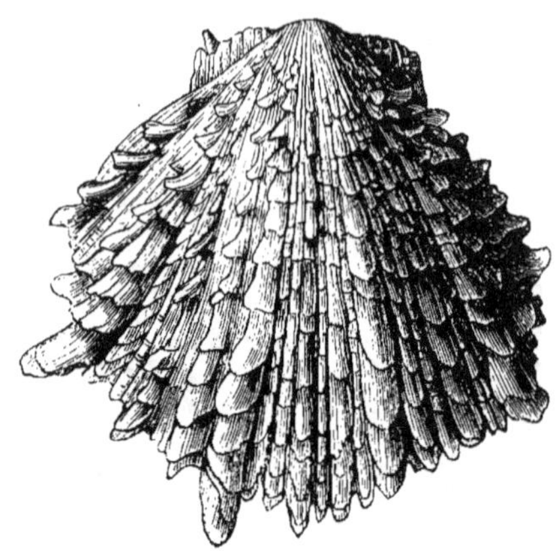

Fig. 134. Spondyle grosse-écaille.
'(*Spondylus crassisquama*. Lam.)

le *Spondyle impérial* (fig. 133), et le *Spondyle grosse-écaille* (fig. 134).

Ainsi que les Huîtres, les Spondyles vivent fixés sur les rochers et les corps sous-marins, et plus souvent encore en-

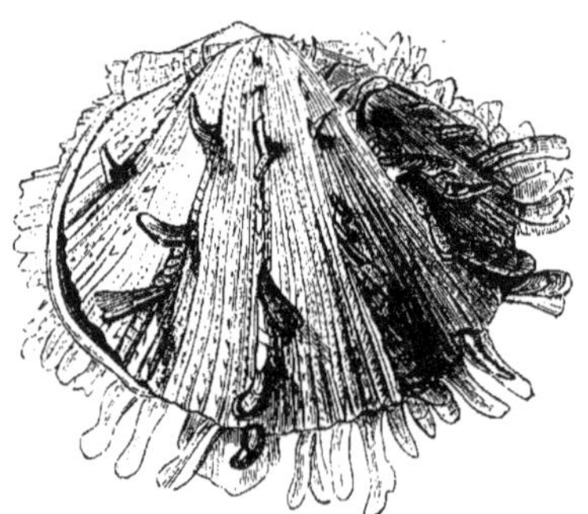

Fig. 135. Spondyle pied d'âne.
(*Spondylus gæderopus*. Lin.)

tassés les uns sur les autres, comme des Harengs dans une caque.

Ces mollusques sont essentiellement propres aux mers des pays chauds. On en trouve pourtant une fort belle espèce dans la Méditerranée: c'est le *Spondyle pied d'âne*, dont nous donnons ici l'image (fig. 135).

Mais l'espèce la plus remarquable de ce genre, c'est assurément le *Spondyle royal* (fig. 136). Cette espèce habite la mer des Indes. Il existe à peine trois échantillons de cette coquille rarissime dans les musées de l'Europe.

M. Chenu a raconté, dans un de ses ouvrages, une anecdote qui prouverait bien, s'il était nécessaire de le prouver, jusqu'où peut aller la passion d'un collectionneur décidé à

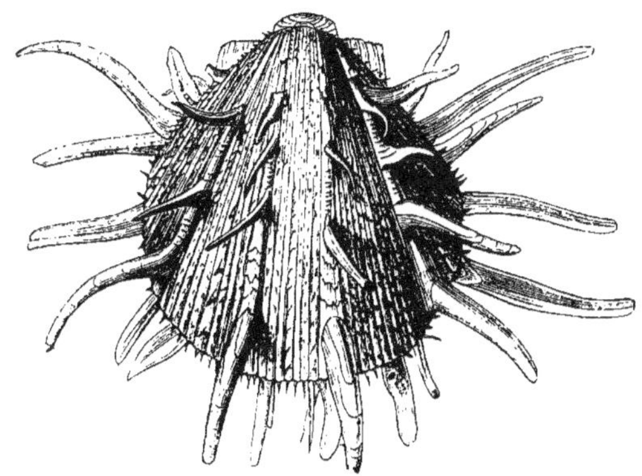

Fig. 136. Spondyle royal.
(*Spondylus regius*. Lin.)

posséder, à tout prix, un objet rare, et qui forme depuis longtemps le but de ses ardents désirs.

« M. R..., dit M. Chenu, professeur de botanique d'une faculté de Paris, et plus savant que riche, voulut, sur la proposition d'un marchand étranger, acheter cette coquille à un prix très-élevé, qu'on dit être de 3000 à 6000 francs. Le marché débattu et le prix convenu, il fallait payer. Les économies en réserve ne faisaient qu'une faible partie de la somme et le marchand ne voulait pas abandonner sa coquille sans en recevoir la valeur. M. R..., consultant alors plus son désir de posséder une espèce unique encore que ses faibles ressources et l'étendue du sacrifice, fit secrètement un paquet de sa modeste argenterie et alla la vendre pour compléter la valeur de son acquisition ; et, sans oser en parler à sa femme, il remplaça de suite son argenterie par des couverts d'étain, et courut chercher le malheureux spondyle, qu'il nomma fastueusement *spondyle royal*.

« Mais l'heure du dîner arriva : on comprend aisément la stupéfaction de Mme R..., qui ne put expliquer de suite une telle métamorphose, et se livra à mille conjectures pénibles. M. R..., de son côté, revenait heureux chez lui et sa coquille bien emballée dans une boîte placée dans la poche de son habit. Mais en approchant, il ralentit le pas, devint soucieux, songeant, pour la première fois, à la réception qui allait lui être faite. Les reproches qu'il attendait étaient bien un peu compensés par la jouissance du trésor qu'il rapportait. Enfin il arrive, et Mme R.... fut d'une sévérité à laquelle le pauvre savant ne s'attendait pas : aussi son courage l'abandonna; tout pénétré du chagrin qu'il causait à sa femme, il oublia sa coquille, et se plaçant sans précaution sur une chaise, il eut la douleur d'être rappelé à son trésor en entendant le craquement de la boîte qui le protégeait. Heureusement, le mal ne fut pas grand : deux épines seulement de la coquille furent cassées, et la peine qu'il en éprouva fit à son tour tant d'impression sur Mme R.... qu'elle n'osa plus se plaindre, et ce fut encore M. R.... qui eut besoin de ses consolations. »

Nous terminons ce chapitre par ce touchant tableau.

GENRE MARTEAU.

Le *Marteau* (*malleus*) ressemble grossièrement à l'outil dont il porte le nom.

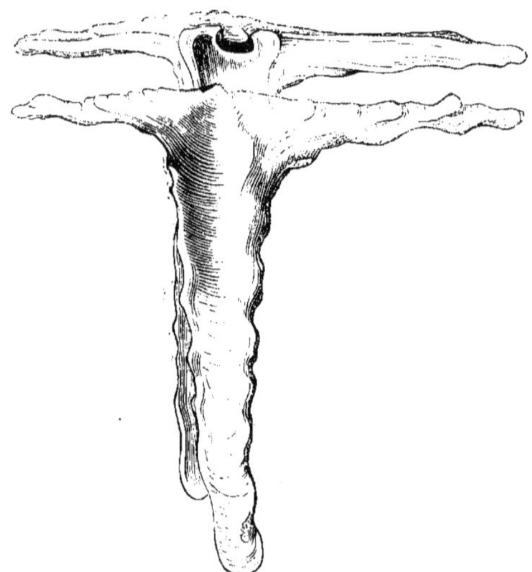

Fig. 137. Marteau blanc. (*Malleus albus.* Lam.)

Les valves de la coquille sont presque égales, noirâtres et rugueuses à l'extérieur; souvent brillantes et nacrées à l'in-

térieur. Elles s'élargissent à droite et à gauche de la charnière, en formant deux prolongements, qui leur donnent
quelque ressemblance avec la tête d'un marteau. En même
temps elles s'allongent dans le sens opposé à la charnière,
de manière à figurer le manche de ce marteau.

C'est ce que l'on peut reconnaître à la seule inspection de
la figure 137, qui représente le *Marteau blanc* (*Malleus albus*).
Cette charnière est dépourvue de dents, et présente une fossette conique, destinée à recevoir un ligament très-fort.
L'animal est comprimé à l'intérieur de cette coquille. Son

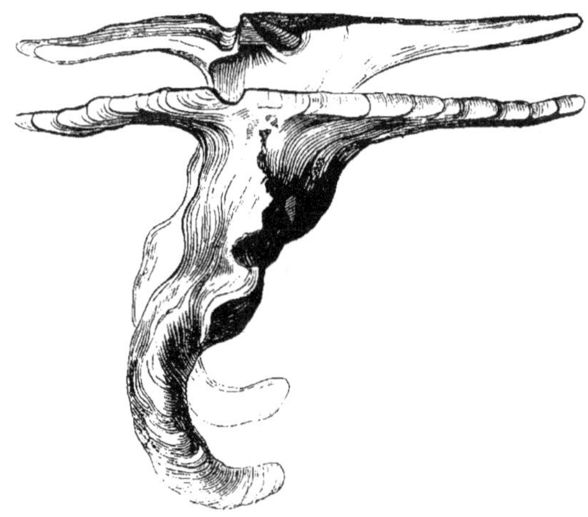

Fig. 138. Marteau commun. (*Malleus vulgaris*. Lam.)

manteau est frangé par de très-petits appendices tentaculaires.

On ne connaît qu'une douzaine d'espèces de *Marteaux* actuellement vivantes. Elles sont propres à l'océan des Grandes-
Indes, aux mers de la Nouvelle-Hollande et de l'Amérique.

Le *Marteau commun* (fig. 138) est une coquille rare, très-
recherchée aujourd'hui par les amateurs et les marchands.

GENRE PINTADINE.

La *Pintadine* (*Meleagrina*) possède une coquille à valves
presque égales, arrondie, assez épaisse, écailleuse au dehors,

brillamment nacrée à l'intérieur, présentant au bord postérieur des valves une ouverture, destinée à livrer passage à un pinceau de soies, connu sous le nom de *byssus*, à l'aide duquel l'animal s'attache aux rochers.

Le genre *Pintadine* est peu nombreux en espèces. Toutes ces espèces sont propres aux mers des pays chauds.

La plus remarquable est l'*Huître perlière* ou *mère perle* (*Meleagrina margaritifera*) (fig. 139).

A l'intérieur de sa coquille, on trouve ces perles fines qui sont estimées presque à l'égal des diamants. Cette coquille est à peu près circulaire et de couleur verdâtre en dehors.

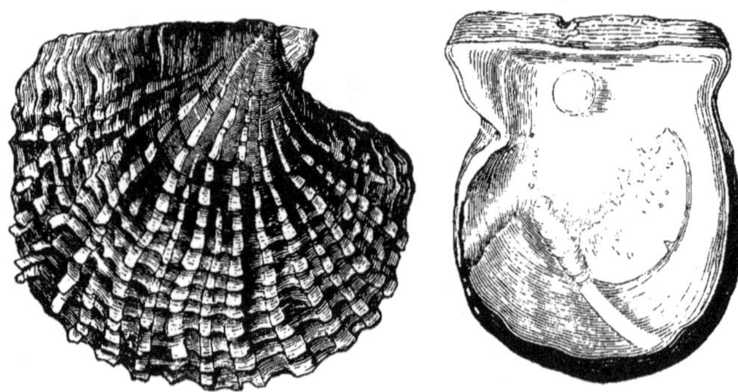

Fig. 139. Pintadine mère perle.
(*Meleagrina margaritifera*. Lin.)
Coquille vue en dessus.   Coquille vue en dedans.

Elle fournit tout à la fois la perle et la nacre, substance fort employée dans les arts.

Les perles fines et la nacre ont, en effet, la même origine. La nacre revêt l'intérieur de la coquille de la *Meleagrina margaritifera;* la perle n'est autre chose que cette même concrétion nacrée, qui a pris la forme globuleuse, et s'est déposée, en cet état, sur les parois de la coquille, ou à l'intérieur des chairs de l'animal.

Ainsi la nacre est la matière à la fois calcaire et cornée que l'animal sécrète, et qu'il applique aux parois intérieures du coquillage, pendant les diverses périodes de son développement. Les perles sont formées de la même substance; seulement, au lieu de se déposer sur les valves en couches très-

minces, cette matière se condense, s'agglomère en petites
sphérules, qui se développent, soit à la surface des valves,
soit dans la partie charnue du mollusque. Entre la nacre et
la perle, il n'y a donc de différence que dans la forme de la
concrétion.

La figure 140 représente l'*Huître perlière* contenant à l'intérieur de la coquille ces concrétions calcaires à divers états
de formation.

Les perles, qui se déposent contre les valves, sont généralement adhérentes à la coquille ; celles qui naissent dans
le manteau ou dans l'intérieur des organes sont libres.

Les perles, d'abord très-petites, s'accroissent par couches

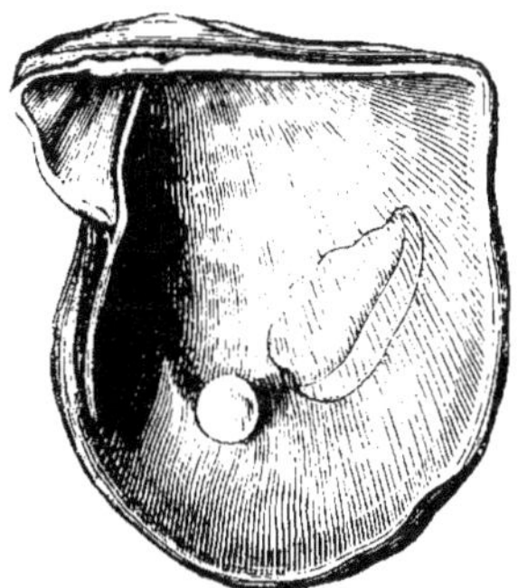

Fig. 140. Pintadine mère perle.
(*Meleagrina margaritifera*. Lin.)

annuelles. Elles peuvent acquérir une certaine grosseur et
un pâle éclat, aussi variable que celui de la nacre d'où elles
proviennent.

Quelle est la cause de la production de ces corps étrangers
au sein du mollusque? La formation des perles provient,
avons-nous dit, de la surabondance de la sécrétion de la matière nacrée, et cette surabondance est déterminée elle-
même par quelque maladie du mollusque. On trouve presque toujours, en effet, dans le centre de la perle, un petit
corps étranger, autour duquel la matière nacrée s'est peu à
peu déposée concentriquement. Ce corps étranger est tantôt
un œuf de poisson, un grain de sable, etc. Sa présence prouve
que la cause de la production de la perle est tout extérieure,

et que c'est par une véritable maladie que prend naissance cette matière si recherchée.

Les Chinois et les Indiens ont su profiter de cette dernière observation, pour faire produire artificiellement des perles à divers bivalves, et surtout à des Moules. Ils parviennent à provoquer la formation de ces produits, en introduisant dans le manteau de l'Huître ou de la Moule, ou bien en glissant adroitement entre ses deux valves, des fragments arrondis de verre ou de métal. Nous reviendrons sur ce sujet en parlant des Moules et des perles que certains de ces mollusques peuvent accidentellement produire.

Ainsi, la perle qui sert de parure et d'ornement, cet objet si précieux et si recherché, est le résultat d'une maladie d'un pauvre mollusque caché dans l'Océan. Les poëtes de l'Orient appellent la perle une *larme de la mer!* Ce n'est pas une larme de la mer, mais une larme versée silencieusement par un pauvre bivalve : une larme qui s'amasse lentement par la souffrance, au fond de cette existence obscure, inconsciente et blessée !

La *Pintadine mère perle* se rencontre dans des mers très-différentes par la latitude. On la trouve dans le golfe Persique, sur les côtes de l'Arabie heureuse et du Japon, dans les mers d'Amérique, sur les rivages de la Californie, auprès des îles d'Otaïti, etc.

La pêche des huîtres perlières est une des plus importantes pêches de l'Orient.

C'est à Ceylan, dans le golfe du Bengale, et dans la mer des Indes, que sont établies les pêcheries de perles les plus productives. Les bancs formés par les *Pintadines* sont situés au fond de la mer, à une certaine distance du rivage. Les coquilles sont adhérentes aux rochers, auxquels elles sont attachées par leur byssus.

Devant la baie de Condatchy, à environ douze milles de Manaar, il existe un banc considérable de Pintadines, qui occupe, en mer, un espace de vingt milles. C'est là que se trouve le rendez-vous général des bateaux de pêche venus de Ceylan.

Ces bateaux sont montés par vingt hommes, dont dix ra-

meurs et dix plongeurs ; le tout guidé par un patron de
barque. Un coup de canon donne à l'équipage le signal du
départ, qui a ordinairement lieu à dix heures du soir. On
commence à pêcher dès que le jour arrive. Alors les plongeurs se partagent en deux groupes de cinq hommes, qui
travaillent et se reposent alternativement. Dans la barque se
trouvent plusieurs cordes, terminées par de lourdes pierres,
que le plongeur attache à ses pieds, afin d'accélérer sa descente. Il fixe aux doigts du pied droit l'une de ces cordes,
terminée par la pierre, et suspend à l'autre pied un sac en
toile de filet. Puis, saisissant de la main droite une corde
d'appel convenablement disposée, et se bouchant les nari-
nes de la main gauche, il plonge, en se tenant verticalement
accroupi sur les talons. Arrivé au fond de l'eau, il s'empresse
de mettre dans son filet, qu'il s'est alors passé autour du
cou, les Pintadines qu'il voit à sa portée, et à l'aide de la
corde d'appel, qu'il n'a pas quittée et qu'il secoue fortement, il avertit qu'il est temps de le ramener à la surface.

Un habile plongeur ne peut guère rester plus de 30 secondes sous l'eau. Mais il plonge à plusieurs reprises, ordinairement trois ou quatre fois. Quand les circonstances sont
favorables, il peut plonger de quinze à vingt fois.

Ce travail est d'ailleurs extrêmement pénible. Revenus dans
la barque, les plongeurs rendent quelquefois par la bouche,
par le nez et les oreilles, de l'eau teintée de sang. Ajoutez
aussi que les Requins guettent et dévorent souvent les malheureux plongeurs !

Jeune fille, qui jetez un regard de satisfaction sur votre
beau collier de perles, sur son éclat hyalin, sur son adorable
blancheur, songez-vous quelquefois que vous portez sur vos
fraîches épaules la vie de plusieurs hommes !

Les coquilles à perles rapportées par chaque pêcheur sont
déposées sur des nattes de spartorie, dans des espaces carrés, entourés de palissades. Elles meurent bientôt, et se pu-
tréfient. On cherche alors dans les coquilles ouvertes les
perles qu'elles peuvent contenir. Puis on fait bouillir la matière animale, et on la passe au tamis, pour retrouver les per-

les libres qui occupaient l'intérieur du corps, où elles étaient enveloppées entre les plis du manteau.

Des nègres sont chargés de percer et d'enfiler les perles libres. Ils détachent les perles adhérentes au coquillage, les nettoient et les polissent avec de la poudre de perles ou de nacre.

Pour classer les perles selon leur grosseur, on les fait passer dans divers cribles, ou tamis, à treillis de cuivre, et de différentes dimensions. Chaque tamis est percé d'un nombre de trous qui détermine la grosseur des perles, et leur donne un numéro commercial. Les cribles percés de vingt trous portent le numéro 20. Ceux qui sont percés de 30, 50, 80 trous portent des numéros correspondants.

Toutes les perles qui restent au fond des cribles de ces catégories sont de premier ordre. Celles qui traversent les cribles numéros 100 à 800 sont de second ordre; celles qui traversent le crible numéro 1000 sont de troisième ordre ; on les vend à la mesure ou au poids.

Dès que la recherche des perles est achevée, on s'occupe de récolter la nacre de ces mêmes coquilles. On choisit les coquilles qui, par leur dimension, leur épaisseur ou leur éclat, paraissent devoir fournir les plus belles nacres destinées au commerce, et on en détache les lames internes.

On distingue trois sortes de nacre : la *nacre franche argentée*, la *nacre bâtarde blanche* et la *nacre bâtarde noire*. La première, qui vient des Indes, de la Chine et du Pérou, est suffisamment caractérisée par son nom même. La seconde est d'un blanc jaunâtre, et quelquefois verdâtre ou rougeâtre et plus ou moins irisée. La troisième est d'un blanc bleuâtre tirant sur le noir avec des reflets rouges, bleus et verts.

La pêche de perles et de nacre, dont nous venons de parler, commence, à l'île de Ceylan, au mois de février ou de mars, et ne dure qu'un mois. Elle occupe plus de deux cent cinquante bateaux.

En 1797 le produit des pêcheries de perles et de nacre à Ceylan fut de 3 600 000 francs, et en 1798, de 4 800 000. A partir de 1802, le gouvernement anglais afferma ces pêcheries pour la somme de 3 millions de francs. Cependant depuis une

vingtaine d'années cette pêche est devenue moins produc-
tive.

Ceylan n'a pas le privilège de cette pêche, qui se pratique
sur plusieurs autres points du globe. Elle se fait encore,
avons-nous dit, sur les côtes du golfe de Bengale, dans les
mers de la Chine, du Japon et de l'Archipel Indien, enfin
dans les colonies hollandaises et espagnoles des parages asiatiques. Les Pintadines perlières sont également exploitées
dans le sud de l'Amérique.

Les produits des pêcheries de perles provenant des mers
de la Chine, du Japon et des colonies hollandaises de l'Asie,
sont envoyés à des correspondants établis dans les ports
principaux de l'Inde, et vendus aux capitaines des navires
qui fréquentent ces parages. Le commerce des perles et de
la nacre, qui représente dans ce pays une valeur d'une
vingtaine de millions de francs, est attiré dans le grand
mouvement commercial que les Anglais font aux Indes.

Sur les côtes opposées à la Perse, sur celles de l'Arabie,
à Ouarden, à Bahrein, à Gildwin, à Dalmy, à Catifa, jusqu'à
Mascate et la mer Rouge, la pêche et le trafic des perles et
de la nacre se font d'une manière assez active. Au dire du
major Wilson, la pêche sur les bancs de l'île de Bahrein représente à elle seule une valeur de 6 millions de francs. Si
l'on ajoute le produit des autres pêcheries sur ces côtes
arabes, on peut porter ce chiffre à 9 millions.

Dans ce dernier pays, la pêche ne se fait qu'en juillet et août,
la mer n'étant pas assez calme dans les autres mois de l'année. Arrivés sur les bancs de Pintadines, les pêcheurs mettent leurs barques à quelque distance l'une de l'autre, et jettent l'ancre à une profondeur de cinq ou six mètres. Les
plongeurs se passent sous les aisselles une corde dont l'extrémité communique à une sonnette placée dans la barque.
Après avoir placé du coton dans leurs oreilles, et sur le nez
une pince en bois ou en corne, ils ferment les yeux et la
bouche, et se laissent glisser, à l'aide d'une grosse pierre attachée à leurs pieds. Arrivés au fond de l'eau, ils ramassent
indistinctement tous les coquillages qui se trouvent à leur
portée, et les mettent dans un sac suspendu au-dessus des

hanches. Dès qu'ils ont besoin de reprendre haleine, ils tirent la sonnette ; aussitôt on les aide à remonter.

Les marchés pour les perles et les nacres du golfe Persique se tiennent principalement à Bassorah et à Bagdad, d'où les produits passent par Constantinople, pour arriver en Occident.

Disons maintenant quelques mots des pêcheries de perles et de nacre dans les mers du sud de l'Amérique.

Avant la conquête du Mexique et du Pérou par les Espagnols, ces pêcheries de perles étaient établies entre Acapulco et le golfe de Tehuantepec. Mais, après cette époque, d'autres exploitations s'installèrent auprès des îles de Cubagna et de Marguerite, de l'isthme de Panama, etc. Les résultats en furent si productifs, que des villes populeuses ne tardèrent pas à s'élever dans ces divers lieux.

Pendant le temps de la splendeur espagnole, sous les monarchies des Charles-Quint, des Ferdinand, des Philippe, etc., l'Amérique envoyait des perles à l'Espagne, pour une valeur annuelle de plus de quatre millions de francs. Les parages qui les fournissent aujourd'hui sont situés dans les golfes de Panama et de la Californie ; mais, en l'absence de règlements conservateurs, difficiles à établir à cause des troubles qui agitent constamment ces contrées, les bancs, exploités sans prévision, commencent à s'épuiser. Aussi l'importance des pêcheries dans l'Amérique du Sud n'est-elle plus évaluée qu'à la somme approximative de 1 500 000 francs. C'est là du moins ce qui résulte du rapport d'un lieutenant de la marine royale, auquel le gouvernement anglais donna, il y a quelques années, la mission d'étudier l'état des pêcheries dans ce pays. Le rapport ajoutait que les plongeurs devenaient chaque jour plus rares, les nègres et les Indiens renonçant au métier par la peur qu'ils ont des *marrayos* et *tentereros*, espèces de Requins qui infestent les eaux de ces parages.

Il y a, du reste, une grande inertie chez ces hommes voués à ces rudes et dangereux labeurs. Il faut avouer que ce n'est pas l'appât du gain qui peut les stimuler beaucoup, car à Panama, par exemple, ils ne reçoivent qu'un dollar par semaine. Ils sont nourris avec un mauvais morceau de morue salée ou de *lasso* (bœuf séché au soleil), et n'ont pour tout vêtement qu'une pièce de colonnade qui leur passe entre les jambes et vient se nouer autour des reins. D'autres fois, les plongeurs ne sont loués que pour la pêche du jour, et reçoivent alors une paye d'environ 5 centimes par Huître perlière. Ils ont coutume de se lancer à la mer sans corde d'appel, ni sac, et pendant les vingt-cinq ou trente secondes qu'ils demeurent sous l'eau, ils ne peuvent arracher que deux ou trois Huîtres. Ils renouvellent leur descente douze ou quinze fois; mais il leur arrive souvent de plonger sans réussite, ou de rapporter des Huîtres qui ne contiennent aucune perle.

Dans l'Amérique du Sud, les pêcheurs de perles ouvrent les Huîtres une à une, avec leurs couteaux. Ils détachent la chair du mollusque et cherchent les perles en l'écrasant entre leurs doigts. Ce travail est plus lent que la mise en bouillie et le lavage des détritus, tels qu'on les pratique dans les Indes orientales; mais les Américains prétendent que, par ce mode d'opérer, les perles conservent mieux leur transparence et leur pureté.

De tout temps la beauté, l'éclat et jusqu'à la délicatesse de la perle ont excité l'admiration des hommes, et fait consacrer ces « gouttes de rosée solidifiées », comme les nomment les Orientaux, à la parure, à la toilette, à l'ornement. Les Romains les estimaient singulièrement. A l'époque de leur plus grande splendeur, ils portaient des vêtements brodés de perles, et ces bijoux étaient souvent d'un prix considérable. Dans une fête donnée par Marc-Antoine, Cléopâtre, buvant à son vainqueur, jeta dans la coupe et avala une perle à laquelle quelques auteurs ont cru pouvoir attribuer une valeur de 1 500 000 francs. *Margaritas antè porcos!*

Sénèque reprochait à une dame romaine de porter à ses oreilles toute la fortune de sa maison.

Les Romains transmirent aux Orientaux leur passion pour les perles. La possession des plus grosses, des plus éclatantes perles, devient, en Orient, le symbole et le signe extérieur de la richesse et de la puissance.

Toute l'Europe partagea bientôt cette passion.

Quelques faits donneront la mesure du prix de plusieurs perles célèbres.

En 1579, on présenta à Philippe II, roi d'Espagne, une perle de la grosseur d'un œuf de pigeon et faite en forme de poire.

En 1605, une dame de Madrid possédait une perle américaine du prix de 31 000 ducats.

Le pape Léon X acheta à un joaillier vénitien une perle de 350 000 francs.

Au dix-septième siècle, le voyageur Tavernier revendit au schah de Perse une perle au prix énorme de 2 700 000 francs. Aujourd'hui le souverain de ce même pays possède un long chapelet dont chaque grain est une perle de la grosseur d'une noisette! Sa valeur est incalculable.

La perle du prince de Mascate est peut-être la plus belle qui existe au monde. Ce qui fait sa valeur, c'est moins son volume que son admirable transparence.

Nous ferons remarquer que les *Pintadines* ne sont pas les seuls bivalves marins qui puissent donner des perles. La *Moule commune*, l'*Anodonte des Cygnes*, à laquelle on donnait anciennement le nom de Moule, les *Mulettes* et même l'Huître commune, peuvent fournir des produits de ce genre; mais ces perles ont relativement peu de valeur.

La *Pinne marine*, mollusque qui habite la mer Rouge et la Méditerranée, et qui atteint de grandes dimensions, produit des perles roses. L'*Haliotide iris* ou *Oreille de mer* en donne de vertes ; d'autres bivalves en donnent de grises, de jaunes, de bleues et même de complétement noires. Toutes ces variétés de couleurs ne tiennent qu'à la nature du terrain formant le fond de la mer sur lequel les mollusques ont vécu. Le *Grand-Bénitier* peut fournir des perles sphériques et parfaitement blanches, de la grosseur d'un œuf de poule.

En Écosse, on trouve des *Moules perlières* dans les cours d'eau de Pesth, du Tay, du Don, etc. Dans le Cumberland, la rivière d'Ist, et dans le pays de Galles, la rivière de Conway, fournissent également des moules à perles. Le gouvernement anglais afferme le privilége de ces pêcheries, qui lui constituent un certain revenu.

Les fermiers des pêches font ramasser les Moules à l'embouchure des cours d'eau, à l'époque de la marée basse; ensuite ils les mettent sur le feu, dans de grandes chaudières. Quand les coquilles se sont ouvertes, ils en arrachent les mollusques pour les faire cuire. Après la cuisson, on en fait une bouillie en les écrasant avec les pieds. On délaye cette bouillie dans une grande quantité d'eau et on la soumet à plusieurs lavages successifs, dans des sébilles de bois, où le sable et les perles ne tardent pas à se déposer, par l'effet de leur plus grande densité. Le lavage terminé, on laisse les sébilles exposées à l'air, et quand le produit qu'elles renferment est desséché, on y cherche les perles avec les barbes d'une plume; chaque perle ainsi trouvée est remise à un surveillant qui paye ce travail en raison du poids de la perle trouvée.

En Irlande, les rivières de plusieurs contrées, entre autres celles de Tyrone et de Donégal, renferment aussi des *Moules perlières*. Quelques-unes de ces perles atteignent parfois le prix de 20 livres sterling.

Dans plusieurs cours d'eau du continent européen, dans l'Essler en Saxe, dans le Watawa et dans la Moldau en Bohême, les propriétaires riverains ramassent des moules perlières.

En France, on peut aussi récolter quelques perles dans les Moules de rivière et les Huîtres. Les joailliers s'en procurent quelquefois. Elles sont vendues comme perles étrangères; mais, comme toutes les perles d'Europe, elles sont ternes, d'un blanc rose, et d'une médiocre valeur.

De cette longue étude de l'Huître et de ses produits nous tirerons une conclusion dans l'ordre du sentiment.

Pour le vulgaire, l'Huître est le type de la nullité. Cependant, c'est en réalité l'un des êtres vivants qui nous rendent le plus de services. Chère à la gourmandise, chère à la coquetterie, l'Huître fait la joie de nos tables et l'ornement de nos fêtes. Ne dédaignons pas, n'écartons pas les faibles! En histoire naturelle comme en morale, les plus humbles, les plus petits sont souvent bien utiles! Véritable prolétaire des Océans, l'Huître fabrique, au milieu de ses souffrances, des richesses qui ne profitent qu'à l'homme. Et l'homme, dans sa reconnaissance, répond par une dérision aux services qu'il reçoit de ce généreux mollusque. De même qu'il fait de l'Ane le type de l'ignorance, il fait de l'Huître le type de la stupidité !

Avec la *Pintadine*, nous terminons l'histoire du premier groupe d'Acéphales dont nous voulions entretenir nos lecteurs, de la famille des *Ostréacés*, dont *le manteau est largement ouvert et sans tubes ni ouvertures particulières.*

Nous passons maintenant à une autre famille, celle des *Mytilacés*, dont la Moule est le type.

FAMILLE DES MYTILACÉS.

Cette famille comprend le *Jambonneau*, l'*Anodonte* et la *Mulette*. Dans ce groupe, le manteau est ouvert par devant avec *une ouverture séparée pour l'issue du résidu de la digestion des aliments, et un pied servant à ramper ou au moins à tirer, à diriger, à fixer le byssus.*

GENRE MOULE.

La *Moule* présente une coquille longitudinale, équivalve, régulière, pointue à sa base, et qui se fixe à l'aide d'un *byssus*. La charnière n'a pas de dents, mais un sillon, dans lequel est logé le ligament.

M. Chenu, dans ses *Leçons élémentaires sur l'Histoire naturelle des animaux*, décrit ainsi l'animal qui habite l'intérieur de cette coquille :

« L'animal de la Moule est ovale allongé. Les lobes du manteau sont divisés sur leurs bords en deux feuillets dont l'intérieur est très-court et porte une frange de petits filets cylindriques et mobiles; l'extérieur est uni à la coquille fort près de ses bords. L'ouverture par laquelle s'introduisent l'eau et les principes nutritifs qu'elle contient fournit en même temps ce fluide aux branchies. L'estomac est formé par une membrane blanche, mince, comme opaline et qui offre des plis longitudinaux; le foie est comme granuleux; il est composé de grains d'un vert plus ou moins foncé contenus dans des mailles d'un tissu blanc; il forme une couche assez peu épaisse qui entoure l'estomac.

Les intestins se dirigent vers la ligne médiane et dorsale, s'appliquent au-dessous du cœur, se recourbent et se terminent par un petit appendice flottant dans la cavité du manteau, près de la charnière. Le pied est la partie la plus remarquable de l'organisation des moules. Il est petit, semi-lunaire, lorsqu'il n'est pas en mouvement, mais il est susceptible de s'allonger beaucoup : il ressemble alors à une languette conique ayant sur ses côtés un sillon longitudinal, et il est mis en mouvement par plusieurs paires de muscles qui tous pénètrent dans son tissu et s'y entrelacent [1]. »

A la base du pied est une glande, qui fournit à l'animal une sécrétion visqueuse. Ce liquide visqueux s'organise et se moule, dans le sillon du pied, et finit par former un fil, qui est l'origine du *byssus*, espèce de bouquet de poils, de crins, de fils, comme on voudra l'appeler, qui tient à sa coquille.

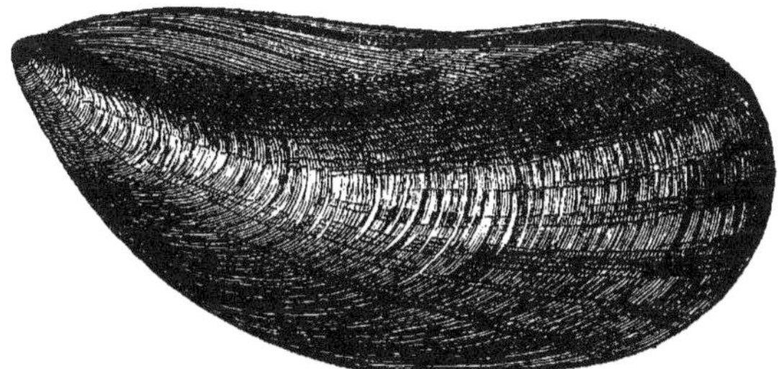

Fig. 141. Moule comestible. (*Mytilus edulis*. Lin.)

Nous n'avons fait encore que prononcer le mot de *byssus* : c'est ici le lieu de faire connaissance avec cet organe, propre à divers mollusques.

La Moule l'emporte sur l'Huître au point de vue de l'intelligence. Tandis que l'Huître demeure éternellement rivée au rocher où elle a pris racine, la Moule peut faire quelque mouvement. Ce mouvement, c'est le byssus qui lui permet de l'accomplir. La Moule fixe son byssus à un point solide, et en tirant sur ce paquet de fils, elle peut déplacer sa coquille. La maison entraînant son hôte, l'animal se met en marche. Il ne fait pas de grandes enjambées; quelques millimètres suffisent à sa gloire; mais aussi il est, sous ce rapport, en grand progrès sur l'Huître adulte, dont l'immobilité est absolue.

1. Paris, 1847, in-8", page 169.

Voici comment la Moule fixe son *byssus* pour avancer. Elle allonge le pied, et sur le point qu'elle a choisi, elle accroche l'extrémité du fil du byssus. Puis, en retirant brusquement le pied, elle laisse cette extrémité adhérente. En répétant cette manœuvre plusieurs fois, la Moule attache chaque fois un nouveau fil ; si bien qu'au bout de vingt-quatre heures, elle a fixé plusieurs centimètres de longueur de cordage. Dans le byssus de certaines Moules, on trouve jusqu'à cent cinquante de ces petits cordages, qui servent à l'animal à s'amarrer solidement aux rochers.

C'est à l'aide de ce byssus que la Moule se suspend aux rochers, en se tenant à une certaine hauteur au-dessus du sol. Aussi sa coquille est-elle toujours lisse, unie ; ce qui contraste avec la rugosité et la grossièreté de la coquille de l'Huître.

La Moule, comme l'Huître, vit en société. Extrêmement répandue dans toutes les mers d'Europe, elle abonde sur les côtes de Bretagne et de Normandie.

Par son bas prix, la Moule figure sur les tables les plus modestes. C'est l'Huître du pauvre. Elle est moins appétissante et moins digestible que sa savoureuse congénère.

Tous nos lecteurs se figurent assurément que ces Moules, dont ils apprécient comme il convient le bon goût et la belle taille, sont pêchées aux bords de la mer, et proviennent des bancs où elles vivent à l'état sauvage. Il n'en est rien. Détachée des rochers de l'Océan, où elle naît et se développe sous l'œil de la nature, la Moule est toujours maigre, petite, âcre, souvent malsaine. L'industrie humaine intervient ici, comme en tant d'autres cas, pour améliorer cette fille de la nature. L'art moderne sait transformer cette chair coriace en un animal à la chair tendre, grasse, douce et même savoureuse. Il existe une *Mytiliculture*, comme il existe une *Ostréiculture*. L'importance des produits que fournit la *Mytiliculture* nous engage à nous arrêter un instant sur cette branche féconde et encore peu connue de la culture de la mer.

Pour bien faire comprendre l'origine et les développements de cet art singulier, nous sommes forcé de remonter jusqu'au moyen âge.

En 1236, une barque montée par trois Irlandais, et chargée
de moutons, vint se briser à quelques kilomètres de la Rochelle, sur les rochers de l'anse de l'Aiguillon. Les pêcheurs
du littoral, qui vinrent au secours des naufragés, ne réussirent qu'à grand'peine à sauver le patron de l'équipage. Cet
homme se nommait Walton. Comme on le verra, il paya largement sa dette à ses sauveurs et à leurs fils.

Exilé sur cette plage solitaire de l'Aunis, avec quelques
moutons échappés au naufrage, Walton vécut d'abord en faisant la chasse aux oiseaux marins.

Les oiseaux de mer et de rivage fréquentaient en grande
abondance les parages de cet immense marais. Walton pensa
que la chasse de ces oiseaux deviendrait l'objet d'un commerce lucratif si on pouvait les prendre en quantités nota-
bles.

Il savait que pendant la nuit les oiseaux marins volent
avec vitesse en rasant la surface de l'eau. Sur cette donnée,
il fabriqua un filet particulier, déjà sans doute en usage
dans son pays d'Irlande, et qu'il nommait *filet de nuit* ou
filet d'allaoret, de deux vieux mots, l'un celte et l'autre irlandais (*alloaw*, nuit, *ret*, filet).

Ce *filet de nuit* se composait d'une immense toile, longue
de 300 à 400 mètres, haute de 3 mètres, tendue horizontalement comme un rideau, sur de grands piquets enfoncés dans
la vase. Pendant l'obscurité de la nuit, les oiseaux, en vou-
lant raser la surface de l'eau, donnaient contre ce filet, et
restaient engagés dans ses mailles.

Mais la baie ou plutôt l'anse de l'Aiguillon n'est qu'un
vaste lac de boue, dont le fond se dérobe incessamment sous
les pieds. Les barques ordinaires ne peuvent y voguer qu'a-
vec difficulté. Après avoir imaginé le filet destiné à prendre
les oiseaux, il fallait donc imaginer une embarcation particulière qui permît de se diriger rapidement et sans danger
sur cet océan de boue.

Walton construisit une pirogue de la plus ingénieuse simplicité, avec laquelle il fit son propre domaine de la vasière
de l'Aiguillon. Cette pirogue, encore en usage de nos jours,
est connue à la Rochelle sous le nom d'*acon*. C'est une caisse

en bois, longue de 3 mètres, large et profonde d'un demi-
mètre, et dont l'extrémité antérieure se recourbe en forme
de proue. L'homme qui l'emploie se place à l'arrière, appuie
son genou droit sur le fond, se penche en avant, saisit les
deux bords avec ses mains, et laisse en dehors, afin de pouvoir s'en servir en guise de rame, sa jambe gauche, chaussée
d'une longue botte. En plongeant cette jambe libre dans la

Fig. 142. Acon ou pirogue de marais.

vase, pour prendre un point d'appui, la retirant, puis la
plongeant de nouveau, il communique chaque fois à la frêle
embarcation une impulsion vigoureuse, qui la fait glisser à
la surface de l'eau du marais, et la transporte assez rapidement d'un point à un autre (fig. 142).

En exerçant son métier de chasseur, Walton ne tarda pas
à constater un fait, qui lui apparut comme un trait de lumière, comme une subite révélation.

Les Moules abondent dans les parages de l'Aiguillon,
comme dans tous les autres points de l'Océan. Or, Walton

remarqua que la progéniture des Moules venait s'attacher à la partie submergée des piquets qui soutenaient son filet. Il se convainquit aisément que les Moules, ainsi suspendues à une certaine hauteur au-dessus de la vase, devenaient plus grosses et plus agréables au goût que celles qui étaient ensevelies sous l'eau vaseuse.

L'exilé irlandais vit tout de suite, dans cette première observation, les éléments d'une sorte de culture de Moules, qui pouvait devenir un jour l'objet d'une grande exploitation. Il résolut de consacrer tous ses efforts à la création de cette industrie.

« Les pratiques qu'il institua, dit M. Coste, furent si heureusement appropriées aux besoins permanents de la nouvelle industrie, qu'après bientôt huit siècles elles servent encore de règle aux populations dont elles sont devenues le riche patrimoine. Il semble qu'en s'appliquant à cette entreprise, non-seulement il avait la conscience du service qu'il rendait à ses contemporains, mais le désir que leurs descendants en conservassent le souvenir, car il donna aux appareils qu'il inventa la forme d'un W, lettre initiale de son nom, comme s'il eût voulu que son chiffre fût inscrit sur tous les points de cette vasière, fertilisée par son génie, en attendant sans doute que la reconnaissance publique élevât un monument à la mémoire du fondateur [1]. »

Walton dessina donc, au niveau des basses marées, un double V, dont les sommets étaient tournés vers la mer, et dont les côtés, prolongés d'environ deux cents mètres vers le rivage, s'écartaient de manière à former un angle d'environ 45 degrés. Le long de chacun des côtés de cet angle, il planta, à la distance d'environ 1 mètre les uns des autres, des pieux de 1 mètre de hauteur, qu'il enfonça à moitié dans la vase, et dont il remplit les intervalles avec des branchages.

Cet appareil reçut le nom de *bouchot*, nom fait, par contraction, de *bout-choat*, expression dérivée d'un mélange de celte et d'irlandais, et signifiant *clôture en bois* (*bout*, clôture, et *choat*, bois).

A l'aide de cet appareil, Walton fit de magnifiques récoltes. Cependant il n'abandonna point pour cela les pieux isolés, dépourvus de fascines, qui, toujours submergés, arrêtent au

1. *Voyage d'exploration sur le littoral de la France et de l'Italie*, 2ᵉ édition, in-4°, avec planches, page 134.

moment du frai le naissain que le reflux entraîne, et sont destinés uniquement à servir de collecteurs de semences.

C'est avec l'*acon*, cette ingénieuse et simple pirogue qu'il avait inventée tout d'abord, que Walton put construire et surveiller son *bouchot*, et fournir, dès le printemps suivant des Moules si belles et si bonnes, qu'elles obtinrent immédiatement la préférence sur tous les marchés.

Les avantages de la nouvelle industrie créée par les soins de l'exilé irlandais frappèrent si bien ses voisins du rivage, qu'ils ne tardèrent pas à imiter son exemple. En peu de temps, toute la vasière fut couverte de *bouchots*.

Aujourd'hui ces pieux, avec leurs branchages, forment dans le bas de l'Aiguillon une véritable forêt. Environ 230 000 pieux y soutiennent 125 000 fascines, qui, selon l'expression de M. Coste, « plient tous les ans sous une récolte qu'une escadre de vaisseaux de ligne ne pourrait suffire à renfermer. »

Dans la baie de l'Aiguillon, les palissades des *bouchots* ont environ 200 à 250 mètres de longueur, sur 2 mètres de haut. Ces bouchots, qui sont au nombre de 500, s'étendent sur une longueur de 8 kilomètres.

Les pieux isolés ne sont pas palissadés. Ils ne se découvrent qu'aux grandes marées des syzygies. Nous avons déjà dit que ce sont là les points d'appui spéciaux sur lesquels s'accumule la semence nouvelle. Aux mois de février et de mars, cette semence égale à peine le volume d'une graine de lin. Au mois de mai, elle a la grosseur d'une lentille; en juillet, celle d'un haricot : c'est le moment de la transplantation.

Au mois de juillet, les hommes du rivage qui se consacrent à cette culture de la mer, les *bouchoteurs*, comme on les nomme, poussent leurs petites embarcations vers le point de la vasière où sont plantés ces pieux collecteurs. Ils détachent, à l'aide d'un crochet, les plaques de Moules agglomérées, et recueillent ces plaques dans des paniers. Ils dirigent ensuite leur embarcation vers les *bouchots*.

Ces *bouchots*, c'est-à-dire ces pieux revêtus de fascines (fig. 143), sont de quatre hauteurs différentes : ils forment pour ainsi dire quatre étages. Selon l'âge et le développement de la Moule, chacun de ces étages reçoit le mollusque en train de croître et de se développer.

Dans le premier degré, pour ainsi dire, les Moules qui, dans leur premier âge, redoutent beaucoup l'exposition à l'air, demeurent constamment couvertes par l'eau, sauf aux époques de grandes marées. C'est dans cette première région que l'on porte les Moules à l'état de *naissain*, ou développées. On enferme dans des sacs en vieux filet des grappes de Moules liées ensemble par leurs byssus, et l'on suspend ces grappes dans les interstices des clayonnages. Le filet des

Fig. 143. Bouchots d'*aval*, couverts de *renouvelain* ou frai de Moules.

sacs se pourrit et se détruit bientôt, et chaque colonie continue à croître rapidement et sans arrêt. Les Moules finissent bientôt par se toucher, « et ces immenses palissades, dit M. Coste, se couvrent de grappes noires de Moules développées entre les mailles de leur tissu. »

On peut dès lors éclaircir les rangs trop serrés, pour faire place à des générations plus jeunes. On détache donc les Moules, qui, grâce à leur développement, ne redoutent plus autant le contact fréquent de l'air, et on les transporte dans les bouchots plus élevés, qui restent à découvert pendant toutes les marées. Les Moules séjournent dans ce deuxième

bouchot jusqu'à ce qu'elles aient atteint la taille marchande,
ce qui arrive ordinairement après dix ou onze mois de
culture.

Mais avant de les livrer à la consommation, et afin de créer
des places sur les palissades intermédiaires, on leur fait subir
un troisième et dernier transbordement. On ne craint plus
alors de les abandonner plusieurs heures par jour au contact de l'air. Elles passent donc au quatrième et dernier
étage des bouchots d'*amont* (fig. 144). On a ainsi les Moules

Fig. 144. Bouchots d'*amont* avec clayonnage, chargés de moules bonnes à être récoltées.

sous la main, pour les besoins de la consommation ou de
l'expédition.

Grâce au système que nous venons d'indiquer, la reproduction, l'élevage, la récolte et la vente des Moules se font
simultanément et sans interruption. C'est néanmoins depuis
le mois de juillet jusqu'à celui de janvier que ce commerce
est le plus actif et que la chair des Moules est le plus estimée. Depuis la fin de février jusqu'à la fin d'avril, les Moules
sont *laiteuses*, c'est-à-dire dans l'époque d'incubation. Elles
sont alors maigres et coriaces. Il faut remarquer d'ailleurs
que celles qui habitent les rangs supérieurs des clayonnages
sont d'un meilleur goût que celles des rangs intermédiaires;
et que celles-ci sont plus estimées encore que celles des

rangs inférieurs, qui sont souillées de vase. Ces dernières sont cependant encore préférables aux Moules sauvages que l'on recueille en mer.

M. Coste, dans l'ouvrage qui nous a fourni les renseignements qui précèdent, donne les détails qui vont suivre sur la vente et le commerce des Moules, ainsi obtenues par la culture artificielle, dans la baie de l'Aiguillon.

« Il s'agit de fournir de moules les villages environnants, dit M. Coste, ou d'en approvisionner les villes les moins éloignées. Les *bouchoteurs* amènent au rivage leurs *acons* remplis de moules. Là, leurs femmes s'emparent de la marchandise, la transportent d'abord dans les grottes creusées au bas de la falaise, où l'on a coutume de remiser les instruments de travail et les matériaux de construction. Elles l'arrangent, après l'avoir préalablement nettoyée, dans des mannequins et des paniers, chargent ces paniers et ces mannequins sur des chevaux ou sur des charrettes; et puis, quelque temps qu'il fasse, elles partent la nuit, dirigeant le convoi vers le lieu de sa destination, et y arrivent toujours d'assez bonne heure pour l'ouverture du marché. Elles vont ainsi à la Rochelle, à Rochefort, Surgères, Saint-Jean-d'Angély, Angoulême, Niort, Poitiers, Tours, Angers, Saumur, etc. Cent quarante chevaux environ, et quatre-vingt-dix charrettes, faisant ensemble, dans ces diverses villes, plus de trente-trois mille voyages, sont employés annuellement à ce service.

« S'il s'agit au contraire d'une exportation à de plus grandes distances ou sur une plus grande échelle, quarante ou cinquante barques venues de Bordeaux, des îles de Ré et d'Oléron, des Sables d'Olonne, et faisant ensemble sept cent cinquante voyages par an, distribuent la récolte dans des contrées où les chevaux n'apportent point les approvisionnements.

« Un bouchot bien peuplé fournit ordinairement, suivant la longueur de ses ailes, de quatre cents à cinq cents charges de moules, c'est-à-dire une charge par mètre. La charge est de cent cinquante kilogrammes et se vend cinq francs. Un seul bouchot porte donc une récolte d'un poids de soixante à soixante-quinze mille kilogrammes, et d'une valeur pécuniaire de deux mille à deux mille cinq cents francs; d'où il suit que la récolte de tous les bouchots réunis s'élève au poids de trente à trente-sept millions de kilogrammes, qui, sur le marché, donnent un revenu brut d'un million à douze cent mille francs. Ce chiffre et l'abondante récolte dont il est le produit peuvent donner une idée des ressources alimentaires et des bénéfices considérables qu'il y aurait à tirer d'une pareille industrie, si, au lieu de la restreindre à une portion de la baie de l'Aiguillon, on l'étendait à toute la vasière, et si, de cette contrée où elle a pris naissance, on l'importait sur tous les rivages et dans les lacs salés où elle serait susceptible d'être pratiquée avec succès. En attendant, le bien-être qu'elle répand dans les trois

communes dont elle est devenue le patrimoine restera comme un
exemple à imiter ; car, grâce à la précieuse invention de Walton, la richesse y a succédé à la misère, et depuis que cette industrie y a pris un
certain développement, il n'y a plus d'homme valide qui soit pauvre [1].»

Nous avons insisté sur l'importante ressource que les
Moules fournissent à l'alimentation. Il convient d'ajouter,
en revanche, qu'elles produisent chez certaines personnes
des accidents assez graves. Voici les symptômes que l'on
observe communément dans ces accidents :

Deux ou trois heures après le repas, malaise ou engourdissement ; — constriction à la gorge et gonflement de la
tête ; — ensuite grande soif, nausées et souvent des vomis-
sements ; — enfin éruption de la peau et démangeaisons.

On n'est pas encore complétement fixé sur la cause de ces
accidents, que l'on a rapportés tour à tour à la présence des
pyrites cuivreuses dans les parages habités par la Moule ; —
au voisinage des coques de navire doublées de cuivre ; — à
certains petits Crabes, qui se logent en commensaux, sinon
en parasites, dans la coquille de la Moule ; — au *frai* des
Étoiles de mer ou de Méduses, que la Moule aurait avalé.

La véritable cause de cette espèce d'empoisonnement par
les Moules réside peut-être, le plus souvent, dans une pré-
disposition individuelle. Ce qui revient à dire qu'il n'est aucun moyen de le prévenir, et qu'une personne qui aura une
fois éprouvé du malaise après avoir mangé des Moules, devra
prendre cet avertissement au sérieux, et se priver à l'avenir
de cet aliment.

Le traitement de l'empoisonnement par les Moules est très-
simple : il suffit de faire vomir le malade, et de lui faire boire,
en grande quantité, une boisson légèrement acidulée.

GENRE JAMBONNEAU.

Les espèces appartenant à ce genre sont vulgairement connues sous la dénomination de *Jambonneaux*, à cause de la
forme triangulaire de la plupart de leurs coquilles, qui les
fait ressembler grossièrement à un jambon. Leur couleur
brune et enfumée ajoute encore à cette singulière analogie.

1. *Voyage d'exploration sur le littoral de la France*, pages 146-147.

Cette coquille est fibreuse, cornée, assez mince, fragile, comprimée, régulière, équivalve, triangulaire, pointue en avant, arrondie ou tronquée en arrière. La charnière est linéaire, droite, sans dents; le ligament, en grande partie interne, occupe plus de la moitié antérieure du bord dorsal de la coquille, dans une fossette étroite et allongée.

L'animal, assez épais, allongé, à manteau ouvert en arrière,

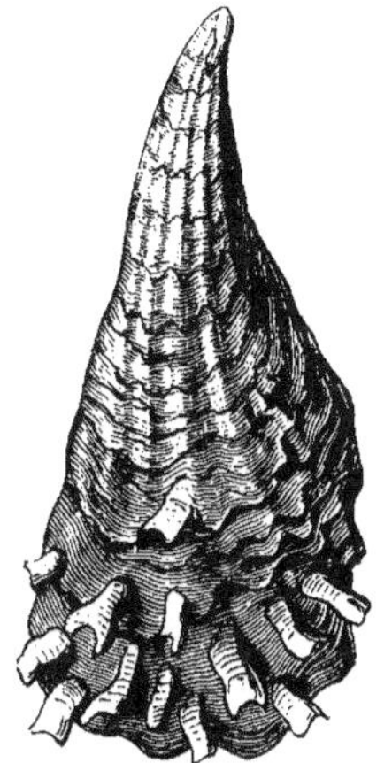

Fig. 145. Pinna rudis. (Lin.)

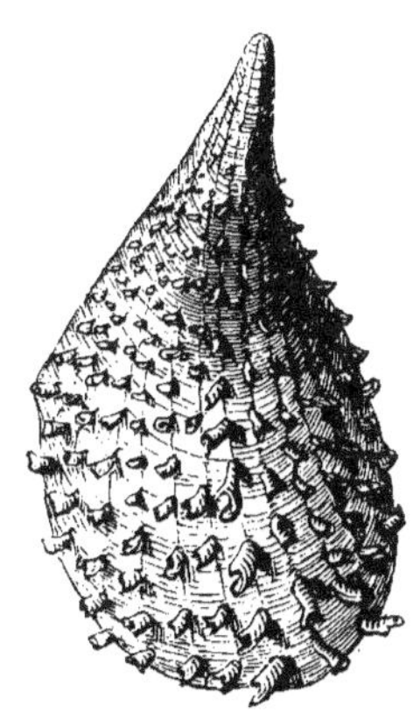

Fig. 146. Pinna nigrina. (Lam.)

présente un pied conique, sillonné, portant un byssus considérable.

Les *Jambonneaux* vivent dans presque toutes les mers et à diverses profondeurs, fixés constamment par leur byssus, et dans une position verticale, le gros côté de la coquille en haut. Ils se réunissent en sociétés nombreuses, sur les fonds sablonneux.

Leur nom scientifique de *Pinna*, que leur appliqua Linné, et qui servait, chez les anciens, à désigner une de leurs espèces, provient de la ressemblance de leur byssus avec l'aigrette ou plumet (*pinna*) que les soldats romains attachaient à leur casque.

Le byssus du *Jambonneau* a de tout temps fixé sur ces curieux coquillages l'attention des pêcheurs de la Méditerranée. Avec cette houppe de filaments, qui sont très-fins et très-soyeux, d'une longueur de 12 à 16 centimètres, et d'une belle couleur brune ou mordorée, on confectionnait autrefois des étoffes de luxe, dont il est souvent question dans les écrivains latins. Ces filaments, d'une égalité de grosseur remarquable, d'une complète inaltérabilité de couleur, étaient transformés, chez les Romains et les Grecs, en un tissu presque sans analogue dans le monde. Aujourd'hui les Napolitains et les Maltais en façonnent encore de moelleux tissus ;

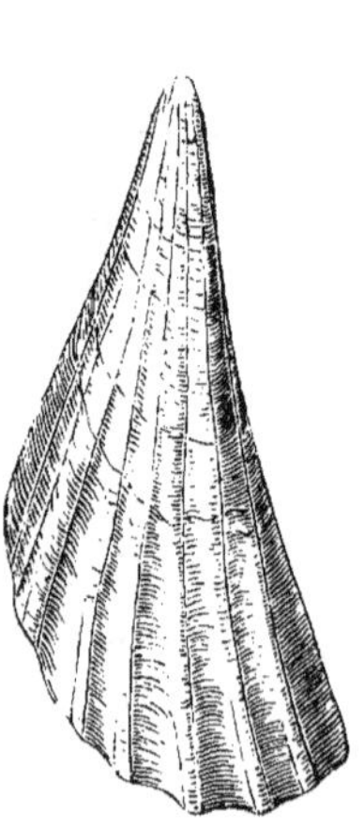

Fig. 147. Pinna bullata.
(Swaison.)

Fig. 148. Pinna nobilis avec
son byssus. (Lin.)

mais les étoffes fabriquées avec le byssus ne sont qu'un objet de pure curiosité.

Quinze ou seize espèces de Jambonneaux vivent dans les mers actuelles. Le *Jambonneau noble*, dont le byssus alimentait l'ancienne industrie napolitaine, habite la Méditerranée. Nous représentons dans les figures 145, 146, 147, 148 les espèces les plus connues de ce bivalve.

GENRE ANODONTE.

Les *Anodontes*, vulgairement connues sous le nom de *Moules d'étang*, abondent dans les lacs, les rivières, les mares de presque toutes les parties du globe. Leurs coquilles sont

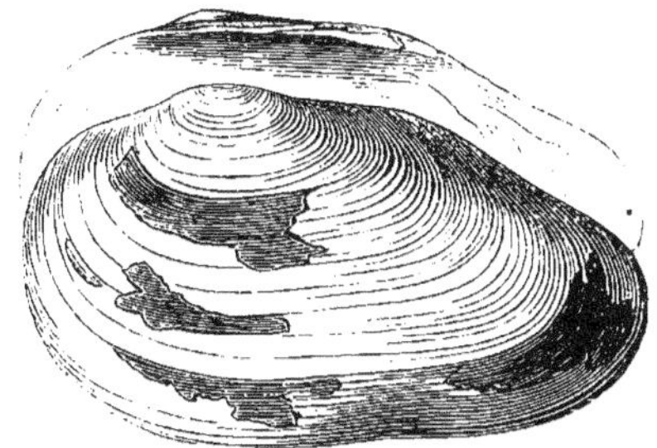

Fig. 149. Anodonte des cygnes. (*Anodonta cygnea*. Lin.)

Fig. 150. Anodonta latomarginata. (Lea.)

Fig. 151. Anodonta anserina. (Spix.)

Fig. 152. Anodonta ensiformis. (Spix.)

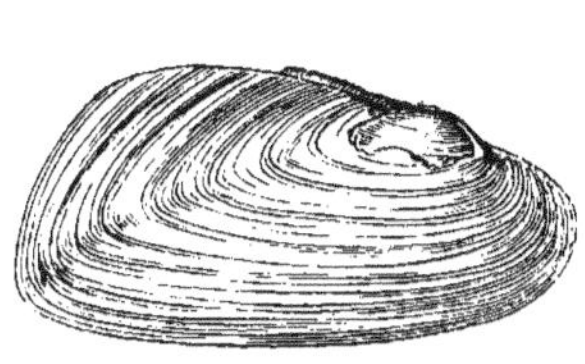

Fig. 153. Anodonta angulata. (Lea.)

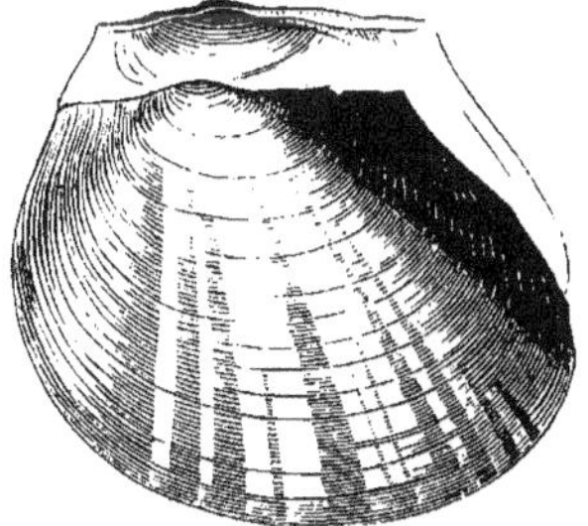

Fig. 154. Anodonta magnifica. (Lea.)

arrondies ou ovales, ordinairement assez minces, régulières,
équivalves, non bâillantes et à charnière sans dents. De là

est venu leur nom (α privatif, ὀδούς, ὀδόντος, dent). Ces mêmes coquilles sont nacrées en dedans, mais assez laides, car leur épiderme extérieur est d'une teinte terne, d'un noir verdâtre. Celles de l'*Anodonte des cygnes* (fig. 149) sont grandes, profondes et légères : on les emploie dans le Nord sous le nom d'*Écafottes*, pour écrémer le lait.

Le genre Anodonte a été divisé en plusieurs groupes secondaires. Nous représentons les formes principales de ce genre dans les figures 149-154.

GENRE MULETTE.

Les *Mulettes* (*Unio*) vivent, comme les Anodontes, dans les fonds vaseux des eaux douces de tous les pays.

L'animal est semblable à celui des Anodontes, mais la co-

Fig. 155. Mulette littorale. (*Unio littoralis*. Cuvier.)

quille présente des dents à sa charnière. La face inférieure des valves est nacrée. Cette nacre est nuancée de pourpre violet, cuivré et irisé. La face antérieure est teinte d'un vert qui varie du tendre au noir.

Parmi les espèces qui vivent dans nos mers d'Europe, nous citerons la *Moule du Rhin*, grande espèce dont la nacre est employée pour la parure ; — la *Mulette littorale* (fig. 155), — la *Mulette des peintres* (fig. 156), espèce oblongue et mince, employée dans les arts pour contenir certaines couleurs.

Les *Mulettes*, très-connues sous le nom de *Moules de ri-vière*, sont coriaces, d'un goût extrèmement fade, et partant non mangeables. Les plus belles espèces viennent des grands fleuves d'Amérique.

Les *Mulettes* produisent, comme nous l'avons dit, des perles, mais de médiocre valeur. Linné, qui connaissait le mode d'origine des perles de la *Pintadine*, et celui des perles en général, savait parfaitement faire produire à divers mollusques des perles artificielles. Il proposa de réunir un grand nombre de Mulettes, de les percer d'un trou avec

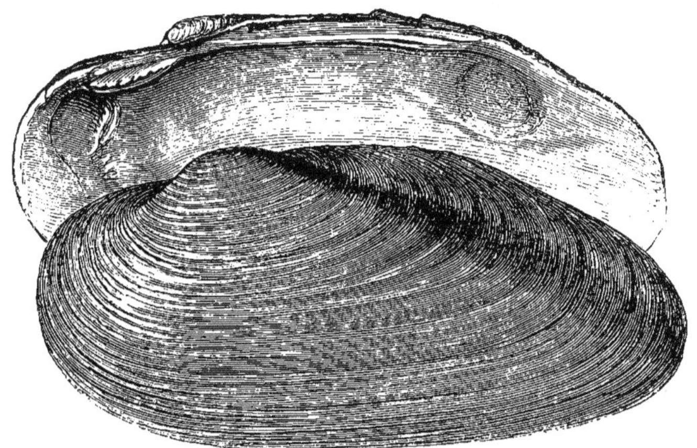

Fig. 156. Mulette des peintres. (*Unio pictorum*. Lin.)

une tarière, pour leur occasionner une blessure, et de les parquer ensuite pendant cinq à six ans, pour attendre que la perle fût formée.

Le gouvernement suédois consentit à mettre cette méthode en pratique, et il en fit longtemps un secret. On réussit, en opérant ainsi, à produire des perles; mais elles étaient d'une beauté médiocre, et la dépense l'emportant sur la recette, on renonça à pousser plus loin l'entreprise.

GENRE TRIDACNE.

Les mollusques du genre *Tridacne* fournissent les plus grandes coquilles de mollusques acéphales connues. Les historiens à qui l'on doit le récit des guerres d'Alexandre le Grand parlent d'Huîtres de la mer des Indes qui avaient plus d'un pied de long ; ce sont probablement ces coquilles qu'avaient vues les conquérants macédoniens.

Les valves de la *Tridacne gigantesque* ont environ un mètre et demi de longueur, et pèsent 250 kilogrammes On peut en voir deux magnifiques exemplaires à l'église Saint-Sulpice à Paris : elles servent de bénitiers. Ces admirables coquillages furent donnés en cadeau à François I⁰ʳ par la république de Venise. Sous Louis XIV, le curé Languet les fit accorder à l'église Saint-Sulpice. Ces curieux bénitiers sont représentés sur la figure placée en regard de cette page.

Dans l'église Sainte-Eulalie, à Montpellier, on voit deux bénitiers de la même origine, mais de plus petite taille.

C'est en raison de l'usage auquel on consacre souvent les coquilles monstrueuses de ce mollusque qu'on a donné le nom vulgaire de *Bénitier* à la *Tridacne gigantesque* (*Tridacna gigas*) (fig. 157).

Les coquilles de la *Tridacne* ont à peu près trois angles. Elles sont allongées, festonnées sur leurs bords par un petit nombre de grandes côtes, hérissées d'écailles entièrement blanches. La charnière présente deux dents; le ligament est allongé et externe.

L'animal des Tridacnes est remarquable par ses belles couleurs. Celui de la *Tridacne safranée* est d'un bleu superbe sur les bords, rayé en travers d'une nuance d'un bleu plus pâle. Plus en dedans est une rangée de petites lunes, d'un jaune verdâtre; le centre est d'un violet clair, avec des lignes longitudinales ponctuées de brun.

« On a sous les yeux, disent les voyageurs Quoy et Gaimard, l'un des plus charmants spectacles que l'on puisse voir, lorsque, par une petite profondeur, un grand nombre de ces animaux étalent le velouté de leurs brillantes couleurs, et varient les nuances de ces parterres sous-marins. Comme on n'aperçoit que l'ouverture bâillante des valves, on ne peut se figurer ce que c'est au premier aspect. »

Le manteau de l'animal est ferme, ample. Ses bords sont renflés, réunis dans presque toute la circonférence, de manière à ne laisser que trois ouvertures, assez petites. L'une

Fig. 157. *Tridacne gigantesque*, servant de bénitier à l'église Saint-Sulpice à Paris.

sert à la sortie des aliments digérés ; l'autre donne accès et sortie à l'eau nécessaire à la respiration de l'animal. Ces deux ouvertures s'ouvrent supérieurement. La troisième est inférieure et libre ; elle livre passage au pied, qui est énorme et entouré de fibres byssoïdes.

A l'aide de la houppe soyeuse de son byssus, l'animal se

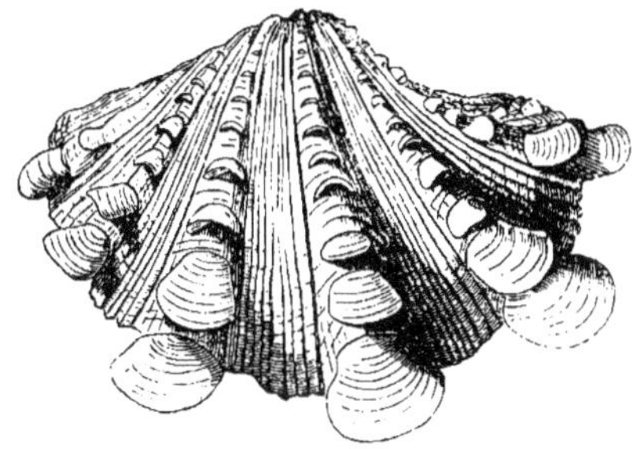

Fig. 158. Tridacne faîtière. (*Tridacna squamosa*. Lam.)

fixe aux rochers, et y suspend sa pesante coquille. Si l'on veut s'emparer d'une des coquilles énormes ainsi appendues aux flancs d'un rocher, il faut couper, à coups de hache, les cordes du byssus tendineux qui la tiennent suspendue.

Fig. 159. Tridacne faîtière. (*Tridacna squamosa*. Lam.)
Vue en dedans.

Toutes les espèces de *Tridacnes* habitent les mers tropicales. La *Tridacne gigantesque*, ou *Bénitier*, habite la mer des Indes.

La chair de ce magnifique mollusque, quoique coriace et peu agréable au goût, est pourtant d'une grande ressource pour les pauvres indiens.

Nous représentons (fig. 158 et 159) la *Tridacna squamosa* comme exemple de ce genre.

GENRE BUCARDE.

Dans la petite famille dont la *Tridacne* a été, pour nous, l'unique représentant, ainsi que d'ailleurs dans les deux familles précédentes, le manteau de l'animal était plus ou moins largement ouvert, mais ne se prolongeait jamais de manière à former des tubes. Chez les mollusques dont nous allons actuellement esquisser l'histoire, c'est-à-dire les *Bucardes*, *Donaces*, *Tellines* et *Vénus*, l'appareil respiratoire se modifie, pour s'adapter aux habitudes de l'animal. Comme ces mollusques vivent enfoncés dans le sable ou dans la

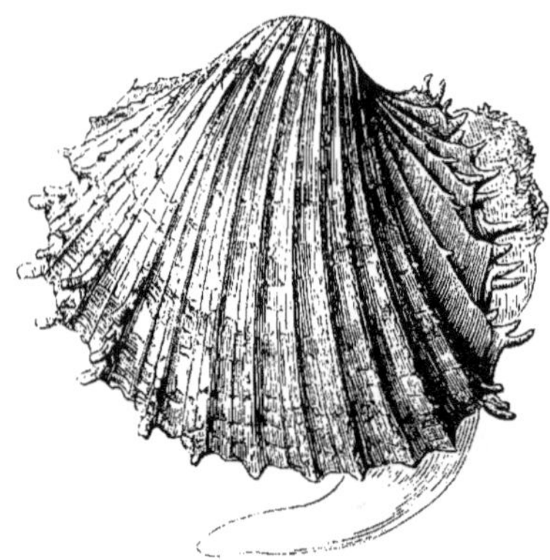

Fig. 160. *Cardium hians.* (Brocchi.)

vase, deux grands tuyaux, partant de l'intérieur de leur corps, viennent mettre l'air atmosphérique en rapport avec l'organe respiratoire, c'est-à-dire avec les *feuillets branchiaux*.

Les *Bucardes*, ainsi nommées pour rappeler que la plupart de ces coquilles ressemblent, par leur forme, à un cœur (χαρδία, cœur), sont très-abondamment répandues dans toutes les mers. Leur coquille est bombée, comme on le voit dans la figure 160, qui représente le *Cardium hians*, à peu

près en forme de cœur, équivalve, à bords dentés ou plissés,
à charnière munie de quatre dents sur chaque valve. Leurs
ornements accessoires présentent, suivant les espèces, des
différences tranchées quant à leur nature et à leur disposi-

Fig. 161. Bucarde du Groënland. (*Cardium Groenlandicum*. Chemnitz.)

tion. Les unes sont lisses, comme on le voit sur la figure 161,
qui représente la *Bucarde du Groënland*; d'autres, et c'est le
plus grand nombre, sont garnies de côtes régulière, ordi-

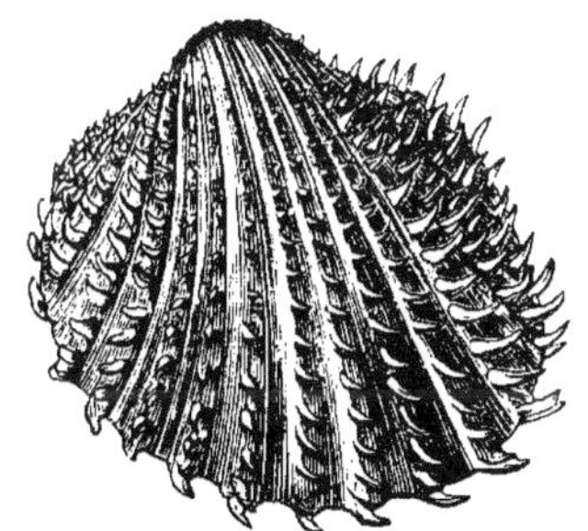

Fig. 162. Bucarde épineuse.
(*Cardium aculeatum*. Lin.)

Fig. 163. Bucarde sourdon.
(*Cardium edule*. Lin.)

nairement obtuses; quelquefois relevées en carène et déchi-
quetées d'une manière bizarre; d'autres enfin sont armées
d'épines droites ou recourbées: telle est la *Bucarde épineuse*
(fig. 162).

L'animal de la Bucarde (fig. 160) a le manteau largement

ouvert par devant, bordé inférieurement de papilles en forme
de lentilles. Son pied est très-grand et coudé par le milieu.
Sa bouche est transverse, en forme d'entonnoir et munie
d'appendices triangulaires.

L'une des particularités les plus curieuses de l'organisation de ces mollusques est, comme nous l'avons déjà dit, en
rapport nécessaire avec leur manière de vivre. En effet, les
Bucardes qui, le plus communément, habitent les bords de
la mer, s'enfoncent dans le sable, à la profondeur de dix à
douze centimètres. Pour qu'elles puissent respirer et tirer
de l'eau leur nourriture, comme aussi se débarrasser des

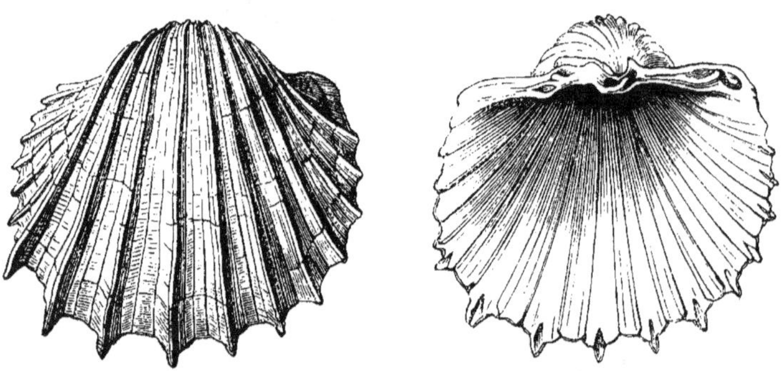

Fig. 164. Bucarde exotique. (*Cardium costatum*. Lin.)

produits inutiles de la digestion, leur manteau se prolonge
en deux tubes, dont les orifices arrivent jusqu'à la surface
du sol. C'est au moyen de leur pied et d'un appareil de locomotion extrêmement curieux que les Bucardes peuvent à
volonté sortir de leur trou et y rentrer. Les pêcheurs du rivage reconnaissent aisément la présence de ces animaux par
de petits jets d'eau qu'ils lancent avec une certaine force à
travers le sable de la plage.

Ces mollusques sont répandus dans toutes les mers du globe
et sous toutes les latitudes. On en trouve plusieurs espèces
sur nos côtes, où on les recueille pour en approvisionner les marchés. Leur chair est pourtant coriace et peu estimée.

L'espèce la plus commune sur le littoral de l'Océan est le *Cardium edule*, connu sous le nom de *Bucarde sourdon* (fig. 163). Sa coquille, de couleur fauve ou blanchâtre, est creusée de vingt-six sillons, formant autant de côtes ridées.

La *Bucarde exotique* (fig. 164), qui habite les côtes de la Guinée et du Sénégal, et dont la coquille est blanche et fragile, est très-recherchée des amateurs. Son prix est assez élevé quand il est certain que les deux valves appartiennent bien au même individu.

GENRE DONACE.

Les *Donaces* (*Donax*, roseau) vivent sur les rivages, à peu de profondeur sous l'eau, enfoncées perpendiculairement dans le sable. Elles sont si abondantes sur les côtes de la

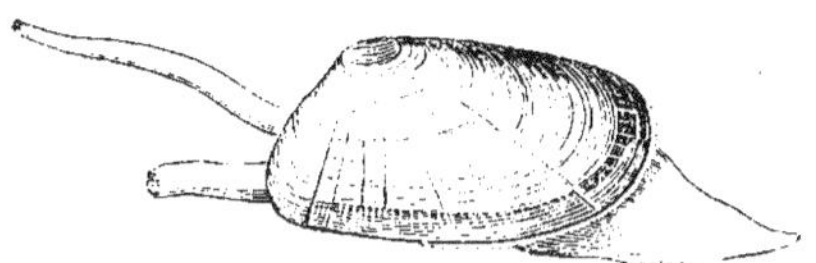

Fig. 165. Donace tronquée. (*Donax trunculus*. Lin.)

Manche et de la Méditerranée, qu'elles servent à la nourriture du peuple. On les mange cuites.

Ces bivalves ont cela de singulier, qu'ils peuvent sauter à une certaine hauteur, et s'élancer à une distance de plus de 30 centimètres. On peut aisément se donner ce curieux spectacle à la marée basse. Les Donaces que le flot a abandonnées cherchent à regagner la mer. Si on les saisit avec la main pour les dégager du sable, elles impriment à leurs coquilles un mouvement énergique et subit, grâce à l'élasticité de leur pied comprimé, tranchant et anguleux.

N'est-il pas curieux de voir une coquille qui bondit?

Cette coquille de la Donace est à peu près triangulaire, comprimée, plus longue que haute, régulière, équivalve, inéquilatérale. La charnière porte trois ou quatre dents sur chaque valve.

L'animal est légèrement comprimé et plus ou moins triangulaire. Son manteau, qui est formé de deux lobes symétriques enveloppant le corps, est ouvert dans une grande partie de son étendue, mais soudé postérieurement, et se prolongeant en deux siphons, ou tubes presque égaux. L'un de ces tubes sert à la respiration : c'est le *siphon branchial*. L'autre est désigné, à cause de ses fonctions, sous le nom d'*anal*.

Les tentacules du *siphon branchial* sont divisés en arbuscules, qui jouissent d'une sensibilité exquise. Dès qu'un corps vient à les toucher, l'animal contracte son siphon, et ne se décide à le dilater de nouveau que lorsqu'il suppose

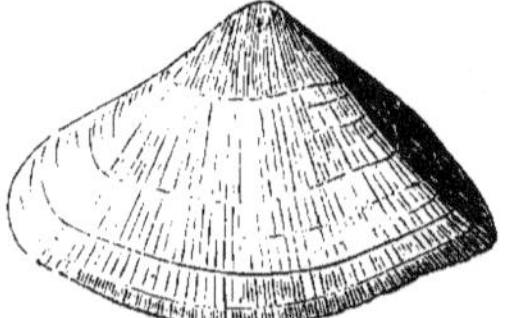

Fig. 166. Donace ridée.
(*Donax rugosus*. Lin.)

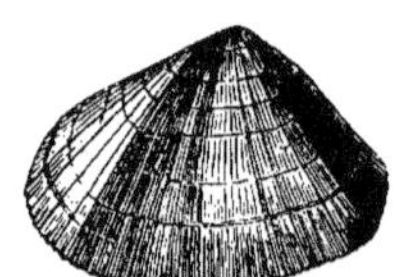

Fig. 167. Donace denticulée.
(*Donax denticulatus*. Lin.)

qu'il n'y a plus de danger pour lui. Sur la figure 165 qui représente la *Donace tronquée*, on voit ces deux tubes qui servent aux fonctions physiologiques de l'animal.

Les espèces de Donaces vivantes sont très-nombreuses, surtout dans les mers d'Asie ou d'Amérique. Nous citerons parmi les espèces européennes, les Donaces *ridée* (fig. 166), *denticulée* (fig. 167), etc.

GENRE TELLINE.

A côté des *Donaces* vient se ranger le genre des *Tellines*, et celui des *Vénus*.

Le genre *Telline* renferme un très-grand nombre d'espèces à coquilles assez petites, mais remarquables par la beauté, l'éclat et la variété de leurs couleurs. L'une d'elles, que nous représentons dans la figure 168, est ornée de rayons d'un beau rose doré, sur un fond blanc de porcelaine : on l'appelle *Soleil levant*.

Les *Tellines* se trouvent dans toutes les mers. Nos côtes de

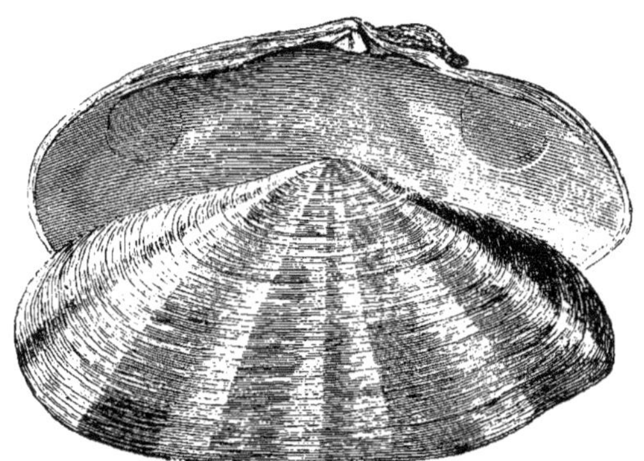

Fig. 168. Telline soleil levant. (*Tellina radiata*. Lin.)

France en fournissent plusieurs espèces. Nous représente-

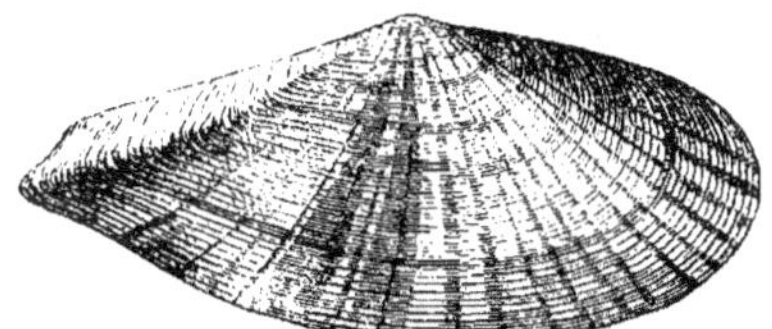

Fig. 169. Telline vergetée.
(*Tellina virgata*. Lin.)

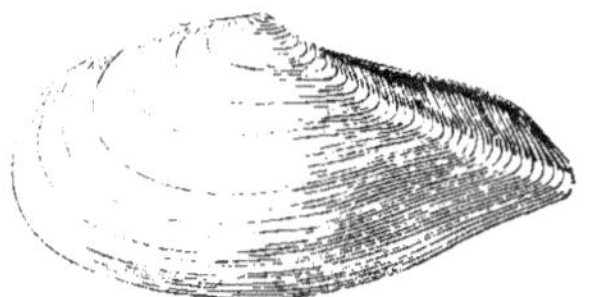

Fig. 170. Telline sulfurée.
(*Tellina sulphurea*. Lam.)

rons en particulier les *Telline vergetée* (fig. 169), *Telline sul-*

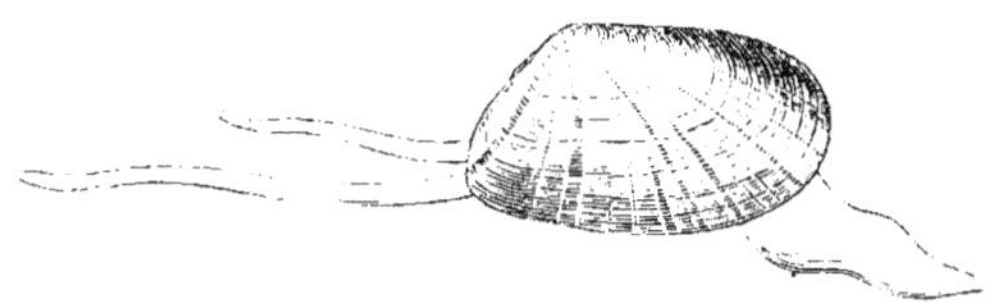

Fig. 171. Telline donacée. (*Tellina donacina*. Lin.)

furée (fig. 170) et *Telline donacée* (fig. 171). On voit sur cette dernière figure l'animal avec ses deux tubes vitaux.

GENRES VÉNUS ET CYTHÉRÉE.

Les *Vénus* et les *Cythérées* doivent leur nom mythologique à la beauté, à la variété des couleurs, à l'élégance des dessins dont leur coquille est ornée.

Ces Acéphales, de taille assez petite, habitent toujours les mers. Leur coquille est de forme elliptique, à valves lisses, striées, épineuses, lamelleuses, comme celle des Bucardes et des Donaces. Elles vivent enterrées dans le sable. On en trouve dans presque toutes les mers du globe

Fig. 172. Vénus à verrues. (*Venus verrucosa*. Lin.)

On connaît plus de cent cinquante espèces de Vénus vivantes. Plusieurs cependant sont rares et recherchées par les amateurs, en raison de leur beauté. Dans divers ports de mer, principalement en France, on mange en guise d'Huîtres la *Vénus treillissée* et la *Vénus verruqueuse*. La première est connue dans le midi de la France sous le nom de *Clovisse*.

Accommodée aux fines herbes, la *Clovisse* n'est nullement à dédaigner, on peut nous en croire!

On peut aussi nous en croire, si nous ajoutons qu'il n'est rien de délicieux comme de manger des *Clovisses* vivantes, arrachées aux rochers du phare de l'étang de Thau, quand on a sur la tête, un jour d'hiver, le soleil de la Méditerranée, et dans le cœur la gaieté de ses vingt ans !

Nous représenterons, comme spécimen des principales

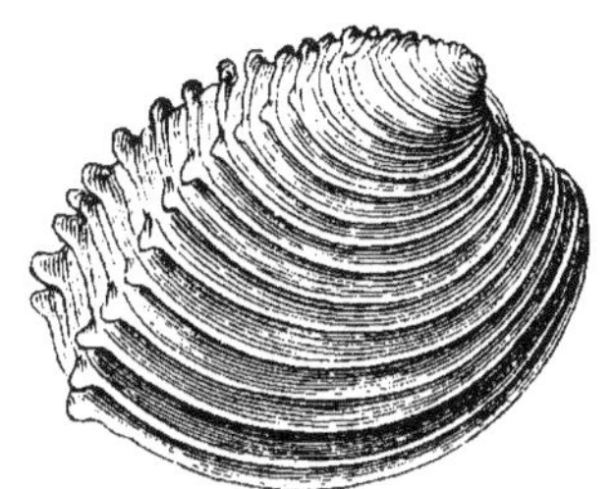

Fig. 173. Vénus levantine.
(*Venus plicata*. Gmel.)

Fig. 174. Vénus bombée.
(*Venus puerpera*. Lin.)

espèces de ce genre, les Vénus *levantine* (fig. 173), *bombée* (fig. 174), *crépue* (fig. 175) et *gnidia* (fig. 176).

Quant au genre Cythérée, nous représentons les Cythérées

Fig. 175. Vénus crépue.
(*Venus reticulata*. Lin.)

Fig. 176. Vénus gnidia.
(Brodérip.)

tachetée (fig. 177), *géographique* (fig. 178), *pétéchiale* (fig. 179) et *zonaire* (fig. 180).

Les derniers genres de mollusques acéphales qu'il nous reste à signaler, c'est-à-dire les genres *Solen*, *Taret* et *Pholade*, avaient reçu de Cuvier la désignation commune d'*Acéphales renfermés*. Le genre de vie de ces mollusques est des plus singuliers. Non-seulement, en effet, ils s'enfoncent

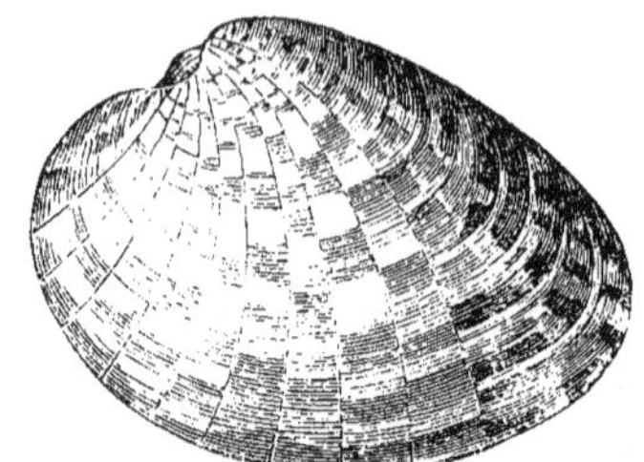

Fig. 177. Cythérée tachetée. (*Cytherea maculata*. Lin.)

dans le sable et dans la vase, comme ceux dont nous venons

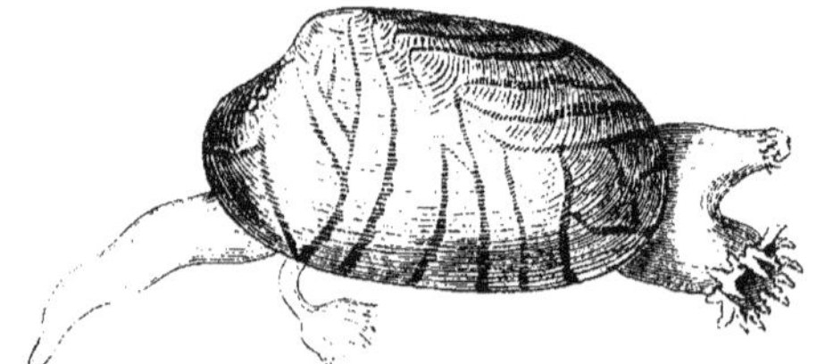

Fig. 178. Cythérée géographique. (*Cytherea geographica*. Chemnitz.)

de parler, mais encore ils se creusent une habitation jusque

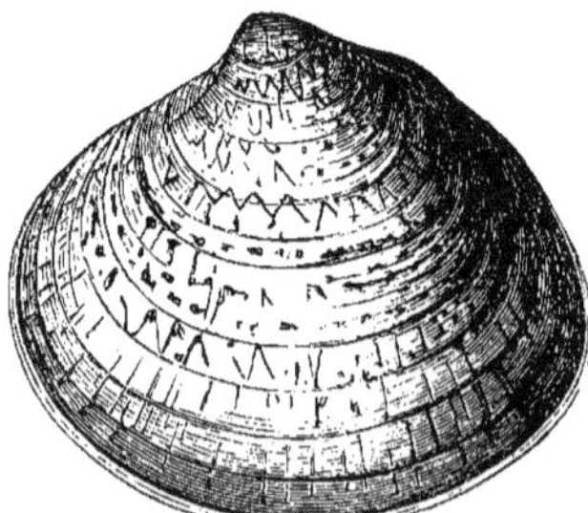

Fig. 179. Cythérée pétéchiale.
(*Cytherea petechialis*. Lam.)

Fig. 180. Cythérée zonaire.
(*Cytherea zonaria*. Lam.)

dans la pierre dure ou dans le bois. On pourrait les appeler

des mollusques *fouisseurs* ou *mineurs*. Leur travail incessant, opiniâtre, lent, silencieux et caché finit souvent par
causer de terribles ravages aux constructions des hommes.

GENRE SOLEN OU COUTEAU.

Les *Solens*, ou *Couteaux*, se reconnaissent facilement à leur
coquille allongée, qui est bâillante aux deux extrémités antérieure et postérieure. Ces mollusques vivent enfoncés verticalement dans le sable, à peu de distance du rivage. Le

Fig. 181. Solen silique. (*Solen siliqua*. Lin.)

trou qu'ils ont creusé, et qu'ils ne quittent presque jamais,
atteint quelquefois jusqu'à deux mètres de profondeur. Au
moyen de leur pied, qui est gros, conique, renflé dans son
milieu, pointu à sa terminaison, ils s'élèvent, avec une

Fig. 182. Solen gaîne. (*Solen vagina*. Lin.)

grande agilité, à l'orifice du trou. Ils s'enfoncent et disparaissent rapidement dès qu'un danger les menace.

Quand la mer se retire, on reconnaît la présence des Solens à un petit orifice ouvert dans le sable, et d'où s'échappent parfois des bulles d'air. Pour les attirer à la surface,
les pêcheurs jettent sur cet orifice une pincée de sel. On voit
alors le sable s'agiter, et l'animal ne tarde pas à présenter

au-dessus la pointe de sa coquille. Il faut la saisir immédiatement, car elle disparaît très-vite, et un nouvel appât ne la
ferait plus reparaître.

Cette coquille a été de tout temps comparée à un *manche
de couteau*. Elle est mince, translucide, équivalve, allongée,

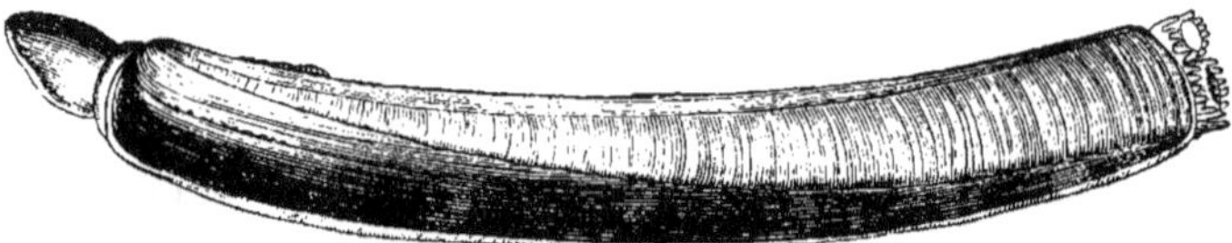

Fig. 183. Solen sabre. (*Solen ensis*. Lin.)

bâillante, tronquée aux deux extrémités, avec les bords
parallèles. Les teintes roses, bleues, violettes des valves sont
un peu masquées par un épiderme d'un vert brunâtre.

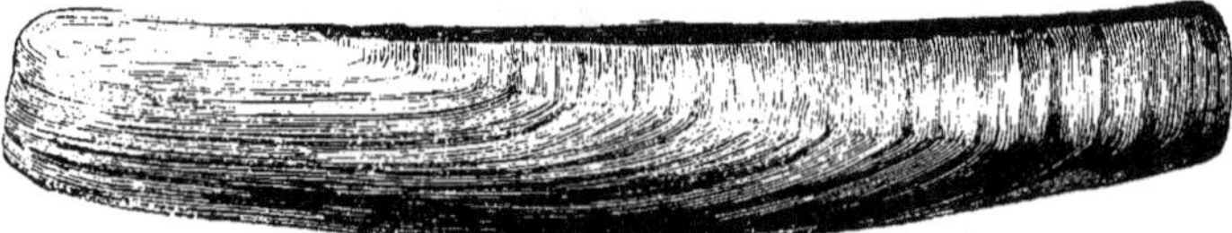

Fig. 184. Solen grand sabre. (*Solen ensis major*. Lam.)

L'animal qui vit dans cette élégante demeure a la forme
d'un cylindre allongé. Son manteau est fermé dans toute sa
longueur, et ouvert aux extrémités seulement : d'un côté

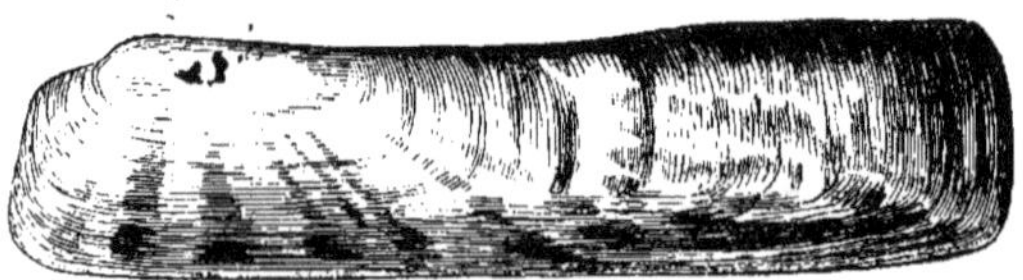

Fig. 185. Solen ambigu. (*Solen ambiguus*. Lam.)

pour le passage du pied, de l'autre pour le passage d'un tube
formé de deux siphons réunis.

On a donné à diverses espèces de *Solen* les noms de *Silique*, *Gaîne*, *Sabre*. Ces noms indiquent la forme des coquilles.

GENRE PHOLADE.

Les Pholades ne s'enfoncent pas seulement dans le sable,
comme les Solens et les autres bilvalves dont nous venons
de parler, elles se creusent une demeure dans les terrains
argileux, et même dans la pierre. Cette demeure est une
loge peu profonde, au fond de laquelle est caché l'animal.
La figure 186 représente, d'après nature, un bloc de gneiss,

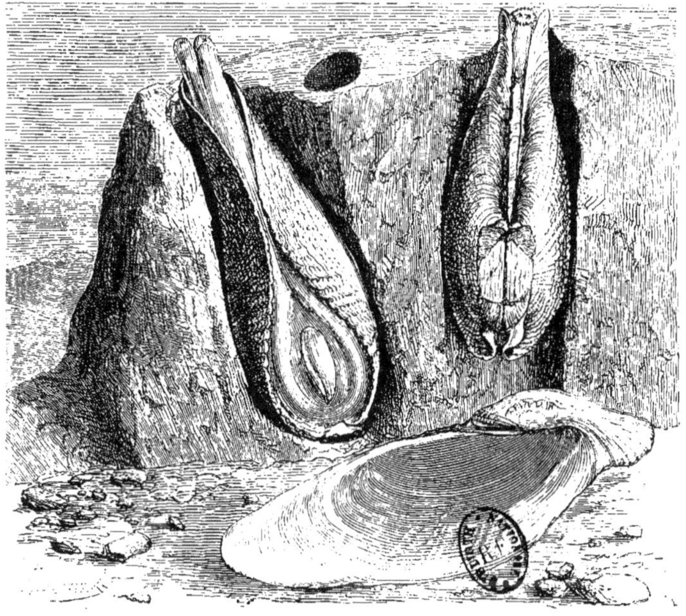

Fig. 186. Pholades dactyles ayant creusé leur abri dans un bloc de gneiss.

c'est-à-dire de granit, creusé par des Pholades. C'est au fond
de cette retraite ténébreuse que ces animaux passent leur
vie entière.

Monter ou descendre le long de leur étroite lucarne, voilà
tous les accidents de la vie de ces étranges prisonniers. Ils
naissent et meurent dans le même sillon de rocher.

Quel profond et incessant mystère que l'organisation animale ! A quoi pensent ces petits êtres submergés au fond des

eaux, parqués éternellement dans une galerie de pierre, longue d'un centimètre?

L'intelligence humaine recule devant de tels mystères. Dieu est grand !

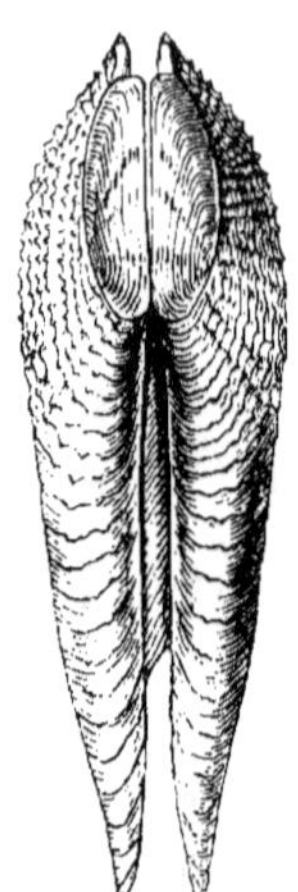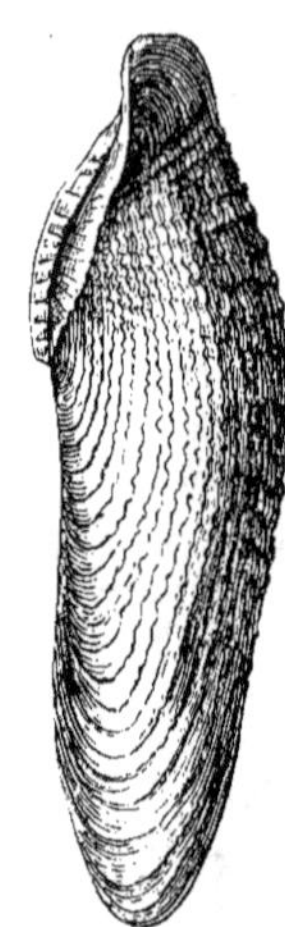

Fig. 187 et 188. Pholade dactyle. (*Pholas dactylus*, 1 in.)

Comment les Pholades peuvent-elles creuser dans la pierre la galerie qui les abrite? Ce point est encore mal éclairci.

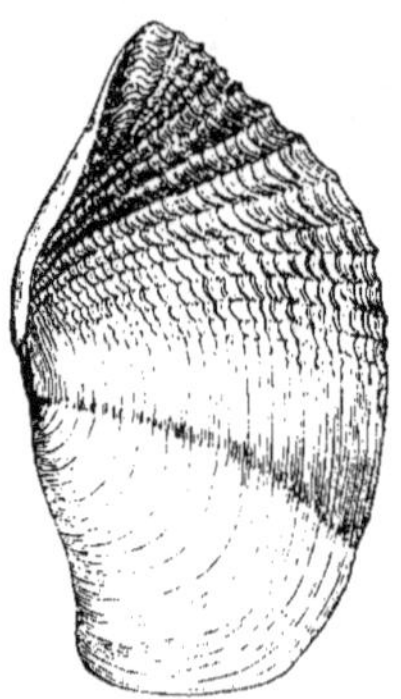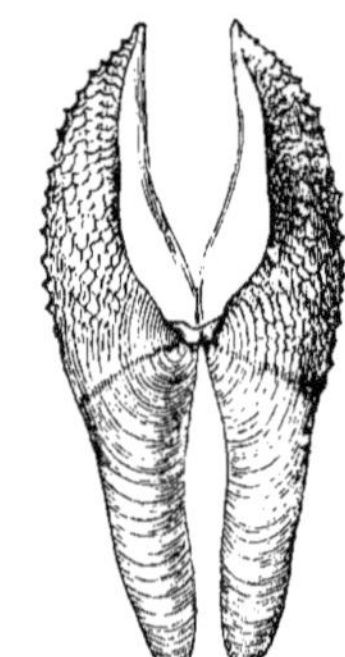

Fig. 189 et 190. Pholade crépue. (*Pholas crispata*, Lin.)

L'organisation même de ces mollusques n'est pas parfaitement connue. Par sa structure, leur coquille s'écarte d'une façon notable de celle des autres acéphales. Aussi Linné plaçait-il les Pholades dans la division des coquilles *multivalves*.

En effet, entre les deux valves ordinaires, cette coquille présente des pièces accessoires particulières, plus petites que les véritables valves, et placées dans le voisinage de la charnière, comme on le voit sur la figure 188, qui représente la *Pholade dactyle*.

Cette coquille est équivalve, bâillante de chaque côté, ventrue, mince, transparente et blanchâtre. L'animal qui l'habite est épais et allongé. Son manteau, ouvert antérieurement, laisse passer un long tube, traversé par deux canaux, dont l'un sert à pomper l'eau nécessaire à la respiration de l'animal, l'autre à rejeter cette eau après l'expiration. Une ouverture postérieure du manteau donne passage à un pied, très-court et très-épais.

Quelle est l'arme employée par la Pholade pour se creuser cette loge dans laquelle ses mouvements doivent être si limités? De Blainville pensait, non sans raison, qu'un simple mouvement, incessamment répété par la coquille, devait suffire pour tarauder la pierre, macérée par la présence de l'eau et de l'animal. Nous reviendrons sur l'explication de ce mystérieux travail, en parlant du *Taret*, autre mineur bien plus redoutable.

Les Pholades se rencontrent sur les rivages de toutes les mers. Leur bon goût les fait rechercher par les habitants des côtes, qui les désignent sous le nom de *Dails*. Nous citerons comme exemples de ce genre : la *Pholade dactyle* (fig. 187 et 188); — la *Pholade scabrelle* (*Pholas candida*) des côtes de la Manche et de l'Océan, qui vit enfoncée dans la vase ou dans le bois; — la *Pholade crépue* (fig. 189 et 190) des côtes de la Manche; — la *Pholade en massue* (*Pholas clavata*) de la Méditerranée; — la *Pholas papyracea* (fig. 191), — et la *Pholas melanoura* (fig. 192 et 193).

Outre cette curieuse propriété de creuser le bois et la pierre, les *Pholades* se font remarquer par un autre caractère important : c'est la phosphorescence.

Le corps de plusieurs genres de mollusques a la propriété de briller dans l'obscurité, mais aucun n'émet une lueur plus vive que les *Pholades*. Les personnes qui mangent des Pholades crues, — ce qui n'est pas rare, car la saveur de ce

mollusque n'a pas besoin de la cuisson pour se développer
— paraissent, si elles se trouvent dans l'obscurité, avaler d
phosphore.

Un pêcheur de l'Océan qui, au fond de sa cabane, fait so
repas nocturne, en économisant la chandelle, donne grati
à ses enfants le spectacle d'un feu d'artifice en miniature ; —
et sa satisfaction est alors d'autant plus vive, qu'en mêm
temps il mange un assez bon morceau.

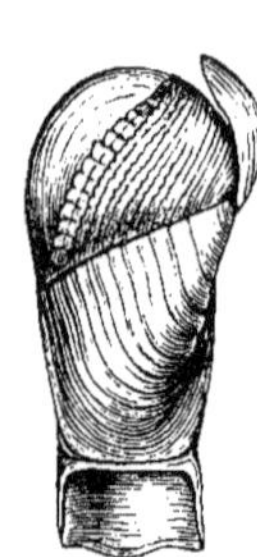 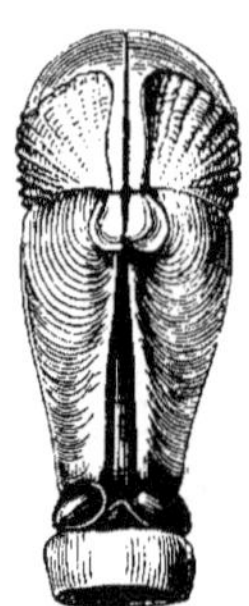

Fig. 191.
(*Pholas papyracea*. Solander.)

Fig. 192 et 193.
(*Pholas melanoura*. Sowerby.)

Les perforations que les Pholades produisent dans l
pierre ont servi à mettre hors de doute un fait importan
pour la géologie.

Dans bien des pays, on a noté des exhaussements et de
abaissements considérables du sol. Mais nulle part on n'a p
constater ce phénomène avec autant de précision que dan
la circonstance que nous allons faire connaître.

En parlant de la culture des Huîtres par les Romains, dan
l'ancien lac Lucrin, nous avons rapporté la catastrophe qui
en 1538, fit disparaître ce lac, et surgir sur son emplacemen
une montagne énorme, le *Monte Nuovo*. Or Pouzzoles es
situé au pied du *Monte Nuovo*.

Il n'était peut-être pas nécessaire de rappeler cet événemen
pour établir que le sol des environs de Pouzzoles est essentiellement volcanique. Tout le monde sait que Pouzzoles touche
à la *solfatare*, au lac d'Averne, et n'est pas loin du Vésuve.

Quoi qu'il en soit, il y a à Pouzzoles un monument d'une
haute antiquité, et qu'on appelle le *Temple de Sérapis*.

Dans ces deux mots, il y a deux erreurs. Ce monument n'était pas un temple, car les temples religieux des anciens n'avaient pas cette dimension, ni cette ampleur. Il n'aurait jamais pu d'ailleurs être consacré à Sérapis, car les Romains avaient proscrit expressément de leur territoire le culte des divinités égyptiennes. Dans notre opinion, ce n'était qu'un fastueux établissement thermal, des thermes minéraux, établis au bord de la mer, pour administrer aux Romains malades ou fatigués les eaux sulfureuses qui abondaient sur la côte de Pouzzoles. Des établissements analogues existaient autrefois près de Pouzzoles et de Baïa. Ce que l'on nomme aujourd'hui, par exemple, le *Temple de Neptune*, à Baïa, n'était assurément qu'un établissement thermal à l'usage des Romains, et non un temple.

Toutefois, comme le nom n'a ici aucune importance, nous appellerons, avec tout le monde, le monument de Pouzzoles, *temple de Sérapis*.

Le *temple de Sérapis*, puisqu'il faut l'appeler ainsi, a été presque entièrement renversé par la main du temps et par la main des hommes. Il reste seulement debout trois magnifiques colonnes de marbre, de 13 mètres de hauteur. Or, — voici le fait curieux, — ces trois colonnes, à 3 mètres et demi au-dessus du sol, sont criblées de trous et de nombreuses cavités, creusés profondément dans le marbre. Cette altération du marbre occupe sur chaque colonne plus d'un mètre de hauteur.

La cause de ces perforations ne saurait être douteuse. On trouve encore dans les petites cavités les coquilles des Pholades qui les ont creusées[1].

Il n'y a pas deux manières d'expliquer ce fait. Pour que les mollusques lithophages, qui ne vivent que dans la mer, aient pu creuser ce marbre, il faut que le temple et les co-

---

1. D'après M. Pouchet, les coquilles qui ont perforé ces colonnes ne seraient point des Pholades, comme on l'a dit tant de fois. « Ce sont, dit le célèbre naturaliste de Rouen, des coquilles à peine de la grosseur du doigt auriculaire et offrant une longueur de dix à douze lignes sur quatre à cinq de diamètre. Autant que j'ai pu en juger par le fragment que j'ai extrait de ce temple, et qui est dépourvu de charnière, il est infiniment probable que ce mollusque est une espèce du genre Coralliophage. » (*Zoologie classique*, t. II, in-8°, Paris, 1841.

lonnes aient séjourné dans l'eau de la mer ; il faut que les colonnes se soient abaissées de plusieurs mètres, par suite d'un mouvement du sol et se soient enfoncées dans l'eau. Ce n'est que dans ces conditions que les mollusques lithophages ont pu entamer et travailler à leur aise le marbre des colonnes.

Mais puisque ces mêmes traces de perforation se voient maintenant à trois mètres au-dessus du sol ; puisqu'elles sont en l'air, au lieu d'être sous l'eau, il faut qu'après s'être abaissées, les colonnes se soient élevées, pour reprendre leur ancienne place. Il faut que, par une oscillation postérieure du sol, le temple soit revenu, comme de lui-même, à sa situation primitive, c'est-à-dire au-dessus du niveau de la mer, emportant avec lui, gravés sur le marbre, les stigmates ineffaçables de son immersion.

Dans ses *Principes de géologie*, Charles Lyell consacre un long chapitre à rechercher l'époque précise de ce mouvement successif d'abaissement et d'élévation du sol du temple de Sérapis, qui met si bien en évidence le fait du mouvement vertical du sol en certains pays. Nous citerons les passages principaux de cette discussion intéressante :

« Ces piliers, dit M. Ch. Lyell, ont 13 mètres de haut. Une des colonnes est presque complétement partagée par une fissure horizontale ; les deux autres sont entières. Toutes trois elles s'écartent un peu de la verticale, inclinant légèrement vers le sud-ouest, c'est-à-dire du côté de la mer. Leur surface est unie et n'offre aucune altération jusqu'à la hauteur d'environ 3^m,6 au-dessus de leurs piédestaux ; mais immédiatement au-dessus de cette zone, on en observe une autre de 2^m,7 environ de hauteur, où le marbre a été perforé par une bivalve marine, *Lithodomus*, Cuvier. Les trous faits par ces mollusques sont pyriformes, c'est-à-dire que l'ouverture, très-petite d'abord, s'élargit graduellement. Au fond des cavités on trouve encore beaucoup de coquilles, quoique les visiteurs en aient déjà enlevé une grande quantité. Plusieurs de ces cavités renferment les valves d'une espèce d'arche, mollusque qui se retire dans de petites anfractuosités. Les perforations sont si considérables en profondeur et en étendue, qu'elles témoignent d'un séjour prolongé des lithodomes dans les colonnes ; car, à mesure que ceux-ci croissent en âge et en volume, ils agrandissent leur demeure, de manière qu'elle se trouve en rapport avec l'accroissement de leur coquille. Il en faut donc conclure que les piliers restèrent pendant longtemps dans la mer, à une époque où la partie inférieure était

Fig. 191. Temple de Sérapis à Pouzzoles, d'après une photographie de MM. Ferrier et Soulier.

couverte et protégée par des strates de tuf et des débris de constructions, et où la partie supérieure, dépassant le niveau des eaux, se
trouvait naturellement exposée aux influences atmosphériques, sans
être cependant altérée d'une manière sensible.

« Sur le pavé du temple, on voit quelques colonnes de marbre qui
sont aussi perforées en certaines parties ; une d'elles, par exemple, se
trouve percée sur une longueur de $2^m,4$, tandis qu'elle est intacte sur
un espace de $1^m,2$. Plusieurs de ces colonnes brisées sont rongées,
non-seulement à l'extérieur, mais aussi sur la fracture transversale ;
et sur quelques-unes d'entre elles, d'autres animaux marins ont fixé
leur demeure. Aucun des piliers de granit n'a été atteint par les lithodomes. La plate-forme du temple, qui n'est pas parfaitement unie, se
trouve actuellement (1828) à un pied (30°) environ au-dessous de la
marque des hautes eaux, — car il y a de petites marées dans le golfe
de Naples ; — et la mer, qui n'est qu'à 30 mètres de distance, pénètre
jusque-là à travers le sol intermédiaire. La zone supérieure des parties
perforées se trouve élevée à 7 mètres au moins au-dessus de la marque des hautes eaux ; et il est évident que les colonnes doivent être
restées pendant longtemps immergées, et debout dans l'eau de mer ;
puis, après y avoir séjourné pendant un grand nombre d'années, elles
ont dû se trouver élevées à la hauteur d'environ 7 mètres au-dessus
du niveau de la mer. . . . .

« Si l'on considère avec attention les effets des tremblements de
terre que nous venons d'indiquer comme ayant eu lieu pendant ces
cinquante dernières années, on ne sera point étonné de retrouver, dans
le cours de dix-huit siècles, des traces de l'exhaussement et de l'abaissement alternatifs du lit de la mer et de la côte adjacente ; ce qui sur-
prendrait, au contraire, ce serait que de futures investigations n'ame-
nassent point à découvrir de pareils indices dans toutes les régions
soumises à l'influence volcanique.

« On concevra que des édifices peuvent être submergés, et ensuite
élevés au-dessus des eaux, sans être complétement réduits en ruines,
si l'on se rappelle qu'en 1819, lors de l'abaissement du Delta de l'Indus,
les maisons du fort de Sindree s'enfoncèrent sous les eaux sans être
renversées. De même en 1692, les bâtiments situés autour du havre
de Port-Royal, dans la Jamaïque, s'affaissèrent subitement jusqu'à la
profondeur de 9 et 15 mètres sous l'eau sans tomber ; et plusieurs mé-
tairies qui se trouvaient sur de petites portions de terre transportées à
un mille de distance en bas d'une déclivité, restèrent entières après
ce déplacement, comme celles des environs de Mileto, en Calabre. En
1822, les fondations de quelques bâtiments de Valparaiso furent sou-
levées de plusieurs pieds, d'une manière permanente, en même temps
qu'une grande partie de la côte du Chili, sans que ces bâtiments fussent renversés. On comprend mieux encore qu'un édifice reste debout
pendant l'exhaussement ou l'abaissement du sol sur lequel il repose,
quand les murs sont soutenus, tant à l'extérieur qu'à l'intérieur, par
un dépôt comme celui qu'entoura et remplit jusqu'à la hauteur de 3^m
et $3^m,6$ le temple de Sérapis à Pouzzoles.

« Nous allons actuellement rechercher à quelles époques eurent lieu, dans le golfe de Baïes, les changements remarquables que nous venons de passer en revue. Il paraît que dans l'atrium du temple de Sérapis on a trouvé des inscriptions par lesquelles Septime-Sévère et Marc-Aurèle ont pris soin des travaux qu'ils firent exécuter dans ce temple, en l'ornant de marbres précieux. Il est donc probable qu'il fut bâti vers la fin du second siècle de notre ère, et qu'il resta au moins jusqu'au troisième à peu près dans sa position primitive. D'un autre côté, il est bien constaté que le dépôt marin qui forme la plaine de la Starza était encore couvert par les eaux de la mer en 1530, ou huit ans avant la terrible explosion du Monte Nuovo. M. Forbes a cité dernièrement le témoignage formel d'un ancien auteur italien, Loffredo, à l'appui de ce point important. Loffredo écrivait, en 1580, que, cinquante ans auparavant, la mer baignait la base des collines qui s'élèvent de la plaine dont nous venons de parler ; et il ajoute expressément qu'à cette époque on *aurait pu pêcher* de l'emplacement des ruines qu'on désigne aujourd'hui sous le nom de Stadium, d'où il suit que l'abaissement du sol eut lieu entre le troisième siècle, lorsque le temple était encore debout, et le commencement du seizième siècle, lorsque la place qu'il occupait se trouvait submergée.

« Or, dans cet intervalle, les deux seuls événements dont fassent mention les annales incomplètes de ces époques peu connues, sont l'éruption de la Solfatare en 1198, et le tremblement de terre qui, en 1488, ravagea Pouzzoles. Il est très-probable que les tremblements de terre qui précédèrent l'éruption de la Solfatare, située tout près du temple, donnèrent lieu à un affaissement, et que la ponce, ainsi que les autres matières rejetées par ce volcan, tombèrent en pluie épaisse dans la mer, et recouvrirent immédiatement la partie inférieure des colonnes, qui se seraient ainsi trouvées garanties de l'action des eaux et des perforations des lithodomes. Puis, les vagues auraient renversé plusieurs piliers, et formé les strates de fragments brisés de bâtiments, mêlés de déjections volcaniques, qui s'étendent le long de la côte sur plusieurs milles, et renferment des objets d'art et des coquilles. M. Babbage, après avoir soigneusement examiné, d'une part, plusieurs incrustations de carbonates de chaux analogues aux dépôts que forment les eaux thermales, et adhérant aux murs et aux colonnes du temple à diverses hauteurs, — puis les marques distinctes des anciennes lignes de niveau des eaux, visibles au-dessous de la zone des perforations des lithophages, a conclu et prouvé, je pense, que l'affaissement de l'édifice ne fut pas subit, c'est-à-dire qu'il ne se produisit point en une seule fois, mais qu'il s'opéra graduellement et par l'effet de plusieurs mouvements successifs.

« Quant au réexhaussement du sol déprimé, on peut supposer, d'après la fréquence des tremblements de terre dans cette région, qu'il eut lieu aussi à plusieurs époques différentes. Jorio cite à ce sujet deux documents authentiques : le premier, daté d'octobre 1503, et écrit en italien, est un acte par lequel Ferdinand et Isabelle accordent à l'Université de Pouzzoles une portion de terre, « d'où la mer est en voie de

se retirer » (*che va seccando el mare*); le second est un document écrit
en latin, et daté du 23 mai 1511, près de huit ans plus tard, par lequel
Ferdinand accorde à la ville une portion de territoire aux environs de
Pouzzoles, qui, après avoir fait partie du lit de la mer, se trouvait
alors à sec (*dessiccatum*).

« Il est parfaitement évident toutefois, d'après le récit de Loffredo,
que l'exhaussement principal du terrain bas, appelé la Starza, eut lieu
après l'année 1530, et quelque temps avant l'année 1580; et cela seul
autoriserait à supposer que le changement en question s'opéra en 1538,
lorsque le Monte Nuovo fut formé. Or, il n'est même pas permis de
douter que ce fut bien à cette époque que s'accomplit ce mémorable
événement, car dans les descriptions précédemment citées de Falconi
et de Toledo, relatives à la catastrophe de 1538, dont ces deux observateurs furent témoins, il est dit de la manière la plus expresse que la
mer ayant abandonné une étendue considérable de la côte, les habitants pouvaient prendre le poisson avec la plus grande facilité; et entre
autres particularités, Falconi fait mention de deux sources qu'il aperçut *dans les ruines* nouvellement découvertes [1]. »

Le soin avec lequel le géologue anglais a étudié les trois
célèbres monolithes, témoigne de l'importance que présentent ces ruines, au double point de vue de la géologie et de
l'archéologie. Aussi les touristes et les savants qui voyagent
en Italie se font-ils un devoir d'aller saluer ce monument
antique. Nous n'avons pas manqué, au mois de février 1865,
de faire ce pèlerinage.

C'est au retour de l'excursion à la *Solfatare* de Naples, que
l'on descend d'ordinaire à Pouzzoles, pour en voir le port
et visiter le temple de Sérapis. En arrivant par cette route,
le vieux monument qui est assis au bord du golfe, à cent
mètres de la mer, se présente par son côté le plus pittoresque. Quand on s'arrache du cirque sombre et désolé de la
Solfatare; quand on est encore sous l'impression de la
beauté sauvage de ces champs de Genêts et de ces taillis de
Châtaigniers, croissant au milieu d'un sol volcanique, tout
parsemé de soufre, tout imprégné d'odeurs et d'émanations
fétides, on repose ses yeux avec bonheur sur les élégantes
colonnes du temple de Sérapis, que l'on aperçoit, à travers
les Citronniers, se découpant sur la ligne de la mer. Parvenu
au bas de la colline, on descend jusqu'au rivage, et après avoir

1. *Principes de géologie*, par Ch. Lyell, traduits de l'anglais par M⁽ᵉ⁾ Tullia
Meulien. 3ᵉ partie. Paris, 1846, in-18, pages 420-422 et 424-429.

traversé une partie du port de Pouzzoles, on arrive, par une rue étroite, à l'entrée du monument. C'est un vaste jardin, qui est demeuré fidèle à l'ancienne destination que nous croyons devoir attribuer au temple de Sérapis. Sur sa porte on lit, en effet :

Bagni termo-minerali nel tempio di Serapi (Bains thermo-minéraux du temple de Sérapis).

Les ruines de ces thermes antiques occupent le milieu d'un grand espace, entouré lui-même d'Orangers et de Citronniers. Les trois colonnes, sur lesquelles on a tant discuté, s'élèvent, hautes et droites, entourées de soubassements d'autres colonnes et des débris de mausolées, d'une moindre conservation. Le sol est, en divers endroits, baigné par l'eau ; car il est inférieur au niveau de la mer, et serait toujours couvert d'eau, si l'on ne prenait les précautions nécessaires pour se garantir des infiltrations.

Autour du jardin sont des chambres, petites et délabrées, qui servaient autrefois et qui servent encore à administrer aux gens de bonne volonté des bains d'eau minérale.

En somme, l'aspect général de ce lieu n'a rien de remarquable. Mais l'histoire naturelle et l'archéologie iront long-temps encore demander des sujets de discussion ou d'étude aux vestiges de ce monument célèbre.

GENRE TARET.

A côté des *Pholades* se placent les *Tarets*, animaux marins, qui ont une inclination spéciale, irrésistible, pour les bois submergés. De même que les bois exposés à l'air sont la proie d'animaux terrestres, de même les bois plantés sous l'eau sont sujets à être envahis par des animaux aquatiques. Les Tarets perforent, au sein des eaux de la mer, les bois les plus durs, quelle que soit leur essence. Les galeries creusées par ces imperceptibles mineurs envahissent tout l'intérieur d'une pièce de bois, très-sain en apparence, sans qu'il soit pour ainsi dire possible de trouver les indices extérieurs de ces ravages. Les galeries se dirigent dans tous les sens. Tantôt elles suivent le fil du bois, tantôt elles le coupent à angle droit. Ces redoutables mineurs changent, en effet, de route dès qu'ils rencontrent sur leur chemin le sillon creusé par l'un de leurs voisins, ou quelque galerie ancienne et abandonnée. Par suite de cet instinct, quelque multipliés que soient ces sillons, ou tubes, dans la même pièce de bois, ils n'adhèrent et ne communiquent jamais entre eux. Le bois est ainsi attaqué sur mille points divers; partout il est envahi, et sa substance détruite.

C'est par une secrète altération de ce genre que les pilotis sur lesquels reposent les constructions de bois, sont souvent entièrement perforés. Ils paraissent aussi solides, aussi intacts qu'au moment où on les a plantés, et pourtant on les voit céder au moindre effort, entraînant la ruine des constructions ou des édifices qu'ils supportent. Des barques ont pu être ainsi silencieusement minées, jusqu'au moment où les planches se sont brisées sous les pieds des matelots.

M. de Quatrefages, qui a fait d'importantes études sur l'organisation et sur les mœurs des Tarets, dans le port de Saint-Sébastien, rapporte le fait suivant, qui pourra donner une idée de la rapidité de multiplication et des ravages de ces dangereux mollusques.

Une barque qui faisait l'office de bac, entre deux villages, coula bas, par suite d'un accident, au commencement du printemps. Quatre mois après, des pêcheurs, espérant utiliser les matériaux de cette barque, la retirèrent du fond de l'eau. Mais, dans ce court espace de temps, les Tarets avaient fait de tels ravages, que planches et poutres étaient entièrement vermoulues.

On a vu, dit-on, couler des vaisseaux, à la suite des voies d'eau déterminées par les trous que creusent sans relâche ces ennemis, terribles par leur petitesse.

Au commencement du dix-huitième siècle, la moitié de la Hollande faillit être envahie par les flots, parce que les pilotis de toutes ses digues étaient mordus, troués, déchiquetés par les Tarets.

Il n'y a point de petit ennemi ! Les millions que les caisses publiques de la Hollande durent dépenser, en toute hâte, pour conjurer un danger si menaçant, le prouvèrent suffisamment.

Les observations des mœurs du Taret sont venues heureusement porter quelque remède à ce mal. On a reconnu que ce mollusque a une véritable antipathie pour la rouille, et qu'il respecte le bois imprégné de cet oxyde de fer.

Les goûts du Taret étant connus, il n'y a qu'à le servir en conséquence, pour écarter cet hôte dangereux. Puisqu'il n'aime pas la rouille, il faut lui en donner à souhait. Le moyen est facile. On enfonce dans la masse du bois, destiné à être immergé, des clous à tête volumineuse. Ces clous se rouillent bientôt, et le bois se trouve à peu près revêtu d'une épaisse cuirasse d'oxyde de fer.

On pourrait faire usage du même moyen pour préserver le bois des navires des ravages du Taret. Mais la doublure de cuivre dont ils sont revêtus les garantit suffisamment.

Nous emprunterons la plupart des éléments de la description qui va suivre, de l'organisation du Taret, aux belles recherches de M. de Quatrefages sur le *Taret de la Rochelle*.

Le Taret, que les naturalistes nomment *Teredo*, et les marins *Ver de vaisseau*, est un mollusque acéphale assez singulier, en ce sens qu'il ressemble à un long ver, dépourvu d'articulations (fig. 195). On aperçoit antérieurement, entre les valves d'une toute petite coquille, dont il est pourvu, une sorte de troncature lisse, qu'entoure un bourrelet assez saillant. Ce bourrelet est la seule portion du corps de l'animal que l'on puisse regarder comme représentant le pied.

A partir de ce point, tout le corps du Taret est enveloppé par la coquille et par le manteau, qui forme un fourreau, communiquant par deux siphons avec l'extérieur.

Ce manteau adhère à tout le pourtour de la coquille. Au-dessus de celle-ci, il forme deux forts replis, qui peuvent tous deux se gonfler par l'afflux du sang, et acquérir un volume considérable. L'un de ces plis situé en avant, et que nous appelons le *capuchon céphalique*, attirera plus loin notre attention.

Le tissu du manteau est d'une teinte gris de lin très-légère et assez transparent, surtout chez les jeunes, pour permettre de distinguer à l'intérieur la masse du foie, l'ovaire, les branchies et jusqu'au cœur, dont on peut compter les pulsations.

Les siphons, très-extensibles, sont soudés l'un à l'autre dans les deux tiers environ de leur étendue; le supérieur est plus long et plus étroit que l'inférieur. C'est par ce dernier que l'eau aérée entre, pour servir à la respiration et à la nutrition de l'animal. Elle sort par le second tube, privée de la partie respirable de l'air, et emportant les produits inutiles de la digestion. Ce mouvement est continu. Seulement, de temps à autre, l'animal ferme à la fois les orifices des deux siphons, et se contracte légèrement.

La coquille, vue de côté, présente dans son ensemble une forme irrégulièrement triangulaire. Elle est à peu près aussi longue que large, ses deux valves sont solidement rattachées l'une à l'autre en dessus et en dessous, par le manteau, de manière à ne permettre que des mouvements fort peu étendus. Elle est colorée par des lignes jaunes et brunes; quelquefois elle est tout à fait incolore.

Au bord supérieur de la troncature antérieure du corps des Tarets, est la bouche, sorte d'entonnoir aplati et évasé, muni de quatre palpes labiaux. Elle ne présente rien de bien particulier, pas plus que l'estomac, auquel fait suite un intestin très-développé.

Le cœur se compose de deux oreillettes et d'un ventricule. Il bat à des intervalles assez irréguliers, quatorze à quinze fois par minute. Le sang est incolore, transparent et charrie de petits corpuscules irréguliers. L'acte respiratoire s'accomplit dans la branchie et le manteau. Cependant la moitié du sang retourne au cœur sans passer par les branchies.

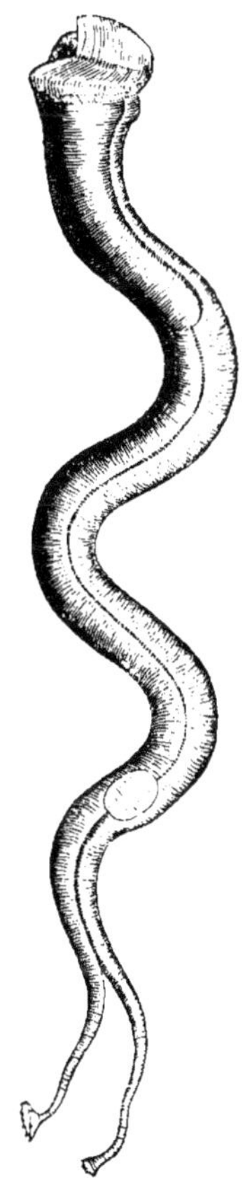

Fig. 195.
Taret commun.
(*Teredo navalis*. Lin.)

Le système nerveux du Taret est assez développé. Il se compose d'un cerveau, de filets nerveux et de ganglions qui se distribuent au manteau, aux branchies et aux siphons.

L'animal adulte est enveloppé d'une sorte d'étui, composé d'un mucus solide. Cet étui a été souvent décrit, mais à tort, comme faisant partie de l'animal même. Le Taret, enfermé dans ce tube, ne peut exécuter que des mouvements limités. Quand on l'observe, en effet, dans un vase, on le voit produire seulement des mouvements d'extension et de contraction très-lents, à l'aide desquels il parvient, avec peine, à changer de place; mais rien n'indique une véritable reptation. On peut s'assurer que, dans les mêmes circonstances, le corps de l'animal s'allonge, de manière à tripler de longueur, sans cependant diminuer proportionnellement en épaisseur. L'afflux de l'eau qui pénètre sous le manteau, celui du sang qui vient s'accumuler dans les organes extérieurs, expliquent, d'après M. de Quatrefages, ce phénomène, assez singulier au premier coup d'œil.

Les Tarets pondent des œufs sphériques, d'un jaune verdâtre. Peu de temps après la fécondation, ces œufs se transforment en larves. D'abord nues et immobiles, ces larves se recouvrent bientôt de cils vibratiles, et manifestent leurs mouvements, d'abord en pirouettant sur elles-mêmes, ensuite en nageant librement et avec facilité au sein du liquide qui les renferme.

Quand une larve de Taret a trouvé le bois sans lequel elle ne vivrait probablement pas, voici les phénomènes que l'on observe. On assiste au curieux spectacle d'un être qui fabrique peu à peu, au fur et à mesure de ses besoins, les organes qui lui sont nécessaires pour l'accomplissement de son travail et de ses fonctions.

La larve commence par se promener et ramper à la surface du bois, au moyen du pied très-long dont elle est munie. Puis, on la voit entr'ouvrir et fermer de temps en temps les valves de la toute petite coquille embryonnaire qui l'enveloppe en partie. Dès qu'elle a trouvé, sur la pièce de bois, la partie suffisamment poreuse et ramollie qu'elle cherchait, elle s'arrête, attaque la substance ligneuse, et produit d'abord un très-petit godet, qui sera le point d'origine du canal futur.

Une fois niché dans ce godet, le jeune Taret continue à se

développer. Il se recouvre d'une couche de substance muqueuse, qui, se condensant peu à peu, prend une légère
teinte brune, et se perce de deux trous, pour le passage des
siphons. Au bout de trois jours, cette couche est devenue
plus solide : c'est le commencement du tube organisé qui
doit envelopper l'animal.

Quand il est enveloppé de ce rideau opaque, le mineur
n'est plus perceptible à l'observation. Mais si l'on ouvre sa
loge, on voit qu'au bout de peu de temps il a sécrété une
nouvelle coquille, plus grande et plus solide. C'est la coquille de l'animal adulte.

Le jeune Taret, qui se nourrit des parcelles du bois râpé,
s'accroît rapidement. Il passe de la forme sphéroïdale à la
forme allongée. Alors son corps ne pourrait plus être contenu dans la coquille, il la déborderait. Il se trouverait à
nu, s'il n'était protégé par son étui membraneux, lequel
adhère, de son côté, aux parois du canal ligneux, servant de
demeure à l'animal.

Par quel procédé un être aussi mou, aussi nu que le Taret, peut-il entamer avec tant de promptitude, et détruire
avec tant de facilité, les bois les plus durs?

Jusqu'à ces derniers temps, on regardait la coquille du
Taret comme son instrument de perforation. Mais dans cette
hypothèse les coquilles devraient conserver des traces certaines d'un travail de section et d'usure sur des corps aussi
résistants que les fibres du Chêne et du Sapin. Au contraire,
cette coquille est toujours dans un état parfait d'intégrité.
D'autre part, l'appareil musculaire du Taret n'est nullement
disposé pour mettre en mouvement la coquille, pour impri-
mer à ce prétendu instrument perforateur les mouvements
de rotation et de va-et-vient qu'exigerait un semblable travail. Il ne semble donc pas possible d'attribuer la perforation à une simple action physique.

Quelques naturalistes ont expliqué ce phénomène par une
humeur, une sécrétion liquide, fournie par l'animal, sécrétion liquide qui aurait la propriété de dissoudre le bois. A
cette explication, on objecte que, quel que soit le bois attaqué, et dans quelque direction que marche la galerie, la

coupure produite par le Taret est toujours aussi nette que si elle était pratiquée par l'instrument le mieux affilé. Un dissolvant chimique ne pourrait agir avec cette régularité. Il attaquerait plus rapidement les parties les plus tendres du bois, et laisserait en saillie les parties les plus dures.

Cette objection, que M. de Quatrefages oppose à l'idée d'un dissolvant chimique, nous paraît sans réplique.

Le savant naturaliste explique comme il suit le mode d'action du Taret dans son travail perforateur :

« N'oublions pas, dit M. de Quatrefages, que l'intérieur de la galerie est constamment rempli d'eau, et que par conséquent tous les points de ses parois qui ne sont pas protégés par le tube sont soumis à une macération constante. Une action mécanique même très-faible suffit pour enlever la couche qui a été ainsi ramollie, et quelque mince que soit cette couche, si l'action dont nous parlons est en quelque sorte continue, elle suffit pour expliquer le creusement de la galerie. Or, les replis cutanés supérieurs, surtout le capuchon céphalique, pouvant se gonfler à volonté par l'afflux du sang, recouvert d'un épiderme épais et mis en mouvement par quatre muscles robustes, me semblent très-propres à jouer le rôle dont il s'agit. Il me paraît probable que c'est ce capuchon qui est chargé d'user le bois rendu moins résistant par la macération et peut-être aussi par quelque sécrétion de l'animal. »

Ainsi les parties charnues du mollusque agissant sur des surfaces ramollies par une longue macération dans l'eau, seraient le véritable instrument perforateur du Taret. Dans l'état présent de la science, cette explication du savant naturaliste paraît la plus acceptable.

GENRE ARROSOIR.

Comme appendice à l'histoire du Taret, nous dirons quel-

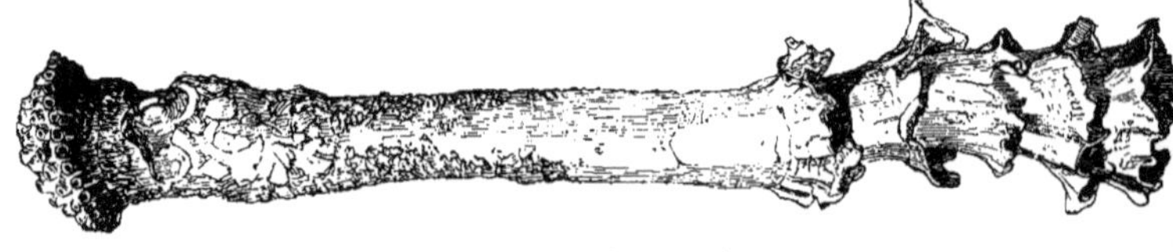

Fig. 196. Arrosoir à manchettes.
(*Aspergillum vaginiferum*, Lam.)

ques mots du curieux animal qui a reçu le nom d'*Arrosoir* (*Aspergillum*) (fig. 196).

Ici, l'animal habite un tube calcaire, épais, solide, très-long, à peu près cylindrique, présentant à l'une des extrémités une ouverture, bordée d'un ou de plusieurs replis foliacés, en forme de manchettes ; et à l'autre extrémité, un disque convexe, percé de trous, comme une *pomme d'arrosoir*, ce qui lui a fait donner son nom. L'animal est fixé par des muscles à l'intérieur de ce tube.

M. Chenu donne les renseignements suivants sur ce curieux mollusque :

« L'animal qui habite cette singulière coquille, dit M. Chenu, n'est connu que depuis peu, et le voyageur Ruppel, qui le premier l'a décrit, ne s'est pas assez occupé des détails anatomiques qui pouvaient expliquer l'utilité des trous du disque, de la fissure centrale et des tubes spiniformes qu'on y trouve. On suppose que cette disposition a pu être ainsi ménagée pour faciliter la respiration, et M. de Blainville pense que ces petits tubes sont destinés à donner passage à autant de filets qui servent à fixer l'animal au corps sur lequel il doit vivre, et de manière à lui permettre des mouvements autour de ce point fixe. L'animal de l'arrosoir est allongé, contractile, et n'occupe guère que la partie supérieure du tube, mais il peut s'étendre assez pour ses besoins et son alimentation. Les coquilles de ce genre sont rares, on en connaît cependant un assez grand nombre d'espèces, qu'on trouve dans la mer Rouge, à la Nouvelle-Hollande, à Java, etc., etc. Les arrosoirs sont généralement d'une teinte blanche ou jaunâtre, quelques-uns ont le tube couvert de sable agglutiné en de petits fragments de coquilles de diverses couleurs. On ne sait rien sur les habitudes des Arrosoirs, et leurs formes singulières ont souvent laissé les naturalistes incertains de la place qu'ils devaient leur assigner dans la méthode. Ce n'est qu'après avoir reconnu l'existence des deux valves qu'on voit à peine au-dessous du disque, et qui font partie du fourreau dans lequel elles sont enchâssées, qu'on s'est décidé à les ranger parmi les tubicolés, et avec les coquilles qui présentent une disposition analogue ou aussi singulière [1]. »

Ces mollusques sont peu connus, rares, et dès lors très-recherchés dans les collections. Ils sont tous exotiques. L'espèce la plus commune est l'*Arrosoir de Java*. Elle est apportée en Europe par les Hollandais. On la trouve aussi aux îles Moluques.

1. *Leçons élémentaires sur l'histoire naturelle des animaux, précédées d'un aperçu général sur la zoologie.* Paris, 1847, p. 113, 114.

MOLLUSQUES CÉPHALES

Nous prenons congé de nos petits décapités, de nos mollusques sans tête, ou *acéphalés*, pour passer à l'examen des animaux de ce genre que la nature libérale a pourvus d'une tête *Os sublime dedit*. Seulement, cette tête n'est pas portée fièrement. Elle se traîne à quelques pouces au-dessus du sol, et ne ressemble guère au magnifique organe qui surmonte et décore le corps des grands animaux.

L'organisation des *Mollusques céphalés* présente trois types principaux, ce qui a conduit à les distinguer en trois classes, ayant pour caractère le plus saillant la situation relative et la forme de l'appareil locomoteur : les *Gastéropodes*, les *Ptéropodes* et les *Céphalopodes*.

Dans la classe des *Gastéropodes* (γαστερ, ventre, πους, ποδος, pied) l'appareil locomoteur consiste en un disque musculaire aplati, placé sous le ventre de l'animal, et qui lui sert à ramper. Le Colimaçon, la Limace, la Porcelaine sont des types de cette classe.

Dans les *Ptéropodes* (πτερον, aile, πους, pied) l'appareil locomoteur est sous forme d'ailes ou de nageoires membraneuses, placées de chaque côté du cou. Les Hyales et les Clios sont des types de cette classe.

Dans les *Céphalopodes* (κεφαλη, tête, πους, pied) l'appareil locomoteur consiste en des bras, ou tentacules, qui entourent la bouche, en nombre plus ou moins considérable. Le Poulpe et la Seiche sont des types de cette dernière classe.

GASTÉROPODES

Les Mollusques gastéropodes ont les organes de la respiration conformés tantôt pour la respiration aérienne, tantôt
pour la respiration aquatique.

Cette destination physiologique entraîne des différences
dans l'organisation intime de ces Mollusques. Elle peut donc
servir à diviser cette classe d'animaux en deux groupes secondaires : les *Gastéropodes pulmonés*, c'est-à-dire ceux qui
respirent dans l'air, à l'aide d'une sorte de poumon, et les
Gastéropodes non pulmonés, c'est-à-dire ceux qui respirent
dans l'eau au moyen de branchies.

GASTÉROPODES PULMONÉS

Ce premier groupe comprend des Mollusques qui, comme
nous l'avons déjà dit, vivent dans l'air et respirent cet air
en nature. L'organe respiratoire consiste en une cavité, sur
les parois de laquelle les vaisseaux sanguins forment un réseau compliqué. L'air pénètre dans cette cavité par un orifice que l'animal ouvre et ferme à volonté. Cette espèce de
poumon est placé sur le dos de l'animal.

Ces mollusques sont terrestres ou aquatiques. Dans ce
dernier cas, ils sont forcés de venir respirer à la surface
de l'eau, comme les Phoques et les Dauphins, parmi les
Mammifères.

Les *Gastéropodes pulmonés* terrestres comprennent deux
familles : celle des *Colimacés* et celle des *Limaciens*. Les
Gastéropodes pulmonés aquatiques comprennent seulement
la famille des *Lymnéens*.

FAMILLE DES COLIMACÉS.

Nous étudierons particulièrement, dans cette famille, le
genre *Colimaçon*, ou *Hélice*.

Un poëte de nos jours a écrit sur l'Escargot les jolis vers que voici :

> Sans ami comme sans famille,
> Ici-bas vivre en étranger ;
> Se retirer dans sa coquille
> Au signal du moindre danger ;
> S'aimer d'une amitié sans bornes.
> De soi seul remplir sa maison,
> En sortir, suivant la saison,
> Pour faire à son voisin les cornes :
> Enfin chez soi comme en prison
> Vieillir de jour en jour plus triste.
> C'est l'histoire de l'égoïste,
> Et celle du colimaçon.

La description est écourtée, par suite de la préoccupation de l'auteur sur la pensée ingénieusement satirique qui a dicté ce portrait. N'étant retenu par aucune considération semblable, nous compléterons sans peine cette étude de mœurs animales.

Il suffit de voir un Colimaçon marchant sur le sable d'un jardin, ou vaguant dans les allées humides d'un parc, pour reconnaître que c'est un être supérieur en organisation à ces mollusques, pour la plupart stationnaires, dont nous nous sommes occupés jusqu'ici. Évidemment, nous nous sommes élevés d'un degré dans l'échelle de perfectionnement des êtres. L'Escargot va et vient, rôde, flâne à sa manière, cherchant sa nourriture ou son plaisir. Il a une tête et deux tentacules proéminents, qui sentent et semblent exprimer leurs sensations. Il a des nerfs, un cerveau, une bouche robuste et un estomac bien conformé. C'est un être complet. Il nous repose de ces existences obscures, de ces êtres obtus que nous venons de passer en revue.

Sans être l'emblème de l'intelligence, l'Escargot n'est pas un imbécile. Il sait très-bien choisir sur un arbre le fruit le mieux à sa convenance. S'il est une belle grappe de raisin, une poire succulente, que l'horticulteur dévore du regard, espérant bientôt la dévorer autrement, soyez sûr que c'est précisément ce fruit que choisira notre déprédateur éclairé. Il a donc en partage un jugement, une comparaison, une appréciation intelligente.

Le corps du Colimaçon est ovalaire, allongé, convexe en
dessus, plan en dessous. Il offre dans l'étendue du tiers
moyen du dos une sorte de hernie, formée par la masse des
viscères, qui est contournée en spirale et contenue dans une
coquille de même forme.

La surface convexe ou supérieure du corps est rugueuse,
par suite de l'existence d'un grand nombre de tubercules,
peu saillants, séparés par des sillons irréguliers. Sa partie
antérieure se termine par une tête obtuse. Sa partie postérieure est plus aplatie et pointue. Toute la portion plane,
épaisse, lisse, sur laquelle l'animal se meut, en rampant,
porte le nom de pied.

Arrêtons-nous un moment sur la structure et sur les
fonctions de ces diverses parties.

La tête du Colimaçon n'est réellement bien distincte, surtout en dessus, que par les organes dont elle est pourvue.
Ces organes sont les tentacules. Les enfants, ces ignorants
adorables, les appellent des *cornes*.

> Escargot, escargot,
> Montre-moi les cornes....

C'est avec cet air, ou ce récitatif naïf, que les enfants sol-
licitent leur apparition, sur l'animal qui a eu le malheur de
les intéresser.

Il y a deux paires de ces prétendues cornes, ou tentacules. Une paire antérieure et un peu interne : ce sont les
plus petites ; l'autre paire postérieure et externe : ce sont
les plus grandes, qui d'ailleurs sont toujours reconnaissables, parce qu'on voit à leur extrémité un point noir, qui est
considéré à tort comme l'œil de l'Escargot.

Ces tentacules diffèrent beaucoup des organes de même
nature qu'on trouve dans les autres familles de Mollusques.
Ils sont, en effet, rétractiles, ce qui signifie qu'ils peuvent
disparaître en rentrant à l'intérieur de l'animal, par la contraction d'un muscle qui fait retourner ce curieux organe,
comme un doigt de gant.

A l'extrémité antérieure de la tête, se trouve une ouverture plissée : c'est la bouche. Cette bouche consiste en une

cavité de médiocre étendue, fermée en avant par deux lèvres, et armée de deux organes sécréteurs, de consistance cornée. L'un de ces organes sécréteurs est une sorte de râpe, qui occupe le plancher de la cavité buccale, et que l'on considère comme la langue. L'autre est une mâchoire médiane, implantée transversalement dans la paroi membraneuse du palais, et qui se termine par un bord libre, armé de petites dents. Cette lame tranchante n'exécute aucun mouvement. Seulement l'appareil lingual poussant avec force les matières alimentaires contre son bord inférieur, effectue ainsi leur division. L'Escargot ne se nourrissant d'ailleurs que de fruits, de feuilles tendres, de Champignons, etc., ces matières n'opposent pas une grande résistance à la mastication.

Au fond de la bouche s'ouvre l'œsophage, auquel succède un estomac, peu développé. L'intestin se déroule dans les replis du foie, qui est divisé en quatre lobes, et se termine par un orifice particulier.

Le petit poumon de l'Escargot est situé dans une vaste cavité, placée au-dessus de la masse générale des viscères, et occupant tout le dernier tour de spire de la cavité.

Le mécanisme de la respiration est le suivant. L'animal fait entrer de l'air dans son poumon, en ramenant cette cavité dans le dernier tour de spire de la coquille, c'est-à-dire dans le plus grand, et en faisant sortir de cette coquille tout ce qui peut en sortir; enfin en dilatant avec force l'orifice pulmonaire. Pour expulser de son poumon l'air respiré, il retire son corps dans la partie la plus étroite de la coquille, il s'y ramasse complétement, car il y fait rentrer jusqu'à sa tête et son pied, et par cette expression de tout son petit être, il chasse l'air qui le remplissait.

Hâtons-nous de dire que ces mouvements de respiration ne sont pas réguliers et ne se succèdent qu'à certains intervalles; sans cela la pauvre bestiole ne pourrait suffire aux mouvements et aux efforts qu'exige chez elle l'acte respiratoire. La vie serait trop dure pour le Colimaçon, s'il devait la passer tout entière à respirer comme les animaux supérieurs. La respiration est donc ici intermittente, incomplète : c'est une ébauche de respiration. Nous la verrons se perfectionner singulièrement quand nous remonterons dans les rameaux élevés du règne animal, dont nous parcourons en ce moment les basses branches.

Les Colimaçons ont un cœur, composé d'un ventricule et d'une oreillette, et qui se trouve en rapport avec un système vasculaire artériel bien développé; tandis que le système vasculaire veineux est incomplet. En effet, le sang ne revient des diverses parties du corps vers l'appareil respiratoire, qu'en traversant des lacunes, ou espaces, existant entre les divers organes.

Le sang de l'Escargot n'est pas rouge comme celui des animaux supérieurs. Il est incolore, ou d'un rose à peine teinté de bleu.

Les Colimaçons ont un cerveau rudimentaire, composé d'une paire de gros ganglions, situés au-dessus de l'œsophage, en relation eux-mêmes avec une autre paire de ganglions, placée au-dessous. Leur ensemble constitue une sorte de collier. De cet anneau partent un assez grand nombre de cordons nerveux, qui se distribuent à la bouche, aux tentacules, au poumon et au cœur.

La peau du Colimaçon, dans les endroits qui ne sont pas recouverts par la coquille, est d'une grande sensibilité, car elle reçoit une notable quantité de nerfs. Le sens du tact doit donc être, chez cet animal rampant, d'une délicatesse extrême.

Les tentacules, dont la peau est si fine et si sensible, sont les organes de tact. On leur a toutefois attribué d'autres fonctions. On a considéré les tentacules antérieurs comme les organes de l'odorat. Ce qui est certain, c'est que les Colimaçons sentent fort bien les odeurs; ils sont aisément attirés par beaucoup de plantes, dont l'odeur leur plaît.

On a considéré, avons-nous dit, comme un œil, le point noir qui termine les tentacules postérieurs. Mais l'existence d'un organe visuel n'est guère admissible chez cet animal. Les Colimaçons sont, en effet, complétement insensibles aux brusques changements de lumière. Ils voyagent surtout dans l'obscurité et ne reconnaissent jamais les obstacles qu'on place devant eux.

Ajoutons que l'Escargot est dépourvu de tout organe d'audition. Le bruit ne paraît l'affecter en aucune manière, à moins qu'il ne devienne assez considérable et assez voisin de lui pour produire un mouvement d'agitation dans l'air qui l'environne.

Ainsi le Colimaçon a été bien mal partagé par la nature. Pauvre animal, tout à la fois aveugle, sourd et muet!

Les Colimaçons ont les deux sexes réunis sur le même individu : ils sont à la fois mâle et femelle.

Leurs œufs sont arrondis, assez gros et de couleur blanche. L'animal les dépose sur le sol, par petits tas irréguliers. D'autres fois, il les aligne, à la suite les uns des autres, comme les grains d'un chapelet, dans des trous qu'il creuse dans la terre, ou bien dans des excavations naturelles dont l'humidité est constante. On trouve fréquemment ces œufs dans les creux des vieux arbres, dans les fissures des murs ou des rochers.

Quand les jeunes Hélices sortent de l'œuf, elles sont déjà pourvues d'une coquille membraneuse, extrêmement mince.

Cette timide et tendre jeunesse a la conscience de sa faiblesse et de son humilité. Elle ne se hasarde guère hors du trou obscur où elle a pris naissance. Elle n'en sort que la nuit, redoutant pour ses délicats organes l'action desséchante de l'air, et surtout celle du soleil.

Cependant l'Escargot a toujours sa maison pour s'abriter. Cette maison calcaire et volutée en spirale, l'animal a cet inappréciable avantage de la transporter, sans fatigue, partout où le conduit son humeur vagabonde. Elle est légère, et quelquefois mal disproportionnée avec le corps de l'animal, qu'elle ne recouvre que dans la partie de son étendue contenant les viscères et l'appareil respiratoire.

La forme générale de la coquille de l'Escargot varie beaucoup. Certaines coquilles sont aplaties ; d'autres sont orbiculaires ou globuleuses. Il en est dont la spire est très-élancée. Les bords de l'ouverture de la coquille sont tantôt simples et tranchants, tantôt, au contraire, épais et renversés en dehors, et formant une bordure d'une grande solidité.

La spire s'enroule généralement de droite à gauche. Une

coquille d'Hélice dont la spire suit la direction inverse, c'est-
à-dire de gauche à droite, est une rareté que recherchent les
amateurs.

Le pied, au moyen duquel cet animal se déplace, est fort
épais. Il contient de petits faisceaux de fibres musculaires.
L'Escargot marche assez vite, en contractant et allongeant
successivement chacun de ses petits faisceaux musculaires,
dans la direction longitudinale, de manière à former des espèces d'ondulations.

L'Escargot habite toutes les parties de notre globe. On le
trouve en Europe, en Afrique, en Amérique, en Asie, et jusque dans l'Océanie. Il affectionne les lieux humides. Ordinairement, il se cantonne dans les trous des rochers et des
vieux murs, sous l'écorce des arbres, ou dans les cavités de
la terre. Pendant toute la belle saison, il ne se tient dans sa
retraite qu'à l'heure de la chaleur du jour, ou dans les temps
secs. Dès que la pluie vient arroser la terre, on voit les Hélices sortir et vaguer, comme elles le font pendant la nuit.
Elles vont alors à la recherche de leur nourriture. Elles che-
minent toujours en avant, laissant derrière elles une trace
argentée. Ce vestige de leur passage résulte de la dessiccation rapide de la matière muqueuse qui s'exhale sans cesse
de toutes les parties de l'animal, et surtout du pied.

L'Escargot est timide, craintif. Il marche en tâtant sans
cesse le terrain avec ses tentacules, comme fait un aveugle
avec son bâton.

Se nourrissant essentiellement de substances végétales,
d'herbes, de fruits tendres et succulents, les Hélices causent,
au printemps, de véritables dégâts dans les campagnes. Elles
sont de moins en moins voraces, à mesure que l'on approche de l'automne.

Vers la fin de cette saison, elles tombent dans un véritable état de torpeur, et se retirent dans leur retraite. Leur
corps est dès lors entièrement enfermé dans la coquille, qui
est hermétiquement clôturée par une sorte de couvercle fixe,
composé d'une substance calcaire peu abondante, cimentée
par du mucus. Cette sécrétion exsude des parties du corps
qui rentrent les dernières dans la coquille. L'animal est

ainsi solidement calfeutré pour tout l'hiver, à l'abri des ennemis. Il passe toute la mauvaise saison, sans nourriture, sans mouvement, sans air. Il dort plusieurs mois consécutifs. Bonsoir !

Pourquoi l'homme n'en peut-il faire autant? Le problème de l'existence, la question de la vie à bon marché, serait alors résolue !

Je ne m'arrête jamais sans m'abandonner à d'involontaires réflexions devant un Escargot endormi dans le silence et le froid de l'hiver. L'humble mollusque est là, oublié, inaperçu, ni mort, ni vivant, étranger à tout ce qui l'entoure ! Quel profond philosophe ! Quel puissant logicien ! Pourquoi, en effet, vivre et s'agiter quand les campagnes ont perdu leur verdoyante parure, quand les feuilles sont tombées, les bois déserts ; quand un manteau de neige couvre les champs attristés ; quand les ruisseaux ont suspendu leur cours, glacé par la froide bise. Pour renaître, pour revenir à la joie, à la contemplation de la campagne souriante, il attend le retour heureux du soleil printanier, qui doit rendre les feuilles aux bois, le ruisseau au vallon, à la nature la gaieté, le mouvement et la vie !

L'Escargot, à son réveil, est plus heureux, mieux partagé encore que la *Belle au bois dormant* des contes de Fées. Quand la jeune princesse se réveille de son sommeil centenaire, elle est triste et sérieusement affectée, par cette raison, bien puissante sur un esprit féminin, que ses robes ont passé de mode, et que tous ses ornements ont vieilli. L'Escargot, lui, n'a rien à craindre de semblable. Notre dormeur éveillé pourrait prolonger des siècles entiers son tranquille hivernage. Il retrouverait, à son réveil, ses habits, c'est-à-dire sa coquille, parfaitement de mise. C'est la même que portaient ses ancêtres, et que porteront ses arrière-neveux, dans des générations séculaires !

Les anciens avaient une estime particulière pour les Escargots. Les Romains en servaient plusieurs espèces sur leurs tables. Ils les distinguaient en catégories, suivant la délicatesse de leur chair.

Pline dit que les meilleurs étaient apportés de la Sicile, des îles Baléares et de l'île de Caprée, dernier séjour du vieux Tibère. Les plus grands venaient de l'Illyrie. Des navires se rendaient sur les côtes de la Ligurie (Italie septentrionale), pour récolter des quantités considérables d'Escargots, destinés à la table des patriciens de Rome.

Les consommateurs de Limaçons avaient établi des parcs, ou *escargotières* (*cochlearia*, Varron ; *cochlearum vivaria*, Pline) pour l'engraissement de ces animaux. On les nourrissait, dans ce but, avec diverses plantes, mêlées de son bouilli. Si l'on voulait rendre leur saveur plus agréable, on y ajoutait un peu de vin et quelques feuilles de Laurier. Ces parcs étaient des lieux humides et ombragés, entourés par un fossé ou par un mur. Pline n'a pas oublié de nous transmettre le nom de l'inventeur des *cochleariæ :* il s'appelait *Fulvius Hispinus !*

Addison a décrit avec détails une *escargotière*, qu'avaient établie à Fribourg, en Suisse, des capucins, gourmets imitateurs de l'ingénieux Romain qui vient d'être nommé !

Chez les Romains, on servait des Escargots dans les repas funéraires. Certains amas de leurs coquilles que l'on a retrouvés dans les cimetières de Pompéi, n'étaient autre chose que les restes des festins funéraires que les habitants de cette ville faisaient sur les tombes de leurs parents ou amis.

L'usage de manger les Escargots était tombé en désuétude en Europe, lorsque, au dix-septième siècle, en Angleterre, Charles Howard, dans le but de propager les Colimaçons, qui ne servaient plus guère à la nourriture de l'homme, en fit venir un grand nombre de Suisse et d'Italie. Il choisit une grande Hélice (*Helicea Varronis*. C'était bien probablement celle dont les Romains faisaient un cas tout particulier, et qu'ils allaient chercher en Illyrie. Cette Hélice, qui surpasse par son volume toutes celles d'Europe, et qui habite le district de Bagnes, dans le Valais (Suisse), constituait un aliment sain et abondant. Elle réunissait tous les avantages que les Romains trouvaient aux Colimaçons d'Illyrie. Aussi est-il presque certain que c'est à cette espèce que se rapportent les passages de Varron et de Pline.

Quoi qu'il en soit, le philanthropique Charles Howard,

ayant fait venir de Bagnes une provision de ces Colimaçons, les répandit dans ses domaines. Nos mollusques s'y trouvèrent si bien, et leur multiplication fut si rapide, que les récoltes de sir Howard furent détruites par cet essaim familier. Quelques années après, cet agriculteur repentant avait beaucoup de peine à chasser de ses terres et à détruire, comme animaux nuisibles, les dévorants pensionnaires qu'il y avait imprudemment introduits.

En diverses contrées de l'Europe moderne, on mange encore des Escargots. On en consomme beaucoup à Vienne, pendant le carême. Les provisions de ce mollusque viennent du canton d'Appenzell, en Suisse. Le commerce des Escargots est pour ce canton une précieuse ressource.

Dans toute l'Italie, le peuple se nourrit avec délices de certaines espèces d'Escargots. A Naples, par exemple, nous avons vu vendre une soupe faite avec des *Hélices némorales*. La chose se débite dans ces cuisines en plein vent qui encombrent les petites rues des environs du port, et où grouille la plus étrange population : cette population qui vit dans la rue, qui a pour chambre à coucher, pour salle à manger et pour atelier de travail le pavé du roi.

En France, les Escargots sont une véritable ressource pour les pauvres habitants des départements du Midi. Mais, dans les autres parties de la France, les Escargots n'entrent pas dans l'alimentation normale et régulière.

Tous les Escargots ne présentent pas la même chair, au point de vue culinaire. Les amateurs mettent en première ligne l'*Hélice vermiculée* (appelée à Montpellier *Mourgèta, petite religieuse*, parce que l'animal se retire profondément dans sa coquille). On regarde comme plus tendre et plus délicate l'*Hélice chagrinée* (*Helix aspersa*, appelée en Provence *tapada*, c'est-à-dire *fermée*, à cause du couvercle crétacé qui ferme sa coquille) (fig. 197).

Les Escargots sont surtout bons à manger à la fin de l'hiver, lorsqu'ils n'ont pas encore pris de nourriture. Les individus qui habitent des lieux élevés sont, dit-on, les meilleurs. On assure aussi que l'animal conserve la saveur ou le parfum des végétaux qui ont servi à sa nourriture. Voilà pourquoi, sans doute, les Limaçons de certains pays ou de certaines localités ont une réputation particulière.

Les Escargots que l'on destine à la table doivent être choisis parmi les individus parfaitement adultes, c'est-à-dire ceux dont le péristome (le bord de l'ouverture) est bien formé

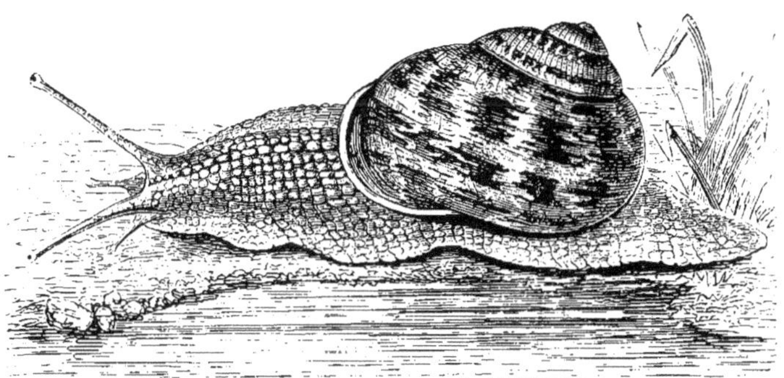

Fig. 197. Hélice chagrinée. (*Helix aspersa*. Müll.)

et bien épaissi. Chez les jeunes, cette marge se trouve mince, fragile, et se casse trop facilement pendant les manipulations culinaires. On fait ensuite jeûner ces pauvres bêtes, pendant quelques jours, pour que leur tube digestif soit complétement vide. A cet effet, on les tient emprison-

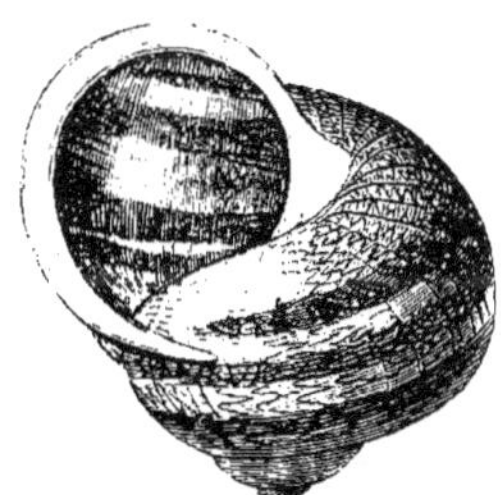

Fig. 198. Hélice chagrinée.
(*Helix aspersa*. Müll.)

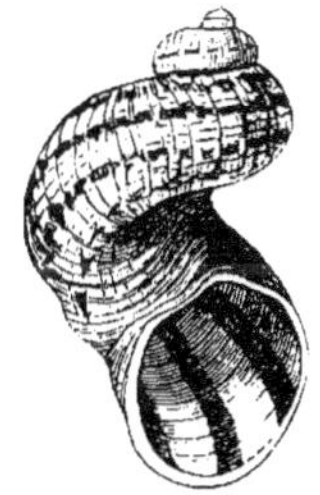

Fig. 199. Hélice chagrinée.
(*Variété scalaire.*)

nés dans de grands pots, des jarres ou des tonneaux. On les lave plusieurs fois dans de l'eau pure, ou additionnée d'un peu de vinaigre, pour leur faire rendre une partie de leur mucosité. On les cuit avec de l'eau et quelques végétaux aromatiques. On les accommode alors de diverses manières, mais presque toujours avec les assaisonnements les plus

actifs, parmi lesquels on n'épargne pas le jambon, les an-
chois, le persil, le poivre, voire même l'ail..., et l'on obtient
ainsi un mets, fort dédaigné peut-être par le délicat Parisien, mais pour lequel, en notre qualité de Languedocien,
nous professons la plus haute estime.

Dans le nord de la France et aux environs de Paris, on
rencontre communément et on mange l'*Hélice vigneronne*
(*Helix Pomatia*) (fig. 200). C'est celle qui enguirlande et décore, comme une enseigne parlante, la porte de certains
marchands de vin et petits restaurateurs de Paris, aux environs des Halles. Sa coquille est globuleuse, ventrue, assez

Fig. 200. Hélice vigneronne. (*Helix pomatia*. Lin.)

solide, marquée de stries transversales irrégulières, de couleur roussâtre, avec des bandes souvent presque effacées de
la même couleur plus foncée. L'animal est gros, d'un gris
jaunâtre, et couvert d'un grand nombre de tubercules allongés et irréguliers.

Outre l'*Hélice vigneronne*, on mange, dans le nord de la
France, selon Moquin-Tandon, les Hélices *sylvatique* et *né-
morale*; — à Montpellier, comme nous l'avons dit, les Hélices *chagrinée*, *rhodostome* et même *variable*; — à Avignon,
les Hélices *chagrinée*, *vermiculée*, *rhodostome*, *variable*, et
quelquefois l'*Hélice peson*; — dans la Provence, ces dernières
espèces, et de plus les *Hélices chagrinée* et *mélanostome*; —
à Bonifacio, l'*Hélice chagrinée*, *vermiculée*, et plus rarement

l'*Hélice rhodostome*. Dans certaines localités, on mange aussi l'*Hélice des gazons*, et dans d'autres, l'*Hélice des jardins* et l'*Hélice porphyre*[1]. Les petites espèces et les jeunes

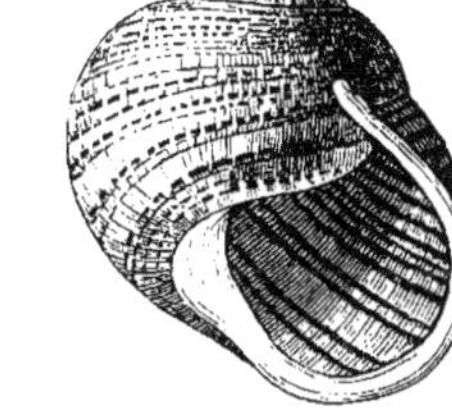

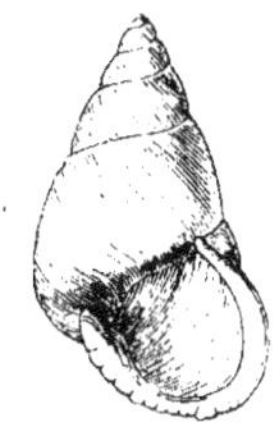

Fig. 201.
Helix Mackensii. (Adams.)

Fig. 202. Helix undulata.
(*Férussac.*)

Fig. 203. Hélice trausparente.
(*Helix translucida.* Quoy.)

individus des plus grandes sont employés dans le midi de la France pour la nourriture de la volaille.

Certaines espèces servent à la nourriture des canards.

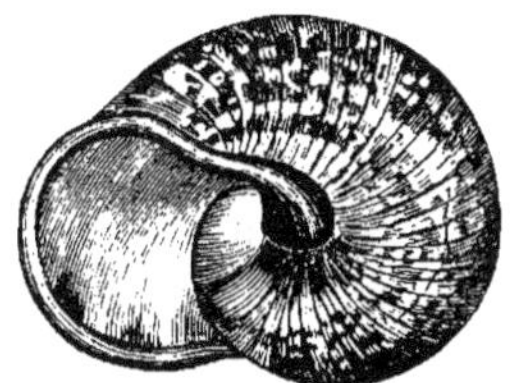

Fig. 204 et 205. Helix Waltoni. (*Reeve.*)

Ainsi, aux environs de Montpellier, on donne aux canards les *Hélices variable* et *rhodostome*. Quelques poissons, en par-

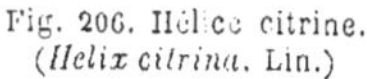

Fig. 206. Hélice citrine.
(*Helix citrina.* Lin.)

Ffg. 207.
(Helix Stuartiæ. *Sow.*)

ticulier les jeunes saumons, sont très-friands de la chair hachée des Escargots.

Le genre important dont nous faisons l'histoire contient

1. Moquin-Tandon, *Histoire naturelle des Mollusques terrestres et fluviatiles de France.* Tome II.

de très-nombreuses espèces. On a distribué ces espèces en groupes secondaires, d’après la forme de la coquille, c’est-à-dire selon que les coquilles sont *globuleuses, ventrues, planorbiformes, tuniculées,* etc. Les figures ci-dessus donneront des exemples de ces formes multiples et élégantes : *Helix Mackensii* (fig. 201), *Helix undulata* (fig. 202), *Helix translucida* (fig. 203), *Helix Waltoni* (fig. 204 et 205), *Helix citrina* (fig. 206), *Helix Stuartiæ* (fig. 207).

Nous ne terminerons pas ce chapitre sans parler de l’emploi des Escargots en médecine.

L’*Hélice vigneronne* (*Helix pomatia*) formait autrefois la base de beaucoup de médicaments émollients. On en faisait un bouillon médicinal, un mucus sucré, une gelée et un sirop. On sait que la médecine ancienne avait volontiers recours aux produits animaux, et même aux animaux entiers. Les idées modernes ont balayé la plus grande partie de ces singuliers agents thérapeutiques. Cependant l’Escargot a tenu bon, et a su résister à la défaveur universelle qui proscrit les médicaments d’origine animale.

Au commencement de ce siècle, un célèbre praticien de Montpellier, le docteur Chrestien, remit en honneur l’emploi de l’Escargot. Il l’administrait aux malades, en bouillon, ou bien cru et roulé dans du sucre en poudre.

Pendant ma jeunesse, quand j’étudiais la botanique dans le modeste jardin de l’École de pharmacie de Montpellier, je voyais venir tous les matins le chanteur Laborde, notre compatriote, qui, souffrant de la poitrine, se soumettait au régime thérapeutique des Escargots. Nous nous empressions de lui dénicher, dans les trous du vieux mur du jardin, ou sous les feuilles, des Escargots vivants. Le ténor à la voix compromise écrasait ces mollusques sur une pierre ; il les débarrassait de leur coquille, puis il les roulait dans du sucre en poudre, et avalait le tout de confiance, et sans faire la grimace. Ce n’était pas ragoûtant, mais c’était évidemment efficace, puisque, vingt ans après, Laborde tenait encore son emploi de ténor, et chantait sur les théâtres de Bruxelles et à l’Opéra de Paris, avec la plus délicieuse voix blanche qui ait jamais modulé les accents de *la Chaste Suzanne* et de *la Favorite.*

Les préparations pharmaceutiques à base d'Escargots sont loin d'être abandonnées aujourd'hui. La *pâte pectorale*, faite avec la chair de ce mollusque, additionnée de sucre et d'un mélange de gomme, est fort en usage, dans le midi de la France, contre la bronchite légère et la toux. L'*Hélice vermiculée* (*vermiculata*) est employée à la fabrication de cette pâte balsamique.

On n'est pas bien fixé encore sur la nature de la substance qui communique à l'Escargot ses propriétés émollientes. Les Limaçons contiennent un principe mucilagineux mal connu, qui ressemble à la fois à la gélatine et au mucus. On attribue généralement à cette substance les propriétés émollientes de l'Escargot. Mon cher et bon frère, Oscar Figuier, qui a fait une étude chimique des Escargots [1], a retiré de ce mol-

 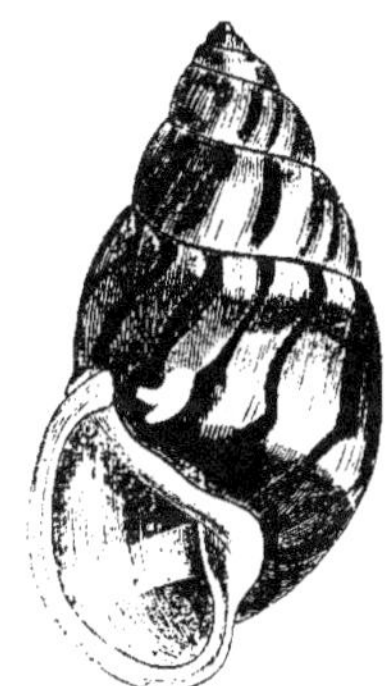

Fig. 208 et 209. Bulime sultan. (*Bulimus sultanus*. Lam.)

lusque, traité par l'éther, une huile animale odorante, sulfurée, de nature complexe, à laquelle il a donné le nom d'*hélicine*. Il voit dans cette *hélicine* le véritable principe actif de l'Escargot.

Comme appendice à l'Escargot, nous signalerons quelques genres moins connus. Tel est celui des Bulimes, dont il existe en France plusieurs espèces, les unes de petite taille, les autres de taille moyenne. Les grandes espèces de *Bulimes*

1. *Mémoire sur la composition chimique des Escargots, et sur les préparation pharmaceutiques dont ils sont la base.* Montpellier, 1840.

nous viennent du Brésil. Les figures 208 et 209 représentent deux espèces de Bulimes.

Le genre *Maillot* fournit des espèces assez communes en France. Les figures 210 et 211 représentent le *Maillot grisâtre*.

Fig. 210 et 211. Maillot grisâtre. (*Pupa uva*. Lin.)

Nous citerons encore: les *Ambrettes*, dont l'espèce typique se trouve, dans les environs de Paris, sur les herbes et les

Fig. 212. Ambrette amphibie. Fig. 213. Agathine zèbre.   Fig. 214.
(*Succinea amphibia*. Drap.) (*Achatina zebra*. Chemnitz.) *Vitrina fasciata*.
(*Succinea putris*. Lin.)   (Ed. et Soul.)

arbustes des bords des ruisseaux, et offre une coquille petite, mince, diaphane, d'un jaune de succin pâle, marquée de stries longitudinales très-serrées et très-fines (fig. 212); — les *Agathines*, grandes Hélices qui dévorent les arbres et les arbustes dans les pays chauds (fig. 213); — enfin les *Vitrines*, dont l'animal ne peut rentrer dans sa coquille, qui est très-petite et très-mince dans certaines espèces, et forme ainsi un point de transition entre les Hélices et les Limaces (fig. 214), famille que nous allons maintenant aborder.

FAMILLE DES LIMACIENS.

Les Limaciens sont des mollusques pulmonés terrestres, entièrement nus, ou à très-petite coquille.

La *Limace* est un animal dont l'aspect varie, à cause de son extrême contractilité. Observée au moment où elle rampe à la surface du sol, elle présente assez exactement la forme d'une ellipse très-allongée. La tête est à une des extrémités de cette ellipse. La surface en contact avec le sol est plate; l'autre est convexe. Vers l'extrémité antérieure, et sur le milieu du dos, une partie de la peau fait saillie. Elle est comme détachée du corps, et ornée de stries transversales, diversement contournées. On nomme cette partie la *cuirasse* ou le *bouclier*. L'animal peut cacher sa petite tête sous cette cuirasse.

La bouche est une ouverture transversale, placée en avant de la tête. Au-dessus, sont deux paires de tentacules, éminemment rétractiles, cylindriques, terminés par un petit bouton. Les tentacules inférieurs sont plus courts; les supérieurs présentent à leur sommet un point noir, que l'on considère comme un œil.

Sur le côté droit de la cuirasse, et creusée dans l'épaisseur de son bord, se trouve une ouverture, assez grande et contractile. Destinée à donner accès à l'air atmosphérique, elle aboutit dans une cavité interne, assez grande, destinée à la respiration.

L'enveloppe générale du corps est rayée de sillons bruns, et recouverte, à sa surface, d'une matière visqueuse et gluante, qui permet à l'animal de ramper sur les corps les plus lisses. Cette locomotion se fait particulièrement par la contraction successive des fibres musculaires du pied.

L'organisation intérieure du corps des Limaces présente de telles analogies avec celle que nous avons signalée dans les Escargots, que nous croyons inutile de nous y arrêter. Le goût, l'odorat, chez les Limaces, ne diffèrent que fort peu de ce qui existe dans les Hélices. Les Limaces sont, comme l'Escargot, sourdes et à peu près aveugles.

Ces rampants animaux aiment les lieux frais et humides.

Ils se logent dans les trous des vieux murs, sous les pierres, les feuilles à demi pourries, dans les anfractuosités des écorces, et même à l'intérieur de la terre. Ils ne sortent que le soir et de grand matin. Ils se montrent surtout après les pluies douces et chaudes du printemps et de l'été. Quand on se promène dans les allées d'un jardin, après une ondée printanière, on rencontre inévitablement sur sa route ces petits promeneurs, dont la rencontre n'a rien d'agréable pour les yeux.

Les Limaces sont essentiellement herbivores. Elles cherchent surtout les jeunes plantes, les fruits, les Champignons,

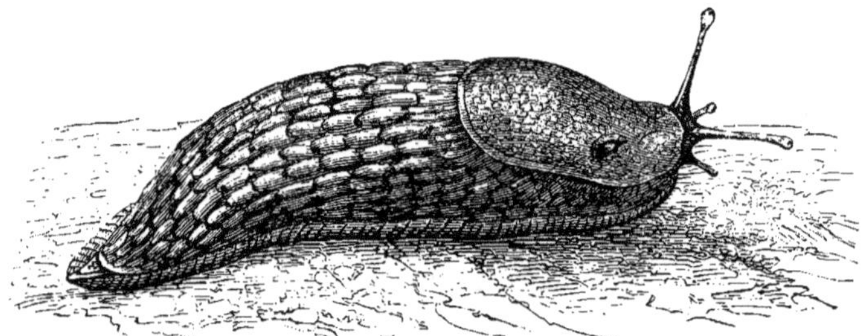

Fig. 215. Limace rouge. (*Limax rufus*. Lin.)

le bois pourri. Elles sont très-voraces, et causent de grands dégâts dans les plantations et les jardins.

Le meilleur moyen pour éloigner ou détruire ces hôtes incommodes consiste à répandre autour des jeunes plants de la cendre, du sable fin, de la paille hachée. Ces corps, sur lesquels elles ont à se traîner dans leur marche, les épuisent, en les forçant à augmenter leur sécrétion visqueuse. On conseille également de leur préparer, dans le voisinage des plantations, de petits abris en planches ou en pierres, à l'intérieur desquels les Limaces ne manquent pas de se retirer pendant les grandes chaleurs du jour. Il est facile de les surprendre dans ces retraites artificielles, et on en fait une hécatombe.

Pendant l'hiver, les Limaces, comme les Escargots, tombent dans un état complet d'engourdissement. Elles s'enfoncent pour *hiberner*, dans les excavations du sol, souvent même dans l'espèce d'*humus*, ou terre végétale, qui se forme dans le tronc des arbres vieux ou pourris.

On connaît une trentaine d'espèces de Limaces. Quelques-unes se font remarquer par leur coloration assez tranchée. Nous citerons seulement quelques espèces propres à nos climats.

La *Limace rouge* (fig. 215), qui est commune dans les bois, est connue de tout le monde, par sa grande taille et sa couleur d'un rouge vermillon. Elle est répandue dans toute l'Europe, depuis la Norvége jusqu'en Espagne.

La *grande Limace grise*, souvent tachetée ou rayée de noir, habite les forêts sombres. On la trouve aussi dans les caves des maisons et dans les cavités basses et humides. Ces visqueux animaux sont amateurs de l'ombre et de l'humidité.

La *Limace des jardins* a le corps de couleur en général noir foncé, avec des bandes longitudinales grisâtres sur le bouclier. Elle est très-commune aux environs de Paris.

La *Limace agreste* est une très-petite espèce, ordinairement toute grise, avec de petites lignes noirâtres. Elle rejette par toute la peau une grande quantité de viscosité à l'aide de laquelle elle se suspend quelquefois à l'extrémité des branches des arbres. Quoique de très-petite taille, cette espèce fait énormément de tort à l'agriculture. Elle pullule dans les jardins et dans les champs.

A côté des Limaces qui sont privées de coquilles, se placent les *Testacelles* (fig. 216), qui sont pourvues d'une très-

Fig. 216. Testacelle ormier. (*Testacella haliotidea.* Draparnaud.)

petite coquille, placée à l'extrémité postérieure du corps, au-dessus de la cavité pulmonaire.

Cette coquille prend un peu plus d'importance dans les *Vitrines* dont nous avons parlé plus haut. Nous avons déjà dit que les *Vitrines* forment un des points de transition des *Limaciens* aux *Colimacés*.

Au reste, le passage des Limaciens entièrement dépourvus
de coquilles, aux Limaciens munis d'une coquille extérieure
très-petite, comme celle des *Testacelles*, a été nettement in-
diqué par la nature. La *Limace rouge*, dont nous avons parlé
plus haut et que quelques auteurs décorent d'un nom générique (*Arion*), présente, sous la partie postérieure de la
cuirasse, des granulations calcaires, inégales, isolées, qui
sont pour ainsi dire les éléments encore internes d'une coquille sur le point d'être bâtie. Dans ce même genre *Arion*,
d'autres espèces offrent sous la cuirasse une petite écaille
imparfaite, rugueuse, et qui semble produite par l'agrégation d'un grand nombre de ces granulations calcaires qui se
montraient isolées chez la Limace rouge. Viennent maintenant la *Testacelle*, la *Vitrine*, l'*Hélice*, et nous serons au terme des essais, des transformations, des perfectionnements
successifs auxquels la nature semble s'être livrée en créant,
pour son usage, l'industrie coquillière.

FAMILLE DES LIMNÉENS.

Les Limnéens sont des *gastéropodes pulmonés aquatiques*.
Nous avons déjà dit que les animaux appartenant à ce groupe
sont forcés de venir respirer à la surface de l'eau, comme le
font les Phoques et les Dauphins, parmi les mammifères.
Les *Limnées*, les *Physes*, les *Planorbes* sont les membres
principaux de cette petite famille.

Les *Limnées* vivent en grand nombre dans les eaux dormantes de tous les pays, particulièrement des pays tempé-
rés. Elles ne peuvent rester longtemps sous l'eau, car, respi-
rant l'air atmosphérique, elles sont obligées de remonter
souvent à sa surface. On les voit même, par un mécanisme
encore peu expliqué, se renverser à fleur d'eau, de manière
à présenter en haut la surface inférieure de leur pied, et à
se mouvoir lentement dans cette position, en rampant au
sein de l'eau. Il est difficile de comprendre comment la couche liquide, très-mobile, sur laquelle l'animal agit, peut
offrir assez de résistance pour permettre d'y ramper, comme
sur un corps solide et résistant. L'animal produit ce mou-

vement à l'aide d'un pied, large et assez épais, plus court que la coquille.

La *Limnée* (fig. 217) est pourvue d'une tête large et aplatie, de chaque côté de laquelle s'élève un tentacule triangulaire, contractile; portant à sa base et au côté interne un œil extrêmement petit. La partie la plus considérable du corps comprenant la masse viscérale est tournée en spirale et contenue dans une coquille mince, diaphane, dont les tours des spires sont généralement allongés et le dernier plus grand que tous les autres. L'intérieur de celui-ci est occupé par la cavité respiratoire, qui communique avec le dehors, par une ouverture, comparable à celle qui existe dans les Hélices et dans les Limaces. Cette ouverture peut se dilater et se contracter, de manière à recevoir l'air dans la cavité respiratoire, et à empêcher l'eau d'y avoir accès, lorsque l'animal cherche sa nourriture au-dessous de la surface du milieu aquatique qui lui est propre. La bouche se présente sous la forme d'une fente transverse, entre deux lèvres peu épaisses, et des petites dents canines. Elle a l'aspect d'une trompe courte, si l'animal la fait saillir. Dans son intérieur, on voit un tubercule arrondi, épais, charnu, semblable à la langue d'un perroquet. La véritable

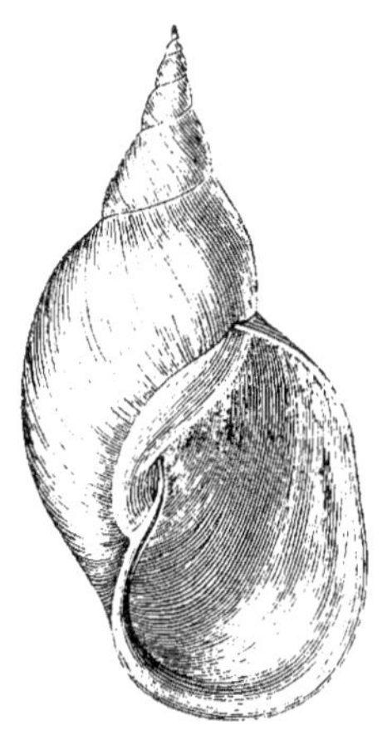

Fig. 217. Limnée des étangs.
(*Limnea stagnalis.* Lin.)

langue, qui occupe le fond de l'excavation, est aplatie, ovalaire, et supportée par un pédicule cartilagineux ou osseux.

C'est à l'aide de cet appareil buccal, assez compliqué, que les Limnées se nourrissent de substances végétales, particulièrement de feuilles aquatiques, qu'elles coupent et broient avec leurs dents. Elles sont très-actives dans la belle saison. Elles se reproduisent à la fin du printemps.

On trouve souvent à cette époque, adhérant aux corps flottants des rivières, de petites masses ovalaires, ou semicylindriques, glaireuses et transparentes comme du cristal : ce sont des agglomérations d'œufs de Limnées.

Dès que l'hiver arrive, les Limnées de nos climats tombent dans une sorte de torpeur, et s'enfoncent plus ou moins profondément, dans la vase du fond des étangs, des marais, des rivières ou des ruisseaux qu'elles habitent.

Ces mollusques ne sont, du reste, d'aucune utilité à l'espèce humaine. Ils servent à la nourriture des oiseaux aquatiques, et des poissons, qui en font une grande destruction.

Les *Planorbes* ont une organisation analogue à celle des Limnées, dont ils sont les compagnons fidèles, dans les eaux dormantes. Leur coquille est mince, légère, en forme de

Fig. 218. Planorbe corné. (*Planorbis corneus*. Lin.)

disque, enroulée dans le même plan, de manière à rendre tous les tours de spire visibles en dessus comme en dessous, concave des deux côtés, à ouverture ovalaire, oblongue, sans opercule.

L'animal est conformé comme sa coquille. La masse viscérale forme un cône très-allongé, qui s'enroule absolument comme les tours de spire de la coquille.

Le pied, ou la masse locomotrice abdominale, est court et à peu près arrondi. La tête, assez distincte, est pourvue de deux tentacules filiformes très-longs, contractiles, offrant à leur base et au côté interne un petit organe qui ressemble à un œuf. La bouche est armée supérieurement d'une dent en croissant, et inférieurement d'une langue, hérissée d'un grand nombre de petits crochets.

Les mœurs et les habitudes des Planorbes sont semblables à celles des Limnées. Ces petits mollusques d'eau douce rampent, comme les Limnées, à la surface des corps solides, aussi bien qu'à la surface de l'eau, le pied en haut et la coquille en bas. Ils se nourrissent également de substances végétales. Leurs œufs sont, comme ceux des Limnées, réunis en une masse gélatineuse.

Le Planorbe passe l'hiver dans la torpeur et l'engourdissement, enfoncé dans la vase des cours d'eau.

La plus grande espèce du genre est le *Planorbe corné*, si commun dans les rivières aux environs de Paris (fig. 218).

Les *Physes* (fig. 219) ont la coquille ovale, oblongue ou presque globuleuse, très-mince, très-fragile, lisse, à ouverture longitudinale rétrécie supérieurement, avec le bord droit tranchant et le dernier tour plus grand que tous les autres.

Fig. 219.
Physe marron.
(*Physa castanea.*
Lam.)

L'animal paraît intermédiaire par sa forme entre celle des Planorbes et des Limnées. Il est de forme ovale et enroulé comme celui des Limnées, mais ses tentacules, au lieu d'être triangulaires et épais, comme ceux des Limnées, sont allongés et étroits comme ceux des Planorbes.

Ces petits habitants des eaux douces nagent avec facilité, le pied en haut, la coquille en bas, comme les Limnées. Ils se nourrissent de végétaux, comme ces derniers mollusques.

GASTÉROPODES NON PULMONÉS.

Nous arrivons au groupe, beaucoup plus nombreux en espèces et en types, des Gastéropodes, *qui respirent à l'aide de branchies.*

Cuvier les divisait en plusieurs ordres, basés principalement sur la considération de leurs organes respiratoires. Ces ordres sont assez nombreux, mais nous nous bornerons à décrire les curieux coquillages appartenant aux groupes des *Tectibranches*, des *Pectinibranches* et des *Cyclobranches.*

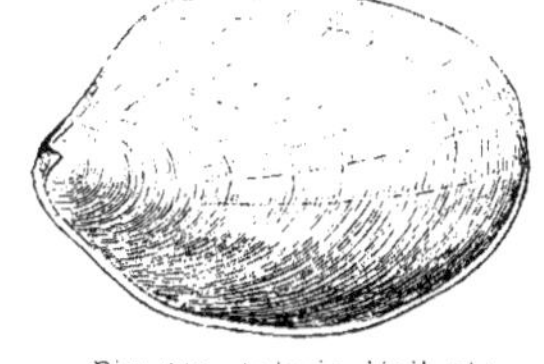

Fig. 220. Aplysie dépilante.
(*Aplysia depilans.* Lin.)

Gastéropodes tectibranches. — Ces mollusques ont les branchies attachées le long du côté droit du corps ou sur le dos, disposées en forme de feuillets plus ou moins divisés, mais non symétriques, et presque recouvertes par le manteau.

Les *Aplysies* et les *Bulles* sont les deux genres principaux de ce groupe, et peuvent être considérées comme les types de deux petites familles.

Les *Aplysies* étaient connues chez les anciens sous le nom de *Lepus marinus* (*Lièvres de mer*). Elles inspiraient jadis une horreur profonde, soit à cause de leur forme singulière, soit à cause du liquide âcre, caustique et de mauvaise odeur qu'elles sécrètent. On leur attribuait même une influence magique, par exemple celle d'agir sur le cœur des femmes, d'influencer leurs déterminations. On ne s'explique guère ce mauvais renom donné par la superstition des anciens à des animaux qui ne sont que doux et timides.

Les *Aplysies* sont nues et assez grosses. Elles ressemblent aux Limaces, par leur forme ovalaire allongée, leur épaisseur à la partie dorsale, et leur terminaison en pointe pos-

Fig. 221. *Aplysia inca.* (D'Orbigny.)   Fig. 222. Coquille de l'*Aplysia inca.*

térieurement. Leur tête, peu distincte, est munie de quatre tentacules, dont les antérieurs sont les plus grands et ressemblent assez aux oreilles du Lièvre. Les yeux se trouvent à la base des tentacules postérieurs. On reconnaît ces caractères dans l'*Aplysie dépilante* (fig. 220).

L'*Aplysia inca* montre aussi les dispositions de ce type (fig. 221). Dans cette famille le mollusque a bien plus d'importance par son volume que par sa coquille interne, rudimentaire et cornée, qui est contenue dans l'écusson branchial.

On voit dans la figure 222 la petite coquille cartilagineuse et mince qui existe à l'intérieur de l'animal.

Les *Aplysies* vivent dans presque toutes les régions du globe, non-seulement sur les côtes du continent, mais encore sur le rivage des îles. Elles habitent ordinairement les plages peu profondes, vaseuses ou sableuses, ou bien se tiennent dans les anfractuosités des rochers, sous l'abri que forment les pierres tombées des falaises. Leurs œufs constituent de longs filaments, qui se déroulent en nombre immense. Les pêcheurs les nomment *Vermicelle de mer*.

Les *Aplysies* se nourrissent particulièrement des Algues qui couvrent les plages basses de la mer; mais elles mangent aussi de petits animaux marins, tels que mollusques nus, annélides et crustacés.

On s'étonne moins de voir les Aplysies si gloutonnes quand on sait combien la nature leur a libéralement accordé les appareils de mastication, de trituration et de digestion. Leur bouche est formée de lèvres épaisses et musculeuses. Un œsophage assez long lui succède, et cet œsophage ne communique point avec un estomac seulement, mais bien avec *quatre estomacs!* Il y a un jabot énorme, membraneux, un gésier très-musculeux, et deux poches accessoires, dont l'une se termine en forme de sac. Le gésier, à parois épaisses, est muni, sur sa paroi interne, de pyramides cartilagineuses quadrangulaires, dont les sommets s'entre-croisent. Cet appareil est destiné à broyer les aliments avant qu'ils arrivent dans le troisième estomac. Encore celui-ci est-il armé de petits crochets, dont la courbure est dirigée vers l'entrée du gésier.

Les *Bulles*, bien différentes en cela des *Aplysies*, ont une coquille très-développée. Leur forme élégante, leur structure délicate, leurs brillantes couleurs (des bandes rouges, noires ou blanches, séparées par des espaces de teintes variées) font rechercher ces petits mollusques pour l'ornement des collections.

Leur coquille est ovale, globuleuse, enroulée, lisse, tachetée, mince, fragile, à spire concave, ombiliquée, ouverte dans toute sa longueur, à bord droit, évasé et tranchant.

L'animal, obtus à ses deux extrémités, est pourvu d'une tête peu distincte, et sans tentacules apparents. Ses branchies sont placées sur le dos, un peu à droite et en arrière. Son estomac, qui remplit à lui seul une grande partie de la cavité du corps, présente cette particularité, que nous avons signalée déjà dans l'Aplysie, d'être armé de pièces osseuses, destinées à broyer les aliments.

Les Bulles peuvent nager en pleine eau. Cependant elles se tiennent le plus souvent sur les fonds sableux, et se nourrissent de petits mollusques à coquilles. On les trouve dans toutes les mers, mais surtout dans celles de l'Inde et de l'Océanie. Quelques espèces habitent les mers d'Europe, telles sont : la *Bulle ampoule* (*Bulla ampulla*, fig. 223 et 224), à co-

Fig. 223 et 224. Bulle ampoule. (*Bulla ampulla*. Lin.)

quille nuancée de gris et de brun ; la *Goutte d'eau* (*Bulla hydatida*), la *Bulle fasciée*, etc.

Nous représentons sur les figures 225, 226 et 227 les *Bulla oblonga, aspersa, nebulosa.*

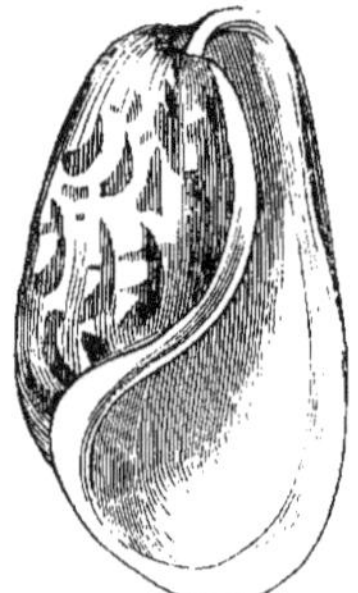
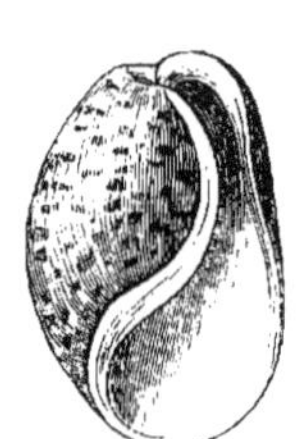
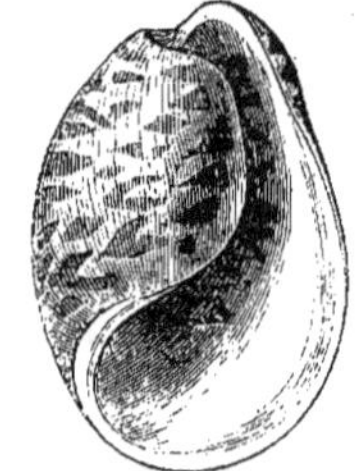

Fig. 225. *Bulla oblonga.*   Fig. 226. *Bulla aspersa.*   Fig. 227. *Bulla nebulosa.*
(Adams.)   (Adams.)   (Gould.)

Gastéropodes pectinibranches. — Ces mollusques ont les branchies composées de nombreux feuillets découpés en dents de peigne, attachées, sur une ou plusieurs lignes, à la partie supérieure de la cavité respiratoire. Ils constituent l'ordre le plus nombreux de la classe des Mollusques Cépha-

lés, car ils comprennent presque toutes les coquilles univalves, roulées en spirale, et plusieurs coquilles simplement
coniques.

Les *Pectinibranches* habitent les eaux de la mer, celles des
fleuves et des étangs, et sont de toutes les tailles. Les espèces
que nous aurons à mentionner appartiennent à la famille
des *Trochoïdes* et à celle des *Buccinoïdes*.

FAMILLE DES TROCHOÏDES.

C'est à cette famille qu'on rapporte les *Toupies* ou *Troques*,
les *Sabots* et les *Janthines*.

Les *Troques* habitent toutes les mers. Ils se trouvent à peu
de distance des rivages, dans les anfractuosités des rochers,
et dans les lieux où croissent beaucoup de plantes marines.
Leur coquille, épaisse, nacrée à l'intérieur, est remarquable
par la beauté et la diversité de ses couleurs. Généralement
lisse, son grand tour est quelquefois bordé d'une série d'é-
pines régulières. Elle est conique, à spire plus ou moins
élevée, élargie, anguleuse à la base, à ouverture entière,
déprimée transversalement, et à bords désunis dans la partie
supérieure.

L'animal qui habite cette coquille est contourné en spirale. Sa tête est munie de deux tentacules coniques, ayant
à leur base des yeux portés sur un pédoncule. Son pied est
court, arrondi à ses deux extrémités, bordé ou frangé dans
son contour, et muni d'un opercule corné, circulaire et régulièrement spiré.

On divise les Troques en nombreux sous-genres; nous en
citerons quelques-uns:

Les *Troques proprement dits*, renfermant le *Troque dilaté*
(fig. 228) et le *Troque cardinal* (fig. 229).

Les *Tectaires* (*tectaria*), comprenant le *Troque à fausses côtes*
(fig. 230), dont la coquille, d'un jaune verdâtre, se trouve
dans les mers d'Amérique.

Le *Troque de Cook* (*Trochus Cookii*, fig. 231), d'un brun roussâtre, propre aux mers de la Nouvelle-Hollande.

Le *Troque imbriqué* des Antilles, de couleur blanche, etc.,
etc. (*Trochus imbricatus*, fig. 232).

Les *Fripières* (*Phorus*), qui ont pour type une espèce de l'Océan des Antilles vulgairement connue sous le nom de *Maçonne* ou *Troque agglutinant* (fig. 233 et 234). Cette espèce est tout à fait singulière par la faculté qu'elle a de ramasser sur le dos de sa coquille, à mesure qu'elle s'accroît, les corps mobiles, quelquefois assez gros, qui se trouvent à sa

Fig. 228. Troque dilaté.
(*Trochus niloticus*. Lin.)

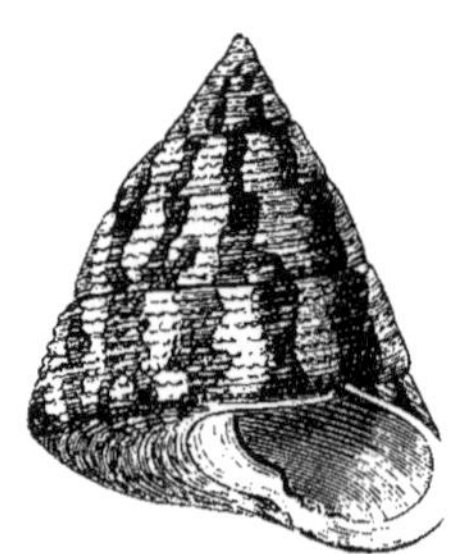

Fig. 229. Troque cardinal
(*Trochus virgatus*. Gmel.)

portée, tels que des petits cailloux, des tiges de plantes, des fragments de coquilles univalves ou bivalves, etc. : de là son nom de *Maçonne*.

Les *Roulettes* (*Rotella*), de l'océan Indien, dont la coquille

Fig. 230. Troque à fausses côtes.
(*Trochus inermis*. Gmel.)

Fig. 231. Troque de Cook.
(*Trochus Cookii*. Chemnitz.)

offre les plus vives couleurs, forment un genre peu nombreux.

Les *Éperons*, dont les types sont : le *Troque étoile*, ou *Troque stellaire* des mers australes, dont les tours de spire de la coquille sont hérissés d'épines radiées (fig. 236 et 237); le *Troque impérial*, vulgairement l'*Éperon royal;* l'*Éperon de la Nouvelle-Zélande*, dont les tours de spire sont sculptés de sillons décurrents et hérissés d'écailles imbriquées qui débordent la circonférence de la coquille, et lui donnent une

Fig. 232. Troque imbriqué.
(*Trochus imbricatus.*)
(Gmel.)

Fig. **233.** Troque agglutinant.
(*Trochus agglutinans.* Lam.)
(*Phorus Conchyliophorus.* Born.)

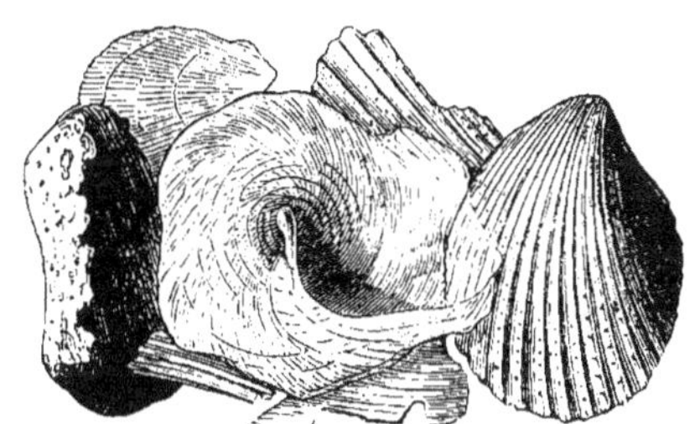

Fig. 234. Troque agglutinant. (*Trochus agglutinans.* Lam.)
(*Phorus Conchyliophorus.* Born.)

Fig. 235.
Rotella Zelandica.
(Chenu.)

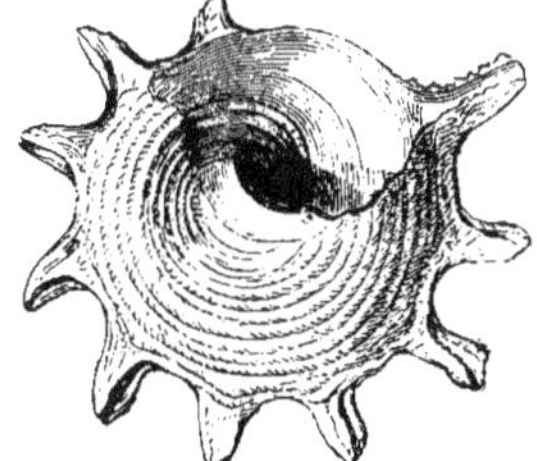

Fig. 236. Troque étoile.
(*Trochus stella.* Lam.)

Fig. 237. Troque stellaire.
(*Trochus stellars.* Gmel.)

forme radiée. Cette dernière espèce, d'un brun violacé en dessus, blanche en dessous, est encore rare dans les collections.

A côté des *Troques* se rangent les *Cadrans* (*Solarium*), jolies coquilles marines, que l'on reconnaît aisément à leur ombilic profond, évasé en entonnoir, et dans l'intérieur du-

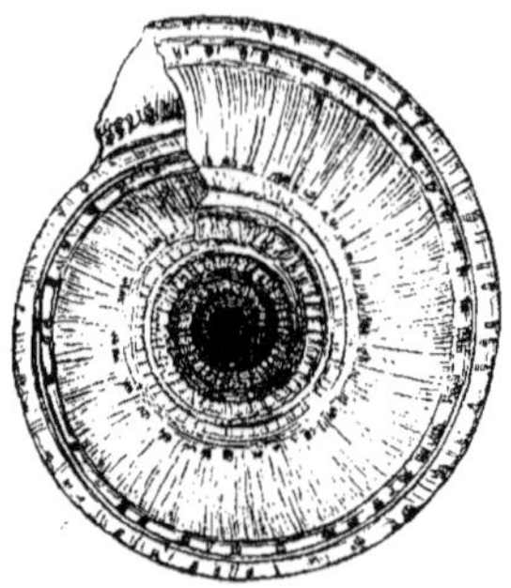
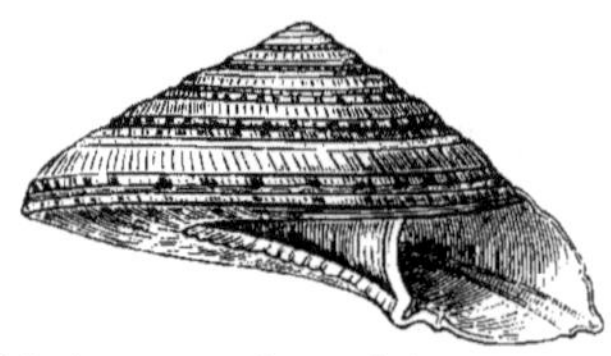

Fig. 238 et 239. Cadran strié. (*Solarium perspectivum.* Lin.)

quel on aperçoit les petites dents crénelées, qui suivent tout le bord des tours de la spire, jusqu'au sommet.

On trouve dans la plupart des collections le *Cadran strié* (fig. 238 et 239), dont le diamètre est de deux pouces et demi, et qui vient de la mer des Indes.

Fig. 240.
Cadran bigarré.
Solarium variegatum.
(Lam.)

Le *Cadran bigarré*, vulgairement connu sous le nom de *Cadran de la Nouvelle-Hollande*, est varié tant au-dessus qu'au-dessous, de blanc et de roussâtre (fig. 240).

Le *Cadran treillissé* n'a que dix lignes de diamètre et vient des côtes de Tranquebar.

Les *Sabots* (*Turbo*) ne se distinguent que très-peu des Toupies. Ils vivent dans toutes les mers, et habitent les rochers battus par les vagues. On en connaît plus de cinquante espèces. Les unes sont d'assez grande taille, les autres très-petites.

Le *Sabot bariolé* de l'océan Indien (*Turbo margaritaceus*) présente une coquille assez grosse, épaisse, pesante, ventrue, profondément sillonnée. Sa couleur est jaune ou roussâtre et elle est marquée de taches brunes carrées (fig. 241).

On voit sur la figure 242 le *Sabot bouche d'argent* (*Turbo argyrostomus*), et sur la figure 243 le *Sabot marbré* (*Turbo marmoratus*).

Ce dernier offre la plus grande coquille du genre. Elle est marbrée de vert, de blanc et de brun en dehors, et superbement nacrée en dedans.

Fig. 241. Turbo bariolé.
(*Turbo margaritaceus*. Lin.)

Fig. 242. Turbo bouche d'argent.
(*Turbo argyrostomus*. Lin.)

Le *Sabot bouche d'or* est ainsi nommé parce que sa nacre est d'un beau jaune d'or.

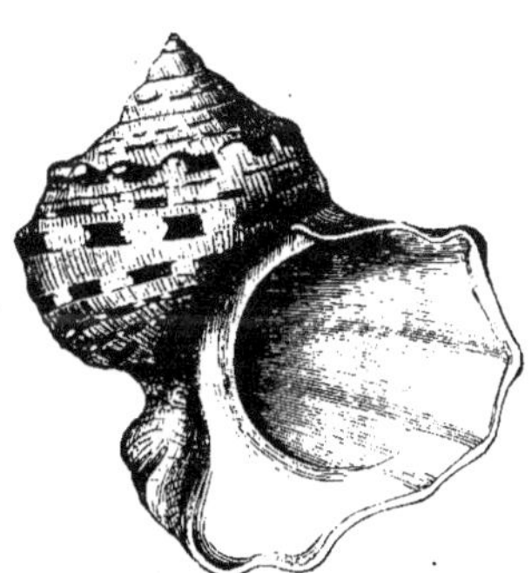

Fig. 243. Turbo marbré.
(*Turbo marmoratus*. Lin.)

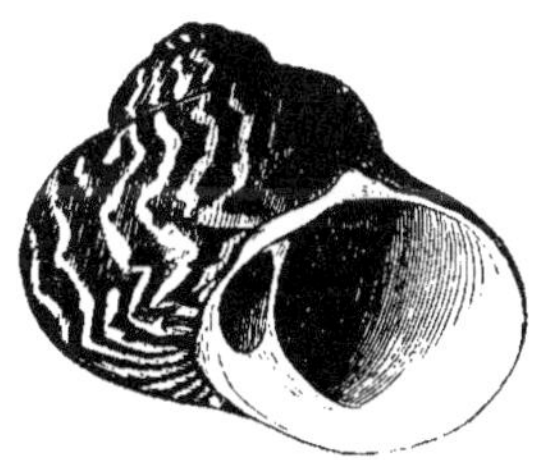

Fig. 244. Turbo ondulé.
(*Turbo undulatus*. Chemn.)

Le *Sabot ondulé* (*Turbo undulatus*, fig. 244) est connu vulgairement sous le nom de *Peau de serpent de la Nouvelle-Hollande*. En effet, sa coquille est blanche et ornée de taches longitudinales flexueuses vertes ou d'un vert violacé.

Le *Sabot impérial* (fig. 245) présente une coquille de couleur verte en dehors, brillamment nacrée en dedans. On le connaît vulgairement sous le nom de *Perroquet*. Il vit dans les mers de la Chine.

Le *Sabot littoral*, ou *Turbo littorali* de Linné, présente une coquille assez petite, ovale, épaisse, striée, d'un brun cen-

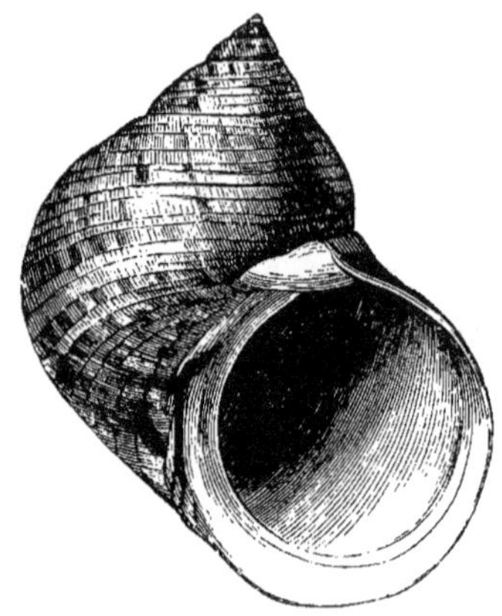

Fig. 245. Turbo impérial. (*Turbo imperialis.* Gmel.)

dré, quelquefois d'un noir assez foncé ou marquée de lignes brunes. On lui donne maintenant le nom de Littorine.

Le Sabot qu'on trouve dans les mers du Nord, dans la Manche et sur les côtes de l'Océan et qui se nomme vulgairement *Vignot* ou *Guignette*, appartient à cette espèce. On en mange l'animal dans presque tous les ports de mer.

On a rapproché des *Sabots* et des *Troques*, les *Monodontes*, les *Dauphinules* et les *Turritelles*.

Les *Monodontes* sont d'élégantes coquilles marines, propres surtout aux mers des pays chauds: citons la *Monodonte australe* (fig. 246), et la *Monodonte double bouche* (fig. 247). Une espèce de petite taille, à coquille brune, tachetée de blanchâtre, se trouve très-abondamment sur nos côtes: c'est la *Monodonte canaliculée*.

On ne connaît qu'un petit nombre de *Dauphinules* vivantes.

Elles sont propres aux mers de l'Inde et sont remarquables
par la forme et les aspérités de leur coquille. Nous figurons

Fig. 246. Monodonte
australe.
Monodonta australis.
(Lam.)

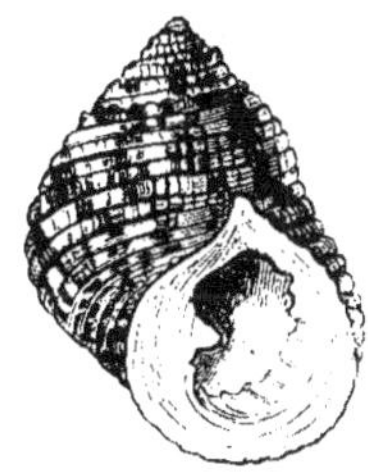

Fig. 247. Monodonte
double bouche.
Monodonta labio.
(Lam.)

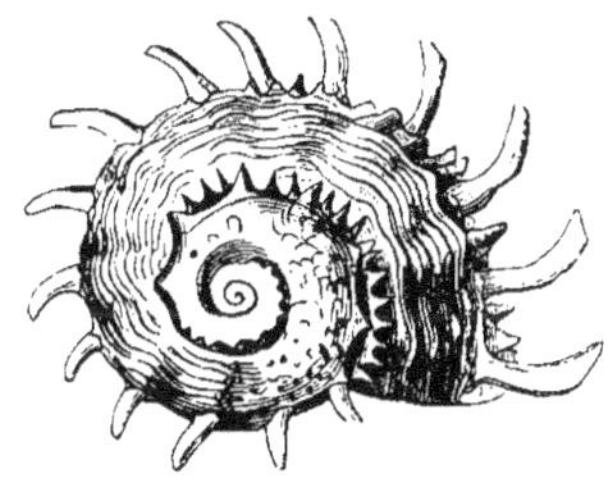

Fig. 248.
Delphinula sphærula.
(Kiener.)

comme type des Dauphinules, la *Delphinula sphærula* (fig. 248).
Les espèces vivantes de *Turritelles* habitent, au contraire,
toutes les mers. Une des espèces les plus remarquables, la

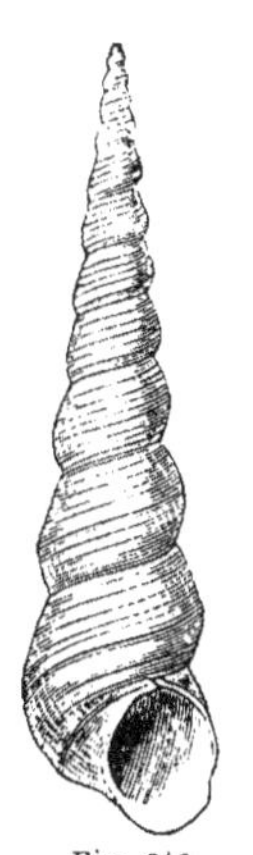

Fig. 249.
Turritelle torse.
Turritella replicata. (Lin.)

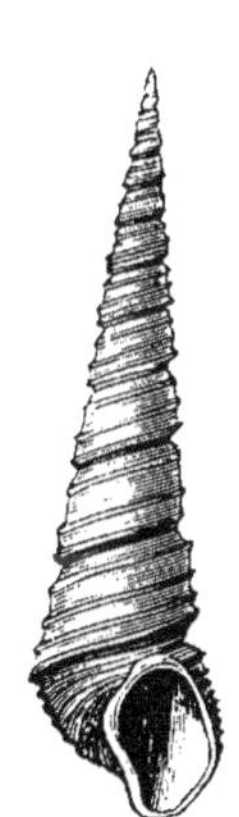

Fig. 250.
Turritella angulata.
(Sow.)

Fig. 251.
Turritella sanguinea.
(Reeve.)

Turritella replicata (fig. 249), est vulgairement connue sous
le nom de *Vis de pressoir*, à cause de sa forme.

Toutes ces coquilles, comme leur nom l'indique, présentent l'apparence d'une tour. C'est ce qui ressort de la simple

inspection des figures 250, 251, 252 et 253, qui représentent les *Turritella angulata, sanguinea, goniostoma* et *terebellata*.

L'attention des observateurs a été depuis longtemps appelée

Fig. 252. *Turritella goniostoma.*
(Valenciennes.)

Fig. 253. Turritelle tarière.
(*Turritella terebellata.* Lam.)

sur le curieux mollusque connu sous le nom de *Janthine*. Son corps est globuleux, et se continue en avant, sans se ré-

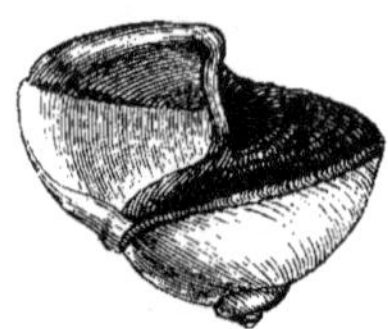

Fig. 254.
Janthine commune.
(*Janthina communis.*
(Lam.)

trécir, pour former la tête, qui est grosse, prolongée en trompe, terminée par une fente buccale, garnie de plaques cornées, et couverte de petits crochets. Deux tentacules coniques, peu contractiles, très-distincts, portent chacun à leur base externe un pédoncule assez long. Le pied est ovale, court, divisé en deux parties, l'antérieure concave et en forme de ventouse, la postérieure aplatie et charnue. C'est ce pied qui porte une masse vésiculeuse et comme spumeuse, qui fait le principal caractère de ce joli mollusque. Il est constitué par un grand nombre de vésicules qui servent à la natation et soutiennent l'animal

à la surface de l'eau. La coquille est légère, transparente,
violacée et assez semblable à celle des hélices.

Les *Janthines* habitent les hautes mers et forment souvent
des bancs de plusieurs lieues.

MM. Quoy et Gaimard ont vu des légions de Janthines entraînées par le courant. Ils ont navigué pendant plusieurs
jours parmi ces tribus errantes. Ces êtres délicats seraient
inévitablement le jouet des tempêtes, si, en rentrant leur
tête dans la coquille, et en contractant leurs vésicules natatoires, ils ne diminuaient de volume, et, la pesanteur aidant,
ne se laissaient tomber doucement au fond de l'eau.

On prétend qu'à l'approche du danger la *Janthine* répand
une liqueur d'un rouge sombre ou violacé, qui, troublant
l'eau, lui permet de se dérober à l'ennemi.

FAMILLE DES BUCCINOÏDES.

Cette famille renferme un nombre immense de mollusques
presque exclusivement marins, parmi lesquels on compte
les beaux genres des *Cônes*, des *Porcelaines*, des *Olives*, des
Buccins, des *Casques*, des *Vis*, des *Rochers*, que nous allons
successivement passer en revue.

GENRE CÔNE.

Peu de genres de mollusques sont aussi nombreux et aussi
riches en espèces que celui des *Cônes*. Ils sont très-recherchés dans les collections. C'est parmi les Cônes que l'on rencontre aujourd'hui le plus grand nombre de coquilles d'une
grande rareté et d'un haut prix. C'est que les coquilles appartenaut à ce groupe présentent une uniformité remarquable dans les formes, en même temps que des couleurs
très-belles et très-variées.

La coquille des Cônes est épaisse, solide, turbinée, conique, enroulée sur elle-même, à spire généralement courte, et
dont le dernier tour constitue à lui seul la plus grande partie
de la surface de la coquille. L'ouverture est presque aussi longue que la coquille elle-même, car elle occupe toute la hauteur
du dernier tour. Elle est toujours étroite; ses bords sont pa-

rallèles. La columnelle ne présente ni plis ni courbures. Le bord droit est simple, tranchant, mince, détaché de l'avant-dernier tour spiral, par une échancrure plus ou moins profonde.

L'animal qui habite la coquille des Cônes, rampe sur un pied allongé, étroit, peu épais, tronqué en avant, muni, en arrière, d'un opercule corné, rudimentaire, insuffisant pour fermer l'ouverture. La tête, qui est assez grosse, s'allonge en un petit mufle, à la base duquel s'élève, de chaque côté, un tentacule conique, portant un œil sur son extrémité antérieure et externe. A l'extrémité du petit mufle se trouve la bouche, qui est armée, en dedans, de nombreux crochets cornés, insérés sur la langue. Un siphon cylindrique, qui se renverse sur la coquille, est destiné à porter l'eau sur les branchies.

Les Cônes habitent les mers des pays chauds, surtout celles qui s'étendent entre les tropiques. Ils se tiennent près des côtes sablonneuses, à la profondeur de dix à douze brasses.

Parmi les espèces à spire couronnée, nous citerons le *Cône cedonulli*, dont on connaît plusieurs variétés qui habitent les mers de l'Amérique méridionale et des Antilles. De toutes les espèces du genre, c'est la plus recherchée, la plus précieuse à cause de sa rareté et de sa beauté.

Le *Cône hébraïque*, qui vient des mers d'Asie, d'Afrique et d'Amérique, est assez commun. Il est blanc, avec des taches noires à peu près carrées, disposées par bandes transversales.

Le *Cône impérial* (fig. 255), très-belle espèce de couleur blanche, avec des bandes d'un fauve verdâtre ou jaunâtre, est orné de cordelettes transverses linéaires articulées de blanc et de brun.

Le *Cône brocard* (*Conus geographus*, fig. 256), l'une des plus grandes espèces du genre, puisqu'elle atteint jusqu'à 16 centimètres de long, est nuancée de blanc et de brun.

Parmi les espèces coniques à spire non couronnée, nous citerons : le *Cône mosaïque* (*Conus tessellatus*, fig. 257), commun dans la mer des Indes. Sa partie antérieure est violacée à l'intérieur ; les taches dont elle est entourée sont d'un beau rouge d'écarlate ou souci, ou enfin couleur de minium sur un fond blanc.

Le *Cône amiral* habite les mers qui baignent les îles Moluques. Sa coquille, d'un brun citron, est marquée de ta-

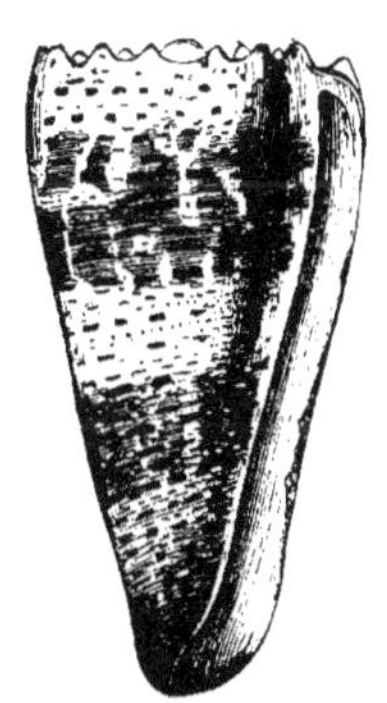

Fig. 255. Cône impérial.
(*Conus imperialis.* Lin.)

Fig. 256. Cône brocard.
(*Conus geographus.* Lin.)

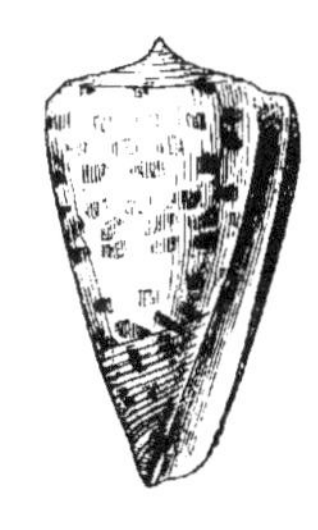

Fig. 257. Cône mosaïque
(*Conus tessellatus.* Born.)

ches blanches, presque triangulaires, et de bandes fauves, peintes en réseau très-fin. Cette espèce a été et est encore

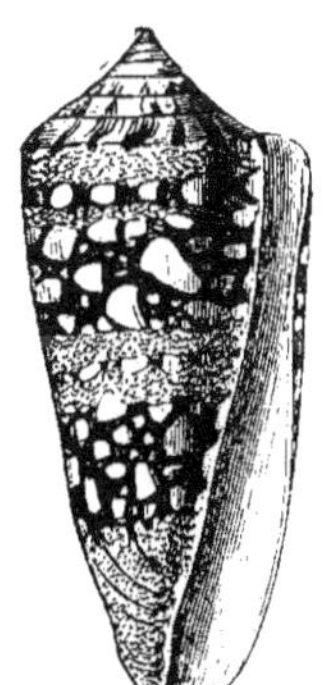

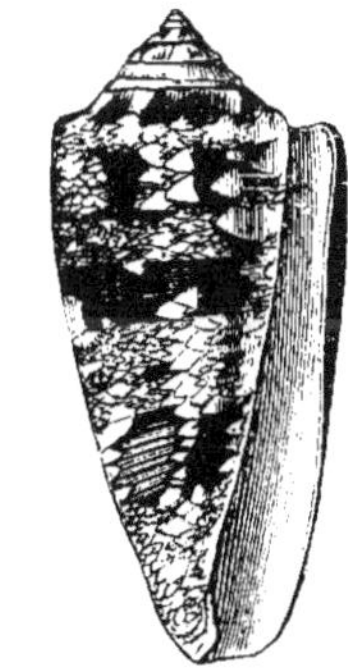

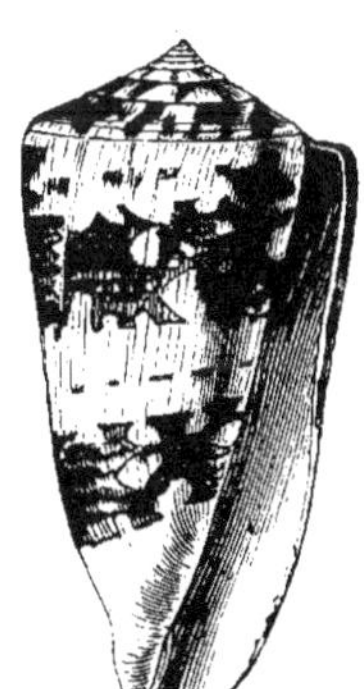

Fig. 258, 259 et 260. Cône amiral. (*Conus ammiralis.* Lin.)
(Variétés.)

très-recherchée des amateurs de conchyliologie. Elle présente plusieurs variétés. On en voit trois représentées ici (fig. 258, 259 et 260).

Citons encore le *Cône pluie d'or*, le *Cône aile de papillon*, le *Cône de la Méditerranée*, etc.

Parmi les espèces qui ont la coquille à peu près en forme de cylindre, nous citerons : le *Cône noble* ou *damier chinois* (fig. 261), coquille rare, de couleur jaune, tirant sur le citron, ornée de taches blanches ; — le *Cône drap d'or* ou *Conus textile* (fig. 262), de couleur jaune, orné de lignes longitudinales onduleuses, brunes, et de taches cordées blanches, circonscrites de fauve ; — le *Cône gloire de la mer* (fig. 263), de

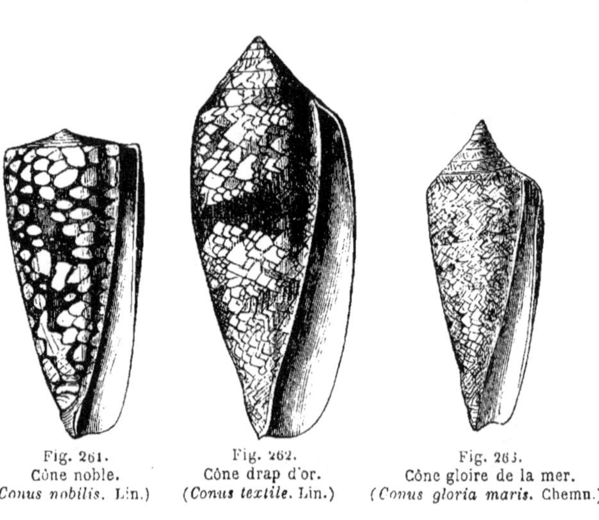

Fig. 261.
Cône noble.
(*Conus nobilis.* Lin.)

Fig. 262.
Cône drap d'or.
(*Conus textile.* Lin.)

Fig. 263.
Cône gloire de la mer.
(*Conus gloria maris.* Chemn.)

couleur blanche, fasciée d'orangé, réticulée par des taches très-nombreuses triangulaires, blanches, circonscrites de brun. C'est une des plus belles espèces du genre. Elle vient des Indes orientales.

GENRE PORCELAINE.

Les coquilles des *Porcelaines* sont brillantes, lisses et polies, ce qui leur a valu la dénomination sous laquelle elles sont connues. Elles sont ovales, ou oblongues, convexes, à bords roulés en dedans, à ouverture longitudinale, étroite, arquée, dentée sur les deux bords, échancrée aux extrémités. La spire, placée tout à fait postérieurement, est très-petite, souvent cachée par une couche calcaire et d'apparence vitreuse.

Au reste, la forme et la coloration de ces coquilles varient beaucoup avec l'âge de l'animal; à tel point que la même espèce, examinée à diverses périodes de son accroissement, semble pouvoir appartenir à des espèces et même à des genres différents.

Dans le premier âge, les Porcelaines sont minces, coniques, allongées, à spire saillante, à large ouverture. Bientôt, le bord droit s'épaissit et se replie en dedans; l'ouverture se rétrécit; enfin la spire se dérobe sous l'enroulement succes-

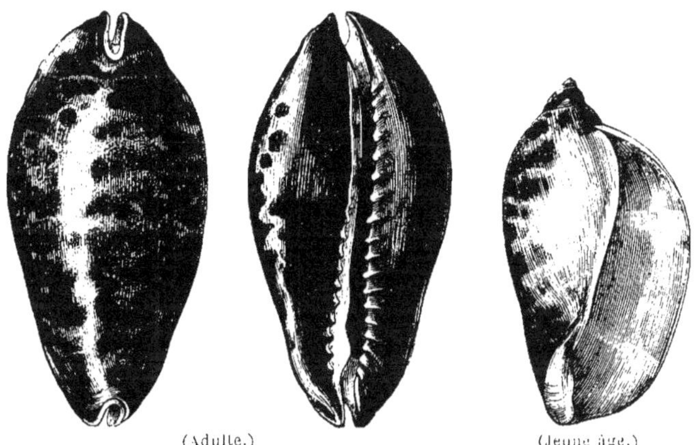

(Adulte.)   (Jeune âge.)

Fig. 264, 265 et 266. Porcelaine de Scott (*Cypræa Scottii.* Brod.).

sif du bord droit, et, sous le dépôt de matière vitreuse dont nous avons parlé plus haut, l'ouverture devient encore plus étroite, ses extrémités s'échancrent, ses bords se décousent, et la coquille, jusqu'alors uniquement nuancée de teintes pâles, offre des couleurs plus vives, disposées par bandes ou par taches. C'est ce que mettent en évidence les figures 264, 265 et 266, qui montrent la *Porcelaine de Scott*, à deux époques de son âge.

L'animal qui habite cette coquille est allongé, et muni d'un manteau très-développé, garni en dedans d'une bande de tentacules et qui peut se recourber sur la coquille, de manière à l'envelopper. La tête est munie de deux tentacules coniques très-longs portant chacun un œil assez grand pour qu'on ait cru pouvoir y distinguer une pupille et un iris. Le pied est ovale, allongé et sans opercule. On voit sur la figure 267 l'animal de la *Porcelaine tigre.*

Fig. 267. Porcelaine tigre. *Cypræa tigris.* Lin.)

Les Porcelaines vivent à peu de distance des côtes, dans les anfractuosités des rochers, et quelquefois enfoncées dans le sable. Elles sont timides, fuient le grand jour, et ne sortent que pour aller, en rampant, chercher leur nourriture, qui paraît être exclusivement animale.

On trouve, dans toutes les mers, ces magnifiques mollusques. Une petite espèce vit dans la Manche; une autre, plus grosse, dans la mer Adriatique. Mais c'est surtout dans la mer des Indes que se trouvent les plus grosses et les plus belles espèces de Porcelaines.

Ces coquilles ont été recherchées à toutes les époques. Les habitants des côtes asiatiques en font des bracelets, des colliers, des amulettes, des coiffures, des boîtes, des garnitures de harnais. A la Nouvelle-Zélande, les chefs de tribu portent une espèce rare et recherchée, suspendue à leur cou, comme signe de distinction : c'est la *Porcelaine aurore.* Dans quelques parties de l'Inde et de l'Afrique, une espèce assez petite, le *Cauris,* est employée comme monnaie courante: aussi la nomme-t-on *Monnaie de Guinée.*

Fig. 268.
Porcelaine coccinelle.
(*Cypræa coccinella.*
Lam.)

On connaît un nombre considérable d'espèces de Porcelaines ; nous ne mentionnerons que les plus intéressantes,
pour ne pas fatiguer l'attention du lecteur.

L'espèce la plus abondante sur nos côtes est la *Porcelaine
coccinelle* (*Cypræa coccinella*, fig. 268). C'est une petite coquille
ovale, ventrue, à ouverture dilatée en
avant, à stries transverses lisses, de
couleur grisâtre, fauve ou rosée, avec
ou sans taches.

La *Porcelaine géographique* (*Cypræa
mappa*, fig. 269) présente une coquille
ovale, ventrue, à côtes bien arrondies,
ornée de petites taches blanches en
dessous et d'une ligne dorsale rameuse
en dessus ; l'intérieur est violet ; elle
offre 36 dents d'un côté et 42 de l'autre. Elle appartient à l'Océan des grandes Indes.

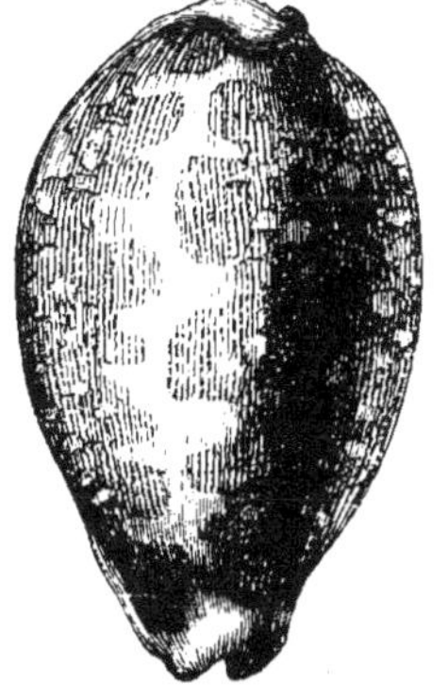

Fig. 269.
Porcelaine géographique.
(*Cypræa mappa*. Lin.)

La robe de la *Porcelaine arlequine*
(*Cypræa histrio*, fig. 270 et 271), des
côtes de Madagascar, est ornée de taches blanches, assez

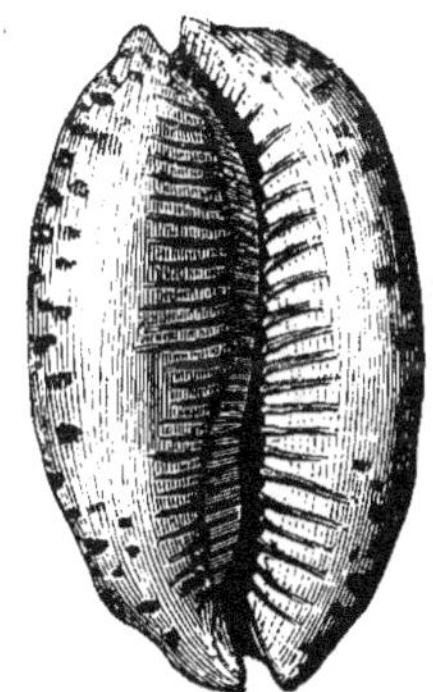

Fig. 270 et 271. Porcelaine arlequine. (*Cypræa histrio*. Lin.)

serrées et bien circonscrites en dessus, et de taches noires
sur les côtés. Le dessous est violet.

Une espèce très-belle et fort commune dans les collections

vit dans la mer des Indes, depuis Madagascar jusqu'aux îles
Moluques : c'est la *Porcelaine tigre* (fig. 272). Sa coquille est
grosse, ovale, ventrue, très-bombée, épaisse, d'un blanc
bleuâtre, ornée d'une multitude de grandes taches noires
arrondies, éparses, et d'une ligne dorsale droite, ferrugi-
neuse en dessus, très-blanche en dessous; il y a ordinai-

Fig. 272 Porcelaine tigre. (*Cypræa tigris*. Lin.)

rement vingt-trois dents toutes blanches à chaque bord :
nous avons déjà représenté cette espèce avec l'animal vivant (fig. 267).

Les *Porcelaines ondée* et *zigzag*, dont la patrie est incon-

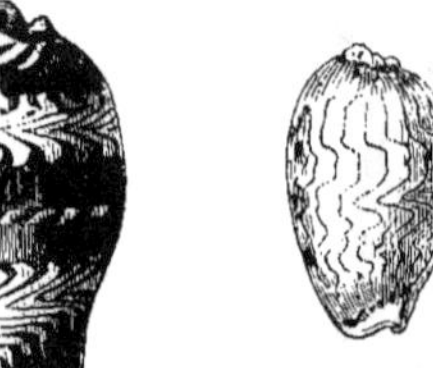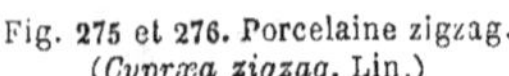

Fig. 273 et 274. Porcelaine ondée.　　　　Fig. 275 et 276. Porcelaine zigzag.
(*Cypræa undata*. Lam.)　　　　　　　　(*Cypræa zigzag*. Lin.)

nue, sont ornées de lignes élégamment ondées ou brisées,
comme on le voit dans les figures 273, 274, 275 et 276.

La *Porcelaine aurore*, dont nous avons parlé tout à
l'heure, est presque globuleuse, d'une couleur orangée uni-

forme en dessus, blanche en dessous ; les dents de l'orifice sont d'un orangé vif. Cette belle coquille est encore rare et chère.

La *Porcelaine cauris* ou *Monnaie de Guinée* (*Cypræa mo-*

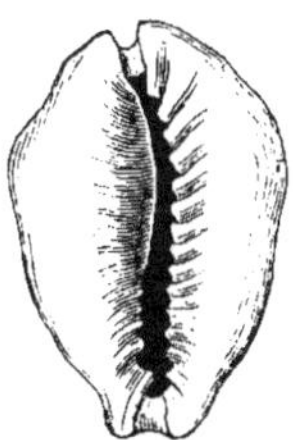

Fig. 277 et 278. Porcelaine cauris. (*Cypræa moneta*. Lin.)

neta, fig. 277 et 278) est une petite coquille ovale, déprimée, plate en dessous, à bords très-épais, un peu onduleuse. Elle est de couleur uniforme, d'un blanc jaunâtre, quelque-

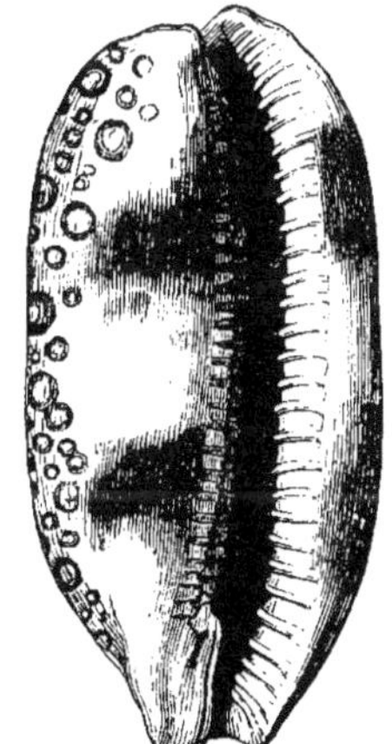

Fig. 279 et 280. Porcelaine argus. (*Cypræa argus*. Lin.)

fois jaune citron en dessus, blanche en dessous ; il y a or-dinairement douze dents à l'ouverture. Elle vient des mers de l'Inde, des côtes des îles Maldives et de l'océan Atlan-tique.

Cette coquille, si commune dans les collections, est ra-

Fig. 281 et 282. Porcelaine lièvre. (*Cypræa testudinaria*. Lin.)

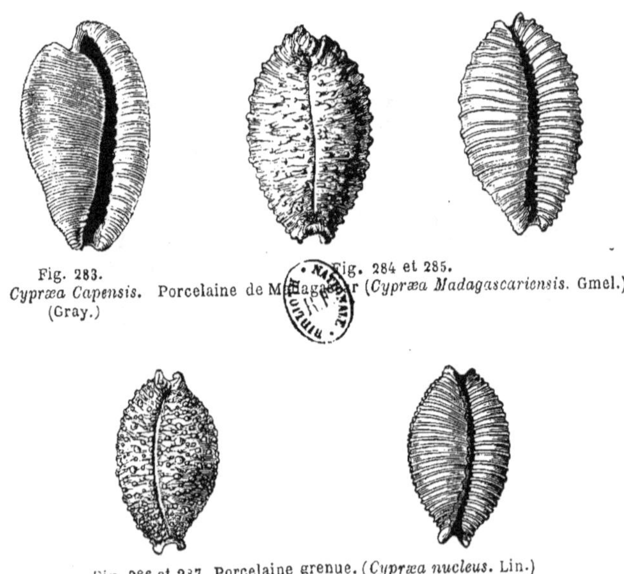

Fig. 283.
Cypræa Capensis. Porcelaine de Madagascar (*Cypræa Madagascariensis*. Gmel.)
(Gray.)

Fig. 284 et 285.

Fig. 286 et 287. Porcelaine grenue. (*Cypræa nucleus*. Lin.)

massée par les femmes, sur les rivages des îles Maldives,

trois jours après la pleine lune et avant la nouvelle, et ensuite transportée au Bengale, à Siam, en Amérique, où,
comme nous l'avons dit, elle est employée par les nègres
comme monnaie.

Nous nous contentons de donner la figure de quelques

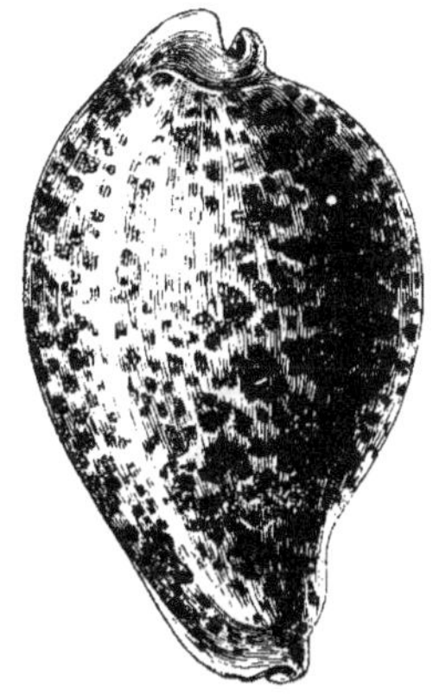

Fig. 288. Porcelaine panthère. (*Cypræa pantherina* Sol.)

autres espèces qui sont remarquables à divers titres : telles
sont les *Porcelaine argus* (fig. 279 et 280), — *Porcelaine lièvre*
(fig. 281 et 282), — *Cypræa Capensis* (fig. 283), — *Porcelaine
de Madagascar* (fig. 284 et 285), — *Porcelaine grenue* (fig. 286
et 287), — *Porcelaine panthère* (fig. 288).

GENRE OVULE.

Près des Cônes et des Porcelaines il faut placer les *Ovules*
(de *ovulus*, petit œuf) à coquille polie, de couleur blanche
ou rosée, oblongue ou ovale, bombée, atténuée et acuminée
aux extrémités, sans spire apparente, à bords roulés en dedans, à ouverture longue, étroite, courbe, sans dents sur le
bord gauche, et avec quelques rides sur le bord droit.

Les Ovules habitent surtout les mers des Indes et de la

Chine; on en connaît pourtant quelques espèces propres a
la Méditerranée et à la mer Noire.

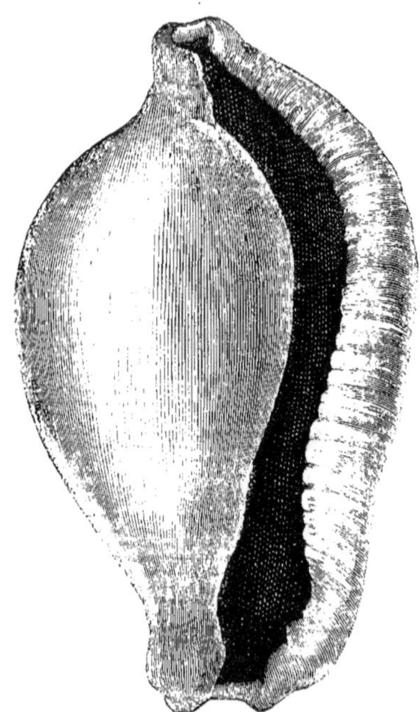
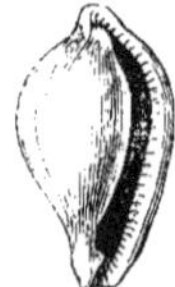

Fig. 289. Ovule des Moluques. (G. N.)
(*Ovula oviformis*. Lin.)

Fig. 290. Ovule incarnate. (G. N.
(*Ovula carnea*. Lam.)

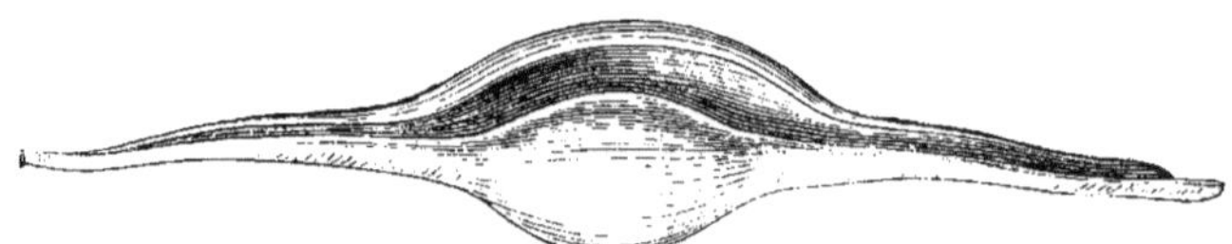

Fig. 291. Ovule navette. (*Ovula volva*. Lin.)

Nous représentons ici l'*Ovule des Moluques* (fig. 289), l'*O-
vule incarnate* (fig. 290) et l'*Ovule navette* (fig. 291).

GENRE VOLUTE.

Les *Volutes* (de *volvere*, tourner) ont la coquille ovale, plus ou moins ventrue, à spire peu élevée, mamelonnée. L'ouverture est grande, à bords échancrés, mais sans canal, le

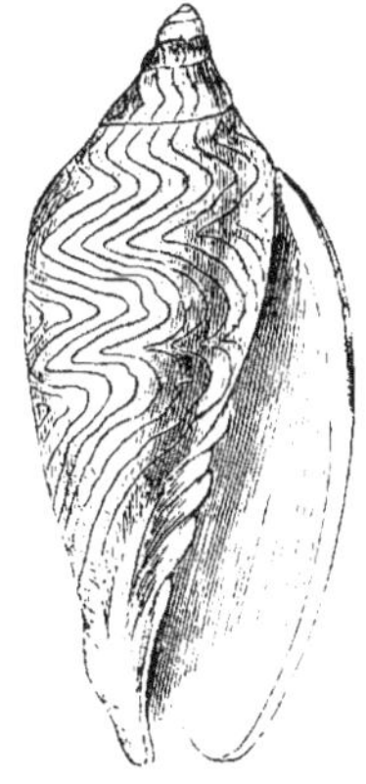

Fig. 292. Volute ondulée.
(*Voluta undulata*. Lam.)

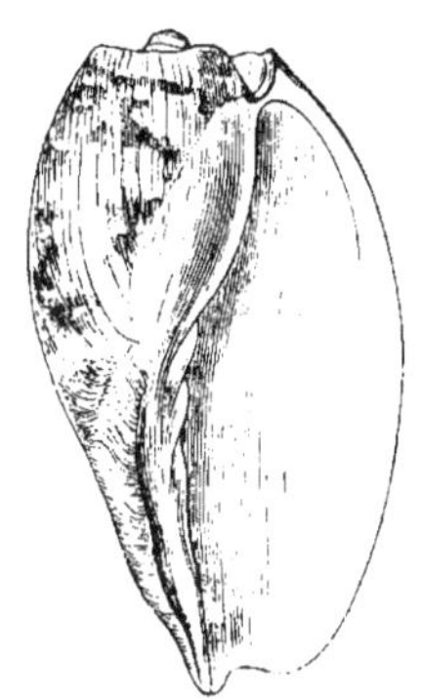

Fig. 293. Volute gondole.
(*Voluta cymbium*. Lin.)

bord columellaire est légèrement excavé et garni de plis obliques. Le bord droit est arqué, tranchant ou épais, suivant les espèces.

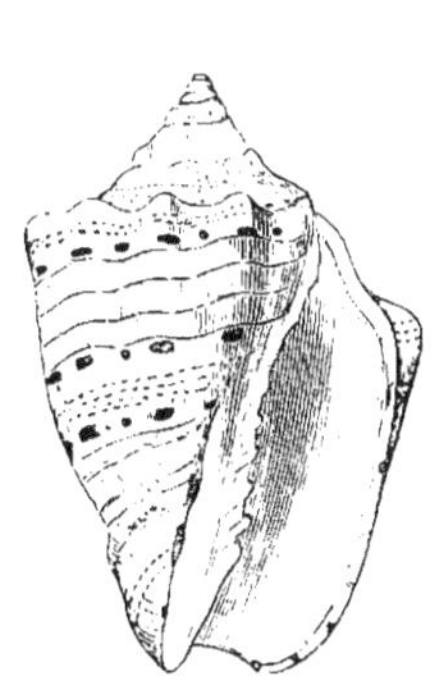

Fig. 294. Volute musique.
(*Voluta musica*. Lin.)

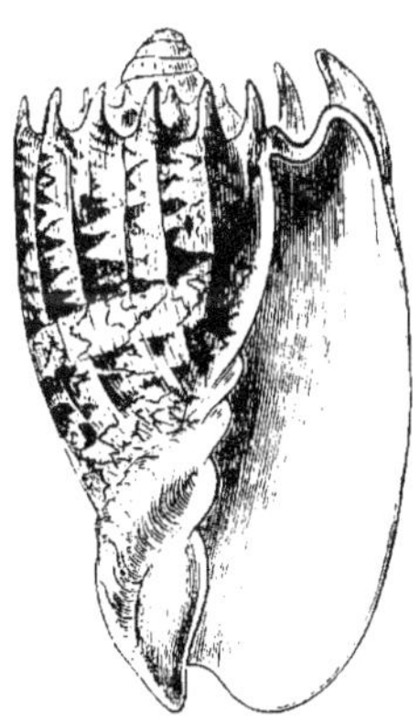

Fig. 295. Volute impériale
(*Voluta imperialis*. Lam.)

L'animal offre une grosse tête, munie de deux tentacules. La bouche se termine par une trompe épaisse, garnie de dents en crochets. Le pied est très-large, sillonné en avant, et il déborde de toutes parts la coquille. Il ne présente point d'opercule.

Les Volutes vivent sur le sable, près des côtes, où on les trouve parfois à sec, dans l'intervalle d'une marée. Leurs coquilles, de formes variées, sont ornées de vives couleurs, et couvertes de lignes irrégulières, dont la teinte tranche ordinairement sur celle du fond.

Parmi les espèces remarquables, nous citerons : la *Volute ondulée* (fig. 292), — la *Volute gondole* (*Voluta cymbium*, fig. 293), connue sous le nom vulgaire de *Char de Neptune*,

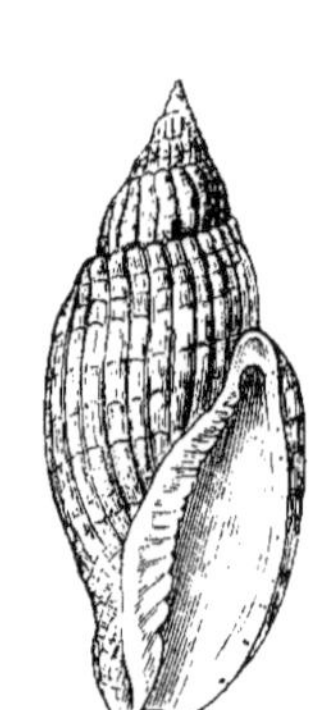

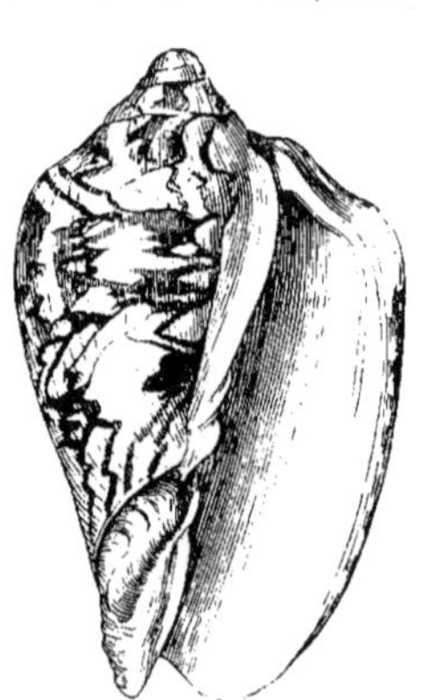

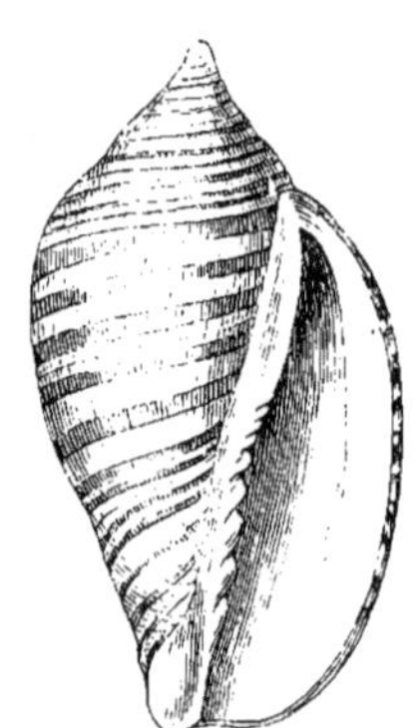

<table>
<tr><td>Fig. 296.
Volute de Delessert.
(Voluta Delessertii. Petit.)</td><td>Fig. 297.
Volute pied de biche.
(Voluta scapha. Gmel.)</td><td>Fig. 298.
Volute pavillon.
(Voluta vexillum. Chemnitz.)</td></tr>
</table>

et qui est marbrée de blanc et de roux ; — la *Volute musique* (*Voluta musica*, fig. 294), de l'Océan des Antilles, de couleur blanchâtre avec des bandes transverses de lignes brunes et de points noirs ; — la *Volute impériale* (*Voluta imperialis*, fig. 295), à spire surmontée d'une couronne d'épines dressées et arquées, de couleur carnée, ornée de nombreuses lignes en zigzag et de taches angulaires d'un rouge brun ; — la *Volute de Delessert* (fig. 296) ; — la *Volute pied de biche* (fig. 297) ; — la *Volute pavillon* (*Voluta vexillum*, fig. 298), qui est également très-recherchée à causede la vivacité de sa coloration. Sur un fond blanc se découpent des rubans décurrents, d'un rouge orangé vif.

GENRE OLIVE.

A côté des Volutes se placent les *Olives*, ainsi nommées d'après leur ressemblance avec le fruit de l'Olivier. Leur coquille, presque cylindrique, est enroulée, polie, brillante comme celle des Porcelaines. Son ouverture est longue et étroite, fortement échancrée en avant. Son bord columellaire se renfle antérieurement en un bourrelet strié obliquement dans toute sa longueur.

Ces mollusques appartiennent aux mers des pays chauds. Ils se plaisent sur les fonds sablonneux et dans les eaux claires. Ils rampent avec beaucoup d'agilité, se redressent

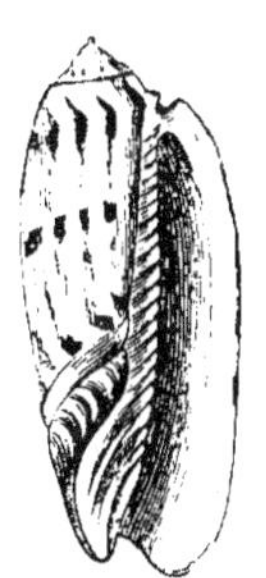

Fig. 299. Olive érythrostome
(*Oliva erythrostoma*. Lam.)

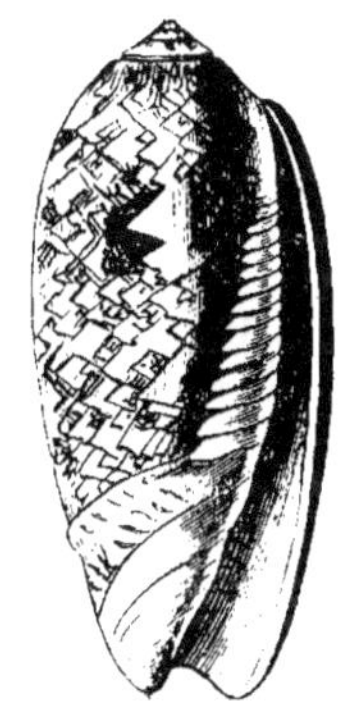

Fig. 300. Olive porphyre.
(*Oliva porphyria*. Lin)

promptement lorsqu'ils ont été renversés, et ont un régime carnassier. On les prend, en effet, à l'Ile de France en se servant de viande comme appât. Les couleurs de leur coquille sont très-variées et diversement bigarrées.

L'*Olive bouche aurore* ou *érythrostome* (fig. 299) est ornée en dessus de lignes flexueuses d'un brun jaunâtre, avec deux bandes brunâtres, décurrentes et d'un jaune aurore en dedans.

L'*Olive porphyre* (fig. 300) des côtes du Brésil présente une quantité de lignes d'un rouge brun entre-croisées régulièrement et de taches rousses plus grandes sur un fond couleur de chair.

L'*Olive irisante* (fig. 301) est peinte de lignes en zigzag,

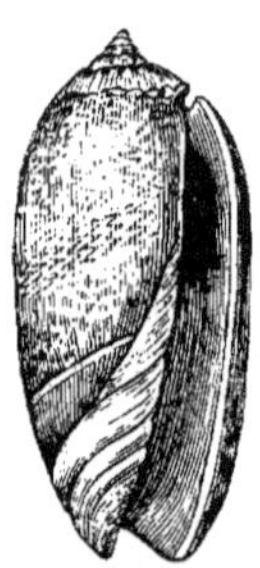

Fig. 301. Olive irisante.
(*Oliva irisans*. Lam.)

Fig. 302. Olive du Pérou.
(*Oliva peruviana*. Lam.)

serrées, brunes, bordées de jaune orangé, et de deux zones rembrunies et réticulées.

L'*Olive du Pérou* (fig. 302) est sillonnée de bandes régulièrement espacées.

GENRE MITRE.

Les *Mitres*, qui viennent se ranger à côté des *Olives* et des *Volutes*, habitent principalement les mers des pays chauds, telles que l'océan Indien et les parages de la Nouvelle-Hollande. Leur coquille est allongée, en forme de tour ou de fuseau, à spire pointue au sommet, à ouverture petite, étroite, triangulaire, échancrée en avant. Leur nom vient de la ressemblance que l'on a voulu trouver de cette coquille avec une *mitre d'évêque*.

L'habitant de cette coquille présente cette particularité, de faire saillir hors de sa bouche une sorte de trompe cylindrique, flexible, très-extensible et très-longue.

La coquille de la *Mitre épiscopale* (fig. 303) est de couleur blanche, ornée de belles taches rouges carrées. Elle vient des Grandes Indes.

La *Mitre papale* (fig. 304) présente des plis dentiformes qui couronnent les tours de spire. Les taches sont plus petites et plus nombreuses que celles de la *Mitre épiscopale*.

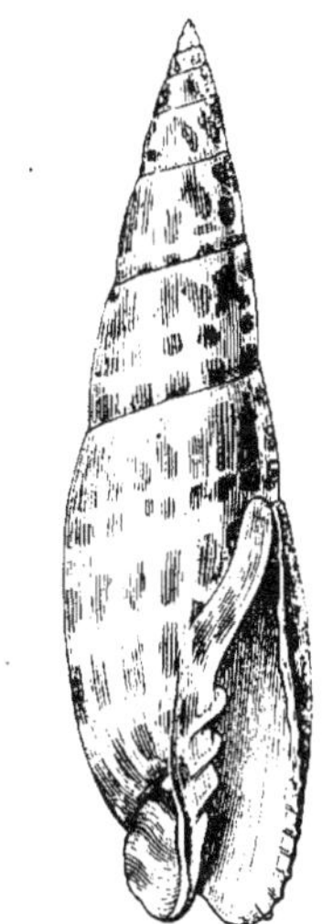

Fig. 303. Mitre épiscopale.
(*Mitra episcopalis*. Lam.)

Fig. 304. Mitre papale.
(*Mitra papalis*. Lam.)

GENRE CASQUE.

Les *Casques* ont la coquille ovalaire, bombée, à spire peu élevée. L'ouverture longitudinale est étroite, terminée, en avant, par un canal court, brusquement redressé vers le dos de la coquille. La columelle est plissée ou dentée transversalement ; le bord droit épais, muni d'un bourrelet extérieur et denté en dedans. L'animal a la tête assez grosse et épaisse, munie de deux tentacules coniques, allongés, à la base desquels se trouvent les yeux. Le manteau s'étale en dehors de la coquille, se réfléchit sur les bords de l'ouverture, et se prolonge à son extrémité antérieure en un long canal cylindrique, fendu en avant, passant par l'échancrure de la base de la coquille et servant à diriger l'eau dans la cavité branchiale. Le pied est large et muni d'un opercule corné.

Ces animaux se tiennent dans le voisinage des plages, à peu de profondeur sous l'eau. Ils marchent lentement. Souvent ils s'enfoncent dans le sable, pour y faire la chasse aux mollusques bivalves.

Leurs espèces sont peu nombreuses, mais elles sont sou-

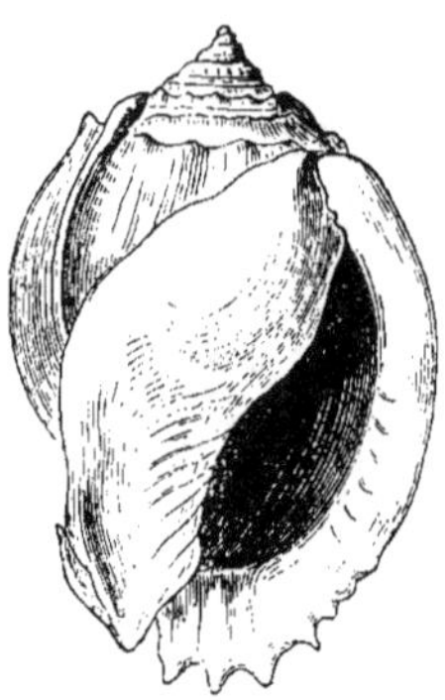

Fig. 305. Casque bézoard.
(*Cassis glauca.* Lin.)

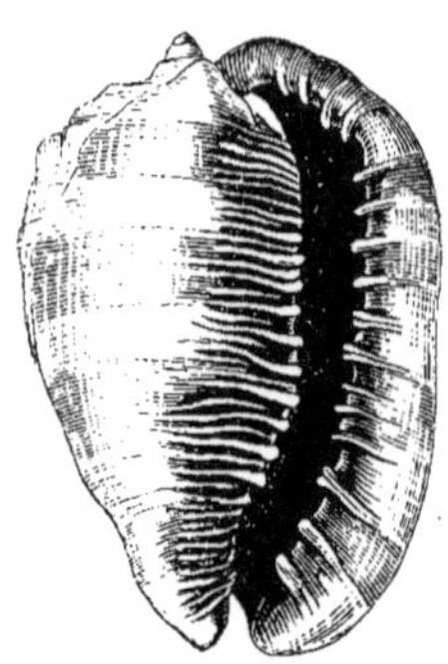

Fig. 306. Casque rouge.
(*Cassis rufa.* Lin.)

vent très-belles et très-grosses. Elles habitent particulièrement l'océan Indien. Leurs coquilles servent communément,

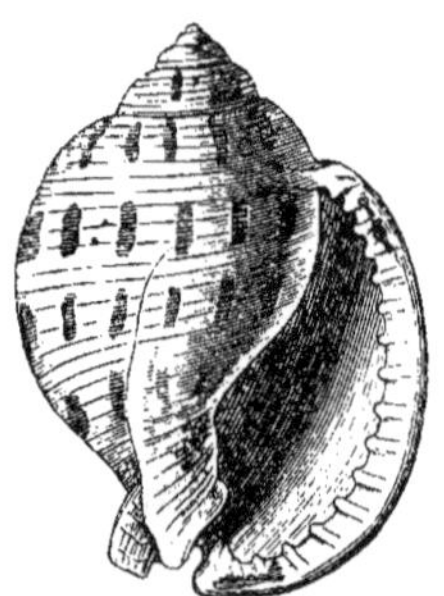

Fig. 307. Casque canaliculé. (*Cassis canaliculata.* Bruguières.)

dans l'Inde, à faire de la chaux. On les emploie même pour la construction des murs de clôture.

Le *Casque bézoard* (*Cassis glauca*), de la mer des Moluques (fig. 305), est d'un gris glauque.

Le *Casque rouge*, de la mer des Indes (fig. 306), est d'un

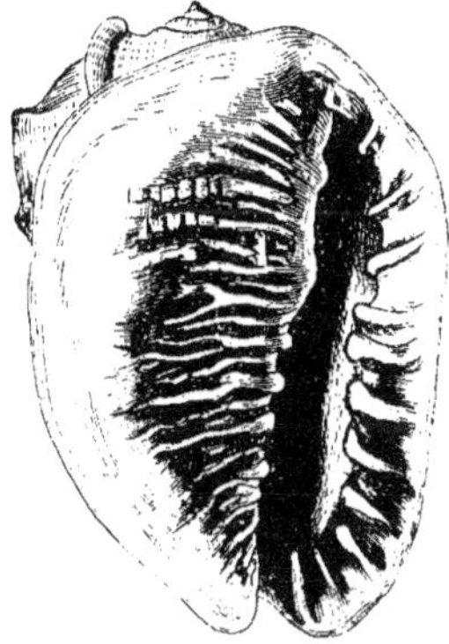
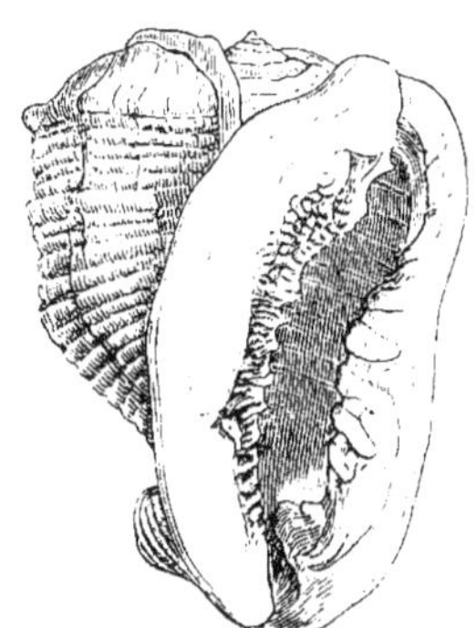

Fig. 308 et 309.
Casque de Madagascar. (*Casis Madagascariensis*. Lam.) — (Variété.)

pourpre varié de blanc et de noir en dessus. Les bords de l'ouverture sont colorés d'un rouge de corail, les dents seules étant blanches.

Fig. 310. Casque zèbre.
(*Cassis zebra*. Lam.) — (*Cassis undata*. Martini.)

Citons encore le *Casque canaliculé* (fig. 307), le *Casque de Madagascar* (fig. 308 et 309), le *Casque ondé* ou *zèbre* (*Cassis undata*, fig. 310).

GENRE POURPRE.

La *Pourpre* a une coquille ovale, épaisse, tuberculeuse ou anguleuse, à spire courte, le dernier tour plus grand que tous les autres réunis. L'ouverture est dilatée, terminée inférieurement par une échancrure oblique. Le bord columellaire est lisse, souvent concave, terminé en pointe; le bord droit souvent digité, épaissi intérieurement et plissé ou ridé.

L'animal présente une tête large, munie de deux tentacules rapprochés, coniques, renflés, et portant un œil vers la partie moyenne de leur côté externe. Son pied est grand, bilobé en avant, garni d'un opercule corné demi-circulaire.

Les Pourpres vivent dans les anfractuosités des rochers, dans les parages marins, recouverts d'Algues. Elles peuvent aussi s'enfoncer dans le sable. Elles rampent à l'aide de leur pied, pour faire la chasse aux mollusques bivalves, dont elles percent la coquille à l'aide de leur courte trompe. Elles se trouvent dans toutes les mers; mais le plus grand nombre et les plus grosses espèces proviennent des mers des pays chauds, et surtout des mers australes.

Ces petits mollusques tiennent leur place dans l'histoire. Les espèces du genre *Purpura* étaient au nombre de celles qui fournissaient aux Grecs et aux Romains la matière colorante rouge, d'un éclat admirable, connue sous le nom de *pourpre*, qui était réservée au manteau des patriciens.

La pourpre des anciens n'était pas, comme on le croit généralement, d'un rouge vermillon. C'était une sorte de violet. Ce violet, d'abord très-foncé, fut plus tard diversement nuancé de rouge. Le secret de la préparation de cette teinture, inconnu de presque toutes les nations, était la propriété des Phéniciens. On n'estimait que celle qui venait de Tyr.

Un voyageur anglais, M. Wilde, a découvert, en Orient, sur le rivage de la Méditerranée, près des ruines de Tyr, un certain nombre d'excavations, de forme ronde, pratiquées dans le roc. Dans ces excavations étaient un grand nombre de coquilles brisées et mêlées ; c'étaient des coquilles de *Murex trunculus*. Il est probable qu'elles avaient été broyées en grand nombre, par les industriels de Tyr, pour la fabrication de la pourpre. Plusieurs coquilles toutes pareilles et provenant d'individus qui vivent actuellement, gisaient, en effet, sur le même rivage.

Aristote, dans ses écrits, s'étend fort longuement sur la pourpre. Il dit que cette teinture se retirait de deux mollusques carnassiers, habitant les mers qui baignent les côtes de la Phénicie. D'après la description qu'en a donnée le célèbre philosophe grec, l'un de ces animaux avait une coquille assez grosse, composée de sept tours de spire, parsemée d'épines, et terminée par un long bec : l'autre avait une coquille beaucoup plus petite. Aristote nomme le dernier animal *Buccin*.

On a cru reconnaître cette dernière espèce dans le *Purpura lapillus*, ou *Pourpre à teinture*, qui abonde sur les rochers de la Manche. Réaumur et Duhamel retirèrent, en effet, de cette espèce une couleur pourpre, qu'ils réussirent à appliquer sur des étoffes, et qui résista aux plus fortes lessives.

On rapporte au genre *Murex* ou *Rocher*, dont nous parlerons bientôt, la première espèce signalée par Aristote.

Jusqu'à ces derniers temps, l'organe producteur de la pourpre était inconnu. On a longtemps pensé que cette belle matière tinctoriale était fournie par l'estomac, le foie, ou le rein. Mais, de nos jours, M. Lacaze-Duthiers a montré que l'organe qui la sécrète se trouve à la face inférieure du manteau, entre l'intestin et l'appareil respiratoire. Il a la forme d'une sorte de bandelette.

La matière colorante de la pourpre, telle qu'on l'extrait de l'animal, est jaunâtre. Exposée à la lumière, elle jaunit, puis verdit, et prend enfin une teinte violette. Pendant que ces transformations s'opèrent, il se dégage une odeur vive et pénétrante, qui rappelle l'odeur de l'essence d'ail, ou celle de l'*assa fœtida*.

Tant que la matière de la pourpre n'est pas passée au violet, elle est soluble dans l'eau ; dès qu'elle a pris cette teinte, elle est devenue insoluble.

L'apparition de la couleur semble provoquée plutôt par l'influence des rayons lumineux que par l'action de l'air. La matière se colore, en effet, d'autant plus vite, que les rayons lumineux sont plus vifs.

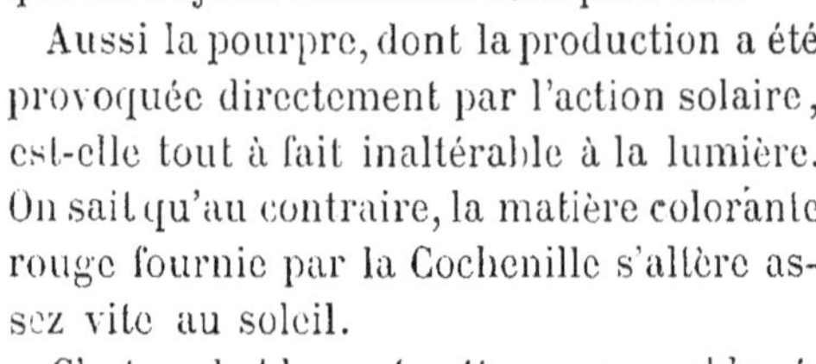

Aussi la pourpre, dont la production a été provoquée directement par l'action solaire, est-elle tout à fait inaltérable à la lumière. On sait qu'au contraire, la matière colorante rouge fournie par la Cochenille s'altère assez vite au soleil.

C'est probablement cette remarquable résistance à l'action du soleil qui faisait tenir la pourpre en si grande estime chez les anciens. Les patriciens de Rome, ou les riches citoyens de la Grèce et de l'Asie Mineure, aimaient à faire reluire au soleil les magiques reflets de l'admirable couleur qui ornait leurs manteaux.

Fig. 311.
Pourpre à teinture.
Purpura lapillus.
(Lin.)

Revenons cependant à nos humbles coquillages.

La *Pourpre à teinture* (*Purpura lapillus*, fig. 311) est une

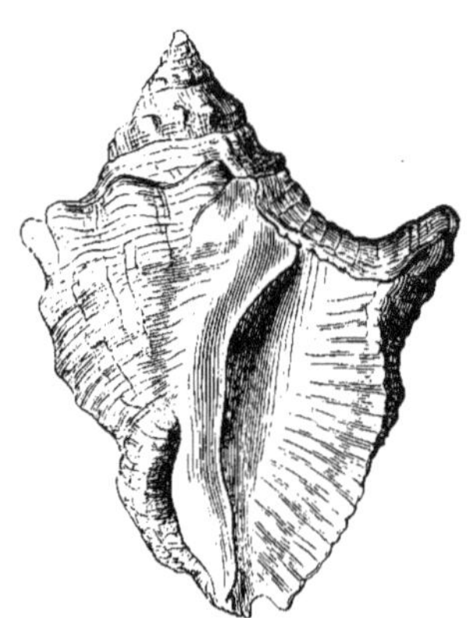

Fig. 312. Pourpre antique.
(*Purpura patula*. Lin.)

Fig. 313. Pourpre consul.
(*Purpura consul*. Lam.)

coquille épaisse, ovale, aiguë, à spire conique, le plus ordinairement d'un blanc sale ou jaunâtre, zoné de brun plus ou moins foncé.

La *Pourpre hémastome*, ou *bouche de sang*, qu'on trouve

dans l'Océan et dans la Méditerranée, est d'un fauve roussâtre
en dehors, et d'un jaune pourpré à l'ouverture. Elle était
sans doute utilisée par les anciens pour la préparation de la
pourpre. Aujourd'hui encore, les pêcheurs des îles Baléares
marquent leur linge et leurs vêtements avec ce dernier coquillage. Pour cela, ils trempent l'extrémité d'une baguette
de bois pointue dans les mucosités du manteau de l'animal,
préalablement déchiré. Les traits formés avec ce liquide sont
d'abord jaunâtres, mais bientôt ils deviennent d'une couleur
violette très-vive.

La *Pourpre antique* (fig. 312) est assez commune dans la
Méditerranée pour que Columna ait pensé que c'était particulièrement de cette espèce que les Romains tiraient leur
couleur pourpre.

La *Pourpre consul* (*Purpura consul*, fig. 313) est une
grande coquille, d'une belle teinte blanche.

GENRE BUCCIN.

Les *Buccins* sont très-voisins des Pourpres. Leur coquille
est ovale ou conique, très-échancrée en avant. Ils habitent

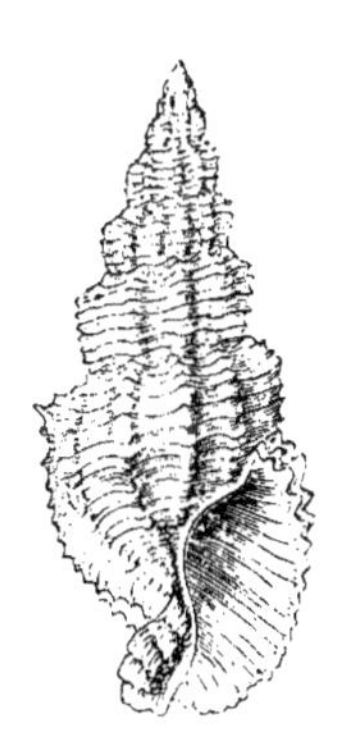

Fig. 314. Buccin lime.
(*Buccinum senticosum*. Lin.)

Fig. 315. Buccin ondé.
(*Buccinum undatum*. Lin.)

toutes les mers et même celles d'Europe. L'animal a la tête
petite, aplatie, munie de deux tentacules latéraux ; portant
les yeux sur un renflement extérieur, situés à la moitié de
leur longueur.

Nous nous contenterons de citer le *Buccin lime* (fig. 314) et le *Buccin ondé* (fig. 315), qui a été longtemps vendu comme aliment sur les marchés de la Grande-Bretagne, et qu'on débite encore aujourd'hui dans quelques-unes des villes maritimes de la Normandie.

GENRE HARPE.

La coquille des *Harpes* est émaillée en dedans et en dehors, ornée à l'extérieur de côtes longitudinales, un peu obliques, vivement colorées.

Fig. 316. Harpe ventrue. (*Harpa ventricosa*. Lam.)

Fig. 317. Harpe impériale.
(*Harpa imperialis*. Lam.)

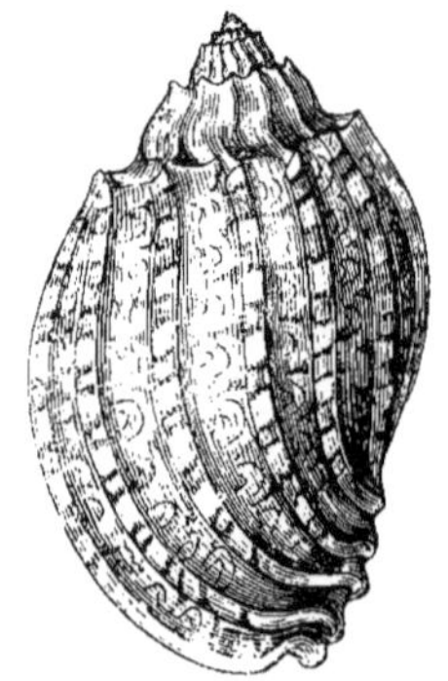

Fig. 318. Harpe articulée.
(*Harpa articularis*. Lam.)

L'animal est peint des mêmes couleurs que la coquille.

Toutes les espèces sont belles et habitent les mers de l'Inde.

Parmi ces espèces, nous citerons la *Harpe ventrue* (fig. 316), la *Harpe impériale* (*Harpa imperialis*, fig. 317), et la *Harpe articulée* (fig. 318).

GENRE ROCHER.

Les *Rochers* constituent un genre très-nombreux en espèces, toutes remarquables par leurs couleurs et leurs variétés. Ils vivent dans toutes les mers, mais ils sont toujours plus gros, plus rameux dans les mers des pays chauds que dans les nôtres.

Leur coquille est ovale, oblongue, à spire plus ou moins

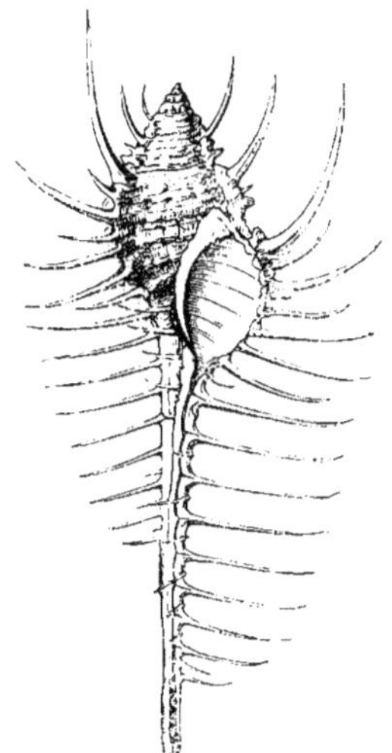

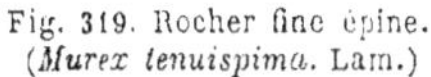

Fig. 319. Rocher fine épine.
(*Murex tenuispima.* Lam.)

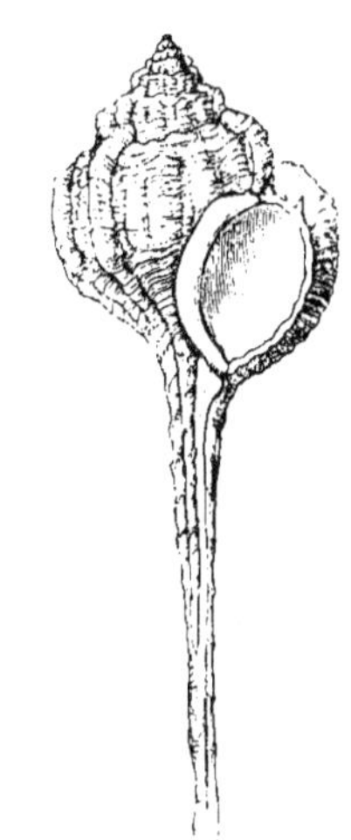

Fig. 320. Rocher tête de bécasse.
(*Murex haustellum.* Lin.)

élevée. Sa surface est interrompue par des rangées d'épines, de ramifications, de tubercules. L'ouverture, ovalaire, se prolonge en un canal droit, souvent très-développé. Le bord externe est souvent plissé ou ridé, le bord columellaire parfois calleux.

L'animal présente une tête munie de deux tentacules, longs, oculés sur leur côté externe, et une bouche allongée

en façon de trompe. Le pied est arrondi et muni d'un opercule corné.

Parmi les espèces à tube grêle, fort, long et épineux,
nous citerons le *Rocher fine épine* de l'Océan des Grandes
Indes et des Moluques (fig. 319).

Parmi les espèces à tube fort, long et sans épines, nous
représentons le *Rocher tête de bécasse*, qui habite les mêmes
mers (fig. 320).

Parmi les espèces à tube court et munies de franges fo-
liacées, laciniées, nous citerons le *Rocher palme de rosier*
et le *Rocher scorpion* (*Murex scorpio*, fig. 321).

Le *Rocher palme de rosier*, de couleur fauve, rayée de

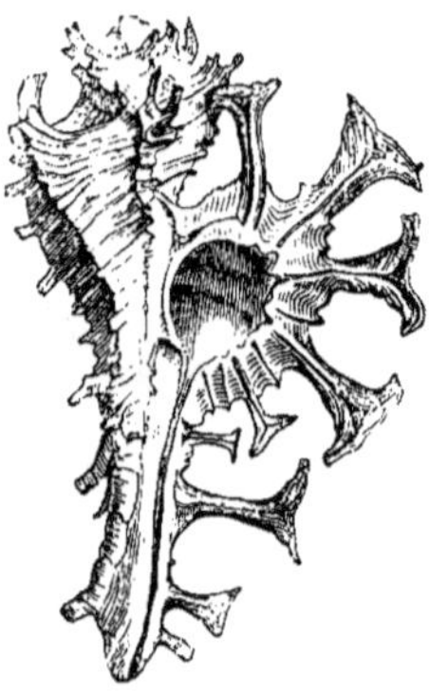

Fig. 321. Rocher scorpion.
(*Murex scorpio*. Lin.)

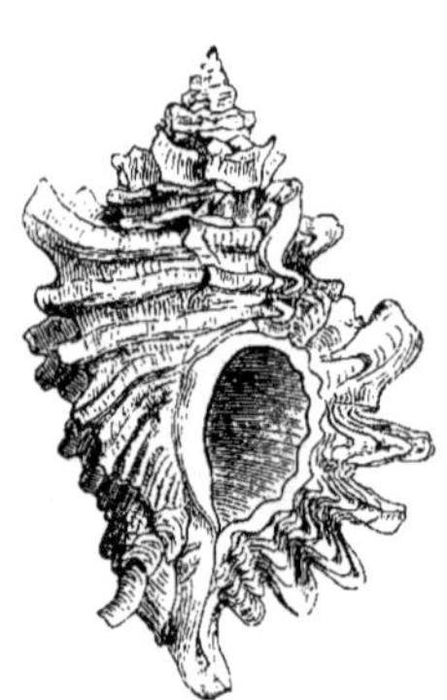

Fig. 322. Rocher érinacé.
(*Murex erinaceus*. Lin.)

brun, avec du rose violacé à l'extrémité des digitations et
l'ouverture blanche, est une coquille d'un aspect très-ori-
ginal.

Nous citerons encore deux espèces. L'une est le *Rocher
érinacé* (*Murex erinaceus*, fig. 322), qu'on trouve dans toutes
les mers d'Europe, et qui est très-commun dans la Manche;
l'autre est le *Rocher droite épine*, vulgairement nommé *petite
massue*. Il est d'un brun cendré, plus souvent d'un brun
marron en dehors et jaune en dedans. Il est propre à la Méditerranée et à l'Adriatique. C'est cette espèce qui, d'après
Cuvier et de Blainville, fournissait plus particulièrement la
pourpre des anciens.

GENRE TRITON.

On place les *Tritons* à côté des Rochers.

Leur coquille est couverte de bourrelets irrégulièrement épars, et ne formant jamais, comme dans ces derniers, de rangées longitudinales. Au reste, ces bourrelets ne sont jamais épineux.

On connaît près d'une quarantaine d'espèces de Tritons Ils habitent toutes les mers, et surtout celles des pays chauds.

Le *Triton émaillé* (*Triton variegatum*), vulgairement nommé

Fig. 323. Triton émaillé.
(*Triton variegatum*. Lam.)

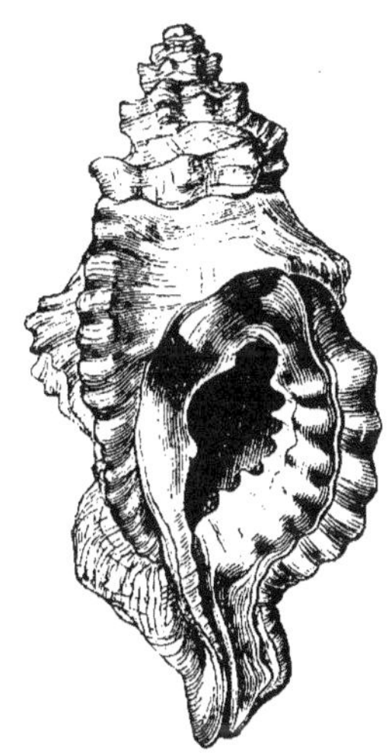

Fig. 324. Triton baignoire.
(*Triton lotorium*. Lin.)

Conque de Triton ou *Trompette marine* (fig. 323), est une très-grande coquille, qui peut atteindre quatre décimètres de longueur, émaillée avec élégance de blanc, de rouge et de fauve. Elle vient des mers de l'Inde, où elle est assez commune.

Le *Triton baignoire*, vulgairement nommé *Gueule de Lion* (*Triton lotorium*, fig. 324), est d'un brun rougeâtre en dehors et blanc en dedans.

Le *Triton grimaçant* (fig. 325) est de couleur blanche maculée de roux.

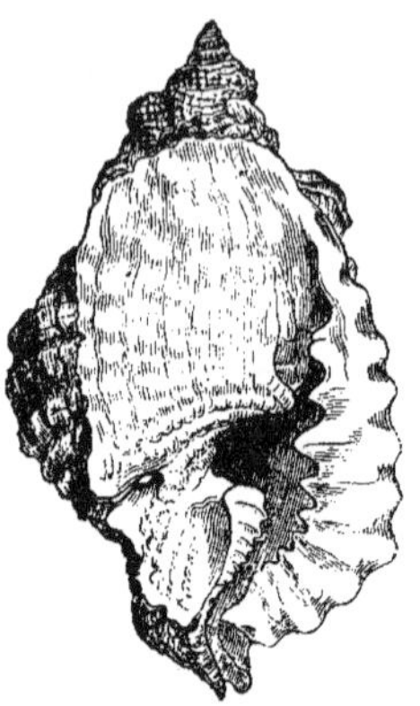

Fig. 325. Triton grimaçant.
(*Triton Anus*. Lam.)

GENRE CÉRITE.

Les *Cérites* sont des coquilles marines qu'on trouve sur les

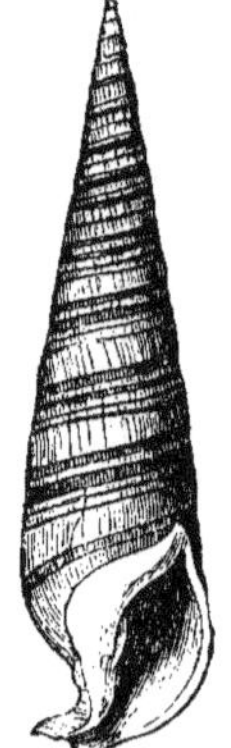

Fig. 326. Cérite *fasciée.*
(*Cerithium fasciatum*. Brug.)

Fig. 327. Cérite chenille.
(*Cerithium aluco*. Lin.)

fonds vaseux, et le plus souvent à l'embouchure des fleuves, rarement au delà du point où remonte le flot. Ce genre est très-nombreux en espèces. Telles sont : la *Cérite fasciée* (fig. 326) et la *Cérite chenille* (fig. 327).

La *Cérite géante* (fig. 328) est l'analogue vivante d'une magnifique espèce fossile, qui est propre aux terrains tertiaires. Le seul exemplaire connu de cette coquille existe au musée Delessert, à Paris. Elle est accompagnée d'une note

Fig. 328. Cérite géante (*Cerithium giganteum*. Lam.)

manuscrite de Lamarck, qui raconte comment cette coquille fut apportée à Dunkerque, en 1810, par un Anglais, qui faisait partie de l'équipage d'un bâtiment de cette nation. Ce matelot avait retiré avec la sonde la coquille du fond de la mer, sur un banc de rochers, en avant de la Nouvelle-Hollande.

GENRE FUSEAU.

Les *Fuseaux*, qui se distinguent par l'élégance de leur forme, plutôt que par l'éclat de leurs couleurs, sont un autre

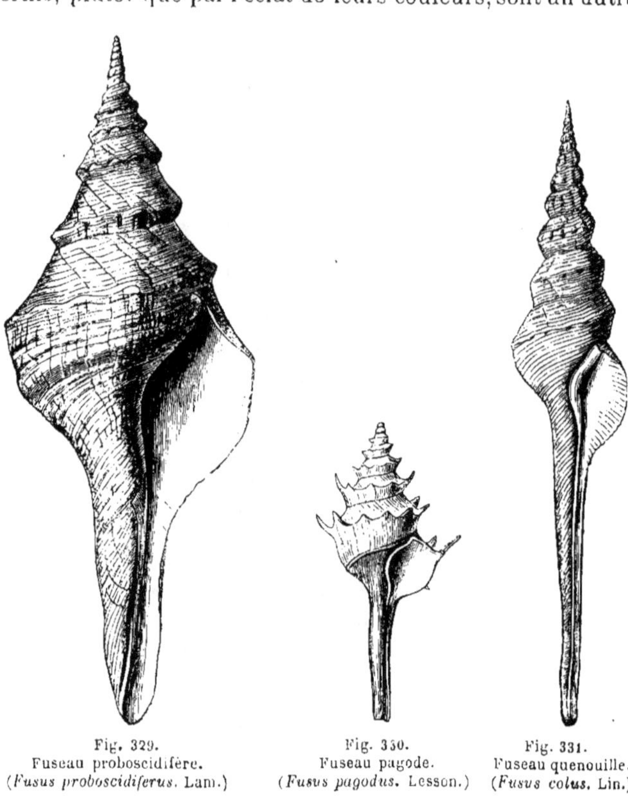

Fig. 329.
Fuseau proboscidifère.
(*Fusus proboscidiferus*. Lam.)

Fig. 330.
Fuseau pagode.
(*Fusus pagodus*. Lesson.)

Fig. 331.
Fuseau quenouille.
(*Fusus colus*. Lin.)

genre de la même famille. Ils comprennent le *Fuseau proboscidifère* (fig. 329), le *Fuseau pagode* (fig. 330), et le *Fuseau quenouille* (fig. 331).

GENRE STROMBE.

Les *Strombes* (de *strombus*, conque marine) sont tous des animaux propres aux mers des pays chauds. On ne sait rien

sur leurs mœurs ni sur leurs habitudes. Il est probable
qu'ils vivent fort longtemps, car leurs coquilles, quand elles
sont complètes, acquièrent une épaisseur et une pesanteur
considérables. On les trouve même encroûtées, à l'intérieur,

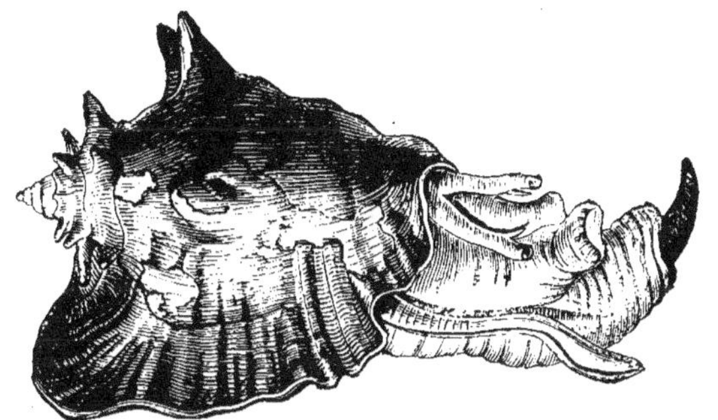

Fig. 332. Strombe aile d'aigle, avec l'animal. (*Strombus gigas*. Lin.)

de couches de sédiments terreux, nombreux et lisses, et recouvertes, à l'extérieur, de petits polypiers et autres productions marines.

Il existe des espèces de Strombes de très-grande taille. On

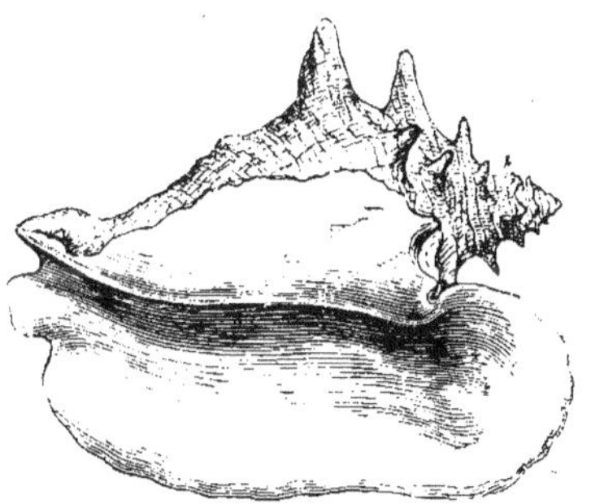

Fig. 333. Coquille du Strombe aile d'aigle.

les plaçait autrefois, comme objets d'ornement, dans les
salles à manger, surtout quand leur ouverture était vivement nuancée. Elles ne sont plus recherchées aujourd'hui que
pour décorer les grottes que l'on construit dans les jardins,

et pour orner les collections conchyliologiques, où elles occupent, en raison de leur volume, une place considérable.

Ces coquilles sont ventrues, terminées à leur base par un
canal court, échancré ou tronqué. Le bord droit se dilate
avec l'âge, en une aile simple, lobée ou crénelée à la partie

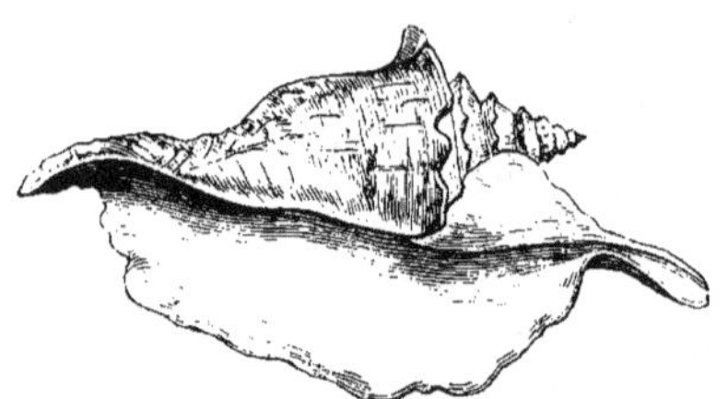

Fig. 334. Strombe aile d'ange. (*Strombus gallus*. Lin.)

supérieure, et présentant à la partie inférieure un sinus séparé du canal ou de l'échancrure de la base.

L'animal des Strombes présente une tête distincte, pourvue
d'une trompe et de deux gros tentacules, portant chacun un
œil, gros et vivement coloré. Le pied est comprimé et divisé

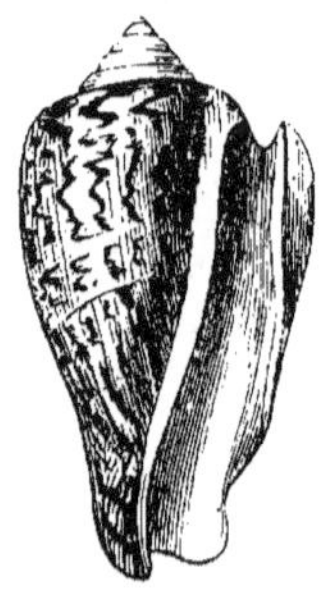

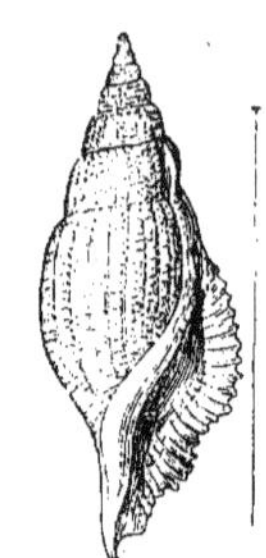

Fig. 335. Strombe bouche de sang.
(*Strombus luhuanus*. Lin.)

Fig. 336. Strombe treillissé.
(*Strombus cancellatus*. Lam.)

en deux parties, dont la postérieure, plus longue, porte
un opercule corné, un véritable ergot. Le *Strombe aile
d'aigle*, que nous représentons (fig. 332 et 333), montre ces
diverses particularités.

La coquille est grande, turbinée, très-ventrue, à spire très-pointue, hérissée d'une série de tubercules coniques, à bord droit très-large, arrondi en dessus. L'ouverture est d'un rose pourpré assez vif, le reste blanc; cette coquille vient de la mer des Antilles.

Le *Strombe aile d'ange*, des mers d'Asie et de l'Amérique méridionale (fig. 334), est veiné de blanc et de roux.

Le *Strombe bouche de sang* (fig. 335) est de couleur fauve,

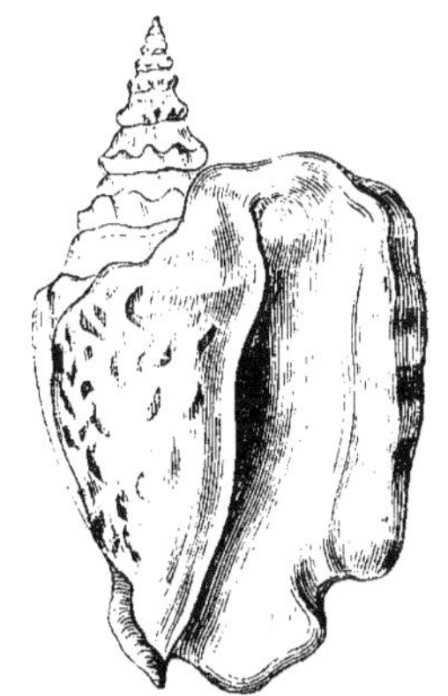

Fig. 337. *Strombus thersites.* (Gray.)

parsemée de blanc en dehors; le bord droit est rouge et strié en dedans. La columelle est teinte de pourpre et de noir.

Le *Strombe treillissé* (fig. 336) est de petite taille et de couleur blanche.

Nous représentons aussi le *Strombus thersites* (fig. 337).

GENRE PTÉROCÈRE.

Les *Ptérocères* (de πτερος, aile, κερας, corne) sont très-voisins des *Strombes*. Ils s'en distinguent principalement en ce que le bord droit se développe, avec l'âge, en digitations longues et grêles, plus ou moins nombreuses, et qui varient pour le nombre, suivant les espèces.

On trouve les Ptérocères dans les mers des deux hémisphères. On les désigne vulgairement sous les dénomina-

Fig. 338. Ptérocère scorpion. (*Pterocera scorpio*. Lin.)

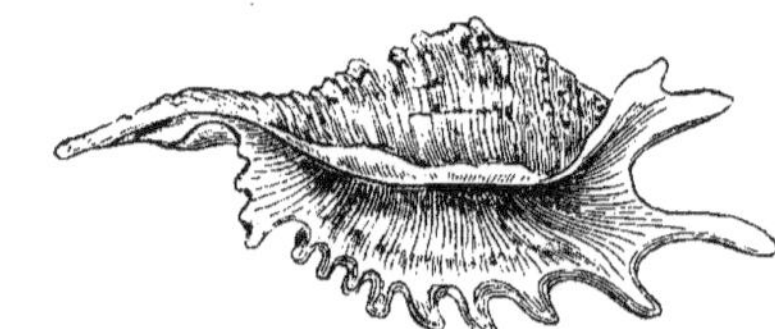

Fig. 339. Ptérocère mille pieds. (*Pterocera millepeda*. Lin.)

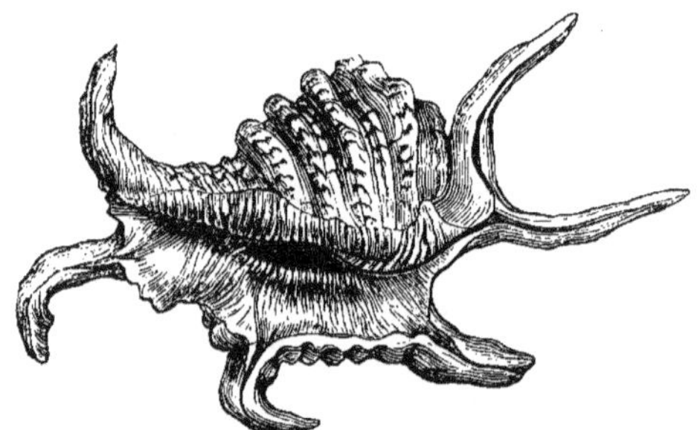

Fig. 340. Ptérocère araignée. (*Pterocera chiragra*. Lin.)

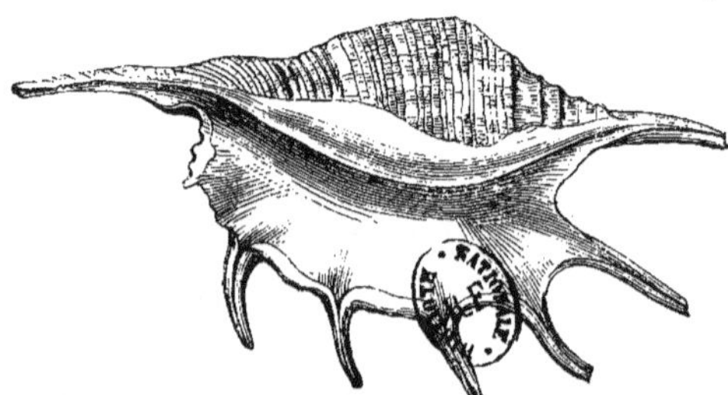

Fig. 341. Ptérocère lambis. (*Pterocera lambis*. Lin.)

tions d'*Araignées* et de *Scorpions de mer*. On se fera une idée de ces curieuses formes animales en jetant les yeux sur les figures ci-jointes qui représentent : le *Ptérocère scorpion* (fig. 338), le *Ptérocère mille pieds* (fig. 339), le *Ptérocère araignée* (fig. 340), le *Ptérocère lambis* (fig. 341).

Nous devons ajouter que la famille des Ptérocères, dont la forme remarquable est si bien faite pour attirer nos regards, a un attrait de plus ; nous voulons parler de la coloration de ces coquilles dont les nuances sont très-variées surtout vers l'ouverture, où la fraîcheur des tons est généralement très-grande, et qui, jointe aux caractères que nous venons de décrire, constitue un groupe des plus intéressants parmi les Gastéropodes.

Gastéropodes cyclobranches. — Les Gastéropodes cyclobranches ont des branchies en forme de feuillets ou de petites pyramides, attachées en une rangée, de chaque côté sous le bord du manteau. Ce sont des animaux essentiellement marins ; on les divise en deux genres : celui des *Oscabrions* et celui des *Patelles*.

GENRE OSCABRION.

Les *Oscabrions*, sur lesquels nous ne nous appesantirons pas, sont des êtres singuliers, sans yeux, sans tentacules,

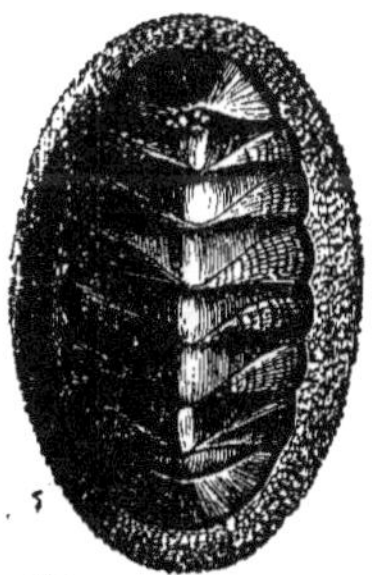

Fig. 342. Oscabrion magnifique. (*Chiton magnificus.* Deshayes.)

sans mâchoires, et qui, au lieu de coquille, portent sur le dos une cuirasse d'écailles imbriquées et mobiles. Ils s'allongent et se contractent, comme les Limaces. Ils se roulent en boule, comme les Cloportes. Ils adhèrent avec force aux rochers, et se plaisent dans les lieux battus par les vagues. On les trouve dans toutes les mers.

La figure 342 représente l'*Oscabrion magnifique*.

GENRE PATELLE.

Les *Patelles* constituent un genre très-nombreux, aussi distinct par la forme et la structure de l'animal, que par celles de la coquille. Les anciens auteurs désignaient cette coquille sous le nom de *Lepas* ou *écaille;* Linné changea ce nom en celui de *Patelle*, qui veut dire *petit plat*, bien qu'un grand nombre d'espèces ne ressemblent guère à un plat, grand ou petit.

La coquille des Patelles est univalve, ovale ou circulaire, non spiralée, terminée en cône surbaissé, concave et simple en dessous, à sommet non percé, entier, incliné antérieurement. Elle est lisse, ou ornée de côtes rayonnantes et souvent couvertes d'écailles. Ses bords sont fréquemment dentelés. Elle présente des couleurs vives et variées. L'intérieur est très-lisse, très-brillant, remarquable par la vigueur des teintes.

La tête de l'animal est munie de deux tentacules pointus, présentant un œil à leur base externe. Le corps est ovale, à peu près circulaire, ou conique, ou déprimé. Le pied est en forme de disque charnu, très-épais. Des branchies lamellaires sont disposées en séries tout autour du corps.

Les Patelles vivent sur les rivages de la mer, dans les parties qui sont alternativement couvertes et découvertes par les flots. Elles sont presque constamment appliquées sur les rochers ou sur les corps immergés. Elles y adhèrent d'une manière prodigieuse. Si, avant d'enlever une Patelle fixée à son rocher, on l'a préalablement touchée, et pour ainsi dire avertie, aucun effort humain ne saurait l'enlever : on romprait plutôt la coquille. Il faut, pour s'en emparer, parvenir à glisser une lame entre le pied de l'animal et le rocher qui le supporte. On s'est assuré par expérience qu'une Patelle peut soutenir, avant de céder, un poids de plusieurs livres. Cela

tient à la grande quantité de fibres verticales du pied qui,
en soulevant la partie médiane, forment dans le milieu une
sorte de ventouse. C'est la célèbre expérience physique des
hémisphères de Magdebourg que ces petits mollusques réali-
sent par leur action vitale.

Ces animaux vivent enfoncés à une profondeur de deux
ou trois lignes, dans la roche crayeuse. Après s'en être
écartés, on les voit revenir constamment à la même place.
Leurs mouvements sont d'ailleurs extrêmement lents. On ne
s'aperçoit guère de la marche des Patelles que par un léger
soulèvement des bords de la coquille au-dessus du plan de
position, car les bords du manteau ne les dépassent pas et à
peine voit-on la pointe des tentacules.

Comme la bouche de ces singuliers Gastéropodes est armée,

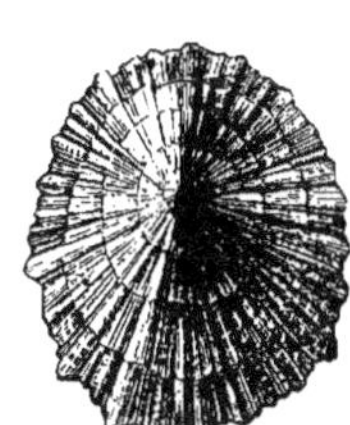

Fig. 343. Patelle bleue.
(*Patella cærulea*, Lam.)

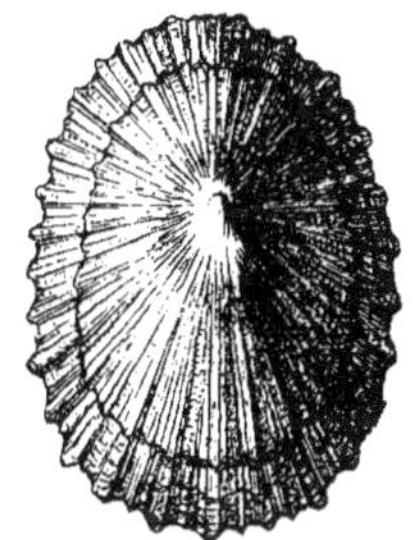

Fig. 344. Patelle rose.
(*Patella umbella*. Gmel.)

à son bord supérieur, d'une grande dent semi-lunaire, cornée,
tranchante, et à sa partie inférieure d'une langue garnie de
crochets cornés ; comme ils habitent en grand nombre dans
des lieux couverts de plantes marines, on a supposé que leur
régime était particulièrement végétal.

Les pauvres habitants de nos côtes mangent les Patelles
lorsqu'ils n'ont pas autre chose, bien que leur chair soit singulièrement coriace et indigeste.

On connaît des Patelles dans toutes les mers. Elles sont
toujours bien plus grosses, bien plus nombreuses, bien plus
riches en couleur dans les mers des pays chauds, et surtout dans l'hémisphère austral, que dans les mers de nos
contrées.

La *Patelle commune* est épaisse, solide, ovale, à peu près circulaire, ordinairement conique, couverte d'un grand nombre de stries très-fines. Sa couleur est d'un gris ver-

Fig. 345. Patelle œil de rubis.
(*Patella granatina*. Lin.)

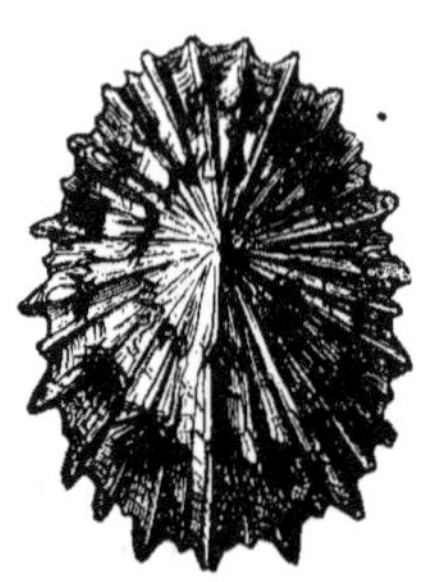

Fig. 346. Patelle barbue.
(*Patella barbata*. Lam.)

dâtre, uniforme en dessus, et d'un jaune verdâtre en dedans. Très-abondante sur les côtes de la Manche et de l'Océan, elle présente de nombreuses variétés.

La *Patelle bleue* des côtes de Sainte-Hélène (fig. 343) offre

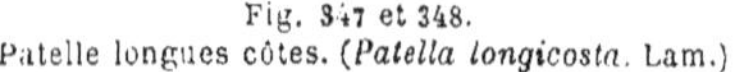

Fig. 347 et 348.
Patelle longues côtes. (*Patella longicosta*. Lam.)

une coquille ovale, plus large en arrière, médiocrement épaisse, déprimée, aplatie, couverte de stries anguleuses et rugueuses denticulant le bord. Elle est d'un vert foncé en dehors, d'un beau bleu luisant en dedans, si ce n'est la place de l'animal qui est d'un blanc mat.

D'autres espèces très-élégantes sont : la *Patelle rose* des rivages de l'Afrique (fig. 344), — la *Patelle œil de rubis*, qui vient de l'Océan des Antilles (fig. 345), — la *Patelle barbue* (fig. 346), — la *Patelle longues côtes* (fig. 347 et 348).

MOLLUSQUES PTÉROPODES

Entre les Gastéropodes et les Céphalopodes, les naturalistes placent un petit groupe, très-limité, d'animaux marins, dont le principal caractère est une expansion membraneuse située à droite et à gauche de leur tête; de là leur nom de *Ptéropodes* (πους-πτερος, pieds-ailes).

Nous ne ferons que citer ces curieuses bestioles. Nous en parlons surtout pour ne pas laisser de lacune dans l'histoire des mollusques.

Les ailes, ou nageoires, que la nature a départies à ces animaux, ne peuvent les soutenir, ou les faire avancer, que par des mouvements vifs et continuels, qu'on peut comparer à ceux des Papillons. Comme les Papillons, les Ptéropodes remuent sans cesse, avec une promptitude et une aisance vraiment étonnantes, les nageoires, qui chez eux semblent représenter les ailes de ces insectes. Ils avancent de cette manière dans une direction déterminée. Le corps ou la coquille restent alors dans une position oblique ou verticale.

On voit souvent ces petits mollusques monter rapidement, tournoyer dans un espace déterminé, ou plutôt nager, sans paraître changer de place, en se soutenant à la même hauteur. Si quelque chose les effraye, ils replient leurs nageoires et descendent à une profondeur plus ou moins considérable dans l'eau, jusqu'à ce qu'ils aient trouvé la sécurité, dans une tranquille région de leur humide royaume.

Très-petits et quelquefois microscopiques, ces mollusques vivent à une grande distance des côtes, et n'en approchent que par accident, lorsqu'ils sont entraînés par les courants ou les tempêtes.

Les Ptéropodes sont éminemment sociables et se rassemblent en troupes considérables au sein des mers.

Certains naturalistes avaient composé, avec ces petits mollusques, la classe des *Paracéphalophores* et l'ordre des *Aporobranches*, sans craindre d'écraser ces pauvres bêtes sous le poids de pareils noms. En écartant toute cette classification barbare, nous nous bornerons à signaler les genres *Clio*, *Hyale* et *Cléodore*.

GENRE CLIO.

Les *Clios* sont dépourvus de coquille. Leur corps est allongé, terminé en pointe à son extrémité postérieure. Il offre vers son extrémité antérieure une sorte de coin, ou d'étranglement, qui porte deux nageoires, à peu près triangulaires.

Il n'existe peut-être pas dans toute la nature un appareil égal à celui que possèdent les Clios pour opérer la préhension des aliments. Leur tête est percée d'une petite bouche. Tout autour de cette bouche se voient six tentacules, dont chacun est couvert d'environ trois mille taches rouges transparentes. Elles affectent la forme de cylindres. Or, chacun de ces cylindres contient environ vingt petits suçoirs, qui ont la faculté de se projeter au dehors, pour saisir leur mince proie. Sur la tête d'un seul Clio, il y a donc trois cent soixante mille de ces suçoirs microscopiques!

Le corps des Clios est d'un beau bleu, plus ou moins violacé, ou d'un rouge vif.

Ces ptéropodes habitent toutes les mers. On les trouve par millions dans les mers du Nord. Ils donnent, pour ainsi dire, la vie à ces régions froides et désolées, grâce à leurs jolies couleurs et à leurs gambades.

Le *Clio boréal*, qui habite les mers arctiques, sert de pâture aux baleines. Son corps présente cependant à peine trois centimètres de longueur. Des myriades de ces pygmées s'engouffrent en un instant dans l'abîme béant de la bouche du cétacé vorace.

GENRE HYALE.

Les *Hyales* (*Hyalea*) ont une petite coquille cornée, très-mince et transparente, globuleuse ou allongée, ouverte antérieurement, fendue sur les côtés et à extrémité postérieure tronquée. Leur corps globuleux est formé de deux parties, l'une céphalique, portant deux tentacules assez forts et deux grandes nageoires en forme d'ailes de chaque côté de la bouche.

Ces mollusques, de petite taille, sont généralement d'un jaune bleuâtre ou violet. Ils habitent la haute mer, et sillonnent rapidement les flots, à l'aide de leurs nageoires. Certains vents les portent quelquefois, en grand nombre, sur les côtes de la Méditerranée. Ces bestioles inoffensives, et qui vivent réunies en nombre immense, semblent une proie facile et toute préparée, pour ainsi dire, pour la nourriture des grands animaux marins qui les avalent par milliers.

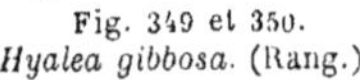

Fig. 349 et 350.
Hyalea gibbosa. (Rang.)

Fig. 351 et 352.
Hyalea longirostris. (Lesueur.)

On connaît une vingtaine d'espèces d'*Hyales* actuellement vivantes dans l'océan Atlantique et dans les mers de la Nouvelle-Hollande. Nous nous contenterons de mentionner l'*Hyale tridentée*, qui habite la mer Méditerranée et l'océan Atlantique, et de représenter deux espèces : l'*Hyalea gibbosa* (fig. 349 et 350), et l'*Hyalea longirostris* (fig. 351 et 352).

Les grandes nageoires de l'*Hyalea stridentata* sont jaunes et marquées à leur base d'une belle tache violette. Sa coquille, plane en dessus, bombée en dessous, est fendue sur le côté. La partie supérieure est plus longue que l'inférieure, et la ligne transverse qui les unit est munie de trois dents. Cette coquille presque translucide est jaune. Quand l'animal nage, deux expansions de son manteau sortent par les fentes latérales de la coquille.

GENRE CLÉODORE.

La *Cléodore* est une délicate et gracieuse bestiole. Son corps, d'aspect gélatineux, pourvu d'une tête distincte, offre

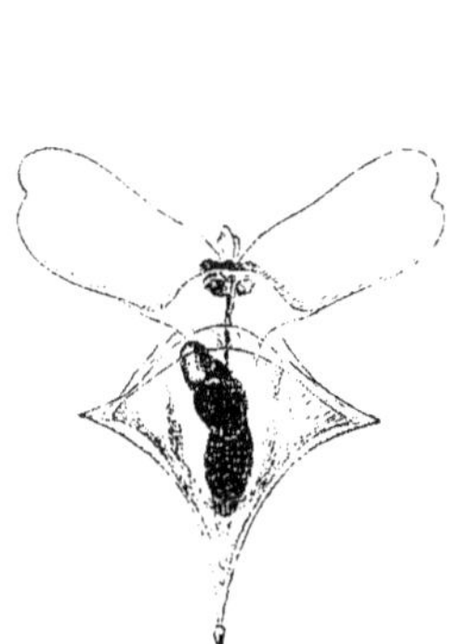

Fig. 353. Cleodora lanceolata.
(Lesueur.)

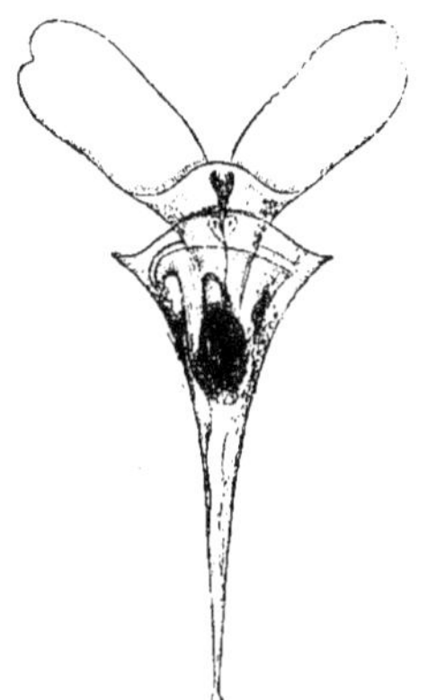

Fig. 354. Cleodora compressa.
(Eydoux et Souleyet.)

près du cou des nageoires échancrées en forme de cœur. Sa partie postérieure est globuleuse, transparente et lumineuse, même dans l'obscurité.

L'animal qui l'habite brille quelquefois à travers la coquille, comme une lumière placée dans une lanterne. Cette coquille triangulaire, mince, vitrée, fragile, se termine en une longue épine à la base.

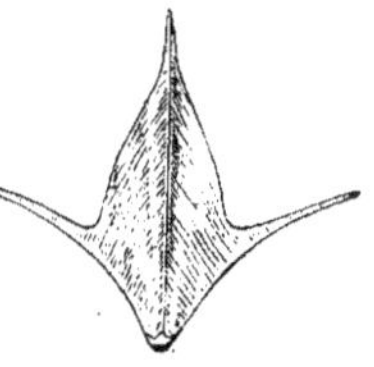

Fig. 355.
Cleodora cuspidata.

Cette jolie créature flotte par myriades, à la surface des flots, dans presque toutes les mers.

Nous représentons la *Cleodora lanceolata* (fig. 353), la *Cleodora compressa* (fig. 354), et la *Cleodora cuspidata* (fig. 355).

MOLLUSQUES CÉPHALOPODES

Nous arrivons enfin aux plus volumineux, aux parfaits Mollusques : aux *Céphalopodes*.

Leur nom, comme nous l'avons déjà dit, est tiré de la position de leurs pieds, qui s'insèrent à la partie antérieure de la tête (κεφαλη, tête, πους, ποδος, pied).

Les Mollusques Céphalopodes sont très-avancés dans l'échelle des êtres, car ils possèdent à un haut degré les sens de la vue, de l'ouïe et du tact.

Les Céphalopodes se sont montrés avec les premiers animaux qui ont apparu sur la terre. Assez nombreux encore aujourd'hui, ils sont loin de jouer le rôle important qui leur fut dévolu aux premiers temps de l'existence de la vie organique sur notre planète. Les *Ammonites* et les *Bélemnites* figuraient par milliers parmi les êtres qui peuplaient les mers pendant la période secondaire de l'histoire de notre globe.

La grande classe des Céphalopodes se divise en deux ordres : celui des *Céphalopodes acétabulifères* (*acetabulum*, coupe, suçoir, φερω, je porte), c'est-à-dire ceux dont les bras sont munis de suçoirs, et celui des *Céphalopodes tentaculifères*, c'est-à-dire ceux dont les bras sont dépourvus de suçoirs et ne forment que des tentacules vigoureux et charnus.

CÉPHALOPODES ACÉTABULIFÈRES

C'est à ce groupe qu'appartiennent le *Poulpe*, l'*Argonaute*, la *Seiche*, le *Calmar*, parmi les animaux actuellement vivants ; la *Bélemnite*, viparmi les animaux qui vivaient pendant les anciens âges de notre globe.

Ces espèces, souvent de grande taille, sont essentiellement carnassières. Écoutons, à ce sujet, M. Michelet. Il va nous peindre l'humeur guerrière de ces habitants des mers.

« Les Méduses et les Mollusques, dit cet écrivain, ont été généralement d'innocentes créatures, et j'ai vécu avec eux dans un monde aimable de paix. Peu de carnassiers jusqu'ici. Ceux mêmes qui étaient forcés de vivre ainsi, ne détruisaient que pour le besoin et encore vivaient la plupart du temps aux dépens de la vie commencée à peine d'atomes, de gelée animale qui n'est pas même organisée. Donc la douleur était absente. Nulle cruauté et nulle colère. Leurs petites âmes si douces n'en avaient pas moins un rayon, l'aspiration vers la lumière, et vers celle qui nous vient du ciel, et vers celle de l'amour, révélé en changeante flamme qui, la nuit, fait la joie des mers. Maintenant, il me faut entrer dans un monde bien autrement sombre : la guerre, le meurtre. Je suis obligé d'avouer que, dès le commencement, dès l'apparition de la vie, apparut la mort violente, épuration rapide, utile purification, mais cruelle, de tout ce qui languissait, traînait ou aurait langui, de la création lente et faible dont la fécondité eût encombré le globe.

« Dans les terrains les plus anciens, on trouve deux bêtes meurtrières, le mangeur et le suceur. Le premier nous est révélé par l'empreinte du Trilobite, espèce aujourd'hui perdue, destructeur des êtres éteints. Le second subsiste en un reste effrayant, un bec presque de deux pieds, qui fut celui du grand suceur, seiche ou poulpe. D'après un tel bec, ce monstre, s'il lui était proportionné, aurait eu un corps énorme, des bras suçoirs épouvantables de vingt ou trente pieds peut-être, comme une prodigieuse araignée. Le suceur du monde, mou, gélatineux, c'est lui-même. En faisant la guerre aux Mollusques, il reste mollusque aussi, c'est-à-dire toujours embryon. Il offre l'aspect étrange, ridicule, caricatural, s'il n'était terrible, de l'embryon allant en guerre, d'un fœtus cruel, furieux, mou, transparent mais tendu, soufflant d'un souffle meurtrier. Car ce n'est pas pour se nourrir exclusivement qu'il guerroie. Il a besoin de détruire. Même rassasié, crevant, il détruit encore. Manquant d'armure défensive, sous son ronflement menaçant, il n'en est pas moins inquiet ; sa sûreté, c'est d'attaquer. Il regarde toute créature comme un ennemi possible. Il lui lance à tout hasard ses longs bras, ou plutôt ses longs fouets armés de ventouses [1]. »

Après cette *caractéristique* générale des Mollusques Céphalopodes, tracée par notre éloquent historien et poëte, nous

1. Michelet, *la Mer*.

pouvons entrer dans l'examen des principaux ordres de cette classe d'animaux.

GENRE POULPE.

Le corps des Poulpes, de la structure la plus singulière, rappelle un peu celui de certaines espèces de polypes. On y distingue un *corps*, ou masse abdominale, et une *tête*, séparée par un étranglement assez marqué. Le corps est recouvert par le manteau, qui a la forme d'un sac, et n'est ouvert qu'en avant, par une fente transverse. La tête présente, à droite et à gauche, un œil saillant et très-développé. Elle est surmontée d'une sorte d'entonnoir charnu, qui se divise en quatre paires de tentacules. Au fond de cet entonnoir tentaculaire se trouve la bouche. On voit sortir de l'ouverture antérieure du manteau un tube évasé à sa base.

Mais ce coup d'œil général jeté sur l'aspect extérieur de l'animal ne suffit pas pour le faire connaître. Étudions d'un peu plus près ses organes.

Les tentacules qui servent à la fois d'organes locomoteurs pour nager et pour ramper, et d'organes de préhension pour saisir et retenir la proie, sont coniques, très-allongés, et tous de même forme. Chacun de ces organes présente vers l'axe un canal longitudinal qui renferme un gros nerf, et qui est entouré de fibres musculaires disposées en rayons. Des ventouses occupent toute la face interne des bras, et sont disposées sur deux rangs. Elles ont à peu près la forme d'une capsule semi-sphérique, de la convexité de laquelle partent des faisceaux musculaires qui s'étendent vers les parties adjacentes des bras. On y distingue en dedans un disque concave, percé au centre par l'ouverture d'une fossette au fond de laquelle s'élève un tubercule en forme de tampon. Ce tubercule central est susceptible de s'avancer, de manière à remplir le trou du disque, et à se retirer en arrière, de manière à agrandir la capacité de la fossette qui le renferme. La ventouse peut donc s'appliquer à plat sur un corps étranger, puis, par la rétraction de l'espèce de piston ainsi constitué, produire dans la partie centrale du disque un

vide en raison duquel ce disque adhère avec force à la surface sous-jacente. Chaque bras du Poulpe porte environ 240
de ces ventouses. Leur nombre total s'élève donc à peu près
à 1000.

La bouche, qui s'ouvre au fond de la couronne tentaculaire, est armée de deux mandibules cornées, très-dures, recourbées, ayant à peu près la forme d'un bec de perroquet.
Ces dents redoutables se meuvent verticalement, et se rap-
prochent par leur bord tranchant, comme des ciseaux courbes.
Mais elles agissent surtout en déchirant la proie à l'aide du
crochet qui les termine.

La langue est recouverte, à sa partie supérieure, d'une
épaisse couche cornée, hérissée, en son milieu, d'une série
de dents recourbées. Sur les côtés du même organe, se dressent trois autres dents, aux pointes étroites et crochues.

L'œsophage, qui fait suite à la bouche, est long et grêle.
Arrivé dans l'abdomen, il s'épanouit en un jabot auquel succèdent un gésier à parois fortement charnues, et enfin un
intestin assez court qui se dirige en avant et va se terminer,
sur la ligne médiane du corps, vers la partie antérieure d'une
cavité dont nous allons actuellement dire quelques mots.

Elle occupe l'espace libre compris entre la surface extérieure de l'abdomen de l'animal, et la face interne du manteau. C'est là que sont logés les organes respiratoires, c'est-
à-dire les *branchies*. C'est aussi là que se termine l'appareil
reproducteur, et que se voient les orifices de quelques organes glandulaires excréteurs.

Les branchies, au nombre de deux, sont volumineuses,
mais courtes, touffues, et à peu près en forme de feuilles de
fougère. La cavité branchiale peut se dilater et se contracter
alternativement. Elle communique au dehors par deux ouvertures : l'une, en façon de fente, sert à l'entrée ; l'autre,
prolongée en tube, sert à la sortie de l'eau, et devient un
puissant appareil de locomotion.

Ainsi, l'inspiration de l'animal se fait par la fente du manteau, l'expiration par le tube ; le renouvellement du liquide
respirable s'opère à l'aide d'une sorte de pompe aspirante
et foulante, à la surface des lamelles branchiales.

Les Poulpes ne seraient pas embarrassés pour répondre à la question de don Diègue de Corneille :

Rodrigue, as-tu du cœur?

En effet, ils ont trois cœurs. Les deux premiers sont placés à la base de chaque branchie. Chacun pousse dans la branchie le sang arrivant de toutes les parties du corps. Le sang vivifié par la respiration, dans le tissu interne des branchies, est emporté par les veines dans un troisième cœur, situé sur la ligne médiane du corps, et qui distribue dans tout le reste de l'économie ce sang régénéré.

Nous ne pousserons pas plus loin ces détails anatomiques. Cependant nous ne pouvons nous empêcher de faire remarquer au lecteur que notre Poulpe possède un regard fixe et fort peu rassurant. Ses yeux saillants, la couleur dorée de l'iris, ont quelque chose de fascinateur. L'animal semble vouloir ménager par intervalles la puissance de ce regard. En effet, il recouvre de temps en temps ses yeux, en contractant la peau qui les entoure, et rapprochant les deux paupières translucides dont l'œil est muni.

Les Poulpes sont des animaux essentiellement aquatiques et marins. On les trouve dans les mers de toutes les parties du monde, mais surtout dans les mers des pays chauds. Ils ont une grande prédilection pour les côtes. Tant que dure leur jeunesse ils sont sociables et vivent volontiers en troupes. Mais avec l'âge vient la *misopoulpie*, si l'on veut nous passer un néologisme excusé par la barbarie du personnage qui le provoque. Cet Ours des mers fuit alors le jeune monde poulpique, et se retire dans un creux de rocher. On ne trouve plus ces vétérans solitaires que dans les lieux âpres et rocailleux, hérissés de roches nues et déchirées par le flot. Ils se tiennent dans des régions peu profondes, à quelques mètres seulement au-dessous du niveau des plus basses marées.

« Combien de fois n'avons-nous pas observé un Poulpe dans son asile favori? dit A. d'Orbigny, qui a publié de si belles recherches sur ces mollusques. Là, quelques-uns de ses bras cramponnés aux parois de sa demeure, il étend les autres vers les animaux qui passent à sa portée, les enlace, et par sa force rend inutiles tous les efforts qu'ils font pour s'en dégager [1]. »

Si l'on place un Poulpe vivant sur le sol, avec l'intention de l'observer, ou bien si on le considère sur un fond baigné d'eau, on le voit marcher de côté, la bouche touchant la terre. Les bras s'étendent, s'accrochent à un point d'appui, et, se contractant, attirent le corps. En même temps , les bras du côté opposé se raccourcissent et se replient, pour aider au même mouvement, par un effort contraire. A terre, la marche de ces animaux est donc fort lente. En revanche, ils nagent très-vite, grâce au mouvement de leurs bras multiples, et par la réaction de l'eau refoulée par le tube locomoteur. Ils vont plus souvent à reculons, le corps en avant, les six bras supérieurs placés horizontalement, les deux autres très-rapprochés en dessus. Les premiers leur servent de soutien dans la position horizontale, les derniers de gouvernail. Ceux-ci s'inclinent à droite et à gauche lorsque l'animal veut changer de direction.

D'après ce que nous avons dit plus haut de la structure de la bouche et du développement de l'appareil digestif chez les Poulpes, on devine aisément que ces animaux sont extrêmement carnassiers. La mer n'a pas de plus rapace, de plus destructeur habitant. Soit que, placés en embuscade, ils guettent leur proie, comme des brigands à l'affût, soit qu'ils la poursuivent à la nage, les Poulpes font aux Crustacés et aux Poissons une guerre meurtrière. Leurs ravages sont tels que les pêcheurs se plaignent souvent du tort que leur font ces voraces animaux, non-seulement par la quantité de Crustacés et de Poissons qu'ils détruisent, mais aussi par l'effroi qu'ils inspirent aux êtres marins dont ils n'ont pas réussi à s'emparer. Ces animaux, frappés de crainte, quittent, pour n'y plus revenir, les parages qu'ils fréquentaient.

Les Poulpes se nourrissent encore de Mollusques à coquilles. Aussi reconnaît-on l'existence de l'un de ces redoutables habitants des mers aux nombreux débris que l'on voit

____

1. *Tableau méthodique de la classe des Céphalopodes*, 1826, in-4°.

semés autour du lieu de son embuscade. La voracité de ces animaux est si impérieuse, si irréfléchie, que si dans leur voisinage on vient à plonger sa main dans la mer, ils s'avancent avec précipitation pour la saisir. Aussi sont-ils la terreur des baigneurs. Soit qu'ils obéissent à l'instinct de la défense, ou qu'ils soient poussés par l'appétit, ils frappent quelquefois de leurs bras, comme d'un coup de fouet, les jambes des baigneurs, et, ce qui est pire, des baigneuses, ou les saisissent et s'y cramponnent. Ce contact est plus désagréable que dangereux.

« L'homme ainsi frappé en nageant, dit Michelet, ne peut se troubler dans sa lutte avec un si misérable ennemi. Il doit, malgré son dégoût, l'empoigner et, chose aisée, le retourner comme un gant. Il s'affaisse alors et retombe.

« On est choqué, irrité d'avoir eu un moment de peur, au moins de saisissement. Il faut dire à ce guerrier qui vient ronflant, jurant : Faux brave, tu n'as rien au dedans. Tu es un masque plus qu'un être, sans base, sans fixité de la personnalité, tu n'as que l'orgueil encore. Tu ronfles, machine à vapeur, tu ronfles et tu n'es qu'une poche. Puis, retourné, une peau flasque et molle, vessie piquée, ballon crevé, et demain un je ne sais quoi sans nom, une eau de mer évanouie [1]. »

Voilà un animal gravement insulté !

Le Poulpe ainsi accusé en face, d'orgueil, de fanfaronnade et de bravoure usurpée, ne nous a pas donné mission de le défendre. Cependant, s'il nous était permis de hasarder quelques mots à sa décharge, nous oserions dire que ce ballon qui se gonfle, cette poche qui s'enfle, ne se gonflent et ne s'enflent que pour respirer; — que cet être se défend parce qu'on l'attaque; — et que s'il est vorace, il faut s'en prendre à dame nature, qui ne lui a pas donné pour ne pas s'en servir, de si fortes dents et de si puissants instruments de destruction et de digestion.

Par suite de sa voracité, cet animal se laisse prendre aux plus grossiers appâts. Il est facilement attiré par des hameçons enveloppés de chair de poisson ou de débris de crustacés.

Le Poulpe peut vivre cinq à six ans. Il se reproduit à l'aide d'œufs assez gros qui, réunis en grappes, sont connus des pêcheurs sous le nom de *raisin de mer*.

1. *La Mer.*

Nous terminerons cette histoire générale des Poulpes, en signalant deux propriétés intéressantes que présentent ces mêmes animaux. Ils peuvent reproduire leurs bras détruits ou coupés. Ce phénomène de *rédintégration*, que nous avons vu se manifester avec tant de force chez les Zoophytes, se retrouve chez les Mollusques Céphalopodes, dont nous parlons. Il ne se manifeste toutefois qu'à un degré affaibli, car les nouveaux bras des Poulpes n'atteignent jamais leur longueur primitive.

Mais il est une autre particularité curieuse chez ces singuliers Céphalopodes. Sous l'influence d'une vive émotion, la face de l'homme rougit subitement, et c'est là presque un attribut de l'humanité.

> Seigneur! vous changez de visage,

dit la tragédie.

Le Poulpe partage avec l'homme cet attribut. L'influence du physique sur le moral se retrouve chez un Mollusque, comme dans l'espèce à laquelle nous nous faisons gloire d'appartenir. Selon les impressions qu'ils éprouvent, les Poulpes changent subitement de couleur, et passent par des tons divers. Ils ne reviennent à leur ton primitif que quand la cause de cette émotion s'est dissipée. On dirait qu'ils sont doués d'une extrême sensibilité, et que cette sensibilité réagissant immédiatement sur leurs tissus, d'une délicatesse et d'une élasticité extraordinaires, produit ce brusque changement de coloration. Mais le phénomène va plus loin encore que chez l'homme. Sous l'influence d'une émotion ou d'une passion, l'homme se borne à rougir. On ne voit jamais son visage, sous l'empire de la terreur, de la honte, ou de l'espoir, se couvrir de pustules. C'est ce que fait notre Poulpe. Non-seulement il change de couleur, mais il se couvre momentanément de petites verrues qui le rendent méconnaissable.

« Voyez, dit M. d'Orbigny, un Poulpe dans une flaque d'eau se promenant autour de sa retraite: il est lisse et d'une teinte très-pâle. Voulez-vous le saisir, il se colore subitement de teintes foncées, et son corps se hérisse, au même instant, de verrues et de cirrhes qui persistent jusqu'à ce qu'il soit entièrement rassuré. »

On connaît plusieurs espèces de Poulpes (*Octopus*), parmi lesquelles nous citerons : le *Poulpe commun* (*Octopus vulgaris*, fig. 356), — le *Poulpe à grands pieds* (*Octopus macropus*,

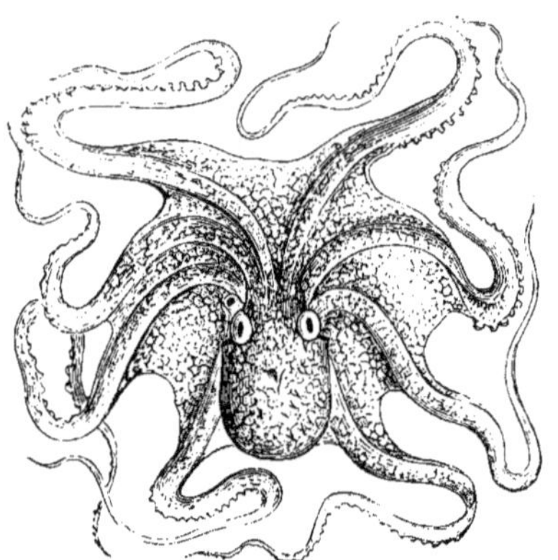

Fig. 356. Poulpe commun. (*Octopus vulgaris*. Lam.)

fig. 357), — le *Poulpe à pieds courts* (*Octopus brevipes*, fig. 358), — et le *Poulpe horrible* (*Octopus horridus*, fig. 359).

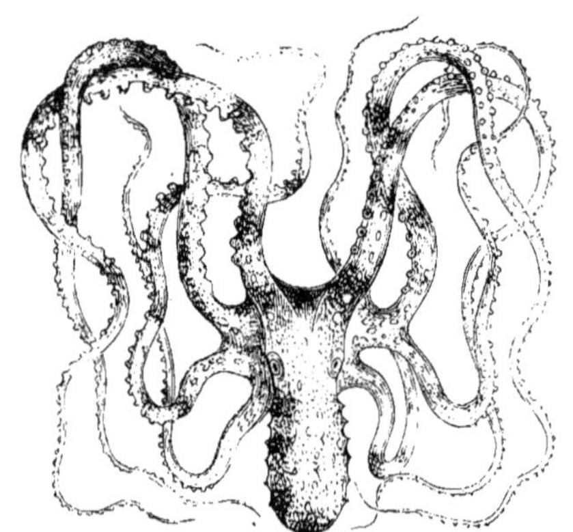

Fig. 357. Poulpe à grands pieds. (*Octopus macropus*. Risso.)

Ce sont là autant de types remarquables du développement des membranes interbrachiales, de l'allongement considérable, ou de l'extrême raccourcissement des tentacules.

Dans le genre Poulpe (*Octopus*), que nous venons d'étudier, on a formé, de quelques espèces qui se séparent de ce genre par certains caractères, trois sous-genres que nous

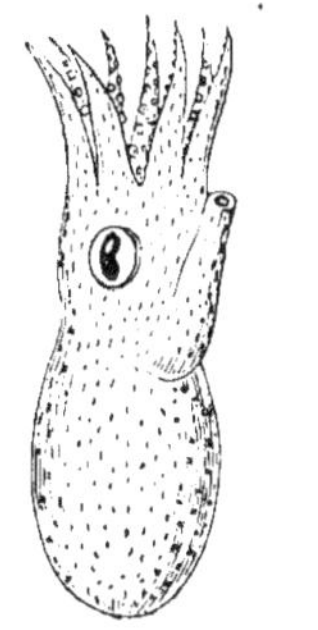

Fig. 358. Poulpe à pieds courts.
(*Octopus brevipes*. D'Orbigny.)

Fig. 359. Poulpe horrible.
(*Octopus horridus*. D'Orbigny.)

devons signaler rapidement. Ce sont : 1° les *Pinnoctopus*, 2° les *Cirrotheutis*, 3° les *Élédones*.

1° Les *Pinnoctopus* ont le corps oblong avec des expansions

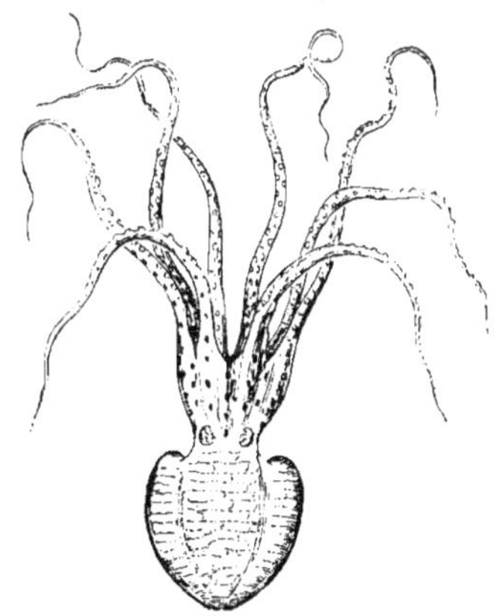

Fig. 360. Pinnoctopus cordiformis.
(D'Orbigny.)

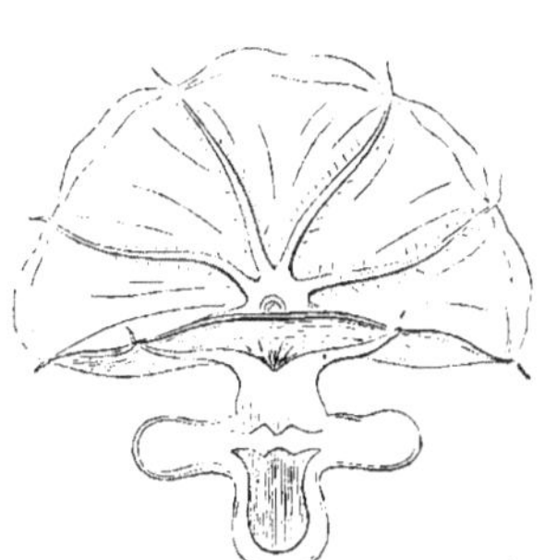

Fig. 361. Cirrotheutis Mulleri.
(Eschricht.)

latérales aliformes. La figure 360 suffira pour faire connaître la structure de ce Céphalopode.

2° Les *Cirrotheutis* ont les bras réunis complétement jusqu'à

leur extrémité, par une membrane mince et garnie de cirrhes qui alternent avec des ventouses disposées sur un seul
rang. On n'en connaît qu'une seule espèce, qui habite les
mers du nord. Nous la représentons dans la figure 361.

3° Les *Élédones* ont les bras réunis à leur base par une
membrane assez courte, et ne présentent plus qu'un seul
rang de suçoirs.

Les deux espèces les mieux connues de ce dernier groupe
habitent la Méditerranée. L'une est l'*Élédone musquée*, connue
en Italie sous le nom de *Muscardino*, à cause de la forte odeur
de musc qu'elle exhale, même après sa mort et sa dessiccation. L'autre est le *Poulpe* ou l'*Élédone à cirrhes*, petite espèce d'un gris bleuâtre sur le dos et blanchâtre sous le ventre.

Nous nous arrêterons un instant sur l'*Élédone musquée* de
la Méditerranée, dont les habitudes ont été parfaitement étudiées, de nos jours, par M. Verany.

L'habile naturaliste de Nice conserva pendant plus d'un
mois plusieurs Élédones (*Eledone moschatus*) dans de grands
réservoirs, et il put ainsi parfaitement étudier leurs mœurs.

Dans l'état de tranquillité, l'Élédone se cramponne au vase
qui la contient. Sa tête est alors un peu inclinée en avant, et
le sac penché en arrière; le tube locomoteur, retourné en
l'air, présente son orifice entre les bras. Dans cet état, l'animal est de couleur jaunâtre; ses yeux sont dilatés, sa respiration régulière. Mais si on l'irrite, si on le met en colère,
un changement remarquable s'opère en lui. Son corps devient d'une belle couleur marron, et se couvre de nombreux
tubercules. L'œil se contracte, le tube locomoteur lance avec
force contre l'agresseur une colonne d'eau; la respiration
devient précipitée, saccadée et irrégulière. L'animal fait, de
temps à autre, de plus fortes inspirations, et, après avoir
rassemblé ses forces, lance à un mètre de distance un jet
d'eau brusque et intermittent. Cet état de colère, que le
moindre contact suffit pour déterminer, dure une demi-heure
au plus. Quand il a cessé, l'animal reprend sa forme et sa
couleur primitives. Mais la moindre secousse imprimée à
l'eau suffit pour qu'une teinte plus foncée vienne passer
comme un éclair sur la peau de ce singulier Protée.

L'Élédone dort le jour aussi bien que la nuit. Dans le sommeil, elle s'attache au vase qui la renferme par son ombrelle, laissant flotter autour de cette ombrelle l'extrémité de ses bras, les deux inférieurs prolongés en arrière et le sac penché sur ces mêmes bras. Ses yeux sont alors contractés et en partie recouverts par la paupière. Sa respiration, très-régulière, est lente, et le rejet de l'eau assez rare. Elle est alors d'une couleur d'un gris livide, rouge vineux en dessus, avec des taches blanchâtres, tandis que les taches brunes ont entièrement disparu. Malgré son sommeil, elle est encore attentive aux dangers qui pourraient la surprendre. L'extrémité de ses bras, flottant autour du corps, l'avertit de l'approche ou du contact d'un corps quelconque, et la tient en garde contre le danger. Si l'on essaye de la toucher, même avec la plus extrême délicatesse, elle s'en aperçoit aussitôt et se dérobe à la main qui la cherche.

En toute circonstance, l'Élédone exhale une forte odeur de musc, qui se conserve longtemps après sa mort.

Quand l'Élédone nage, ce qu'elle ne fait que rarement et pressée par une nécessité urgente, elle porte son sac en avant, les bras étendus en arrière, les six supérieurs placés sur une ligne horizontale, les deux autres rapprochés en dessous. Ainsi étalée, elle présente, grâce à sa forme aplatie, une très-large surface de résistance à l'eau. Le mouvement de progression est dû à la dilatation et à la contraction successives de son corps, qui chassent l'eau avec violence par le tube locomoteur, et, par un effet de réaction, produisent un mouvement rapide et saccadé. Quelquefois les bras viennent en aide à ce mouvement. Les yeux de l'animal sont alors très-dilatés; sa couleur d'un jaune clair livide très-finement pointillée de rougeâtre et couverte de taches claires.

Mais, fait bien singulier, quand l'Élédone marche, elle change très-notablement de couleur; de sorte que l'animal en mouvement et l'animal au repos semblent deux êtres différents.

Quand l'Élédone marche dans l'eau, son tube locomoteur est dirigé en arrière, ses bras sont étalés, sa tête est relevée et son corps légèrement penché en avant. Sa robe est alors d'un gris perlé et les taches prennent une teinte lie de vin. Dès qu'elle cesse de marcher, ces nuances s'effacent.

Quelles vitalités étranges et mystérieuses nous cachent les profondeurs de la mer !

Après avoir parlé des sous-genres ou des tribus particulières que les naturalistes ont reconnus dans le groupe des Poulpes, et qu'ils ont étudiés de leurs propres yeux, il nous reste à parler des espèces hypothétiques, de celles que la crédulité des anciens, continuée par celle des modernes, a prétendu introduire dans l'histoire naturelle des animaux qui nous occupent. Il y a eu ici un mélange d'erreurs grossières et de petites vérités. Nous nous attacherons à en faire le partage avec discernement.

Commençons par les récits merveilleux que nous ont transmis les anciens naturalistes.

Et puisque nous avons prononcé et accolé ces deux noms : anciens naturalistes et récits merveilleux, nous avons, par le fait, nommé Pline.

C'est, en effet, Pline l'Ancien qui raconte l'histoire de cet énorme Poulpe qui fréquentait les côtes de l'Ibérie (Espagne) et dévastait les parages où les pêcheurs rassemblaient les poissons pour en préparer des conserves salées.

Pline ajoute que l'on réussit à s'emparer de ce gigantesque Poulpe. Il pesait 700 livres. Ses bras étaient longs de dix mètres.

Sa tête revenait de droit à Lucullus. On ne manqua pas d'en faire hommage à ce gastronome émérite. Elle était aussi grosse, dit Pline, qu'un tonneau de quinze amphores, et pesait 700 livres comme le corps.

Quelques naturalistes de la Renaissance, tels que Olaüs Magnus et Denis de Montfort, accordant un crédit mal justifié aux assertions de certains écrivains du nord de l'Europe, ont cru sérieusement à l'existence d'un monstre marin d'une taille prodigieuse, qui hantait les mers de l'Europe septentrionale.

Ce monstre marin reçut le nom de *Kraken*.

Nous aimons ce nom de *Kraken* : il dit assez que l'animal qui le portait tenait à la famille de M. de Crac.

Ce fameux *Kraken* portait l'épouvante sur les mers. Il arrêtait les navires, malgré les vents et l'action es rameurs. Souvent même il les faisait sombrer sans qu'on pût soupçonner la cause du naufrage.

Denis de Montfort décrivit scientifiquement le *Kraken*. Il le baptisa du nom spécifique de *Poulpe colossal*, et le représenta, dans un ouvrage, embrassant de ses bras énormes un vaisseau à trois mâts.

Denis de Montfort, charmé du succès que rencontraient dans un certain public ses assertions stupides, riait, dans sa longue barbe, de la crédulité de ses contemporains :

« Si mon *Kraken* passe, disait-il, je lui ferai étendre les bras des deux côtés du détroit de Gibraltar ! »

Il disait à un autre savant : « Si mon Poulpe colossal est admis, à la deuxième édition de mon mémoire je lui fais renverser une escadre ! »

Parmi ceux qui admettaient sans sourciller la facétieuse histoire du *Kraken*, il faut citer un saint évêque, qui était pourtant un naturaliste de mérite : nous voulons parler de Pontoppidan, évêque de Berghem, en Norwége. Pontoppidan, dans un de ses ouvrages, assure qu'un régiment pouvait manœuvrer à l'aise sur le dos du *Kraken*.

D'autres comparaient ce monstre marin à une île flottante qui se déplaçait au sein des eaux. *Similior insulæ quam bestiæ (plus semblable à une île qu'à un animal)*, écrivait le bon évêque de Berghem.

Dans la première édition de son *Système de la nature*, Linné lui-même avait admis l'existence de ce colosse des mers. Il l'appelait *Sepia microcosmus*. Mieux inspiré par la suite, il effaça le *Kraken* du catalogue des animaux.

Les récits de Pline sur le *Poulpe colossal* et ceux de Montfort sur le *Kraken* sont évidemment fabuleux. Il ne faut pas cependant que l'égarement de quelques auteurs ferme nos yeux à des faits réels et bien constatés. On doit, en effet, reconnaître qu'il existe dans la Méditerranée et dans l'Océan des Poulpes ou des animaux appartenant à des genres voisins, et dont la taille est vraiment considérable.

De nos jours, on a pêché près de Nice un Calmar qui pe-

sait 15 kilogrammes. Près de Cette, des pêcheurs prirent, il
y a une vingtaine d'années, un individu du même genre,
long de 1ᵐ,82. Ce Calmar est conservé dans le cabinet d'histoire naturelle de la Faculté des sciences de Montpellier, où
nous avons eu plusieurs fois le plaisir de lui rendre nos hom-
mages.

Péron, voyageur naturaliste de notre siècle, rencontra près
de la terre de Van-Diémen une Seiche dont les bras avaient
2ᵐ,33 de longueur.

Les voyageurs modernes Quoy et Gaimard ont recueilli
dans l'océan Atlantique, près de l'équateur, les débris d'un
énorme Mollusque qui, selon leurs calculs, devait peser plus
de 100 kilogrammes.

M. Rung rencontra au milieu de l'Océan un Mollusque à
bras courts et de couleur rouge, dont le corps, au dire de ce
naturaliste, avait la grosseur d'un tonneau. Une mandibule
de ce dernier Céphalopode, conservée au *collége des chirur-
giens de Londres*, est plus grande que la main.

En 1853, un Céphalopode gigantesque échoua sur la côte du
Jutland. Le corps de ce monstre fut dépecé par les pêcheurs.
Il fournit de quoi charger plusieurs brouettes. Son pharynx
(arrière bouche) avait le volume de la tête d'un enfant.

Le docteur Steenshup, naturaliste de Copenhague, qui a
publié de curieuses observations sur le Céphalopode gigantesque dont nous venons de parler, et qui l'a même décrit
sous le nom d'*Archithentis dux*, fit voir à M. Auguste Duméril, professeur au Muséum d'histoire naturelle de Paris,
un fragment de bras d'un autre Céphalopode, qui était aussi
gros que la cuisse d'un homme.

En 1860, M. Harting a décrit et figuré diverses parties d'un
animal gigantesque de la même famille qui se trouve dans
le musée d'histoire naturelle d'Utrecht.

Mais le fait le mieux avéré en ce genre est celui qui a été
observé en mer, au mois de novembre 1861, entre l'île de
Madère et les îles Canaries. M. Bouyer, lieutenant de vaisseau,
et M. Sabin Berthelot, consul de France aux îles Canaries,
ont donné des renseignements très-détaillés sur cet énorme
Céphalopode, qui fut observé entier et vivant.

La corvette *l'Alecton* se trouvait entre Ténériffe et Madère, quand elle fit la rencontre d'un Poulpe gigantesque long de 10 à 15 mètres et qui avait plus de 6 mètres de circonférence à son plus grand renflement. Il se terminait par plusieurs bras énormes. Sa chair était molle, glutineuse et rougeâtre.

Le commandant du navire, dans un intérêt scientifique, voulait absolument s'emparer du monstre. Il fit engager contre lui une véritable bataille. De nombreux coups de fusil lui furent tirés. Mais les balles traversaient sa masse flasque et glutineuse sans lui causer grand dommage. Seulement, après une de ces atteintes, on vit sortir de son corps un flot d'écume et de sang, et, chose singulière, une forte odeur de musc se fit sentir en même temps. L'odeur de musc est particulière, avons-nous dit, à un assez grand nombre de Céphalopodes.

Les coups de fusil n'ayant pas produit le résultat attendu, on lança plusieurs fois le harpon contre le monstre marin. Mais le harpon avait peu de prise dans cette chair mollasse. Quand il avait échappé au coup de harpon, l'énorme Poulpe plongeait sous le navire, et reparaissait bientôt de l'autre côté.

On réussit enfin à faire mordre le harpon, et l'on put entourer d'une corde la partie postérieure du corps de l'animal. Mais quand on voulut le soulever hors de l'eau pour l'amener à bord, la corde, pénétrant dans la substance des chairs, les divisa profondément. La partie antérieure du mollusque, c'est-à-dire le sommet du cornet, avec les tentacules, échappa, et l'on n'amena à bord que sa partie postérieure. Elle pesait environ vingt kilogrammes. L'animal, un moment soulevé hors de l'eau, retomba, et ne tarda pas à s'enfuir.

Les matelots demandaient à grands cris de jeter à la mer une chaloupe, pour se mettre à la poursuite du fugitif, et s'en emparer, en luttant avec lui, corps à corps. Mais le commandant s'y refusa, dans la crainte que l'animal ne fît chavirer la chaloupe, en s'attachant à la coque par ses longs bras et ses innombrables ventouses. Était-il permis d'exposer

des hommes à la mort, même avec la certitude de mettre la
science en possession d'une conquête importante ? Le commandant de *l'Alecton* ne fut pas de cet avis. Il s'opposa donc
à la poursuite de l'animal mutilé.

Une description assez précise de ce monstrueux Mollusque
a été adressée à l'Académie des sciences, par le consul de
France aux Canaries, M. Sabin Berthelot, qui a fait parvenir,
en même temps, à l'Académie, un dessin colorié représentant
ce gigantesque Céphalopode. Nous croyons utile de trans-
crire la note de M. Berthelot, qui reproduit avec plus de détails ce que nous venons de résumer plus haut.

« Le 2 novembre dernier, dit M. Berthelot, l'aviso à vapeur *l'Alecton*
commandé par M. Bouyer, lieutenant de vaiseau, est venu mouiller
sur notre rade se rendant à Cayenne. Cet aviso avait rencontré en mer,
entre Madère et Ténériffe, un Poulpe monstrueux qui nageait à la surface de l'eau. Cet animal mesurait de cinq à six mètres de longueur,
sans compter les huit bras formidables, couverts de ventouses, qui
couronnaient sa tête. Sa couleur était d'un rouge de brique; ses yeux,
à fleur de tête, avaient un développement prodigieux et une effrayante
fixité. Sa bouche, en bec de perroquet, pouvait offrir près d'un demi-
mètre. Son corps, fusiforme, mais très-renflé vers le centre, présentait
une énorme masse dont le poids a été estimé à plus de 2000 kilogrammes. Les nageoires situées à l'extrémité postérieure étaient
arrondies en deux lobes charnus et d'un très-grand volume.

« Ce fut le 30 novembre vers midi et demi que l'équipage de *l'Alecton* aperçut ce terrible Céphalopode nageant le long de bord. Le commandant fit stopper aussitôt, et malgré les dimensions de l'animal, il
manœuvra pour s'en emparer. On disposa un nœud coulant pour essayer
de le saisir; des fusils furent chargés et des harpons préparés en toute
hâte. Mais aux premières balles qu'on lui envoya, le monstre plongea
en passant sous le navire, et ne tarda pas à reparaître à l'autre
bord. Attaqué de nouveau avec les harpons, et après avoir reçu
plusieurs décharges, il disparut deux ou trois fois, et chaque fois remontait quelques instants à fleur d'eau, en agitant ses longs bras.
Mais le navire le suivait toujours ou bien arrêtait sa marche, selon
les mouvements de l'animal. Cette chasse dura plus de trois heures.
Le commandant de *l'Alecton* voulait en finir à tout prix avec cet ennemi d'un nouveau genre. Toutefois, il n'osa pas risquer la vie de ses
marins en faisant armer une embarcation que ce monstre aurait pu
faire chavirer en la saisissant avec un seul de ses bras formidables.
Les harpons qu'on lui lançait pénétraient dans des chairs mollasses
et en sortaient sans succès. Plusieurs balles l'avaient traversé inutilement. Cependant il en reçut une qui parut le blesser grièvement, car
il vomit aussitôt une grande quantité d'écume et de sang mêlés à des

Fig. 362. Pêche d'un Poulpe gigantesque, par la corvette française *l'Alecton*, dans les parages de Ténériffe.

matières gluantes qui répandirent une forte odeur de musc. Ce fut dans cet instant qu'on parvint à le saisir avec le nœud coulant; mais la corde glissa le long du corps élastique du mollusque, et ne s'arrêta que vers l'extrémité à l'endroit des deux nageoires. On tenta de le hisser à bord. Déjà la plus grande partie du corps se trouvait hors de l'eau, quand l'énorme poids de cette masse fit pénétrer le nœud coulant dans les chairs et sépara la partie postérieure du reste de l'animal; alors le monstre, dégagé de cette étreinte, retomba dans la mer et disparut.

« On m'a montré, à bord de l'*Alecton*, cette partie postérieure.

« Je vous adresse un dessin assez exact de ce Poulpe colossal, fait à bord par un des officiers de l'*Alecton*.

« Je dois ajouter que j'ai interrogé moi-même de vieux pêcheurs canariens, qui m'ont assuré avoir vu plusieurs fois, vers la haute mer, de grands Calmars rougeâtres de deux mètres et plus de long, dont ils n'avaient osé s'emparer. »

La planche qui se voit à la page précédente a été exécutée d'après le dessin adressé à l'Académie des sciences par l'auteur de la relation que l'on vient de lire.

GENRE ARGONAUTE.

Voyez-vous flotter gracieusement à la surface de la mer cet esquif vivant, cette chaloupe animée? La barque élégante qui se joue ainsi au courant de la vague n'est pas l'œuvre d'un ouvrier humain. C'est la fille de la nature, c'est l'*Argonaute*, dont les tribus, parées de mille couleurs, errent la nuit, en essaims innombrables, à la surface de l'Océan.

La coquille marine que Linné baptisa le premier du nom d'*Argonaute*, jouissait d'un grand renom dans l'antiquité grecque et romaine. Elle avait donné lieu à de gracieuses légendes ; elle avait inspiré la verve de bien des poëtes. C'est ce curieux animal qu'Aristote, et plus tard Athénée, avaient nommé *Nautiles* et *Nauticos*, et que Pline nomma *Nautilus* et *Pompylius*.

Peu d'animaux ont été aussi célèbres, aussi anciennement connus. Les poëtes grecs et romains y voyaient une élégante miniature du navire construit par le génie et l'audace de l'homme qui, le premier, osa braver les fureurs de l'onde perfide.

> « Illi robur et æs triplex
> Circa pectus erat, qui fragilem truci
> Commisit pelago ratem
> Primus [1].... »

La rencontre du Pompylius était, pour les superstitieux Romains, le plus favorable présage. Ce petit nautonier, errant au gré des vagues capricieuses, était une divinité tutélaire qui guidait le navigateur dans sa course, et lui assurait une traversée heureuse.

Écoutons Aristote, l'immortel auteur de l'*Histoire naturelle des animaux* :

« Le *Poulpe nautile*, dit Aristote, est de la nature des animaux qui passent pour extraordinaires, car il peut flotter sur la mer. Il s'élève

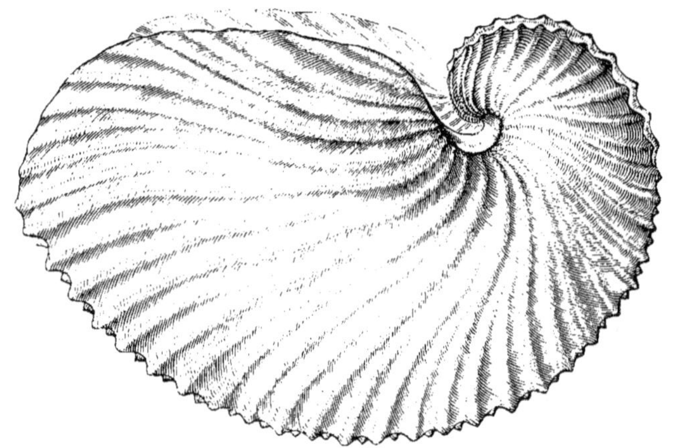

Fig. 363. Coquille de l'Argonaute papyracé. (*Argonauta argo.* Lin.)

du fond de l'eau, la coquille étant renversée et vide. Mais arrivé à la surface, il la retourne. Il a entre les bras une espèce de tissu semblable à celui qui réunit les doigts des oiseaux palmipèdes.... Il se sert de ce tissu lorsqu'il fait un peu de vent, en laissant tomber, pour lui servir de gouvernail, les bras de chaque côté. Au moindre danger, il plonge dans la mer, en remplissant d'eau sa coquille. »

---

1. Un triple chêne, un triple airain, couvrait le cœur de celui qui, le premier, confia aux flots redoutables une barque fragile. (*Horace*, lib. I, od. III, v. 9.)

Pline, à l'exemple d'Aristote, explique comment le *Pompyle* navigue en élevant ses deux premiers bras, entre lesquels il étend une membrane d'une ténuité extrême, ramant avec les autres et gouvernant avec son bras médian.

Oppien, poëte grec, qui vivait au second siècle de notre ère, et à qui l'on doit deux poëmes estimés sur la pêche (*Halieutica*) et la chasse (*Cynegetica*), parle en ces termes du même habitant des mers :

« Se cachant dans une coquille concave, le *Pompyle* peut aller sur la terre, mais il peut aussi s'élever à la surface des eaux, le dos de sa coquille en haut, de peur qu'elle ne se remplisse. Aussitôt qu'il y est parvenu, il la retourne et navigue comme l'homme le plus habile ; pour cela, il étend comme des antennes deux de ses pieds, entre lesquels est une membrane mince tendue comme une voile par le vent, pendant que deux autres qui touchent l'eau dirigent comme avec un gouvernail la maison, le navire et le poisson. S'il aperçoit un danger, reployant ses antennes, sa voile et ses gouvernails, il plonge, rendu plus pesant par l'eau qu'il a fait entrer dans sa coquille. Comme on voit un homme vainqueur dans les jeux publics, le front ceint d'une couronne autour duquel se presse un peuple immense, ainsi les Pompyles vont toujours en foule à la suite des navires, tant qu'ils ne sont pas troublés par la crainte du voisinage de la terre. O poisson, justement cher aux navigateurs ! ta présence annonce les vents doux et amis ; tu ramènes le calme et tu en es le signe. »

Oppien allait loin dans son admiration. L'Argonaute est un esquif animé, tout le monde l'accorde ; mais en faire presque un oiseau, lui accorder tout à la fois la faculté de naviguer avec grâce sur les ondes, et de s'élancer dans l'atmosphère, comme un habitant des plaines de l'air, c'était dépasser les limites permises à l'exagération poétique.

L'Argonaute n'a pas seulement frappé l'imagination des Grecs et des Romains. Il avait aussi beaucoup attiré l'attention des Chinois, qui le nomment *Poulpe à bateau*, et en parlent avec beaucoup de détails dans leur *Encyclopédie*.

Rumphius nous apprend que dans l'Inde on attache un grand prix à la coquille de l'Argonaute. Les femmes la considèrent comme un magnifique objet de parure. Dans les fêtes solennelles, les danseuses portent dans leur main droite une de ces coquilles, et l'élèvent avec orgueil au-dessus de leur tête.

L'Argonaute n'avait pas besoin de tous les dithyrambiques
éloges dont l'antiquité l'a entouré, pour exciter l'admiration
et l'intérêt des naturalistes de nos jours. Tel qu'il est, et sans
exagérer les gracieux attributs dont il est doué, c'est assurément une des plus curieuses et des plus élégantes créations
de la nature. Donnons d'abord une idée rapide de l'organisation de ce petit nautonier.

Son corps, de forme ovoïde, est muni de huit tentacules
repliés à l'état de repos, couverts d'un double rang de suçoirs

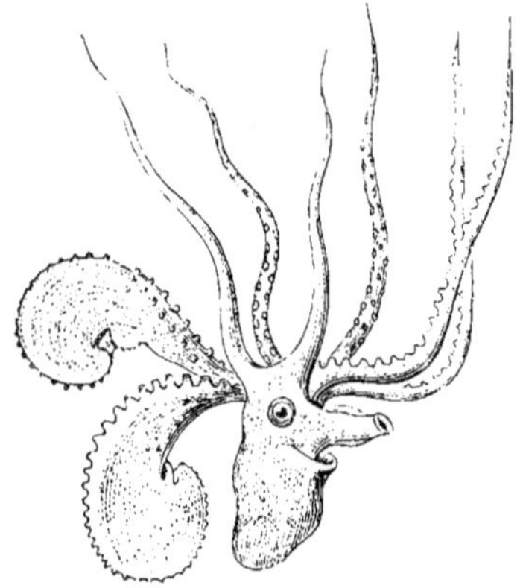

Fig. 364. Animal de l'Argonaute papyrace. (*Argonauta argo*. Lin.)

dont six sont étroits, amincis vers le bout, et deux élargis
vers leur extrémité en forme d'ailes ou de voiles. Ce corps est
contenu dans une coquille univalve, mince, blanche et fragile, roulée en spirale, aplatie sur les côtés. Le dernier tour
de cette coquille est si grand que la coquille ressemble à une
élégante chaloupe.

Chose singulière ! le corps de l'Argonaute ne pénètre pas
jusqu'au fond de la coquille ; il ne s'y trouve retenu par aucune attache musculaire, et ne se moule pas exactement sur
elle, comme on le voit dans les autres membres de la grande
famille coquillière.

Qu'est-ce à dire? L'Argonaute serait-il un parasite? un voleur frauduleusement établi dans la coquille d'un pauvre
déshérité? un vil assassin qui, après avoir surpris et tué le

légitime propriétaire, se serait installé au lieu et place et dans la propre maison de sa victime? Ces crimes ne sont pas sans exemple dans l'histoire naturelle des animaux. Qui n'a vu dans l'aquarium du Jardin d'Acclimatation le curieux crustacé connu sous le nom de *Bernard l'ermite?* Ce crustacé malin installe dans la coquille vide qu'il trouve à sa convenance la partie vulnérable de son individu, c'est-à-dire son abdomen, et l'on voit l'intrus s'agiter, faire frétiller ses antennes et ses pinces, par l'ouverture de l'habitation volée. L'Argonaute nous fournirait-il un autre exemple de cette usurpation de domicile?

Le parasitisme de l'Argonaute a été longtemps admis par les naturalistes ; mais les faits donnent à cette opinion un éclatant démenti. On a recueilli des coquilles d'Argonautes de toutes les dimensions et de tous les âges, habitées toutes par le même animal, dont la taille était toujours en rapport avec le volume de la coquille. Bien plus, on a reconnu dans l'œuf de l'Argonaute le rudiment de sa coquille[1].

Enfin, comme l'a observé Mme Power, dans de curieuses expériences faites dans le port de Messine, les morceaux de la frêle nacelle de ce mollusque, qu'on brise ou qu'on enlève, sont, en peu de jours, restaurés, reproduits. Il est donc bien démontré que l'Argonaute, comme les autres mollusques testacés, sécrète et construit lui-même sa conque marine, son diaphane esquif.

Nos jeunes lecteurs seraient ravis sans doute de voir de

---

1. « Le professeur Duvernoy, dit M. Chenu, avait annoncé que les embryons contenus dans les œufs d'Argonautes examinés au microscope présentaient une coquille distincte. Sir Everard Home assurait le contraire, et personne ne s'était trouvé dans les circonstances favorables pour arriver à une solution complète de la question, lorsque le roi de Naples en offrit l'occasion à Poli. Le roi Ferdinand fit pêcher des Argonautes et mit gracieusement la piscine de Portici à la disposition du savant conchyliologiste. L'animal vivant et les particularités curieuses de sa reproduction ont pu être alors facilement observés. Poli a vu par quel mécanisme les œufs expulsés de l'utérus ont une coquille, et il s'est convaincu, en suivant jour par jour leur développement, que la coquille existe chez l'embryon et grandit avec lui. Il reste donc prouvé, mieux que par aucun raisonnement, que l'Argonaute, comme les autres mollusques testacés, sécrète et forme la coquille qu'il habite ; cependant il n'adhère par aucun point à cette coquille, et cette opinion ancienne émise par Aristote est parfaitement vraie. » (*Manuel de Conchyliologie*, tome I, pages 20-21.)

leurs yeux un être aussi charmant. Mais ils ne sauraient se flatter d'apercevoir, en se promenant sur la plage de Trouville ou de Dieppe, aucun des élégants esquifs dont nous traçons l'histoire. Les Argonautes ne fréquentent pas les abords des rivages. Ces timides et craintifs animaux se cantonnent presque toujours dans la haute mer. Ils nagent en famille, à plus de deux cents lieues de la côte. C'est surtout

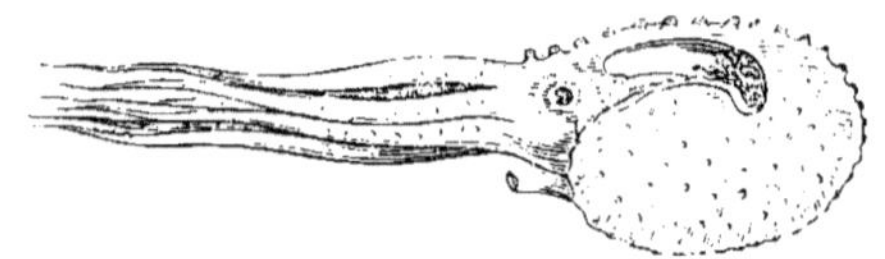

Fig. 365. Forme de l'Argonaute papyrace pendant qu'il nage au moyen de son tube locomoteur.

pendant la nuit, ou tout au plus aux lueurs du crépuscule, qu'ils prennent ensemble leurs ébats, sur la surface tranquille de l'Océan.

Quel que soit notre regret de souffler sur les fictions merveilleuses de l'antiquité et des temps modernes, nous sommes forcé de déclarer qu'il n'y a rien d'exact dans cette

Fig. 366. Argonaute papyracé retiré dans sa coquille.

affirmation, si souvent reproduite, que l'Argonaute se sert de ses bras palmés en guise de rames et de voiles. Pour nager à la surface de l'Océan, l'Argonaute se comporte comme tous les autres Céphalopodes. Il n'a ni rames ni voiles, et ses bras palmés ne lui servent qu'à envelopper et à retenir sa frêle coquille. Le principal appareil de transport de ce mollusque, c'est le *tube locomoteur*, qui existe chez l'Argonaute, comme chez tous les autres Céphalopodes et qui est très-long. A l'aide de cet appareil, il refoule l'eau qui a servi à sa respiration, et nage par un effet de réaction contre le liquide. Pendant qu'il avance au sein des eaux, sous l'influence de cette impulsion, ses bras pendent, allongés et réunis en faisceaux le long de la coquille. La figure 365 montre la situation des différentes parties de l'animal lorsqu'il fend les flots.

Ajoutons que ces mêmes bras jouent très-bien le rôle de pieds, lorsque l'animal rampe au fond de l'eau sur le sol. Il peut aussi marcher sur les rochers avec une certaine vitesse.

Lorsque l'animal est inquiété, il rentre complétement dans sa nacelle. Dès lors, l'équilibre étant changé, la coquille se renverse, et l'Argonaute devient à peu près invisible.

S'il a des motifs plus sérieux de crainte, l'équipage se submerge entièrement, et disparaît au fond des eaux.

Quelle fécondité de moyens, quelle variété de ressources la nature a départies à cet être charmant, ornement gracieux des solitudes de la haute mer!

Ces petits êtres partagent avec les Poulpes l'étrange faculté de changer de couleur, sous l'influence d'une vive impression. Seulement, leur gracieuse et délicate organisation ne se souille pas, comme le font, dans les mêmes circonstances, les Poulpes, de ces vilaines verrues dont nous avons parlé. L'Argonaute peut rougir, pâlir, laisser voir, à travers sa transparente nacelle, son joli corps changeant subitement de nuance; mais jamais il ne se hérisse de ces affreux tubercules, apanage hideux du Poulpe, rustre et grossier tyran des eaux.

Les Argonautes portent leurs œufs dans leur coquille, et les petits éclosent dans ce berceau flottant.

Les Argonautes connus aujourd'hui sont de trois espèces. L'espèce qui a été décrite par Aristote, Pline et les anciens naturalistes est l'*Argonaute papyracé* ou *Argonauta argo* (fig. 362, 363, 364, 365). Elle habite la Méditerranée, ainsi que les mers de l'Inde et des Antilles.

Les deux autres sont l'*Argonaute tuberculé*, exclusivement propre à l'océan Indien, et l'*Argonaute bâillant*, qui se rencontre à la fois dans le Grand Océan et dans l'océan Atlantique.

Le Poulpe et l'Argonaute appartiennent à la famille des

Octopodes, dans la tribu des Céphalopodes acétabulifères, parce qu'ils ont, comme l'indique ce nom, huit pieds (ὀκτώ, huit, πούς, pied), et en même temps le corps entièrement charnu, dépourvu de nageoires, etc. Les genres *Seiche* et *Calmar*, dont nous allons maintenant esquisser l'histoire, appartiennent à une autre famille de cette même tribu, à la tribu des *décapodes*, parce qu'ils ont dix pieds, une sorte d'osselet interne, des nageoires, etc.

GENRE SEICHE.

Les *Seiches* (*Sepia*, fig. 367) ont le corps charnu, déprimé, contenu dans un sac, et bordé, de chaque côté, dans toute

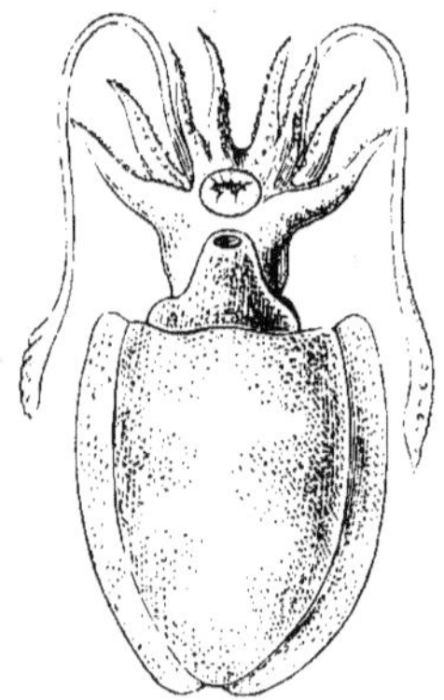

Fig. 367. Seiche commune. (*Sepia officinalis*. Lin.)

sa longueur, par une aile, ou une nageoire étroite. Leur tête est très-grosse, courte, aplatie, plus large que longue. Elle porte deux gros yeux, couverts par une expansion de la peau, qui devient transparente sur une surface égale au diamètre de l'iris, et garnie d'une paupière inférieure contractile.

Cette tête est surmontée de dix bras tentaculaires, ou pieds, dont huit sont assez courts et coniques, et deux très-allongés, grêles et se terminant en une sorte de spatule. Ces bras sont armés de ventouses et complétement rétractiles. Ils entourent une bouche, armée de deux mâchoires cornées, en forme de bec de perroquet.

La peau des Seiches présente, dans une vaste lacune occupant toute l'étendue du dos, un corps protecteur, en
grande partie calcaire, dont la forme et la structure sont
tout à fait caractéristiques. de ce genre d'animaux. C'est ce
qu'on nomme l'*os de Seiche* (fig. 368), et que l'on suspend à
la cage des oiseaux captifs, pour aiguiser leur bec, et en
même temps pour leur fournir le carbonate de chaux néces-

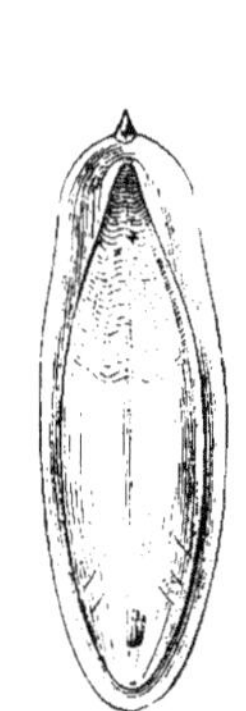

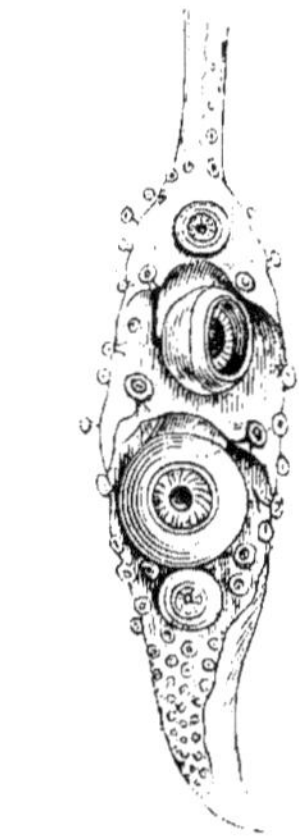

Fig. 368. Os interne
de la Seiche commune.

Fig. 369. Extrémité d'un des deux grands bras
de la Seiche tuberculeuse avec ses ventouses.
(*Sepia tuberculosa.* Lam.)

saire à la formation et à la réparation de leurs os. L'*os de
Seiche* est aussi employé dans la composition de ces poudres
décorées du nom de *poudre de Corail*, dont on se sert pour
nettoyer les dents. Cet osselet est ovale ou oblong, quelquefois pourvu, en arrière, d'une pointe légèrement saillante.
La partie supérieure est entourée d'une bordure cornée ou
crétacée, et présente, en son milieu, une réunion de loges
spongieuses.

La plupart des Céphalopodes sécrètent une humeur noirâtre, dont les usages ne sont pas parfaitement connus. Les
Seiches possèdent une grande quantité de cette liqueur, qui
ressemble assez à de l'encre. Elle est contenue dans une
bourse à encre, située très-profondément dans l'abdomen.
Lorsque l'animal est poursuivi, ou menacé, il lance autour de lui un jet de cette liqueur noire. L'eau obscurcie

et troublée par ce mélange lui permet de s'enfuir et d'échapper à ses poursuivants.

On pourrait comparer le stratagème dont la Seiche fait usage pour se dérober à ses ennemis, à la tactique de certains polémistes, qui, pour embrouiller une question, politique ou administrative, pour répondre aux bonnes raisons de leurs adversaires, ne trouvent rien de mieux que d'obscurcir le terrain de la discussion, et de cracher du noir. L'obscurité est leur force. C'est par ce moyen que l'on trompe la vue des faibles ou des peureux, que l'on se dérobe à la discussion, et que l'on passe intact à travers les hommes et les âges, comme la Seiche s'échappe à travers les eaux de la mer qu'elle a prudemment noircies.

Il paraît que la Seiche use de ce stratagème, même lorsqu'elle se trouve accidentellement hors de l'eau. Nous lisons l'anecdote suivante dans un ouvrage que nous avons déjà cité[1].

Un officier était occupé à chercher sur une côte de l'Angleterre quelques échantillons d'histoire naturelle, lorsqu'il arriva devant un creux de rocher où une Seiche avait établi son quartier général. Pendant quelque temps, l'animal le regarda avec ses gros yeux proéminents. La Seiche regardait fixement l'officier, et celui-ci regardait fixement la Seiche. Cette muette contemplation fut brusquement interrompue. Tout à coup, le mollusque s'agite, et décharge sur son adversaire un jet d'encre si abondant, que le pantalon blanc de notre officier fut tout couvert du noir liquide. Le gentleman n'était plus présentable; il frappa à une porte hospitalière. On l'accueillit avec des rires, mais on le traita avec toute la sympathie à laquelle a droit un amateur d'histoire naturelle en disgrâce : ce qui veut dire qu'on lui prêta un nouveau pantalon. »

L'encre des Seiches est la substance que les aquarellistes emploient sous le nom de *sépia*. Cette matière noire est vraiment indestructible. Les observations des géologues modernes l'ont suffisamment prouvé. En effet, en examinant des

<hr>

1. *Le Monde des métamorphoses*, par le Dʳ Franklin, traduit de l'anglais par Esquiros, in-18, page 250.

Seiches fossiles, on a découvert, chez ces êtres antédiluviens, la poche à encre encore remplie d'une substance dure et noire, qui, délayée dans de l'eau, produisit une magnifique sépia.

Un géologue se donna la joie de tracer un dessin avec la sépia tirée de ce mollusque fossile, qui remontait évidemment à des millions d'années. Voilà de ces bonheurs que la science réserve, et dont rien en dehors d'elle ne saurait fournir ni l'équivalent ni même l'idée !

Les Romains se servaient de l'humeur noire de la Seiche pour écrire leurs manuscrits.

On a prétendu longtemps que les Chinois composaient l'encre de Chine avec la liqueur des Seiches. Cuvier lui-même a avancé ce fait. Mais un voyageur moderne, M. Siebald, qui a fait un long voyage au Japon, a recueilli des renseignements positifs sur la fabrication de cette encre renommée.

D'après M. Siebald, l'encre de Chine aurait une origine tout autre, et d'ailleurs bien singulière. C'est dans les pagodes qu'on la fabrique, et par un procédé qui prouve qu'en fait d'industrie, en ce qui concerne l'art de tirer parti des plus petites choses, les Japonais et les Chinois nous laissent fort loin derrière eux.

Les *bonzes*, c'est-à-dire les prêtres japonais, établissent dans les pagodes des ventilateurs, placés juste à la hauteur de la lumière des lampes. Ces ventilateurs poussent la fumée résultant de la combustion dans une pièce où vient se rassembler cette suie. En détrempant dans l'eau cette suie, et la moulant en bâtons, on forme, selon M. Siebald, l'encre solide nommée *encre de Chine*.

Les Seiches affectionnent les rivages ; ce sont des mollusques côtiers. La forme aplatie de leur corps favorise cette vie côtière, en leur permettant de se reposer facilement sur le sol.

Cependant les Seiches ne restent pas toute l'année sur les côtes qu'elles habitent. Les froids, dans les régions tempérées, et tout autre motif dans les pays chauds, les portent à s'éloigner des rivages, pour ne reparaître qu'au printemps. Sur nos côtes, on ne voit donc pas de Seiches en hiver. Mais au retour d'un soleil printanier elles apparaissent en troupes nombreuses.

Quel est le mécanisme de la locomotion de ces animaux? Lorsque les Seiches veulent nager avec vitesse et en arrière, elles avancent dans l'eau, au moyen de leur tube locomoteur, en refoulant le liquide ambiant. Lorsqu'elles veulent s'approcher lentement d'une proie pour la saisir, elles nagent à l'aide de leurs nageoires et de leurs bras. Pour nager en arrière, elles contractent leurs bras pourvus de tentacules, et étalent horizontalement les bras dépourvus de tentacules.

Les Seiches sont carnassières et passablement voraces. Elles se nourrissent de poissons, de mollusques et de crustacés. Ce sont de véritables brigands aquatiques, qui tuent non-seulement pour se nourrir, mais pour tuer.

La nature, par un juste équilibre, applique aux Seiches la loi du talion. Elles tombent, à leur tour, dans la gueule vengeresse des Marsouins et des Dauphins. Telle est cette terrible et fatale harmonie de la nature: il faut que les uns meurent pour que les autres vivent.

M. Michelet nous révèle la particularité suivante sur la destruction des Seiches par les Dauphins.

« Ces seigneurs, dit l'auteur du livre de *la Mer*, sont si délicats qu'ils ne mangent que la tête et les bras, morceaux fort tendres et de facile digestion. Ils rejettent le plus dur, l'arrière-corps. Toute la plage (exemple à Royan) est couverte de milliers de ces misérables Seiches ainsi mutilées. Les Marsouins en font la fête avec des bonds inouïs, d'abord pour les effrayer, ensuite pour leur donner la chasse; enfin, après le repas, ils se livrent aux exercices salutaires de la gymnastique. »

C'est au printemps que les Seiches pondent leurs œufs ; mais elles ne les abandonnent pas au gré des hasards contraires. Elles en ont un soin tout maternel, car elles prennent la peine de les attacher aux corps sous-marins. La température de l'eau suffit pour provoquer l'éclosion de ces œufs.

La *Seiche officinale*, par exemple, choisit, au moment de sa ponte, une tige de Fucus, un pied de Gorgone, ou tel autre corps solide sous-marin, au moins de la grosseur du petit

doigt ; et elle y fixe solidement ses œufs, qui sont en forme
de poire, c'est-à-dire terminés en pointe à une extrémité. Ils
sont pourvus d'une longue lanière, aplatie, de nature gélatineuse, noire, et qui sert à entourer le corps solide comme un véritable anneau. Chaque femelle pond et attache,
de cette manière, vingt à trente œufs qui, rapprochés les
uns des autres, ressemblent assez à une grappe de raisin
d'un beau noir (fig. 370). C'est environ un mois après la ponte
que les petits éclosent.

Les couleurs de la *Seiche officinale* varient beaucoup. Cependant on remarque qu'en général les mâles sont ornés
de couleurs plus foncées que les femelles. Des bandes transversales d'un brun noirâtre sillonnent leur dos, en dimi-

Fig. 370. Œufs de la Seiche commune. (*Sepia officinalis.* Lin.)

nuant de largeur, ou se bifurquant sur les côtés du corps.
En dehors de ces bandes, sont de petites taches, d'un blanc
vif, qui, assez près du bord, vont former une bordure blanche, accompagnée, en dehors, d'une seconde bordure d'un
beau violet. Les parties médianes et antérieures du corps
sont çà et là maculées de blanc. En dessous règne une
teinte blanche, avec des mouchetures rougeâtres, très-es-
pacées.

On trouve des Seiches dans toutes les mers, et partout où
on les trouve, on les mange, car leur chair ne manque pas
de saveur. On les mange frites ou bouillies.

Les pêcheurs se servent avec grand succès des Seiches
comme appâts. Elles sont un appât excellent pour la pêche
des gros poissons de fond, tels que Squales, Raies, Congres,
qui sont friands de leur chair.

On connaît une trentaine d'espèces de Seiches. Elles sont caractérisées surtout par la disposition et la forme des cupules des bras.

La *Seiche* commune ou *officinale* abonde sur toutes les côtes de l'Océan, depuis la Suède jusqu'aux Canaries, et dans toutes les parties de la Méditerranée et de l'Adriatique.

GENRE CALMAR.

Les *Calmars* étaient désignés par Aristote sous le nom de Τευθίς, et par Pline sous celui de *Loligo*, qui est le nom scientifique actuel de ce genre de Céphalopodes.

Leur nom de *Calmar* (*Calamar*, en vieux français) est tiré de leur ressemblance avec certaines sortes d'encriers, qui contiennent la plume (*calamus*) et l'encre.

Les pêcheurs de nos côtes les nomment *Encornets*, ce qui peut aussi se rapporter au nom ancien de l'écritoire (*cornet*).

Oppien, qui attribuait des ailes à l'Argonaute, croyait aussi que le Calmar pouvait fendre les airs, pour échapper à ses ennemis. Cependant il était fort embarrassé pour en faire soit des oiseaux, soit des poissons.

Thémistocle, insultant les Érétriens, leur disait que, semblables aux Calmars, ils avaient une épée et pas de cœur.

Athénée, médecin grec, antérieur à Galien, s'étend sur les excellentes qualités alimentaires du Calmar.

On voit que ces animaux ont été bien observés par les anciens.

Communs dans les régions tempérées, les Calmars abondent dans les mers de la zone torride. Ils sont sociables, et vivent en troupes nombreuses. Leurs bandes suivent tous les ans la même direction. Leur migration est déterminée : elle va des régions tempérées aux régions chaudes, c'est le même itinéraire que suivent les Harengs et les Sardines.

Les Calmars nagent à reculons, avec une vélocité extrême, en refoulant l'eau par leur tube locomoteur. Leurs mouvements sont d'une telle promptitude, que souvent on les voit s'élancer comme un trait, du sein de l'eau, et venir échouer sur les barques ou sur le rivage. Ils n'apparaissent que momentanément sur les côtes, et n'y séjournent guère que le temps de la ponte.

Les œufs qu'ils déposent sur la plage, au-dessous ou au niveau des plus basses marées de l'année, sont gélatineux,

Les *Calmars* ont une forme bien plus allongée que les Seiches. Leur corps cylindrique se termine en pointe et porte deux nageoires latérales sur son tiers ou sur sa moitié inférieure. Leur tête est courte, munie de deux gros yeux saillants. Leur bouche est entourée de dix bras, pourvus de

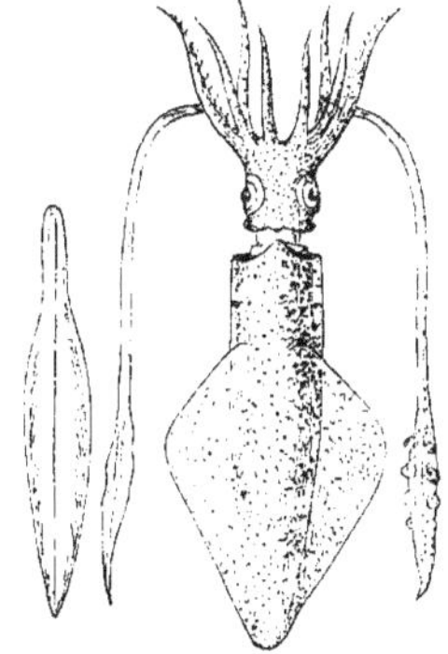

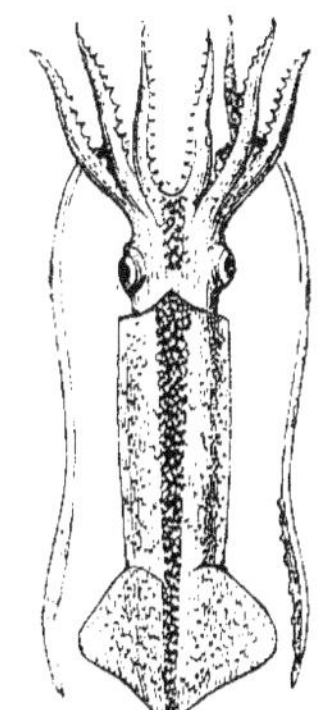

Fig. 371. Calmar commun (*Loligo vulgaris*. Lam.) avec sa plume, ou osselet interne.

Fig. 372. Loligo Gahi. (D'Orbigny.)

ventouses, dont deux sont garnis de pédoncules et beaucoup plus longs que les autres.

L'os interne des Calmars diffère beaucoup de celui des Seiches. Il est mince, corné, très-allongé, transparent, et ressemble à une plume dont on aurait enlevé les barbes dans une partie de sa longueur.

Les Calmars fréquentent presque toutes les mers; mais ils sont rares dans les régions froides.

La nourriture habituelle des *Encornets* consiste principalement en poissons et en Mollusques. Les gros poissons et les Cétacés leur font une rude guerre. L'homme leur fait aussi la chasse. Il les mange sur tout le littoral des mers. Le pêcheur s'en sert comme d'appât, surtout pour la pêche de la Morue.

Alcide d'Orbigny et Férussac, dans leur magnifique *Monographie des Céphalopodes acétabulifères*, ont décrit 22 espèces de Calmars, dont 2 sont propres à la Méditerranée, 9 à l'océan Atlantique, 2 à la mer Rouge et 9 au Grand Océan. Nous représentons (fig. 371) le *Calmar commun* et (fig. 372) le *Calmar* ou *Loligo Gahi*.

Ce mollusque est blanc-bleuâtre, transparent partout, couvert de taches d'un rouge clair. Son osselet est lancéolé : celui du mâle allongé comme une plume ordinaire, celui de la femelle beaucoup plus large et plus obtus.

Nous ne terminerons pas ce chapitre sans dire quelques mots des *Bélemnites*, céphalopodes fossiles, qui devaient être excessivement nombreux au premier temps de l'existence de la terre, car ils se rencontrent par milliers dans les terrains oolithique et crétacé.

De ces animaux antédiluviens, il ne reste qu'un osselet corné, en forme des patule, élargi en avant, rétréci en arrière, et pourvu, latéralement, de deux petites expansions, en forme d'ailes, qui se réunissent postérieurement en une cavité conique. Au fond de cette cavité sont des cloisons transversales, qui séparent l'ensemble en un grand nombre de petites loges, percées latéralement d'un siphon. Cette partie postérieure, appelée *alvéole*, reçoit en dehors un os calcaire, conique, plus ou moins épais, quelquefois très-long. Ce petit os est ce que les anciens géologues appelaient *Bélemnite*.

C'est ce simple fragment osseux d'un mollusque dont les parties charnues ont disparu, que l'on trouve dans les terrains oolithique et crétacé, et dont toutes les collections possèdent de nombreux échantillons. C'est ce qui a été appelé le *rostre*, par Alcide d'Orbigny, à qui l'on doit d'admirables études sur ces débris d'animaux de l'ancien monde.

CÉPHALOPODES TENTACULIFÈRES

Au lieu de porter de simples ventouses ou suçoirs (acétabules) comme les *Acétabulifères*, ce dernier groupe de mol-

lusques est muni de véritables organes de préhension, c'est-
à-dire de *tentacules*.

Les *Céphalopodes tentaculifères* diffèrent principalement
des *Céphalopodes acétabulifères*, par leurs bras plus nombreux, tous tentaculifères, ne portant ni ventouses, ni cupules, et par leur coquille extérieure. Ils ne comprennent qu'une
très-petite quantité d'espèces vivantes.

Ce groupe d'animaux, particuliers aux premiers âges de
notre globe, s'est éteint peu à peu, dans la suite des temps
géologiques, et ne présente de nos jours que de très-rares
espèces, si on le compare au nombre prodigieux de ces êtres
qui animaient les mers de l'ancien monde.

Le seul type actuellement vivant de l'ordre des Céphalopodes tentaculifères, c'est le *Nautile*, qui ressemble singulièrement, par la forme, à l'Argonaute.

La coquille de ce mollusque est une spirale régulière roulée sur le même plan, à tours contigus, le dernier enveloppant les autres. Elle est divisée, à l'intérieur, en loges nombreuses, formées par des cloisons transverses, concaves en
avant, perforées vers leur centre, et formant une sorte d'entonnoir qui donne passage au siphon respiratoire.

Contenu dans la dernière loge de cette coquille, l'animal
(fig. 373) est couvert d'un manteau, qui tapisse les parois de
la loge. Quand il se contracte, il est protégé par une sorte de
capuchon, triangulaire et charnu. Des tentacules nombreux,
contractiles, et rentrant dans des gaînes, dont quelques-uns
sont garnis d'un grand nombre de lamelles, entourent la tête,
qui est d'ailleurs peu distincte du corps. Cette tête porte
deux gros yeux, plantés sur un pédoncule.

Comme celle des Seiches et des Poulpes, la bouche est
armée de mandibules, en façon de bec de perroquet. Les
branchies sont au nombre de quatre. Le cœur se compose
d'un ventricule et d'une oreillette : le tube locomoteur est
fendu sur toute sa longueur.

La coquille est sécrétée par les bords antérieurs du manteau de l'animal, tandis que son extrémité postérieure fa-
çonne les cloisons, qui indiquent les accroissements successifs de l'individu.

Le siphon qui traverse toutes les cloisons, reçoit et protége les ligaments à l'aide desquels le Céphalopode est retenu dans la dernière loge de la coquille.

Toutes ces particularités sont indiquées dans les figures 373 et 374.

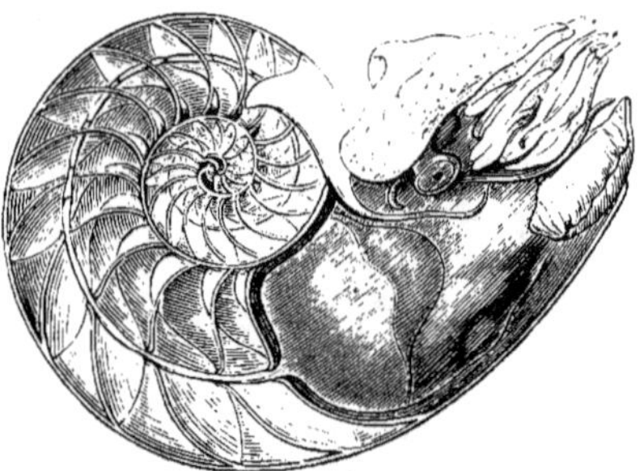

Fig. 373. Nautile flambé. (*Nautilus pompilius*. Lin.)
Coupe intérieure laissant voir la dernière loge où l'animal est fixé, ainsi que le siphon.

Les *Nautiles* habitent l'océan Indien, les mers des îles Moluques. Quand ils veulent nager, leur tête et leurs tenta-

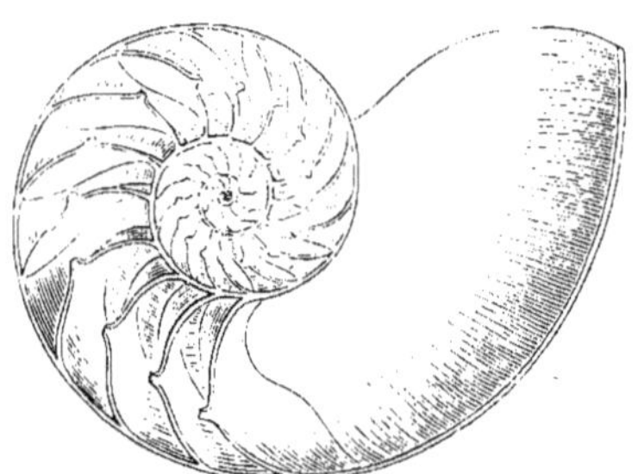

Fig. 374. Nautile flambé. (*Nautilus pompilius*. Lin.)
Coupe intérieure laissant voir la dernière loge vide, et les cloisons donnant passage au siphon.

cules font saillie hors de la coquille. Pour marcher sur les rochers, ils se traînent, le corps en haut, la tête et les tentacules en bas. Ils se tiennent fréquemment aussi dans des cavités bourbeuses, fréquentées par les poissons.

On trouve ordinairement sur la mer beaucoup plus de co-

quilles vides de Nautiles que de coquilles habitées par l'a-
nimal. Il est probable que ce malheureux mollusque est
très-exposé à être dévoré par les crustacés ou autres carnassiers marins. C'est ce que semblent prouver les déchirures
des bords de la plupart des coquilles de Nautiles que l'on
rencontre vides de leur défunt propriétaire.

Le *Nautile flambé* (fig. 375) est si commun sur les côtes
des îles Nicobar, que les habitants salent et fument sa chair,
pour en faire des provisions. Sa coquille atteint jusqu'à huit
pouces dans sa plus grande hauteur. Elle est à peu près
ronde, lisse, flambée transversalement de roux dans sa partie postérieure, et entièrement blanche en avant.

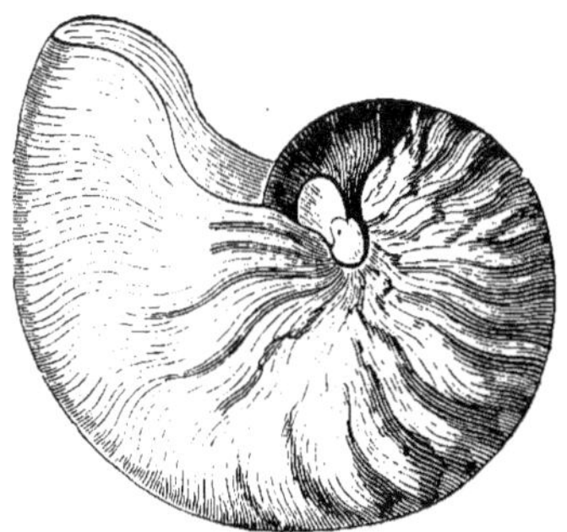

Fig. 375. Coquille du Nautile flambé. (*Nautilus pompilius*. Lin.)

Les tabletiers retirent de la coquille de ce mollusque une
très-belle nacre. Les Orientaux en font des vases à boire, qui
brillent d'un grand éclat, sur lesquels on grave des dessins
et des figures. On taillait autrefois, en Europe, de semblables
vases, qui ne se rencontraient que chez les grands seigneurs.
Ils sont relégués aujourd'hui dans les cabinets de curiosités
et chez les marchands d'antiquailles. On en voyait plusieurs
et de fort beaux dans les armoires du curieux musée rétros-
pectif qui faisait partie de l'*Exposition des beaux-arts appliqués à l'industrie*, tenue à Paris en 1865.

Pour bien connaître le genre Nautile, il faudrait étudier
les nombreuses espèces fossiles que renferment les terrains
jurassiques. Comme nous ne considérons dans cet ouvrage

que les espèces vivantes, il nous suffira de mentionner en
passant ces restes des créations anciennes aujourd'hui sup-
primés par l'auteur de la nature.

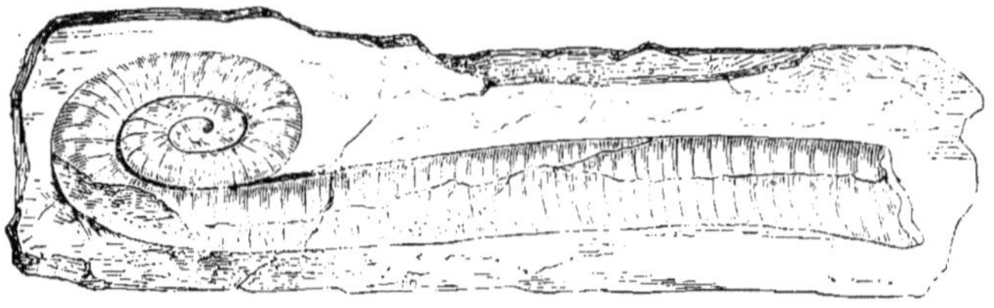

Fig. 376. Lituites articulatus. (Sow.)

C'est pour ce motif que nous nous bornerons à signaler
par leurs noms un certain nombre d'autres genres, et même

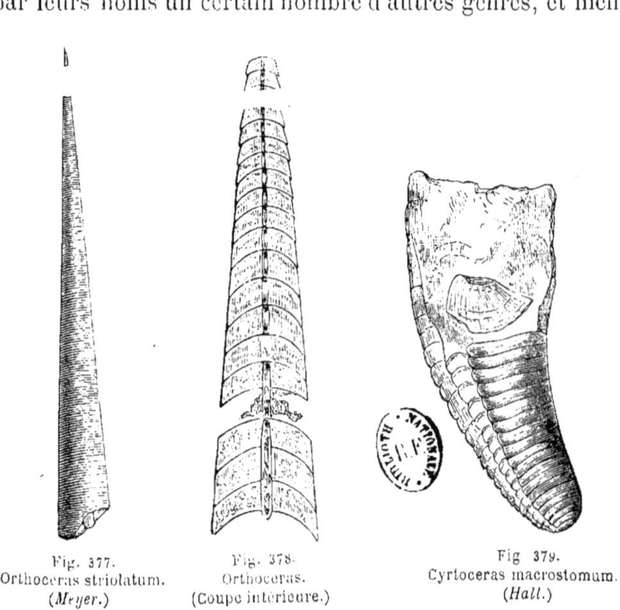

Fig. 377.
Orthoceras striolatum.
(*Meyer.*)

Fig. 378.
Orthoceras.
(Coupe intérieure.)

Fig 379.
Cyrtoceras macrostomum.
(*Hall.*)

de familles qui, prodigieusement abondantes pendant les
temps géologiques, en particulier dans l'époque secondaire,
ne comptent plus aujourd'hui un seul représentant sur la
terre.

Tels étaient les *Lituites* (fig. 376), genres fossiles dont la coquille en spirale enroulée sur le même plan présente des tours de spire contigus dans le jeune âge, et se projette ensuite en une ligne droite.

Les *Orthocères* (fig. 377 et 378), à coquille droite, allongée, conique, cloisonnée dans la plus grande partie de sa longueur, à cloisons percées d'un siphon central, sont également fossiles. On en connaît un grand nombre d'espèces dans les terrains silurien, dévonien, carbonifère et saliférien.

Les *Cyrtocères* (fig. 379), à coquille plus ou moins arquée, à cloisons transverses obliques, à siphon continu, sont tous fossiles. On en connaît près de trente espèces dans les terrains silurien, dévonien et carbonifère.

Le groupe des Céphalopodes tentaculifères renferme toute une famille très-importante, aujourd'hui complétement éteinte : nous voulons parler de la famille des *Ammonitidés*, qui comprend le genre si considérable des Ammonites, et divers autres types remarquables et caractéristiques de différents terrains géologiques.

Les *Ammonites*, connues depuis longtemps sous le nom de *Cornes d'Ammon*, en raison de leur ressemblance grossière avec les cornes de Bélier qui ornaient l'extérieur des anciens temples de Jupiter Ammon, constituent un groupe très-nombreux en espèces. La figure 380 représente une coupe d'Ammonite prise ici pour exemple, l'*Ammonites Beaumontianus*.

La coquille des Ammonites, disposée en spirale, régulièrement enroulée sur le même plan, à tours toujours continus, présentait une série de cloisons transverses, qui la divisaient en autant de logettes superposées. Au-dessus de la dernière loge était une assez grande cavité, où se tenait l'animal. Ces cloisons sont lobées et ramifiées à l'infini. Les sinuosités résultent de la grande complication des parties charnues ou lobes de l'extrémité du corps de ces animaux. Ces lobes servaient sans doute à l'animal à se cramponner dans sa coquille.

La coquille de l'Ammonite présentait, en outre, un siphon continu, étroit et dorsal, qui faisait communiquer entre elles toutes les cloisons, et qui servait à la respiration de l'animal et à sa locomotion, selon le mode habituel de progression de ces mollusques. Les figures 381 et 382 donnent une coupe de deux espèces de ce genre si remarquable.

Nous donnons aussi, dans la figure 383, l'image d'une *Am-*

Fig. 380. Ammonites Beaumontianus. (D'Orb.)

monile restaurée, d'après les travaux des paléontologistes modernes.

L'animal devait présenter assez d'analogie avec celui du Nautile.

On a décrit plus de cinq cents espèces d'Ammonites, qu'on

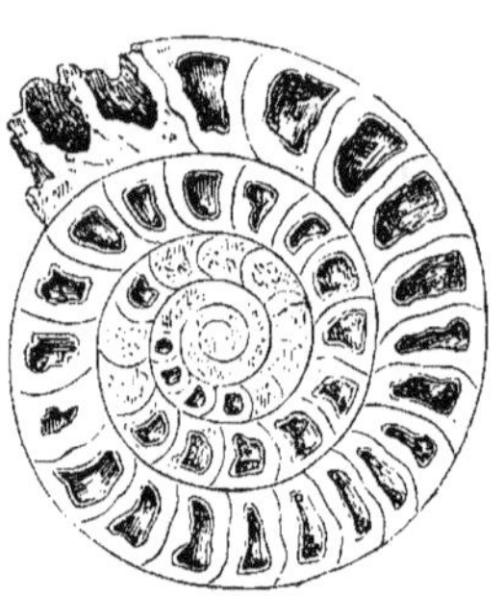
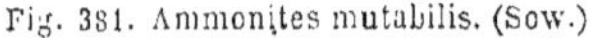
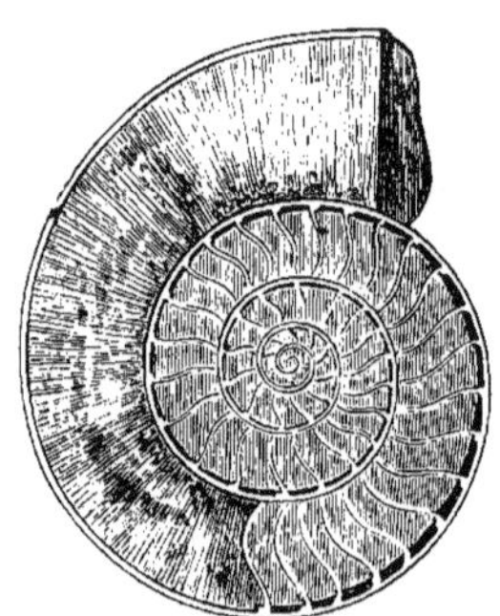

Fig. 381. Ammonites mutabilis. (Sow.)   Fig. 382. Ammonites obtusus. (Sow.)

trouve dans les terrains oolithique et crétacé. Elles abondent surtout dans tous les étages du premier de ces terrains, depuis le lias jusqu'aux couches les plus supérieures.

Les dimensions des Ammonites variaient singulièrement.

Leur taille pouvait s'étendre depuis une ligne jusqu'au diamètre de 1 mètre 25 centimètres. Certaines Ammonites du terrain crétacé atteignent cette dernière dimension. Il en est même de plus grandes encore. A Tours, on présenta à Buffon une Ammonite qui avait toute l'apparence d'une meule de moulin : elle était aussi grande qu'une roue de carrosse. L'*Ammonites Colubratus* a deux mètres de diamètre, et les terrains crétacés du Danemark présentent de ces coquilles qui ont jusqu'à deux mètres et demi.

Malgré la taille prodigieuse qu'elles atteignent quelquefois,

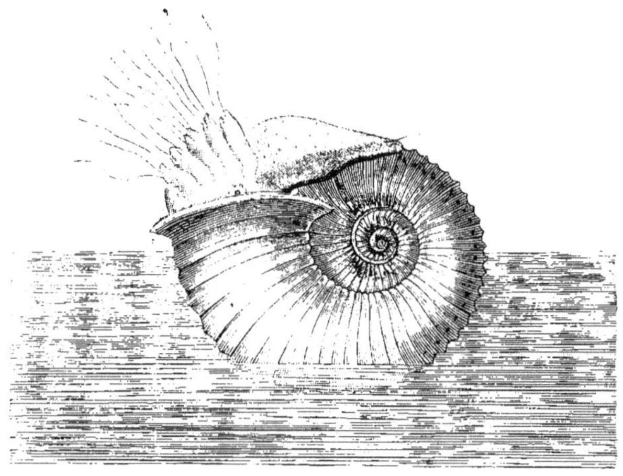

Fig. 383 Ammonite restaurée.

ces coquilles sont minces comme une feuille de papier. Presque toujours, par suite de leur enfouissement multisécu-laire, elles se sont détruites, et l'on ne retrouve plus dans les roches ou les sables que le moule de ces coquilles. Le terrain dans lequel elles sont enfouies a changé profondément leur nature chimique. Les unes sont transformées en pyrites, et se montrent irisées des plus brillantes couleurs; d'autres sont devenues ferrugineuses, calcaires ou quartzeuses. Leurs cellules sont tantôt vides, tantôt tapissées de cristaux de carbonate de chaux.

Près des Ammonites se rangent d'autres genres également

fossiles. **Tels sont les** *Goniatites, Clymènes, Criocères, Ancylocères, Scaphites, Baculites.*

Ce n'est pas ici le lieu de parler de ces êtres divers, dont l'espèce est éteinte, et qui ont disparu sans retour du domaine de la vie. On trouvera dans notre ouvrage *la Terre avant le déluge* les figures de ces coquilles, qui servent à caractériser divers étages géologiques.

FIN.

TABLE DES CHAPITRES

ZOOPHYTES.

PROTOZOAIRES.

POLYPES.

FIN DE LA TABLE DES CHAPITRES.

INDEX ALPHABÉTIQUE

8444. — Imprimerie générale de Ch. Lahure, rue de Fleurus, 9, à Paris.

LIBRAIRIE HACHETTE et CIE
BOULEVARD SAINT-GERMAIN, 79, A PARIS

LE JOURNAL DE LA JEUNESSE

NOUVEAU RECUEIL HEBDOMADAIRE

POUR LES ENFANTS DE 10 A 15 ANS

PUBLIÉ

PAR LA LIBRAIRIE HACHETTE ET CIE

Et très-richement illustré par les plus célèbres artistes

PROSPECTUS

Ce nouveau recueil hebdomadaire est spécialement destiné aux jeunes gens et aux jeunes filles de dix à quinze ans.

Il forme, chaque semaine, une magnifique livraison de seize pages imprimées sur deux colonnes, contenant environ 1200 lignes de texte et de belles gravures d'après nos meilleurs artistes. La première partie est consacrée aux œuvres d'imagination, l'autre à ces mille notions de science, d'art, d'industrie, qu'il est si utile de présenter à la jeunesse.

Dans tous les temps et dans tous les pays, les enfants et les jeunes gens ont montré un goût irrésistible pour les contes, les histoires, les nouvelles, en un mot, les fictions de toute nature. Il faut tenir compte de cette disposition naturelle et ne pas oublier qu'un des moyens les plus puissants de faire accepter à l'enfance une leçon utile est de la mêler à une fable intéressante. Le patriotisme, les bienfaits du travail, la persévérance dans un noble dessein, le respect de la discipline, l'amour de Dieu, de la famille et de nos semblables, inspireront les récits offerts aux jeunes lecteurs. Ils n'y trouveront que de bons exemples ; et, après avoir vécu dans un milieu peut-être meilleur que ne le comporte la nature humaine, ils retiendront au moins pour eux-mêmes quelques-unes des vertus des petits héros qu'ils auront aimés.

Cette première partie comprend aussi les voyages et les récits d'aventures imaginaires, présentant dans une fable émouvante la description la plus exacte des lieux qui en sont le théâtre.

La description des grands phénomènes de la nature, la vulgarisation des merveilles de la science et de l'industrie, des récits historiques et géographiques, des voyages, des variétés littéraires, des causeries sur les arts, des conseils pratiques sur les lectures, sur les jeux, sur la manière de vivre et de se conduire, telles sont les matières qui remplissent la deuxième partie du recueil.

Éviter jusqu'à l'apparence de l'aridité, rendre attrayants tous ces sujets, même les plus sérieux, en les consacrant presque toujours aux événements contemporains, tel est le but que se propose le *Journal de la Jeunesse*. Ce sont bien des leçons, à vrai dire, mais sous la forme et avec l'à-propos de l'*actualité*. Il n'entend pas faire un cours d'histoire, de physique, de mécanique ou de chimie *ex professo;* mais qu'il se produise dans l'une de ces sciences un de ces faits qui ont un si grand retentissement, une victoire nouvelle de l'homme sur les éléments, un prodige du travail humain, — le percement des Alpes, par exemple, — c'est le moment qu'il choisit pour en entretenir ses jeunes lecteurs.

Il traite de même tous les sujets, géographie, grandes découvertes industrielles, histoire ou littérature, beaux-arts ou sciences naturelles : si sérieux que soit au fond l'enseignement, il sera le bienvenu, parce qu'il répondra à la curiosité du moment, parce qu'il viendra donner une explication désirée.

Le *Journal de la Jeunesse* doit avoir pour les enfants l'à-propos qu'ont pour nous-mêmes nos journaux et nos revues. Pourquoi les lisons-nous avec plus d'empressement que les livres de notre bibliothèque? La raison en est simple : ces publications du jour stimulent constamment notre attention en nous entretenant des hommes et des choses qui à cette heure même préoccupent nos contemporains; elles nous ont participer à la vie générale de notre temps et de notre pays.

Tel est le genre d'attrait que veut offrir ce nouveau recueil, tout en écartant absolument des questions qui par leur nature échappent à l'enfance, et les débats qui n'appartiennent qu'aux hommes faits. Les enfants prennent au sérieux ce dont on parle autour d'eux. Ils aimeront sans nul doute à recevoir, eux aussi, leur journal, un vrai journal qui sera comme la suite naturelle des conversations de la famille, en y ajoutant des détails et des explications que leurs parents n'ont pas toujours le temps de leur donner.

Est-il nécessaire de dire, en terminant, l'esprit qui préside à l'exécution de ce programme, au choix des sujets, à la rédaction des articles? Les éditeurs ont voulu faire non-seulement une publication qui instruise et qui amuse, mais ils ont tenu surtout à faire une œuvre d'éducation. Il ne suffit pas que tout y soit sévèrement et scrupuleusement choisi, exempt de reproche et de danger. Leur préoccupation constante sera que cette revue puisse avoir une bonne et saine influence morale, et que de toutes ses pages il s'exhale comme un parfum d'honnêteté. Le *Journal de la Jeunesse* espère être pour les familles et pour les maîtres un auxiliaire efficace dans la tâche lourde et difficile qui leur est confiée.

Les deux premiers semestres du *Journal de la Jeunesse* forment deux magnifiques volumes in-8°, richement illustrés par les plus célèbres artistes.

Ces volumes sont les livres les plus attrayants et les plus instructifs que l'on

puisse mettre entre les mains de la jeunesse. Il suffira de jeter un coup d'œil
sur le rapide énoncé des principaux articles qui les composent pour se convaincre
que le *Journal de la Jeunesse* a fidèlement observé le programme qu'il s'était
proposé.

MATIÈRES CONTENUES DANS LES PREMIERS VOLUMES DU

JOURNAL DE LA JEUNESSE

NOUVELLES, CONTES, RÉCITS. — Les braves gens, Augusta Kopf, la petite Marie, la Ferme des
Quatre-Chênes, Panade, l'Aventure de l'intrépide H. S. Sparker, par J. Girardin; Une sœur, par
Mme de Witt; Souvenirs à propos d'un blanc de poulet, par Mlle Zénaïde Fleuriot; Gertrude,
par la comtesse de Sannois, la Récompense partagée, le Marchand de Venise, le Sultan et les
Fauvettes, le Chasseur indien, par Ét. Leroux; le Chien de Newton, l'Énigme du sphinx, une
Réhabilitation, une Mouche qui vole, la Légende de saint Médard, par Mlle Marie Maréchal;
les Hirondelles de mon oncle, par Eug. Müller; le Tailleur de pierres, Tamerlan et la fourmi,
le Cadi du Caire, par P. Vincent; le Poisson d'avril, le Parapluie omnibus, par J. Levoisin;
le Violoneux de la Sapinière, par Mme Colomb; le Calife et le poète, par Adolphe Dreulier, etc.

CAUSERIES. — Le Jury, Incendies et pompiers, le Mariage de l'empereur de la Chine, une Croi-
sade d'enfants, Copernic, la Monnaie, Bonjour, les Jeux floraux, l'Hôtel de Ville, les Écoliers-
soldats, la Jambe de bois, par l'oncle Anselme; le Parapluie, le Jeu d'échecs, par P. Vincent;
le Bal costumé, par J. Levoisin; le Panorama des Champs-Élysées, une Chasse aux crocodiles
en Cochinchine, par Claparot; l'Hôtel des Invalides, par Louis Rousselet, etc.

GÉOGRAPHIE, VOYAGES, AVENTURES. — Dans l'extrême Far-West, par Johnson; Livingstone, par
R. Cortambert; les Bûcherons de la Partnach, la Marine française et les pirates chinois,
Éruption du Mauna Loa, Henry Stanley, les Mines de diamants du Cap, les Sources du Nil,
Sir S. Baker, le Turkestan, par Louis Rousselet; les Naufragés du détroit de Magellan, le Sahara
algérien, un Nouveau Robinson Crusoé, les Modocs, les Indes hollandaises, par Ét. Leroux; les
Premiers explorateurs des régions arctiques, l'Expédition du capitaine Hall au pôle nord, l'Équi-
page du *Polaris*, les Naufragés au Spitzberg, le royaume de Dahomey, par Lucien d'Elne; la
Grotte d'Adelsberg, par Louis Énault, etc.

HISTOIRE NATURELLE, ZOOLOGIE, BOTANIQUE. — Le Cormoran, le Pélican, l'Amour maternel
chez les oiseaux, par E. Menault; l'Hippopotame du Jardin zoologique, le Hamster, l'Autruche,
le Bouquetin du Tyrol, les Invasions de sauterelles en Algérie, la Taupe, la Pêche du hareng,
le Départ des hirondelles, par Th. Lally; des Poissons dans une lettre, un Perroquet centenaire,
le Cresson, le Mégathérium, par H. Norval; le Jardinage de la jeunesse, par L. Châtenay;
les Oiseaux gigantesques, par Marcel Devic; la Mer chez soi, la Draine et le Pinson, par H. de la
Blanchère; le Phylloxera par Albert Lévy, etc.

ASTRONOMIE. — Une pluie d'étoiles, la Terre rencontrée par une Comète, la Planète Vénus, l'Éclipse
du 26 mai, par A. Guillemin.

INVENTIONS, DÉCOUVERTES. — Les bateaux à vapeur de la Manche, par A. Guillemin; les Dépêches
microscopiques et les Pigeons voyageurs, impressions de voyage en ballon, le Professeur Charles,
par G. Tissandier; la Bouée de l'Espérance, par Ét. Leroux; un Nouvel appareil de sauvetage, le
Pyrophone, par A. Lévy; un Fanal inextinguible, une Mine de gaz d'éclairage, les Omnibus,
par P. Vincent; les Navires cuirassés, par Léon Renard; le chemin de fer du Rigi, le Scaphandre,
par H. Norval, etc.

CAUSERIES INDUSTRIELLES. — La Laine, le Coton, Thomas Highs ou le métier à filer le chanvre,
par Eug. Müller; Comment on obtient la glace dans l'Inde, par Louis Rousselet; les Huiles de
pétrole, par G. Tissandier; Comment se fait une aiguille, les Vendanges, par P. Vincent.

ACTUALITÉS, CONTEMPORAINS, VARIÉTÉS. — Les Inondations, par A. Guillemin; l'Incendie de Boston,
par R. Cortambert; le Naufrage du *Northfleet*, la Famille Durand à l'Exposition de Vienne, par

Eug. Muller ; Découvertes au Forum romain, par Fr. Wey ; les Cyclones, par G. Tissandier ; l'Exposition de Vienne, les Bohémiens, une Réception à Péking, par L. Rousselet ; le Naufrage de l'*Atlantic*, le Tremblement de terre de San-Salvador, Horace Greeley, le Voyage du Chah de Perse, par P. Vincent ; l'Ouverture de la chasse, l'Exposition des races canines, par Th. Lally ; les Funérailles d'un roi Indien, l'Origine des journaux, Latour d'Auvergne, Kaméhaméha, par Él. Leroux ; l'Arc, par H. de la Blanchère ; Paganini, Nélaton et Coste, par H. Norval, etc.

CONDITIONS ET MODE DE LA PUBLICATION

LE JOURNAL DE LA JEUNESSE paraît le samedi de chaque semaine à partir du 7 décembre 1872. Chaque numéro, imprimé sur deux colonnes par M. MARTINET, contient 16 pages de texte et de gravures et est protégé par une couverture. — Le prix du numéro est de 40 centimes.

Chaque année de la publication forme deux beaux volumes in-8 richement illustrés. Prix de chaque vol. broché : 10 fr. ; cartonné en percaline rouge, tranches dorées, 13 fr.

PRIX DE L'ABONNEMENT

POUR PARIS ET LES DÉPARTEMENTS

Un an (2 volumes)................. 20 Francs.
Six mois (1 volume)............... 10 —

Les abonnements ne se prennent que pour un an ou six mois, du 1er décembre et du 1er juin.

ON S'ABONNE A PARIS

*A la librairie HACHETTE et C*ie, *boulevard Saint-Germain,* 79

ET CHEZ TOUS LES LIBRAIRES DE LA FRANCE ET DE L'ÉTRANGER

PARIS. — IMPRIMERIE DE E. MARTINET, RUE MIGNON, 2